Schäffler/Bruy/Schelling

Baustoffkunde

Kamprath-Reihe

Prof. Dr.-Ing. Hermann Schäffler
Prof. Dr.-Ing. Erhard Bruy
Prof. Dipl.-Ing. Günther Schelling

Baustoffkunde

Aufbau und Technologie, Arten und Eigenschaften, Anwendung und Verarbeitung der Baustoffe

7., überarbeitete Auflage

Vogel Buchverlag Würzburg

Professor Dr.-Ing. Hermann Schäffler
1916 in Tübingen geboren. 1936 bis 1939 Bauingenieurstudium an der Technischen Hochschule Stuttgart. 1944 bis 1959 Assistent bei Professor Dr.-Ing. e. h. Otto Graf sowie Prüf- und Forschungsingenieur an der Forschungs- und Materialprüfungsanstalt für das Bauwesen, Otto-Graf-Institut, an der Universität Stuttgart. 1959 bis 1980 Professor für Baustoffkunde und Baustoffprüfung sowie Leiter der öffentlichen Baustoffprüfstelle an der Fachhochschule für Technik Stuttgart. 1962 bis 1986 öffentlich bestellter und vereidigter Sachverständiger für Baustoffe.

Professor Dr.-Ing. Erhard Bruy
1939 in Stuttgart geboren. 1958 bis 1964 Bauingenieurstudium an der Technischen Hochschule in Stuttgart. Nach Baustellen- und Bürotätigkeit bei einer Baufirma von 1965 bis 1981 Assistent bei Professor Dr.-Ing. Gustav Weil sowie Prüf- und Forschungsingenieur an der Forschungs- und Materialprüfungsanstalt für das Bauwesen, Otto-Graf-Institut, an der Universität Stuttgart. Im Jahr 1974 als Stipendiat der Deutschen Forschungsgemeinschaft in den USA. Seit 1981 Professor für Baustoffkunde an der Fachhochschule für Technik in Stuttgart.

Professor Dipl.-Ing. Günther Schelling
1938 in Ludwigsburg geboren. 1957 bis 1963 Studium des Bauingenieurwesens an der Technischen Hochschule Stuttgart. 1963 bis 1981 Wissenschaftlicher Mitarbeiter am Otto-Graf-Institut (FMPA) an der Universität Stuttgart. 1978 bis 1979 Forschungsingenieur an der ETH Lausanne/CH am Lehrstuhl für Massivbau bei Prof. René Walther. 1975 bis 1982 Mitglied im SVA Fassadenbau am IfBt Berlin und in der FN-Arbeitsgruppe Verbindungsmittel. Ab 1981 Professor an der Fachhochschule für Technik Stuttgart, Lehrgebiet Baustoffkunde und Baustoffprüfung.

Die Deutsche Bibliothek – CIP-Einheitsaufnahme

Schäffler, Hermann:
Baustoffkunde : Aufbau und Technologie, Arten und Eigenschaften, Anwendung und Verarbeitung der Baustoffe /
Hermann Schäffler ; Erhard Bruy ; Günther Schelling. – 7., überarb. Aufl. – Würzburg : Vogel, 1996
(Kamprath-Reihe)
ISBN 3-8023-1578-2
NE: Bruy, Erhard:; Schelling, Günther:

ISBN 3-8023-1578-2
7. Auflage. 1996

Printed in Germany

Herstellung: Friedrich Pustet, Regensburg

Vorwort

Die Baustoffkunde soll den in der Berufsausbildung wie auch den schon im Beruf Stehenden die Kenntnisse über die zahlreichen Werkstoffe vermitteln, die für die Konstruktion und den Ausbau der verschiedenartigen Bauwerke benutzt werden. Unterschiede in den Eigenschaften, der Verarbeitung und der Anwendung ergeben sich jeweils aus der besonderen stofflichen Zusammensetzung der einzelnen Baustoffe. Für ihren sinnvollen und sachgerechten Einsatz genügt oft nicht allein die Kenntnis der Normangaben. Mindestens genauso wichtig ist das Verständnis für die Zusammenhänge zwischen dem Aufbau bzw. der Technologie der Baustoffe einerseits und ihren Eigenschaften und ihrer Verarbeitung andererseits. Das Buch möchte vor allem auch diese Zusammenhänge kurz und übersichtlich aufzeigen und damit beitragen, daß wissenschaftliche Erkenntnisse über alte und neue Baustoffe immer mehr für die praktische Anwendung der Baustoffe genutzt werden. Auch auf die Einwirkung der Baustoffe auf Gesundheit und Umwelt wird hingewiesen.

Zur besseren Übersicht über die vielen Baustoffe finden sich im 1. Kapitel eine Systematik der Baustoffe und eine allgemeine Beschreibung der immer wiederkehrenden Eigenschaften und deren Prüfungen. Zum besseren Verständnis der einzelnen konkreten Baustoffe und Sachverhalte beginnen auch die weiteren Kapitel meist mit einer Einführung und einer allgemeinen Beschreibung des Aufbaus bzw. der Technologie und Eigenschaften der jeweiligen Baustoffgruppe. Baustoffe, die vor allem als Beton und Mörtel in zahlreichen Werken bzw. erst auf der Baustelle in großen Mengen hergestellt werden, setzen größere Kenntnisse der Verantwortlichen voraus und wurden daher ausführlicher behandelt.

Für einzelne Baustoffe wurden auch einige allgemein bekannte Firmenbezeichnungen angegeben; im Handel befinden sich meist weitere Produkte mit gleichwertigen Eigenschaften. Vor allem bei Kunststoffen und vielen Hilfsstoffen wurde wegen der Überfülle von Produkten auf die Angabe von Handelsbezeichnungen verzichtet.

Erst mit einer guten Kenntnis der Baustoffe und ihrer Anwendung lassen sich Bauschäden vermeiden, auf die kurz im 10. Kapitel eingegangen wird.

In der vorliegenden 7. Auflage waren Änderungen und Ergänzungen vor allem wegen neuer europäischer Normen notwendig.

Hermann Schäffler
Erhard Bruy
Günther Schelling

Inhaltsverzeichnis

I Grundlagen

Alle am Baugeschehen Beteiligten haben die besondere Verantwortung, daß unsere Bauwerke zweckmäßig, gut gestaltet, standsicher, dauerhaft und frei von Schäden sind sowie mit dem kleinsten Aufwand an Arbeit, Material und Energie erstellt werden.

Dieses Ziel läßt sich nur erreichen, wenn die anerkannten Regeln der Baukunst beachtet werden, die sich heute nicht nur wie früher von Überlieferungen und praktischen Erfahrungen herleiten, sondern auch von wissenschaftlichen Erkenntnissen.

Zu den anerkannten Regeln der Technik gehört auch, daß die verschiedenen Baustoffe entsprechend ihren Eigenschaften für die vielfältigen Bauaufgaben und unter Berücksichtigung der möglichen späteren Einwirkungen richtig ausgewählt und verarbeitet werden. Dies setzt jedoch voraus, daß die für die Planung und Ausführung verantwortlichen Personen die Baustoffe kennen und ihre Eigenschaften von Fall zu Fall beurteilen können. Gleichzeitig müssen auch wichtige physikalische und chemische Gesetzmäßigkeiten bekannt sein und beachtet werden.

1.1 Historische Entwicklung

Als Baustoffe wurden von den Menschen zunächst die örtlich vorhandenen natürlichen Materialien benutzt, vor allem Naturstein, Lehm und Holz. Die Anwendung von Naturstein und Holz verbesserte sich langsam und stetig durch Erfahrungen und durch die Entwicklung der Werkzeuge für die Bearbeitung, die Anwendung von Lehm seit etwa 2000 v. Chr. auch durch das Brennen zu festeren und wasserbeständigeren Ziegeln («Backsteinen») und anderen verfeinerten keramischen Baustoffen. Wegen ihrer höheren Beständigkeit gegen Feuer, Feuchtigkeit und Schädlinge wurden ausgewählte Natursteine und Ziegel vor allem für bedeutendere Bauwerke wie Paläste, Tempel und Kirchen bevorzugt. Dabei waren für Decken und Dächer wegen der im Vergleich zu Holz viel geringeren Biegefestigkeit dieser Baustoffe andere Konstruktionen notwendig, z. B. Gewölbe, oder es mußten die Balken eines Tempeldaches aus Naturstein durch viele Säulen unterstützt werden.

Seit etwa 2000 v. Chr. wurden durch Brennen von Gipsstein und Kalkstein Bindemittel gewonnen, die, mit Wasser angemacht, steinartige Massen ergaben und dadurch die Herstellung von Wänden und Gewölben erleichterten und ihre Tragfähigkeit verbesserten. Im Mittelmeerraum und später im ganzen Machtbereich der Römer wurden die Wasserbeständigkeit und Festigkeit von Kalkmörtel durch Zusatz von vulkanischen Stoffen (Puzzolane) oder durch Brennen mergeliger Kalksteine so gesteigert, daß damit auch wasserdichte Bauteile und Gewölbebeton («opus caementitium») hergestellt werden konnten.

Weitere Materialien wurden im Altertum nur selten als Baustoffe verwendet, so Glas oder Metalle – für Tore und Beschläge – oder Bitumen – nur örtlich in Mesopotamien für Mörtel, Bodenbeläge und im Wasserbau.

Bis ins Mittelalter hinein wurden die Baustoffe in ihrer Art und Qualität wenig weiterentwickelt; doch wurde mit ihnen schon sehr viel besser konstruiert.

Erst in der Neuzeit mit dem Aufschwung der Naturwissenschaften und mit der Industrialisierung wurde die Produktion der keramischen Baustoffe und von Glas, der mineralischen Bindemittel und vor allem der Eisenwerkstoffe, insbesondere von Stahl, sowohl nach der Quantität als auch nach der Qualität erheblich gesteigert. Seit Ende des 19. Jahrhunderts ist es durch besondere Auswahl der Ausgangsstoffe bzw. durch eine ganz bestimmte Zusammensetzung der Bestandteile (Synthese) und durch verfeinerte Herstellungsverfahren möglich geworden, gezielt Baustoffe mit bestimmten physikalischen, mechanischen und chemischen Eigenschaften sowie für besondere Anwendungsgebiete zu produzieren. Dies gilt nicht nur für die bisher bekannten traditionellen Baustoffe. Vor allem Beton aus Zement und

Gesteinskörnern, kombiniert mit Stahl, ermöglicht vielfältige wirtschaftlich und technisch günstige Konstruktionen aus Stahlbeton und hat daher dem gegenwärtigen Baugeschehen einen besonderen Stempel aufgedrückt. Es sind dazu auch neue interessante Baustoffe getreten, so die bituminösen Baustoffe aus Erdöl, die Nichteisenmetalle und vor allem die kaum mehr überschaubare Zahl von Kunststoffen aus verschiedenen kohlenstoffhaltigen Grundstoffen.

Heute wird zunehmend darauf geachtet, daß die Gewinnung der Rohstoffe und deren Veredelung zu Baustoffen möglichst wenig in Natur und Umwelt eingreifen. Auch werden Abfallstoffe bei der Herstellung von Baustoffen verwendet, und es werden alte ausgebrochene Baustoffe nach Aufbereitung z. T. wiederverwendet (Recycling). Umweltschutzmaßnahmen kommen auch den meisten Baustoffen im Freien zugute. Die Entwicklung der Baustoffe wird heute durch die laufend fortgeschriebene Normung gefördert, gleichzeitig aber auch in sichere Bahnen geleitet, siehe Abschnitte 1.3 und 1.5; vor allem Vorschriften, die auch die Haltbarkeit und die Gesundheit betreffen, wurden erweitert.

Wie in der Vergangenheit werden auch in der Zukunft die Bauweisen und die Bautechnik maßgeblich durch die verschiedenen Baustoffe mitbestimmt werden.

1.2 Systematik der Baustoffe

Die Übersicht über die Vielzahl der Baustoffe und ihre besonderen Eigenschaften wird erleichtert, wenn sie nach bestimmten Gesichtspunkten betrachtet und unterteilt werden.

1.2.1 Einteilung nach der stofflichen Beschaffenheit

a) Eine Übersicht über die verschiedenen **Baustoffarten** gibt Tabelle 1.1.

Manche Baustoffe sind Kombinationen der verschiedenen Gruppen, wie folgende Beispiele zeigen:

Stahlbeton aus Beton (mit geringer Zugfestigkeit und weitgehend korrosionsunempfindlich) und Stahlstäben (mit hoher Zugfestigkeit und sehr korrosionsempfindlich, im Beton jedoch vor Korrosion geschützt).

Holzwolleleichtbauplatten aus Holzwolle (leicht, wärmedämmend, zäh, brennbar, fäulnisempfindlich) und mineralischen Bindemitteln (nicht brennbar, fäulnisunempfindlich).

Tabelle 1.1 Einteilung der Baustoffe nach der stofflichen Beschaffenheit

Hauptgruppen	**anorganische Baustoffe** **mineralische**	 **metallische**	**organische Baustoffe** (aus Kohlenwasserstoffverbindungen)
Baustoffe (Beispiele)	Natursteine keramische Baustoffe Glas Beton und Mörtel	Gußeisen Stahl Aluminium Kupfer	Holz Holzwerkstoffe bituminöse Baustoffe Kunststoffe
Allgemeine spezifische Eigenschaften (siehe 1.4)			
Dichte	mittel (bis gering)	groß[1])	gering
mechanische Eigenschaften	spröd, geringe Zugfestigkeit	zäh[2]), hohe Zugfestigkeit	zäh, z. T. thermoplastisch,
Brennbarkeit	unbrennbar	unbrennbar	brenn- bzw. zersetzbar

[1]) Ausnahme Aluminium
[2]) Ausnahme Gußeisen und gehärteter Stahl

Glasfaserverstärkte Kunststoffe aus Kunstharzen (geringer E-Modul, hohe Wärmedehnzahl) und Glasfasern (hohe Zugfestigkeit, hoher E-Modul und geringe Wärmedehnzahl).

Asphalt aus Bitumen und Gesteinskörnern.

b) Nach ihrer **Zusammensetzung** lassen sich die Baustoffe wie folgt unterteilen:

Homogene bzw. **Einkomponenten-Baustoffe,** z. B. Basalt, Ziegel, Glas, Metalle, Thermoplaste ohne Füllstoffe.

Inhomogene bzw. **Mehrkomponenten-Baustoffe:** Z. B. Granit aus verschiedenartigen grobkörnigen Mineralien oder Holz aus unterschiedlich beschaffenen Teilen. Beton, Mörtel, Asphalt, Kunstharzmörtel und -beton werden jeweils aus Bindemittelleim, auch als Matrix bezeichnet, sowie aus Zuschlag oder Füllstoffen hergestellt. Die Eigenschaften der Mehrkomponentenbaustoffe werden bestimmt durch die Eigenschaften und Wechselwirkungen von Matrix und Zuschlag sowie dem Volumenverhältnis von Matrix zu Zuschlag. Bei unterschiedlichen Längenänderungen der verschiedenen Bestandteile kommt es in besonders inhomogenen Baustoffen eher als in homogenen zu inneren Gefügespannungen. Granit, Beton und grobkörniger Asphalt sind weniger polierfähig und haben eine griffigere Oberfläche.

c) Die Baustoffe haben unterschiedlichen **Gefügeaufbau:**

Amorphe Baustoffe (Stoffe, deren Atome bzw. Moleküle sich nicht zu Kristallgittern angeordnet haben): Bei ihnen gibt es keine physikalisch ausgezeichneten Richtungen, ihre Eigenschaften sind richtungsunabhängig, z. B. Gläser, Bitumen und viele Kunststoffe. Sie haben eine geringere Wärmeleitfähigkeit als kristalline Stoffe.

Kristalline Baustoffe, dazu gehören die meisten mineralischen Baustoffe. Ihre Kristalle sind aber im Verhältnis zu den Baustoffabmessungen meist so klein, daß sich die richtungsabhängigen unterschiedlichen Kristalleigenschaften nicht auswirken. Mit zunehmender Kristallgröße werden diese mineralischen Baustoffe spröder.

Fasrige Baustoffe, z. B. Holz, Baustoffe mit Mineral-, Stahl- oder Kunststoffasern, sind anisotrop, d. h. die Eigenschaften sind je nach Faserrichtung verschieden. Sie besitzen in Faserrichtung eine hohe Zugfestigkeit.

1.2.2 Einteilung nach der Entstehung und Herstellung

a) **Natürliche Baustoffe:** Natursteine sind vor Millionen von Jahren entstanden und wurden zum Teil durch Verwitterung an der Erdoberfläche und auch durch mechanische Beanspruchung in Moränen und Flüssen zu Kies, Sand und Lehm zerkleinert. Holz und, in bestimmten Regionen der Erde, Bambus sind laufend nachwachsende Baustoffe. Außerdem gibt es Naturasphalte, das sind in der Natur vorkommende Gemische von Bitumen und feinkörnigem Gestein. Die stoffliche Beschaffenheit von Natursteinen und Holz wird bei der Bearbeitung in Stein- bzw. Säge- und Holzwerken nicht verändert.

b) **Künstliche Baustoffe** sind alle übrigen Baustoffe. Sie werden nach bestimmten Verfahren (Technologien) aus natürlichen Rohstoffen hergestellt, dabei wird die stoffliche Beschaffenheit der Ausgangsstoffe (z. B. der chemische Aufbau) mehr oder weniger stark verändert, um Baustoffe mit bestimmten Eigenschaften herzustellen. Beispiele für drei wichtige Baustoffe sind in den Bildern 4.1, 5.1 und 6.5 dargestellt. Die Technologien werden ständig weiterentwickelt.

1.2.3 Einteilung nach der Verarbeitung

a) **Gestaltlose, ungeformte Baustoffe** sind lose oder plastisch bis flüssig. Aus ihnen werden erst auf der Baustelle oder in einem Werk die endgültigen Baustoffe hergestellt:

Zwischenstoffe, z. B. Bindemittel, Zuschlag. Hierzu zählen auch die sogenannten Bauhilfsstoffe, wie Anstrich- und Klebstoffe, Zusätze und Holzschutzmittel. Durch diese Stoffe lassen sich bestimmte Baustoffeigenschaften gezielt verändern.

Fertiggemischte Baustoffe, z. B. Frischbeton, Asphalt, Gießharze. Mit ihnen können monolithische Bauteile ohne Fugen hergestellt werden. Jedoch ist das Risiko größer, daß nach der

Erhärtung die geforderten Eigenschaften nicht erreicht werden.

b) **Geformte Baustoffe** kommen schon mit den endgültigen Maßen und Eigenschaften auf die Baustelle.

Halbzeug, z. B. Holzbalken, Profile aus Metallen und Kunststoffen, die auf der Baustelle noch zugerichtet werden müssen.

Kleinformatige Baustoffe, z. B. Wandbausteine, Dachsteine oder Bodenplatten, die erst noch einer besonderen Verarbeitung, wie Vermörteln u.ä., bedürfen, um im Gesamtverband ihre Funktionen erfüllen zu können.

Großformatige Baustoffe oder **Bauelemente,** z. B. Wandelemente, Dachplatten, Brückenträger, die i. a. nur nach einfacher Befestigung ihre Funktion erfüllen können.

1.2.4 Einteilung nach bestimmten Funktionen in den Bauteilen

Hierzu werden die Baustoffe nach ihren besonderen Eigenschaften eingeteilt, mit denen in den Bauteilen bestimmte Funktionen erfüllt werden können:

Raumabschluß
Tragfähigkeit
«Isolierung»
gegen Kälte und Hitze = Wärmedämmung
gegen Schall = Schalldämmung
gegen Feuchtigkeit oder chemischen Angriff = Abdichtung (Sperrung)
Verkleidung zur Gestaltung, Dekoration u. a.

Eine Übersicht über die verschiedenen Baustoffe findet sich in Tabelle 1.2. Dazu zwei Beispiele für eine Außenwand:

Bei einer beiderseits mit Kalkmörtel verputzten Außenwand aus Hochlochziegeln werden die Funktionen des Raumabschlusses, der Tragfähigkeit sowie der Wärme- und Schalldämmung überwiegend von den Hochlochziegeln einschließlich des Mauermörtels übernommen, die Funktionen der Schlagregenabwehr außen und der beiderseitigen Verkleidung vom Kalkmörtelputz.

Wenn verschiedene Aufgaben auf unterschiedliche Baustoffe verteilt werden, müssen deren besondere Eigenschaften aufeinander abgestimmt werden.

1.3 Vorschriften

Nach den Landesbauordnungen werden von den obersten Baurechtsbehörden zur Abwehr von Gefahren für die öffentliche Sicherheit durch Erlasse bautechnische Bestimmungen eingeführt. Sie gelten als allgemein anerkannte Regeln der Technik. Ein großer Teil dieser Bestimmungen beschäftigt sich mit den Baustoffen, ihren Eigenschaften und deren Prüfung sowie ihrer Anwendung.

a) Für die allgemein angewandten und bewährten Baustoffe bestehen nationale und internationale Normen, z. B. die deutschen **DIN-Normen** und, wegen der Vereinheitlichung der Normen in der EG, zunehmend die europäischen Normen **EN**, die schon zahlreiche DIN-Normen abgelöst haben. Die Normen werden zwischen den Herstellern, Verbrauchern, Baurechtsbehörden und Materialprüfern vereinbart und geben den jeweiligen gesicherten Kenntnisstand über einen Baustoff wieder. Bei Bedarf werden die Normen entsprechend dem Fortschritt der Technologie und der Erfahrungen geändert.

DIN ist die Abkürzung von «Deutsches Institut für Normung e.V.»

Für die Anwendung vieler Baustoffe sind auch die Normen in Teil C der VOB – Verdingungsordnung für Bauleistungen – zu beachten.

b) Für wichtige und allgemein angewandte neue Baustoffe und Bauarten, die sich noch in einer bestimmten Entwicklung befinden, werden **Technische Vorschriften** (TV), **Richtlinien** oder **Merkblätter** aufgestellt, um zunächst über längere Zeit hinweg Erfahrungen sammeln zu können.

c) Für neue, noch nicht allgemein gebräuchliche und bewährte Baustoffe, Bauteile und

Tabelle 1.2 Einteilung der Baustoffe nach ihren Funktionen in den Bauteilen

Baustoffe für	Raumabschluß	Tragfähigkeit	Wärmedämmung	Schalldämmung	Abdichtung	Verkleidung	weitere besondere Funktionen und Anwendungen
Naturstein	+	+	–	(+)	(+)	+	Fußböden, Pflaster
Holz	–	+	+	(+)	–	+	Fußböden
Holzwerkstoffe	+	(+)	+	(+)	–	+	–
Ziegelwaren	+	+	(+)	(+)	(+)	(+)	Dachabdeckung
Steingut	–	–	–	–	+	+	–
Steinzeug	–	–	–	–	+	+	Fußböden, Rohre
Glas	+	(+)	(+)	(+)	+	+	Lichtdurchlässigkeit
Normalbeton	+	+	–	+	+	+	Verschleißwiderstand
Leichtbeton	+	+	+	(+)	(+)	(+)	–
Kalksandsteine	+	+	(+)	+	(+)	(+)	–
Fertige Baustoffe aus							
Normalbeton	+	+	–	+	+	+	Verschleißwiderstand, Dachabdeckung, Rohre
Leichtbeton	+	(+)	+	(+)	–	–	–
Faserbeton	+	(+)	–	–	+	+	Dachabdeckung, Rohre
Gipsbaustoffe	+	–	(+)	(+)	–	+	Feuerwiderstand
Zementmörtel	–	+	–	(+)	+	(+)	Fußböden
Kalkmörtel	–	(+)	–	–	(+)	+	–
Gipsmörtel	–	–	–	–	–	+	Feuerwiderstand
Anhydritmörtel	–	(+)	–	(+)	–	+	Fußböden
Stahl, Eisen	–	+	–	–	–	(+)	Rohre
Aluminium	–	+	–	–	+	+	Dachabdeckung, Rohre
weitere NE-Metalle	–	–	–	–	+	+	Dachabdeckung, Rohre
bituminöse Baustoffe	–	(+)	(+)	–	+	–	Bodenbeläge, Dachabdeckung
Kunststoffe	+	(+)	(+)	(+)	+	+	Fußböden, Dachabdeckung, Rohre, evtl. Lichtdurchlässigkeit

\+ geeignet, (+) unter bestimmten Voraussetzungen geeignet, – ungeeignet

Bauarten muß deren Brauchbarkeit für den jeweiligen Verwendungszweck durch eine **allgemeine bauaufsichtliche Zulassung** nachgewiesen werden. Bei bestimmten Baustoffen, z. B. bei Holzschutzmitteln oder Betonzusatzmitteln, muß dieser Nachweis durch ein **Prüfzeichen** erbracht werden.

Zulassung und Prüfzeichen werden vom Institut für Bautechnik in Berlin (IfBt) erteilt. Bei der Anwendung ist der Zulassungs- bzw. Prüfbescheid genau zu beachten.

1.4 Eigenschaften der Baustoffe und ihre Prüfungen

Die Normanforderungen an die Baustoffe beziehen sich auf die für ihre Anwendung in der Praxis wichtigen Eigenschaften. Um eine eindeutige Ausschreibung, Bestellung und Lieferung der Baustoffe zu erleichtern, sind für die meisten Baustoffe und ihre wichtigsten Eigenschaften Kurzzeichen festgelegt worden.

a) Zur Beurteilung der Normgerechtigkeit sind bestimmte **Güteprüfungen** notwendig, die in allen Einzelheiten festgelegt sind. Geprüft wird eine bestimmte Anzahl von Proben, die als guter Durchschnitt einer Lieferung zu entnehmen sind bzw. bei fertiggemischten Baustoffen aus verschiedenen Mischungen gesondert in Metallformen hergestellt werden. Erst daraus kann man die Streuung der Baustoffeigenschaften erkennen und sich ein Bild über die Gleichmäßigkeit der Baustoffproduktion machen, siehe auch 1.5.2. Bei **Bestätigungs-** oder **Kontrollprüfungen** werden die Proben nachträglich aus den erhärteten Bauteilen herausgearbeitet.

Bei fertiggemischten Baustoffen ist zumeist durch vorausgehende **Eignungsprüfungen** festzustellen, ob mit der gewählten Mischung sicher die geforderten Eigenschaften erreicht werden.

b) Spezielle Anforderungen und Prüfungen gibt es auch für die noch **ungeformten Baustoffe** nach 1.2.3a: z. B. an die spezifische Oberfläche und an den Beginn und das Ende des Erstarrens von mineralischen Bindemitteln, Viskosität von bituminösen Bindemitteln und Kunstharzen, Kornzusammensetzung des Zuschlags, Beweglichkeit und Geschmeidigkeit von Frischbeton, Asphalt, Klebmassen usw. Diese Eigenschaften sind nicht nur maßgebend für eine gute Verarbeitbarkeit der noch ungeformten Baustoffe im noch frischen Zustand, sondern auch für ihre Qualität im späteren festen Zustand.

c) Im folgenden werden, unter Berücksichtigung der physikalischen und chemischen Gesetzmäßigkeiten, die Begriffe und die Bedeutung der verschiedenen Eigenschaften der **geformten, festen Baustoffe** erläutert und die wichtigsten Prüfverfahren kurz beschrieben. Die Eigenschaften lassen sich auch unterscheiden in
physikalische Eigenschaften (Dichte, Verhalten gegenüber Wasser, Frostbeständigkeit, Schwinden, Wärmedehnkoeffizient, Wärmeleitfähigkeit, akustisches Verhalten),
mechanische Eigenschaften, wobei Kräfte auf die Baustoffe einwirken (Festigkeiten, Härte, Verschleißwiderstand, elastische und plastische Formänderungen), sowie
chemische Eigenschaften (Beständigkeit gegen chemische Einwirkungen, Alterung, Hitze und Feuer).

1.4.1 Gestalt und Maße

a) Die Gestalt der geformten Baustoffe (siehe 1.2.3b) und ihre Maße dürfen im Vergleich zu den Festlegungen nur geringe **Toleranzen** aufweisen, siehe DIN 18202 und 18203. Erst dadurch wird ein optimales Zusammenwirken der Einzelteile gewährleistet und eine volle Funktionsfähigkeit der Gesamtkonstruktion erreicht.

Durch eine gute Maßhaltigkeit wird auch die Verarbeitung der Baustoffe erleichtert und bei der Montage von großen Bauelementen die Sicherheit erhöht. Für viele Bauteile wird auch eine bestimmte Ebenheit der Oberfläche verlangt.

Die Maße der Baustoffe passen in der Regel in die Maßordnung nach DIN 4172. Die Baurichtmaße, aus denen sich die Einzel-, Rohbau- und Ausbaumaße ableiten, sind in Teilen von 1 m abgestuft (½, ¼, ⅛ und 1/16 m). Bei Bauarten mit Fugen ergeben sich die Nennmaße der Baustoffe aus den Baurichtmaßen abzüglich der Fugen, siehe b. Zur Einschränkung der Sortimentsauswahl sollten möglichst Baustoffe mit Vorzugsmaßen verwendet werden.

b) Für Wandbausteine sind z. B. unter Berücksichtigung der Mörtelfugen folgende Maße festgelegt:
Länge (bei 10 mm Stoßfuge): 240, 300, 365 und 490 mm
Breite (bei 10 mm Stoßfuge): 115, 175, 240, 300 und 365 mm
Höhe (bei 12 oder 10 mm Lagerfuge): 52, 71,

113 oder 115 mm für kleinformatige Steine, 175, 238 oder 240 mm für großformatige Steine.

Die Längen und Höhen der Wandbausteine sind bei Knirschvermauerung bzw. bei Plansteinen mit Fugendünnmörtel 5 bis 10 mm größer.

Statt durch Angabe der Maße werden die Steine als Dünnformat DF oder Normalformat NF oder als Vielfaches davon bezeichnet, siehe Tabelle 1.3. Bild 1.1 zeigt die gegenseitige Abhängigkeit der Höhenmaße unter Berücksichtigung der Lagerfuge von 12 mm. Die Kurzzeichen für großformatige Blocksteine aus Beton beziehen sich auf die Breite (in cm) mit evtl. Zusatzzeichen für die Länge und Höhe, siehe Fußnote 4 in Tabelle 5.22.

c) Die Maße werden mit Schieblehren, bei Werten über rd. 300 mm mit Maßstäben durch mehrere Einzelmessungen festgestellt.

Tabelle 1.3 Maße in mm und Formatkurzzeichen von Wandbausteinen

Länge	Breite	Höhe	Formatkurzzeichen
240	115	52 71	1 DF NF
240 240 240 300 365	115 175 240 240 240	113 oder 115	2 DF 3 DF[1] 4 DF[2] 5 DF 6 DF
240 300 365 365 490 490 490	240 240 240 300 240 300 365	238 oder 240	8 DF 10 DF 12 DF 15 DF 16 DF 20 DF 24 DF

[1]) siehe auch Bild 5.12a
[2]) siehe auch Bild 4.2

1.4.2 Masse, Dichte und Porosität

1.4.2.1 Masse

Die Masse und daraus resultierend das Eigengewicht der Baustoffe ist von wesentlicher Bedeutung für den Aufwand beim Transport und bei der Verarbeitung auf der Baustelle. Sie ist auch maßgebend für das Eigengewicht der aus den Baustoffen hergestellten Konstruktionen und damit für die dadurch verursachten Schnittgrößen.

1.4.2.2 Dichte, Rohdichte, Schüttdichte

a) Die **Dichte** ϱ ist die auf das Volumen V eines Stoffes ohne Poren und Zwischenräume bezo-

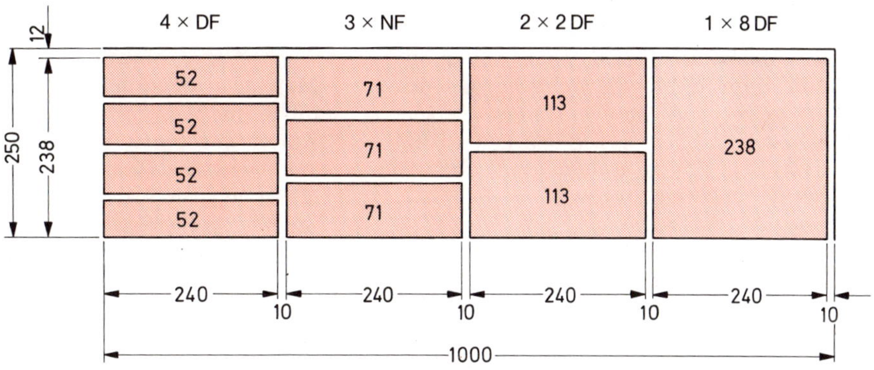

Bild 1.1 Maße von Wandbausteinformaten (Beispiele), Maße in mm (Lagerfuge rd. 12 mm, Stoßfuge 10 mm)

gene Masse m (frühere Bezeichnung Reindichte):

$$\varrho = m \, / \, V \; [\text{g/cm}^3, \text{kg/dm}^3 \text{ oder t/m}^3]$$

Dichte von porenfreien Baustoffen: Glas 2,5 g/cm³, Stahl 7,85 g/cm³.

Baustoffe mit Poren müssen zur Prüfung der Dichte zerkleinert und gemahlen werden; das porenfreie Volumen wird dann durch Verdrängung in Wasser bestimmt, bei mineralischen Bindemitteln in Tetrachlorkohlenstoff u. a.

b) Die **Rohdichte** ϱ_R errechnet sich aus der Masse m_{tr}, festgestellt nach dem Trocknen bei 105 °C (bei gipshaltigen Baustoffen bei 40 °C), also ohne noch verdampfbares Porenwasser, und dem Rohvolumen V_R einschließlich Poren und Zwischenräumen:

$$\varrho_R = m_{tr} \, / \, V_R$$

Bei unregelmäßig geformten Proben wird V_R auch mit Hilfe der Wasserverdrängung von wassersatten, jedoch oberflächentrockenen Proben ermittelt.

> Die Rohdichte wird bei leichten Baustoffen vor allem als Kennwert für die Wärmeleitfähigkeit, bei schweren Baustoffen für die Festigkeit und Wasserundurchlässigkeit oder für den Strahlenschutz verwendet.

Beispiele für Rohdichte:

Natursteine	meist 2,0 bis 3,0 g/cm³
Holz	meist 0,4 bis 0,8 g/cm³
Normalbeton	2,0 bis 2,8 kg/dm³
Schaumkunststoffe	0,015 bis 0,1 kg/dm³

Zur Bestimmung des Gewichts und der Wärmeleitfähigkeit von Wandbausteinen nach den Tabellen 4.1 und 5.22 sowie von Leichtbeton nach Tabelle 5.17 sind **Rohdichteklassen** von
0,5, 0,6, 0,7, 0,8 und 0,9 sowie
1,0, 1,2, 1,4, 1,6, 1,8, 2,0 und 2,2
festgelegt worden. Die Zahlen beziehen sich auf die höchstzulässige mittlere Rohdichte von 0,50, 0,60 usw. kg/dm³ nach Trocknung bei 105 °C, wobei teilweise Einzelwerte um 0,05 oder 0,10 kg/dm³ darüber liegen dürfen.

c) Für bestimmte Aufgaben bedient man sich der sogenannten **Stoffraumrechnung,** wobei sich das Stoffvolumen aus der abgewogenen Baustoffmasse m zu

$$V = m \, / \, \varrho \quad \text{oder} \quad V_R = m \, / \, \varrho_R \; [\text{dm}^3]$$

ergibt. Z. B. errechnet sich das Volumen des verdichteten Betons zu

$$V_{Beton} = \frac{m_{Zement}}{\varrho_{Zement}} + \frac{m_{Gestein}}{\varrho_{R\,Gestein}} + \frac{m_{Wasser}}{1{,}00} + \text{Luftporen},$$

wobei das Luftporenvolumen meist ziemlich klein ist, siehe 5.2.5c.

d) Die **Schüttdichte** ϱ_S wird bei losen Baustoffen ermittelt. Dabei wird ein Meßgefäß mit bekanntem Volumen (= Schüttvolumen V_S) in der Regel lose, in bestimmten Fällen auch mit Verdichtung gefüllt, oben eben abgestrichen, und die Masse m des eingefüllten Baustoffes ermittelt:

$$\varrho_S = m \, / \, V_S \; [\text{kg/dm}^3, \text{t/m}^3 \text{ oder kg/m}^3]$$

Die Schüttdichte, siehe auch Tabelle 5.20, wird unter anderem für Mischungsberechnungen benötigt, wenn lose Stoffe nach Raumteilen zugegeben werden sollen.

Beispiele für die Schüttdichte:	[kg/dm³]
Baukalke	0,4 bis 1,0
Zemente	1,0 bis 1,2
Sand[1])	1,0 bis 1,6
Kies	1,5 bis 1,6
Kiessand[1])	1,5 bis 1,9

1.4.2.3 Porosität

> Manche Baustoffeigenschaften hängen nicht nur von der Porosität ab, d. i. der Anteil der Poren im Baustoff, sondern auch von der Größe der Poren und vor allem von der Art der Poren. Man unterscheidet nach Bild 1.2 **offene Poren,** vor allem enge kapillare Poren oder weite Gefüge- und Haufwerksporen, sowie **geschlossene** Poren, z. B. Zellporen.

[1]) je nach Feuchtigkeit und Sieblinie

Bild 1.2
Arten der Porosität

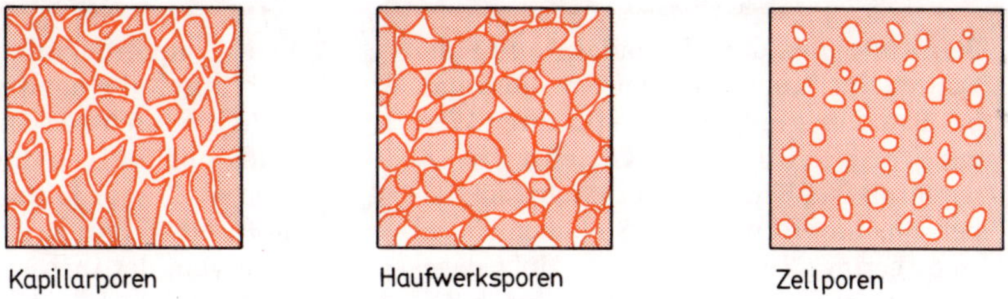

Mit Hilfe der Dichte ϱ, der Rohdichte ϱ_R und der Schüttdichte ϱ_S lassen sich der Dichtigkeitsgrad d bzw. die Porosität p berechnen.

a) Bei geformten Baustoffen oder bei Gesteinsproben:

$$d = \frac{V}{V_R} = \frac{m \cdot \varrho_R}{\varrho \cdot m} = \frac{\varrho_R}{\varrho}$$

$$p = \frac{V_R - V}{V_R} \cdot 100 = \left(1 - \frac{\varrho_R}{\varrho}\right) \cdot 100 \text{ [Vol.-\%]}$$

$$= (1 - d) \cdot 100 \text{ [Vol.-\%]}$$

p entspricht der **wahren Porosität,** im Gegensatz zu der durch normale Wasserlagerung festgestellten scheinbaren Porosität, siehe 1.4.3.3b. Bei Zuschlagkörnern spricht man auch von Kornporosität.

b) Bei losen Baustoffen:

$$d = \frac{V_R}{V_S} = \frac{m \cdot \varrho_S}{\varrho_R \cdot \text{m}} = \frac{\varrho_S}{\varrho_R}$$

$$p_H = \frac{V_S - V_R}{V_S} \cdot 100 = \left(1 - \frac{\varrho_S}{\varrho_R}\right) \cdot 100 \text{ [Vol.-\%]}$$

p_H entspricht dem Zwischenraum zwischen den Körnern eines Körnerhaufwerks, der sogenannten **Haufwerksporosität.** Bei dichten Baustoffen mit Zuschlag (Beton, Asphalt) müssen diese Haufwerksporen mit Bindemittelleim und feinsten Füllstoffen ausgefüllt werden.

Wenn die Körner noch eine Eigenporosität besitzen, errechnet sich die **Gesamtporosität** zu

$$p_g = \frac{V_S - V}{V_S} \cdot 100 = \left(1 - \frac{\varrho_S}{\varrho}\right) \cdot 100 \text{ [Vol.-\%]}$$

c) Rechenbeispiel:
Von Naturbims wurden ermittelt
die Schüttdichte lose $\varrho_S = 0{,}46\,\text{kg/dm}^3$
die Rohdichte der Körner $\varrho_R = 0{,}86\,\text{kg/dm}^3$
und die Dichte des gemahlenen Stoffes
$\varrho = 2{,}88\,\text{kg/dm}^3$.

Nach den Formeln errechnen sich folgende Porositäten:

Kornporosität des Bimskornes

$$p = \left(1 - \frac{0{,}86}{2{,}88}\right) \cdot 100 = 70 \text{ [Vol.-\%]}$$

Haufwerksporosität zwischen den losen Bimskörnern

$$p_H = \left(1 - \frac{0{,}46}{0{,}86}\right) \cdot 100 = 46{,}5 \text{ [Vol.-\%]}$$

Gesamtporosität des losen Bimses

$$p_g = \left(1 - \frac{0{,}46}{2{,}88}\right) \cdot 100 = 84 \text{ [Vol.-\%]}$$

1.4.3 Verhalten der Baustoffe gegenüber Wasser

Da das Wasser in vielfältiger Weise auf die Baustoffe je nach deren Verwendung einwirkt, werden die wichtigsten Beziehungen zwischen den Baustoffen und dem Wasser besonders herausgestellt.

1.4.3.1 Feuchtegehalt

Porige Baustoffe besitzen auch ohne direkte Einwirkung von flüssigem Wasser einen mehr oder weniger großen Feuchtegehalt. Viele Baustoffeigenschaften werden durch den Feuchtegehalt beeinflußt.

Bei Änderung der Temperatur und der Luftfeuchte spielt sich der Feuchtegehalt des Baustoffes auf einen bestimmten Wert ein (Ausgleichsfeuchte, Gleichgewichtsfeuchte). Die Baustoffe verhalten sich dabei sehr unterschiedlich: So haben Ziegel stets geringe Feuchtegehalte, Holz dagegen verhältnismäßig hohe und je nach Klima der Umgebung sehr schwankende Werte.

Nach DIN 4108 T4 beträgt der praktische Feuchtegehalt, der in 90% der untersuchten Fälle nicht überschritten wurde, z. B. bei Ziegeln 1,5 Vol.-%, bei Beton mit geschlossenem Gefüge und Kalksandsteinen 5 Vol.-%, bei Holz und Holzwerkstoffen 15 M.-%.

Der Feuchtegehalt wird meist durch Wiegen von Proben unmittelbar bei der Entnahme und nach anschließendem Trocknen bei 105 °C (bei gipshaltigen Stoffen bei 40 °C, bei Schaumkunststoffen bei 70 °C) ermittelt. Die Massenverminderung durch Verdampfen des freien Wassers wird in der Regel auf die trockene Probenmasse oder nach Umrechnung auf das Probenvolumen bezogen, d. h., der Feuchtegehalt wird dann in Vol.-% angegeben.

1.4.3.2 Dampfdiffusion und Tauwasser

a) Bei vielen Bauteilen, insbesondere im Wohnungsbau, Industriebau und in der Landwirtschaft, muß die **Wasserdampfdiffusion** beachtet werden. Zwischen einem Raum und der Außenatmosphäre oder zwischen zwei verschiedenen Räumen kann ein beträchtlicher Wasserdampfdruckunterschied auftreten, sowohl bei unterschiedlicher Luftfeuchte, als auch bei unterschiedlicher Lufttemperatur, weil warme Luft mehr Wasserdampf aufnehmen kann (z. B. bei 20 °C bis 17,2 g/m³) als kalte Luft (bei 0 °C nur bis 4,9 g/m³).

Der Dampfdruckunterschied der Luft will sich durch die dazwischenliegenden Bauteile hindurch ausgleichen, d. h., der Wasserdampf will hindurchwandern (diffundieren). Dieser Diffusion setzen die Baustoffe einen unterschiedlichen Widerstand entgegen, der insbesondere vom Porengefüge abhängt.

Bei geschlossenen Poren ist der Widerstand größer als bei offenen Poren.

Im Vergleich zu einer ruhenden Luftschicht mit einem Diffusionswiderstand von 1 beträgt die **Dampfdiffusionswiderstandszahl μ** einer gleich dicken Schicht nach DIN 4108 T 4 z. B. aus

Faserdämmstoffen	1
Holzwolleleichtbauplatten ≥ 15 mm	2 ··· 5
porösen Holzfaserplatten	5
Mauerwerk (ϱ der Wandbausteine ≤ 1400 kg/m³), Gasbeton	5 ··· 10
Gipsmörtel	10
Kalk- und Zementmörtel	15 ··· 35
Beton mit geschlossenem Gefüge	70 ··· 150
Schaumkunststoffen je nach Art und Rohdichte	1 ··· 300
Dach- und Dichtungsbahnen, Folien	meist $10^4 \cdots 10^5$
Metallfolien	unendlich.

Die beiden letztgenannten Stoffgruppen gelten als Dampfsperren.

b) Überall, wo feuchte Luft unter die Taupunkttemperatur abkühlt, wird Wasser in flüssiger Form ausgeschieden, sogenanntes **Tauwasser** oder Schwitzwasser. Dies ist vor allem an Innenflächen der Fall, wenn sie im Winter wegen ungenügender Wärmedämmung kalt sind und außerdem schlecht belüftet werden, oder wenn der Wasserdampf bei der Diffusion innerhalb der Bauteile selbst gestaut und abgekühlt wird.

Um eine Tauwasserbildung zu vermeiden, muß auf folgendes geachtet werden:
Die Konstruktionen müssen eine ausreichende Wärmedämmung besitzen, siehe 1.4.8.2.
Der Wasserdampf muß
entweder durch die ganzen Bauteile ungehindert hindurch diffundieren können
oder in besonderen Luftschichten abgeführt werden, z. B. bei hinterlüfteten Fassadenbekleidungen,
oder am Eindringen gehindert werden durch eine Dampfsperre, die an oder nahe den Flächen angebracht wird, die der feuchtwarmen Atmosphäre zugekehrt sind. Der Wasserdampf ist erforderlichenfalls durch eine künstliche Entlüftung abzuführen.

Die Temperatur an einer Dampfsperre sollte größer sein als die Taupunkttemperatur der Luft. Für die Beurteilung der notwendigen Wasserabgabe ist bei wasserhemmenden und wasserabweisenden Oberflächenschichten deren diffusionsäquivalente Luftschichtdicke $s_d = \mu \cdot s$ maßgebend (Schichtdicke s in m). Bei Dampfsperren sollte $s_d \geq 100$ m sein. Weiteres siehe DIN 4108 T 3 und 1.4.3.5b.

1.4.3.3 Wasseraufsaugen und Wasseraufnahme

a) Das Wasseraufsaugen entspricht der kapillaren Wasseraufnahme der Baustoffe. Es ist von Bedeutung, wenn die Baustoffe jeweils nur an einer Fläche mit Wasser in Berührung kommen, z. B. mit Schlagregen oder Bodenfeuchtigkeit.

Das **Wasseraufsaugen** ist besonders groß bei Baustoffen mit hoher kapillarer Porosität; durch kugelige Poren, Haufwerksporen oder Hohlräume wird es behindert, siehe Bild 1.2.

Bei Vergleichsprüfungen werden die Proben meist rd. 1 cm tief in Wasser gestellt, und es wird zu verschiedenen Zeiten die mittlere Saughöhe in cm über dem Wasserspiegel oder die aufgesogene Wassermenge in g je cm² eingetauchter Baustofffläche festgestellt. Der Wasseraufnahmekoeffizient w wird in kg/(m² · h $^{1/2}$) angegeben (Anforderungen siehe 1.4.3.5b).

b) Wenn die Baustoffe bei der Anwendung allseitig mit Wasser in Berührung kommen oder auch auf andere Weise völlig durchfeuchtet werden können, wird zur Beurteilung, z. B. der Frostbeständigkeit und auch der Aufnahmefähigkeit von aggressiven Lösungen, die **Wasseraufnahme W** nach DIN 52103 ermittelt. Hierbei werden künstlich getrocknete Proben von der Masse m_{tr} und dem Volumen V während eines Tages stufenweise unter Wasser gebracht und anschließend nach Abtupfen des Oberflächenwassers wiederholt bis zur Massenkonstanz m_w gewogen. Damit berechnet man den Wasseraufnahmegrad

$$W_m = \frac{m_w - m_{tr}}{m_{tr}} \cdot 100 \text{ [Massen-\%] oder}$$

$$W_v = \frac{m_w - m_{tr}}{V} \cdot 100 \text{ [Vol.-\%].}$$

(Dichte des Wassers $\varrho = 1{,}00$ g/cm³)

Da bei dieser Prüfung unter normalem Luftdruck in der Regel nicht alle Poren des Baustoffes mit Wasser gefüllt werden, entspricht diese Wasseraufnahme nur der «scheinbaren» Porosität. Um zu einer völligen Wassersättigung zu kommen, werden die wassergelagerten Proben zusätzlich noch unter Wasser 2 Std. lang bei 27 mbar entlüftet und dann 24 Std. lang unter Wasser einem Überdruck von 150 bar ausgesetzt. Mit der Masse $m_{w,\,d}$ der Probe ergibt sich der Druckwasseraufnahmegrad zu

$$W_{v,\,d} = \frac{m_{w,\,d} - m_{tr}}{V} \cdot 100 \text{ [Vol.-\%].}$$

Dieser Wert entspricht praktisch ebenfalls der wahren Porosität eines Baustoffes wie unter 1.4.2.3a. Zur Beurteilung der Frostbeständigkeit von Natursteinen wird damit auch der **Sättigungswert** S berechnet:

$$S = \frac{W}{W_d} = \frac{\text{Normaldruck-Wasseraufnahme}}{\text{Überdruck-Wasseraufnahme}}$$

Je kleiner der Sättigungswert ist, um so weniger ist der Porenraum eines Baustoffes bei normaler Wassereinwirkung tatsächlich mit Wasser gefüllt; um so mehr Raum verbleibt also dem Eis beim Gefrieren für dessen Ausdehnung, und um so geringer ist die Gefahr einer sprengenden Wirkung des Eises, siehe auch 1.4.7.2b.

Rechenbeispiel:
Von einem Sandsteinwürfel mit 70 mm Kantenlänge (V = 343 cm^3) wurden festgestellt

$$m_{tr} = 729\,g,$$
$$m_w = 768\,g \text{ und}$$
$$m_{w,d} = 774\,g.$$

Nach den obigen Formeln errechnen sich der Wasseraufnahmegrad

$$W_m = \frac{768 - 729}{729} \cdot 100 = 5{,}35 \text{ [Massen-\%]}$$

bzw.

$$W_v = \frac{768 - 729}{343} \cdot 100 = 11{,}4 \text{ [Vol.-\%]},$$

der Druckwasseraufnahmegrad

$$W_{v,\,d} = \frac{774 - 729}{343} \cdot 100 = 13{,}1 \text{ [Vol.-\%]}$$

und der Sättigungswert

$$S = \frac{768 - 729}{774 - 729} = 0{,}87.$$

1.4.3.4 Wasserundurchlässigkeit

Wasserdichte Baustoffe werden verlangt, wenn unter geringerem oder auch größerem Druck kein Wasser durch die Bauteile hindurchgehen soll, z. B. bei Dacheindeckungen, Rohren und Wasserbehältern, oder wenn möglichst wenig Wasser in die Baustoffe selbst eindringen soll. Das Verhalten der Baustoffe hängt nicht nur von ihrem Dichtigkeitsgrad und ihrer Dicke ab, sondern auch von der Höhe und Dauer des aufgebrachten Wasserdruckes sowie von der relativen Luftfeuchte der Umgebung. Die Prüfverfahren bei den verschiedenen Baustoffen sind daher unterschiedlich.

1.4.3.5 Maßnahmen gegen Durchfeuchtung

a) Auf Bauteile, wie Fundamente, Untergeschoßbauteile, Außenwände, Dächer oder Behälter, wirken Wasser und ggf. aggressive Flüssigkeiten in unterschiedlicher Weise ein. Es werden verschiedene Abdichtungsarten unterschieden:
Abdichtungen gegen Bodenfeuchtigkeit,
Abdichtungen gegen nicht drückendes Wasser,
Abdichtungen gegen von außen oder innen drückendes Wasser.
Die dazu geeigneten Baustoffe (siehe auch Tab. 1.2) und die notwendigen Abdichtungssysteme sind in DIN 18195 beschrieben, siehe auch 7.4 und 8.3.1e.
b) Auf die Verhinderung von Tauwasserbildung wurde in 1.4.3.2b kurz eingegangen. Nach DIN 4108 T 3 müssen Außenbauteile an der Außenoberfläche einen ausreichenden Schutz gegenüber einer geringen, mittleren oder starken Schlagregenbeanspruchung (Beanspruchungsgruppen I, II oder III) besitzen, wobei von keiner Schicht die Verdunstung von Wasser aus dem Bauteilinnern beeinträchtigt werden darf. Z. B. sollen Außenputze und Beschichtungen auf Außenwänden folgende äquivalente Luftschichtdicken s_d und Wasseraufnahmekoeffizienten w (siehe 1.4.3.2b und 1.4.3.3a) aufweisen:
Bei allen Beanspruchungsgruppen

$$s_d \leq 2\,\text{m},$$

bei II als wasserhemmend

$$w \leq 2\,\text{kg/(m}^2 \cdot \text{h}^{1/2}),$$

bei III als wasserabweisend

$$w \leq 0{,}5\,\text{kg/(m}^2 \cdot \text{h}^{1/2}) \text{ und}$$
$$w \cdot s_d \leq 0{,}2\,\text{kg/(m} \cdot \text{h}^{1/2}).$$

1.4.4 Festigkeiten

In der Mechanik bezeichnet man als **Spannung** σ das Verhältnis einer Kraft F zu der Fläche A, auf die sie einwirkt (vgl. Bild 1.8):

$$\sigma = F/A \text{ in N/mm}^2 \text{ oder MN/m}^2$$
(gleicher Zahlenwert)

Um die Standsicherheit der Bauteile beurteilen zu können, muß man die Spannungen kennen, unter denen die Baustoffe versagen, sei es, daß sie dabei ihren intermolekularen Zusammenhalt verlieren, d.h. zu Bruch gehen, oder sich unzulässig verformen.

Bei Festigkeitsprüfungen wird in Prüfmaschinen an genormten Probekörpern bei stetigem, kurzzeitigem Lastanstieg die Höchst- bzw. Bruchlast max F ermittelt. Diese wird auf die Querschnittsfläche A bezogen; man erhält damit die Höchst- bzw. Bruchspannung, die als **Festigkeit** bezeichnet wird:

$$\sigma_{\text{Bruch}} = \beta = \frac{\max F}{A} \text{ in N/mm}^2 \text{ oder MN/m}^2$$

a) Nach dem Bruchverhalten werden unterschieden (siehe auch Tab. 1.1):
Zähe Baustoffe mit bleibender Verformung vor dem Bruch,
spröde Baustoffe mit plötzlichem Bruch ohne bleibende Verformung.
Zähe Baustoffe verhalten sich vor allem bei Schlagbeanspruchung (siehe 1.4.4.4c) wesentlich günstiger als spröde Baustoffe.

Das Ergebnis der Festigkeitsprüfung ändert sich je nach Gestalt und Größe der Proben; z. B. ergeben Proben aus dem gleichen Baustoff mit kleinerem Querschnitt i. allg. eine höhere Festigkeit, mit größerem Querschnitt eine geringere Festigkeit.

Die Festigkeit hängt auch von der Geschwindigkeit und Dauer der Belastung ab, weil u. a. zur Bildung von Rissen im Baustoff, die den Bruch auslösen, eine gewisse Zeit erforderlich ist. So ergibt sich bei großer Belastungsgeschwindigkeit eine höhere Belastbarkeit. Entsprechend fällt die **Dauerstandfestigkeit,** d. i. die maximale Spannung, die von einem Baustoff dauernd ertragen wird, kleiner aus, siehe auch Bild 8.4. Bei Baustoffen, die z. B. in Verkehrsbauten schwingend oder dynamisch beansprucht werden, wird bei oftmaliger schwellender oder wechselnder (auf Zug und Druck) Belastung die **Dauerschwingfestigkeit** ermittelt, auch Ermüdungsfestigkeit genannt; sie ist je nach Baustoffart geringer als die bei den Normprüfungen festgestellte Kurzzeitfestigkeit, siehe auch Abschnitt 6.1.3c und Bild 6.7. Auch durch Inhomogenitäten im Baustoff, wie Kerben, Äste oder Nietlöcher, wird vor allem bei Zugbeanspruchung die Festigkeit vermindert, weil durch Umlenkungen des Spannungsverlaufes Spannungsspitzen entstehen.

b) Die **Festigkeitsklassen** von Baustoffen werden nach einer Nennfestigkeit bei der Kurzzeitprüfung bezeichnet, die bei statistischer Auswertung mindestens als 5%-Fraktile erreicht werden muß, siehe 1.5.2b. Der Mittelwert einer Probenserie (Serienfestigkeit) muß außerdem mindestens einen bestimmten größeren Wert erreichen.
c) Im Vergleich zu den Festigkeiten der Baustoffe bei den Normprüfungen sind die **zulässigen Spannungen** zul σ wesentlich geringer.

Der Unterschied ergibt sich daraus, daß vor allem wegen der anderen Abmessungen der Bauteile im Vergleich zu den Prüfkörpern und wegen der Dauerbeanspruchung die rechnerische Festigkeit β_R geringer als die Normfestigkeit angesetzt wird, und für die Gebrauchsspannung noch ein von Baustoff- und Konstruktionsart sowie vom Lastfall abhängiger Sicherheitsfaktor festgelegt wird.

1.4.4.1 Druckfestigkeit

Die Druckfestigkeit wird vorzugsweise bei allen auf Druck beanspruchten Baustoffen, also insbesondere bei den meisten mineralischen Baustoffen, geprüft. Bezieht man die Höchstlast max F auf die Druckfläche A, erhält man die Druckfestigkeit:

$$\beta_D = \frac{\max F}{A}, \text{ siehe Bild 1.3}$$

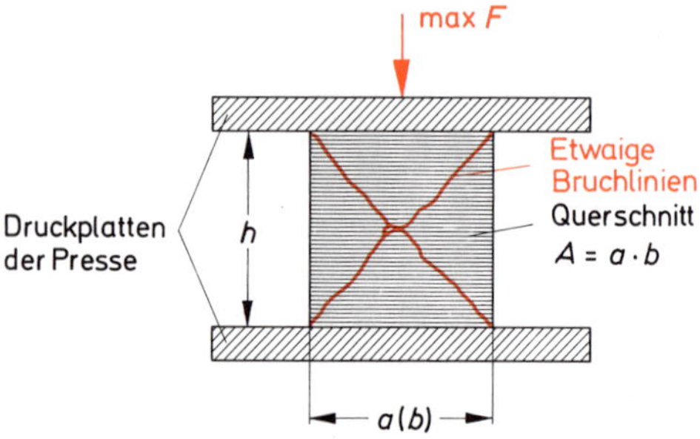

Bild 1.3 Druckprüfung

Die Druckflächen müssen planeben und parallel sein; die Achse der Probe muß mit der Maschinenachse übereinstimmen. Die Querdehnung wird im Bereich der Druckflächen durch Reibung behindert. Beim Bruch verbleiben bei einem Würfel nach Bild 1.3 im Idealfall zwei sich gegenüberliegende Pyramiden. Bei Platten wird wegen der größeren Behinderung der Querdehnung die Druckfestigkeit größer, bei schlanken Prismen und Zylindern wegen der geringeren Behinderung kleiner. Außer von der Gestalt und der Größe der Proben wird das Ergebnis auch durch deren Wassergehalt beeinflußt.

Beispiele für die Druckfestigkeit β_D [N/mm²]	
Natursteine	30 bis 400
Holz in Faserrichtung	30 bis 80
Beton (im Alter von 28 Tagen, Mittelwert)	mind. 8 bis 60

Für die Wandbausteine nach den Tabellen 4.1 und 5.22 sind Festigkeitsklassen nach Tabelle 1.4 festgelegt worden, siehe auch 1.4.4c.

Rechenbeispiel: Bei der Druckprüfung eines Hochlochziegels im Format 3 DF, dessen Druckflächen mit Zementmörtel abgeglichen worden waren, wurde folgendes festgestellt:

Seitenlänge a = 237 mm, b = 174 mm
max F = 1 250 000 N

Somit ist die Druckfestigkeit

$$\beta_D = \frac{1\,250\,000}{237 \cdot 174} = 30{,}3\ \text{N/mm}^2$$

1.4.4.2 Zugfestigkeit

a) Die Zugfestigkeit ist besonders bei den metallischen und einigen organischen Baustoffen von Bedeutung. Bezieht man die Höchstlast max F auf den Querschnitt A_0 vor dem Zugversuch, erhält man die Zugfestigkeit:

$$\beta_Z \text{ oder } R_m = \frac{\max F}{A_0}$$

Tabelle 1.4 Festigkeitsklassen von Wandbausteinen

Festigkeitsklasse	Mindestdruckfestigkeit Einzelwert oder Nennfestigkeit N/mm²	Mindestdruckfestigkeit Mittelwert oder Serienfestigkeit N/mm²	Farbmarkierung auf der Verpackung oder mindestens jedem 200. Stein
2	2	2,5	grün
4	4	5	blau
6	6	7,5	rot
8	8	10	rot
12	12	15	ohne oder schwarz
20	20	25	weiß oder gelb
28	28	35	braun
36	36	45	violett
48	48	60	2 × schwarz
60	60	75	3 × schwarz

Sie wird an zentrisch eingespannten, runden oder prismatischen Stäben geprüft. Bei Metallen und einigen Kunststoffen wird bei dieser Prüfung als weiterer Festigkeitswert die Streckgrenze oder 0,2-Grenze bestimmt als Spannung, bei der die Proben plötzlich eine große bleibende Dehnung bzw. eine bleibende Dehnung von 0,2% erfahren, siehe 6.1.3a.

Beispiele für die Zugfestigkeit β_Z [N/mm²]	
Stahl (Streckgrenze) Holz, astfrei und in Faserrichtung	330 bis 2000 (200 bis 1900) 70 bis 140

b) Mineralische Baustoffe haben sehr geringe Zugfestigkeiten. Da die Einspannung von Zugproben aus diesen Baustoffen schwierig ist, wird u. U. die sog. **Spaltzugfestigkeit** nach Bild 1.4 an Zylindern und Prismen von der Länge l und dem Durchmesser bzw. der Höhe d geprüft:

$$\beta_{SZ} = \frac{2 \cdot \max F}{\pi \cdot d \cdot l}$$

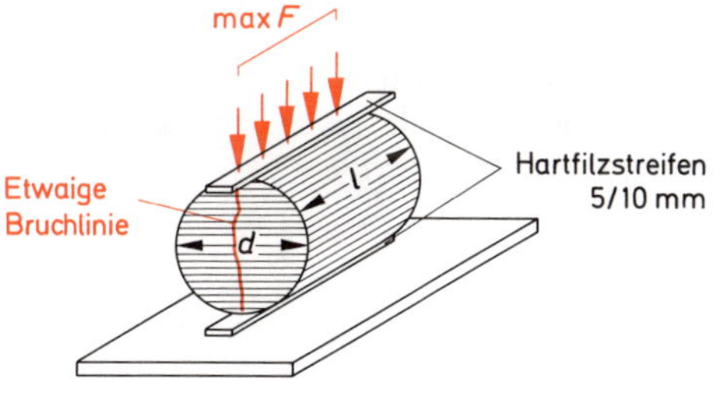

Bild 1.4 Spaltzugfestigkeitsprüfung von Zylindern

Die Spaltzugfestigkeit von Beton liegt etwa zwischen 1 und 5 N/mm².

1.4.4.3 Biegefestigkeit

> Bei auf Biegung beanspruchten Baustoffen wird die Biegefestigkeit β_B festgestellt; bei spröden Baustoffen, die beim Erreichen der Zugfestigkeit in der Zugzone brechen, wird sie als Biegezugfestigkeit β_{BZ} bezeichnet.

Wenn Stahlbetonteile mit starker Zugbewehrung in der Druckzone des Betons brechen, spricht man auch von Biegedruckfestigkeit β_{BD}. Bei homogenen Baustoffen werden prismatische Stäbe oder Balken von der Breite b und Höhe h bei vorgeschriebener Stützweite l_0 nach Bild 1.5 (links) in der Mitte bis zum Bruch belastet. Bei nicht homogenen Baustoffen, wie astigem Holz oder Beton, erfolgt die Prüfung in der Regel nach Bild 1.5 (rechts) mit 2 symmetrischen Einzellasten im Abstand $l_0/3$. Die Biegefestigkeit berechnet man aus

$$\beta_B = \frac{\text{maximales Moment}}{\text{Widerstandsmoment des Bruchquerschnitts}},$$

für die Lastfälle nach Bild 1.5
bei einer mittigen Last zu

$$\beta_B = \frac{3 \cdot \max F \cdot l_0}{2 \cdot b \cdot h^2},$$

Bild 1.5 Biegeprüfung

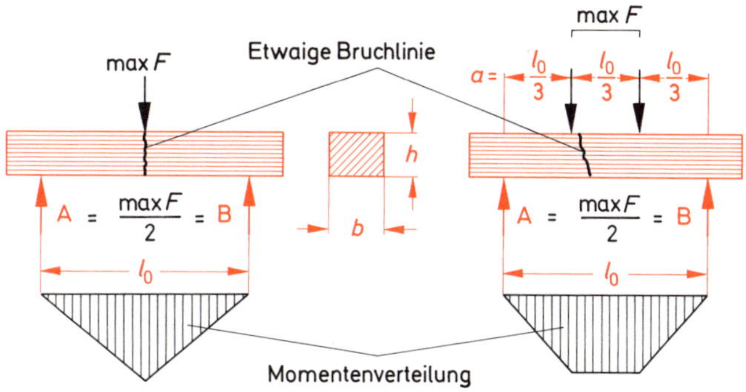

bei 2 symmetrischen Lasten zu

$$\beta_B = \frac{3 \cdot \max F \cdot a}{b \cdot h^2}.$$

Mit 2 Lasten fällt die ermittelte Festigkeit geringer aus, weil der Bruch zwischen den beiden Lasten dort erfolgt, wo die Festigkeit am kleinsten ist. Die Stützweite sollte mindestens das 4fache der Probenhöhe h sein. Die Lastangriffs- und Auflagerflächen müssen eben sein.

Beispiele für die Biege- bzw. Biegezugfestigkeit β_B bzw. β_{BZ} [N/mm²]	
Holz, astfrei und in Faserrichtung	40 bis 130
Straßenbeton im Alter von 28 Tagen	mind. 4 bis 5,5
Bordsteine aus Beton	mind. 6

Betonprüfkörper werden nach Wasserlagerung geprüft; beim Austrocknen würde durch Schwindzugspannungen in den Randzonen die Biegezugfestigkeit herabgesetzt werden, siehe 5.3.5c.

Rechenbeispiel: Bei der Biegeprüfung eines Fichtenholzbalkens bei Stützweite l_0 = 1800 mm mit 2 symmetrischen Lasten im Abstand $a = l_0/3 = 600$ mm waren $b = 99$ mm und $h = 98$ mm, im Bruchquerschnitt gemessen, max $F = 34800$ N.

Mit der angegebenen Gleichung erhält man die Biegefestigkeit

$$\beta_B = \frac{3 \cdot 34\,800 \cdot 600}{99 \cdot 98^2} = 65{,}9\ \text{N/mm}^2.$$

1.4.4.4 Weitere Festigkeitsarten und Prüfungen

a) In verschiedenen Konstruktionen, z. B. in Verbindungen durch Schrauben, Dübel und Niete sowie in Leim-, Kleb- und Schweißverbindungen, werden die Baustoffe auch auf Abscheren beansprucht. An besonderen Proben, bei denen die Last nach Bild 1.6 parallel zu den Scherflächen wirkt, wird die **Scherfestigkeit** β_A geprüft.

Sie errechnet sich zu

$$\beta_A = \frac{\max F}{A}.$$

Wirkt bei Leim- und Klebverbindungen oder bei auf einen Untergrund aufgebrachten Putzen und Anstrichen die Last rechtwinklig zur Haftfläche, so wird die höchste erreichbare Spannung als **Haftfestigkeit** β_H bezeichnet.

Wenn der Bruch in der Verbindungsschicht selbst erfolgt, spricht man von Kohäsionsbruch, u. a. abhängig von der Eigenfestigkeit des Leimes, wenn sich die Schicht vom Untergrund ablöst, von Adhäsionsbruch.

b) Mit Proben, die durch Verdrehen bis zum Bruch beansprucht werden, erhält man die **Torsionsfestigkeit** β_T.

c) Eine besonders zutreffende Aussage über die Zähigkeit von Baustoffen erhält man durch die **Schlagfestigkeit,** bei der besondere Proben, z. B. Splitt und Schotter (siehe 2.2) oder aus Baustahl (siehe 6.2.3.1a), in besonderen Schlaggeräten beansprucht werden.

d) Bei unregelmäßig geformten Baustoffen wie Dachsteinen und Deckensteinen wird bei einer vorgeschriebenen Biegeprüfung statt der Festigkeit lediglich die Bruchlast oder bei Rohren bei der Belastung im Scheitel die maximale Scheiteldrucklast ermittelt.

e) Bei den bisher beschriebenen zerstörenden Prüfungen werden besonders hergestellte oder

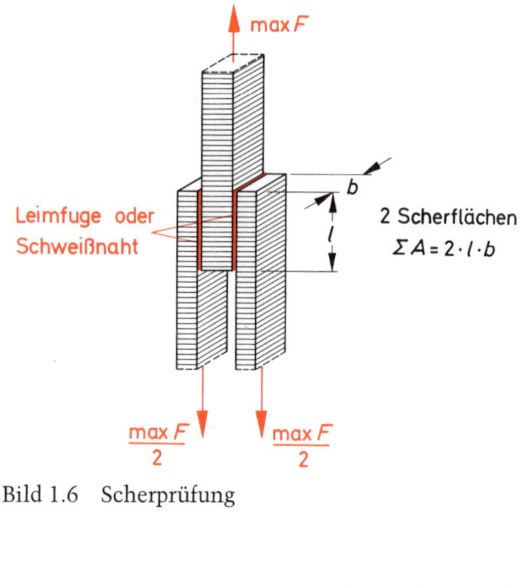

Bild 1.6 Scherprüfung

aus Bauteilen entnommene Proben bis zum Bruch belastet. In zunehmendem Umfang werden heute, teilweise in den Bauwerken selbst, auch **zerstörungsfreie Festigkeitsprüfungen** angewandt. Man schließt dabei meist von einem bestimmten Verhalten der Oberfläche des Baustoffes oder von seiner Dichte auf seine Festigkeit. Bei Beton wird z. B. der Eindruckdurchmesser oder der Rückprallweg eines mit Federkraft aufgeschleuderten Schlagbolzens gemessen, bei Stahl der Eindruckdurchmesser oder die Eindrucktiefe von Stahlkugeln oder Diamantkegeln unter bestimmten Lasten.

> Im Gegensatz zu den zerstörenden Prüfungen erhält man bei den zerstörungsfreien Prüfungen nur Näherungswerte für die Festigkeiten. An der geprüften Oberfläche kann der Baustoff nämlich anders beschaffen sein als unterhalb der Oberfläche.

1.4.5 Härte und Verschleißwiderstand

> Härte und Verschleißwiderstand zeigen das Verhalten der Oberfläche der Baustoffe gegenüber einer ungünstigen Einwirkung von äußeren Lasten an. «Hart» ist also nicht identisch mit «fest».

Ein Verschleiß der Oberfläche durch Wasser und mitbewegte feste Stoffe wird auch als Erosion bezeichnet. Von Oberflächen, die begangen oder befahren werden, werden auch Rutschsicherheit und Griffigkeit verlangt.

1.4.5.1 Härte

Bei Natursteinen wird als Maß für die Härte und die mineralogische Zusammensetzung, bei feinkeramischen Fliesen zur Vermeidung von Kratzern der Härtegrad nach der Mohsschen Härteskala geprüft. Durch Ritzen des Baustoffes mit 10 verschieden harten Mineralien in der Reihenfolge Talk, Gips, Kalkspat, Flußspat, Apatit, Kalifeldspat, Quarz, Topas, Korund und Diamant wird festgestellt, welcher **Härtegrad 1** bis **10** vorliegt. Z. B. besitzt ein Baustoff den Härtegrad 7, wenn seine Oberfläche durch Topas (8) geritzt und durch Quarz (7) nicht geritzt wird.

1.4.5.2 Eindruckwiderstand

Eine andere Art der Härte ist der Eindruckwiderstand. Er ist vor allem bei Baustoffen von Bedeutung, die im Gebrauch punktförmigen Lasten ausgesetzt sein können. Es werden dabei Eindrücke von Stahlkugeln oder Stempeln bestimmter Durchmesser unter bestimmten Lasten F erzeugt.

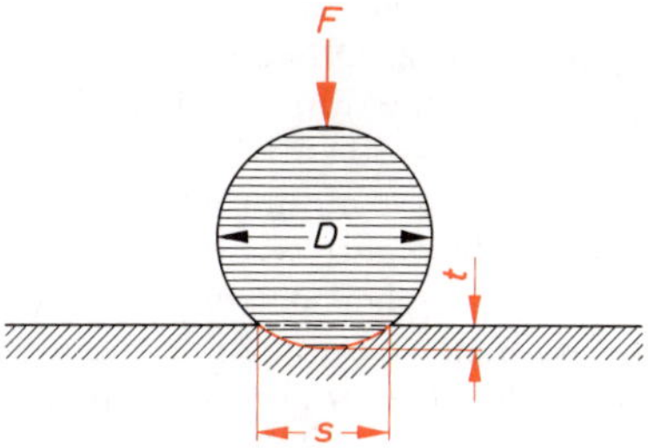

Bild 1.7 Härteprüfung durch Kugeleindruck

a) Bei Fußbodenbelägen und Putzen werden Prüfungen nach Bild 1.7 mit Kugeldurchmesser D = 10 mm und unter F = 500 und 100 N durchgeführt. Aus der mit einer Meßuhr gemessenen Eindrucktiefe t errechnet man die **Härte**

$$H = \frac{F}{\pi \cdot D \cdot t} \, [\text{N/mm}^2].$$

Dabei werden sowohl die «gesamte» Härte aus der unter der Last gemessenen gesamten Eindrucktiefe bestimmt, als auch die «bleibende» Härte, aus der nach Wegnahme der Last noch verbleibenden plastischen Eindrucktiefe.

b) Bei Gußasphalt im Straßenbau und im Hochbau wird die Eindringtiefe unter Stempelbelastung geprüft, siehe Bild 7.5 und Ziff. 7.2, 7.2.3c und 7.3.1.

c) Bei weicheren Stoffen wird die «Shore-Härte» aus der Eindringtiefe eines Kegelstumpfes unter Federkraft ermittelt.

Beispiele für den Schleifverschleiß	[mm]	(entsprechender Volumenverlust) ($cm^3/50\,cm^2$)
Hartgesteine	1,0 bis 1,7	(5 bis 8,5)
dichte Kalksteine	3,0 bis 8,0	(15 bis 40)
Gehwegplatten aus Beton	≤ 3,0	(≤ 15)
Hartstoffbeläge	≤ 0,4 bis 1,4	(≤ 2 bis 7)

1.4.5.3 Verschleißwiderstand (Abnutzwiderstand)

Bei allen Baustoffen, die einer rollenden oder schleifenden Beanspruchung ausgesetzt werden, also bei Baustoffen für Fußböden, Treppen, Gehwegen und für Straßen, erfolgt die Prüfung meist nach DIN 52108 mit der Böhme-Schleifmaschine: Eine trockene Probe mit 7,1 cm x 7,1 cm = 50 cm^2 Fläche wird unter 0,06N/mm^2 Druckspannung auf eine gußeiserne Scheibe aufgepreßt. Nach 16 x 22 = 352 Umdrehungen – wobei nach jeweils 22 Umdrehungen 20 g neuer Normschmirgel aufzubringen und die Probe um 90° zu drehen ist – wird mit Meßuhren der **Schleifverschleiß** in mm (teilweise auch als Abnutzung bezeichnet) festgestellt. Bei homogenen Baustoffen mit gleichmäßiger Rohdichte kann er auch über den Massenverlust ermittelt werden. Nasse Proben ergeben wesentlich größere Werte.

Eine andere Verschleißbeanspruchung der Baustoffe erfolgt bei der Sandstrahlprüfung, bei der Quarzsand rechtwinklig auf die Baustoffoberfläche aufgestrahlt wird.

1.4.6 Formänderungen

Durch Einwirken von Kräften und durch Änderung der Temperatur oder des Wassergehaltes verändern die Baustoffe ihre Maße und ihre Form, d. h., sie verkürzen oder verlängern oder verwölben sich, oder sie biegen sich durch. Zu große Formänderungen können dazu führen, daß die Bauteile ihre Gebrauchsfähigkeit verlieren oder daß Bauschäden entstehen. Andererseits wird in bestimmten Fällen eine möglichst große Formänderungsfähigkeit verlangt, z. B. bei den meisten Metallen zur Formgebung bei normalen Temperaturen (Kaltverformung), sowie bei Dichtungsbahnen und Fugendichtungsmassen.

Die Formänderungen erreichen meist nur geringe Werte. Zu ihrer Messung werden also sehr empfindliche Meßgeräte, wie Meßuhren (siehe Bild 1.8) oder Dehnungsmeßstreifen (DMS), benötigt. Letztere enthalten einen dünnen elektrischen Leiter und werden auf die Proben, bei Großversuchen auch an bestimmte Stellen der Bauteile, aufgeklebt. Die Dehnung des Baustoffs verursacht eine elektrische Widerstandsänderung im Leiter und kann an einem Meßgerät abgelesen werden. Bei allen Messungen müssen andere verfälschende Einflüsse vermieden werden, z. B. bei der Messung der Längenänderung durch Kräfte die Längenänderungen durch Temperatur- oder Feuchtigkeitsänderungen der Baustoffe.

Die auf die Ausgangslänge l_0 bezogene Verlängerung bzw. Verkürzung Δl (siehe Bild 1.8) wird als **Dehnung ε** bezeichnet:

$$\varepsilon = \frac{\Delta l}{l_0} \left[\frac{mm}{m}\right] \text{ bzw. } [‰]$$

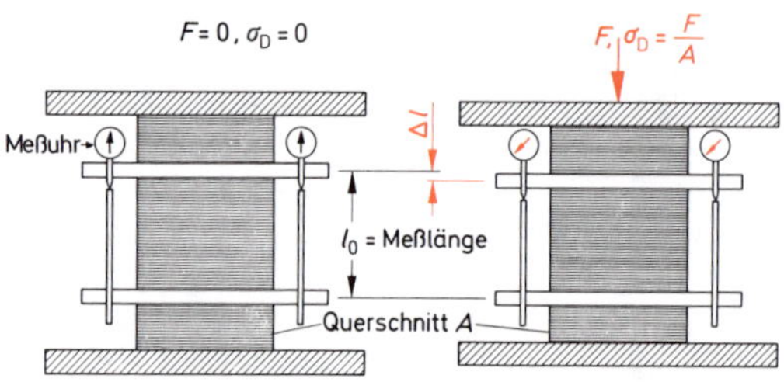

Bild 1.8 Elastizitätsversuch (schematisch)

1.4.6.1 Verformungsverhalten bei mechanischer Beanspruchung

Die Größe der Formänderungen bei mechanischer Beanspruchung hängt ab von
- der Art des Baustoffs,
- der Höhe der Beanspruchung,
- der Dauer der Belastung,
- der Höhe der Temperatur.

Bild 1.9 zeigt die Beziehung zwischen der Spannung σ und der Dehnung ε von verschiedenen Baustoffen bei normaler Temperatur und innerhalb kurzer Zeit aufgebrachter Spannung. Man unterscheidet elastisches und plastisches Verformungsverhalten, je nachdem, ob die elastischen oder plastischen Verformungen überwiegen.

a) **Elastisches Verhalten:**
Gehen die Formänderungen infolge von Kräften beim Entlasten sofort wieder vollständig zurück, spricht man von elastischen Baustoffen. Die elastischen Dehnungen sind also reversibel. Bei linear-elastischen Stoffen, bzw. bei niedrigen Spannungen, ist die Dehnung proportional zur Spannung. Es gilt das *Hooke*sche Elastizitätsgesetz, dessen Proportionalitätsfaktor, der **Elastizitätsmodul,** eine wichtige Baustoffkenngröße ist:

$$E = \sigma/\varepsilon_{el} \text{ [N/mm}^2]$$

Er hat die Dimension einer Spannung und gibt die Steigung der Spannungs-Dehnungs-Linien im elastischen Verformungsbereich an, siehe Bild 1.9. Bei sprödelastischen Stoffen, wie Glas und Naturstein, sind die Spannungs-Dehnungs-Linien bis zum Bruch nahezu gerade.

Der Bruch spröd-elastischer Stoffe wird als **Sprödbruch** bezeichnet. Er erfolgt schlagartig und kündigt sich nicht durch große bleibende Verformungen an (siehe 1.4.4a und Bild 6.5b).

Rechenbeispiel: Ein Prisma aus Normalbeton mit dem Querschnitt $A = 150 \times 150 = 22\,500\,\text{mm}^2$ wird mit $F = 180$ kN belastet. Die Meßstrecken von $l_0 = 300$ mm verkürzen sich dabei im Mittel um $78 \cdot 1/1000$ mm; nach der Entlastung bleibt eine Verkürzung von $2 \cdot 1/1000$ mm. Mit den angegebenen Gleichungen berechnet man

$$\sigma_D = \frac{180\,000\,\text{N}}{22\,500\,\text{mm}^2} = 8{,}0\ [\text{N/mm}^2],$$

$$\varepsilon_{el} = \frac{(78-2)\,\text{mm}}{1000 \cdot 300\,\text{mm}} = \frac{0{,}253}{1000} = 0{,}253‰,$$

$$E = \frac{8{,}0 \cdot 1000}{0{,}253} = 31\,600\,[\text{N/mm}^2].$$

Beispiele für den Elastizitätsmodul E [N/mm²]	
Natursteine	5 000 bis 100 000
Holz (in Faserrichtung)	8 000 bis 13 000
Normalbeton	15 000 bis 40 000
Leichtbeton	1 000 bis 28 000
Stahl	210 000
Aluminium	70 000
Kunststoffe	1 bis 4 000

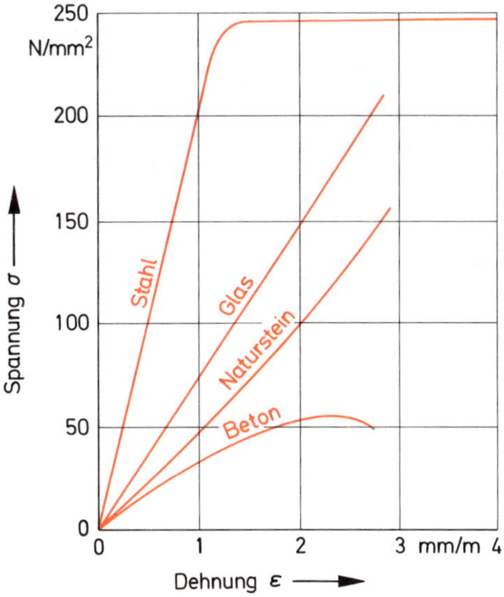

Bild 1.9 Beziehung zwischen den Spannungen und den Dehnungen von verschiedenen Baustoffen

Mit der Dehnung ε_l in Längsrichtung und der gleichzeitig gemessenen Dehnung ε_q quer zur Kraftrichtung kann die Querdehnzahl $\mu = \varepsilon_q/\varepsilon_l$ ermittelt und daraus der **Schubmodul**

$$G = E/2\ (1 + \mu)\ [\mathrm{N/mm^2}]$$

berechnet werden, der – wie der Elastizitätsmodul für die Dehnung – die lineare Beziehung zwischen Schubspannung und Verzerrung herstellt.

b) **Plastisches Verhalten:**
Bei den elastisch-plastischen Baustoffen schließt sich an den Bereich elastischer Verformungen bei niedrigen Spannungen ein Bereich bleibender (irreversibler), plastischer Verformungen bei höheren Spannungen infolge von bleibenden Gefügeverschiebungen an, so z. B. bei Stahl, siehe Bilder 1.9 und 6.4a. Elastisch-plastische Stoffe werden auch als zähe Stoffe (siehe 1.4.4a), ihr Bruch wird als Verformungsbruch bezeichnet. Plastische Stoffe sind weniger kerbempfindlich als spröde Stoffe und können kaltverformt werden.

Zur Beurteilung der plastischen Verformbarkeit von Metallen wird die **Bruchdehnung** einer vor der Zugprüfung aufgebrachten Meßstrecke der Länge l_0 ermittelt. Die Länge l_0 beträgt:

$$l_0 = 5 \cdot d = 5{,}65 \cdot \sqrt{S_0}$$
$$\text{bzw. } l_0 = 10 \cdot d = 11{,}3 \cdot \sqrt{S_0}$$
$$\text{bzw. } l_0 = 80\ \mathrm{mm}$$

(mit d = Durchmesser, S_0 = Querschnittsfläche).
Nach dem Bruch werden die beiden Probenhälften zusammengefügt und die Bruchlänge l gemessen. Die Bruchdehnung ist dann

$$A \text{ oder } \delta = 100 \cdot (l - l_0)/l_0 \text{ (in \%)};$$

siehe auch 6.1.3b. Beim Bruch außerhalb der Meßlänge kann die Bruchdehnung nicht bestimmt werden.

c) **Zeitabhängiges Verhalten:**
Viele Baustoffe, z. B. Beton (siehe Bild 1.9) und viele Kunststoffe (siehe Bild 8.3), zeigen selbst bei niedrigen Spannungen kein elastisches Verhalten: ihre Spannungs-Dehnungs-Linien sind nicht gerade, und die Verformungen gehen beim Entlasten nicht sofort zurück. Das Maß der Verformung hängt außer von der Belastungshöhe auch von der Dauer der Belastung ab. Weil das Verhalten dieser Stoffe dem zäher Flüssigkeiten gleicht, werden sie als **visko-elastische** Stoffe bezeichnet.

Die visko-elastischen Baustoffe bestehen aus einer elastischen und einer viskosen Komponente, z. B. Beton aus sich elastisch verhaltendem Gestein und dem sich teils elastisch, teils viskos verhaltenden Zementstein.

Kriechen = zeitabhängige Formänderung unter ständig wirkender Spannung σ_0. Das Kriechen in Bild 1.10 (oben) setzt sich aus einem reversiblen Anteil $\varepsilon_{k,r}$, nach der Entlastung im Lauf der Zeit wieder verschwindend, und einem irreversiblen Anteil $\varepsilon_{k,ir}$ zusammen.
Relaxation = zeitabhängige Spannungsabnahme unter konstantbleibender Dehnung ε_0, siehe Bild 1.10 (unten).

Bei hohen Spannungen tritt Kriechen bzw. Relaxation auch bei elastischen und elastisch-plastischen Baustoffen auf. Die Kriechzahl φ ist die Kriechdehnung, bezogen auf die elastische Dehnung:

$$\varphi = \varepsilon_k/\varepsilon_{el}.$$

Sie kann bei Beton je nach Betonalter und -festigkeit zum Zeitpunkt der Belastung, Dauer der Krafteinwirkung, Betonzusammensetzung, Qualität der Nachbehandlung bis zu $\varphi = 5$ betragen. Das Kriechen kann eine günstige Wirkung haben, wenn Spannungen infolge von Zwängungen (langsam auftretenden ungleichen Setzungen, Schwindverformungen) kleiner bleiben als bei elastischem Verhalten;

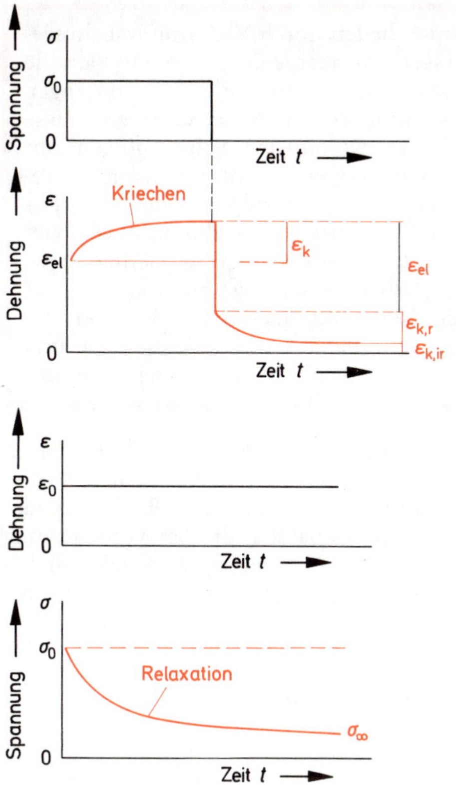

Bild 1.10 Kriechen und Relaxation [1]

es kann auch ungünstig sein, z. B. im Spannbetonbau durch Abbau der Vorspannkräfte durch Kriechen vor allem des Betons und Relaxation des Spannstahls.

d) Temperaturabhängiges Verhalten:
Bitumen und bestimmte Kunststoffe können nach Erwärmung plastisch verformt werden: man nennt sie **thermoplastische Baustoffe.**

1.4.6.2 Formänderungen infolge von Temperaturänderungen

Die Baustoffe besitzen unterschiedliche lineare **Wärmedehnkoeffizienten** α_T (= Dehnung ε_T bei 1 Kelvin Temperaturänderung).

Beispiele für α_T	[mm/mK]
Kalksteine und keramische Baustoffe	0,005 bis 0,008
quarzhaltige Gesteine	0,009 bis 0,012
Normalbeton (mit kieseligem Gestein)	0,010 bis 0,012
Stahl	0,011
Aluminium	0,023 bis 0,024
Kunststoffe	0,02 bis 0,20

Als Beispiel wird in Bild 1.11 gezeigt, wie die Wärmedehnung einer gegenüber Temperaturänderungen nicht geschützten Stahlbetondecke Risse in dem darunterliegenden Mauerwerk verursacht.

1.4.6.3 Schwinden und Quellen

Schwinden ist die Verkürzung eines Baustoffes infolge Wasserabgabe, Quellen die Verlängerung infolge Wasseraufnahme. Diese Formänderungen müssen bei den meisten Baustoffen berücksichtigt werden, bei denen sich der Feuchtigkeitsgehalt ändern kann, siehe 1.4.3.1 und 1.4.3.3.

Dies gilt besonders für Holz und holzhaltige Baustoffe, außerdem auch für kalk- und zementhaltige Baustoffe, also Mörtel und Beton.

Bild 1.11
Auswirkungen von Temperaturänderungen einer Stahlbetonplatte auf die Wände aus Mauerwerk (nach G. Zimmermann)

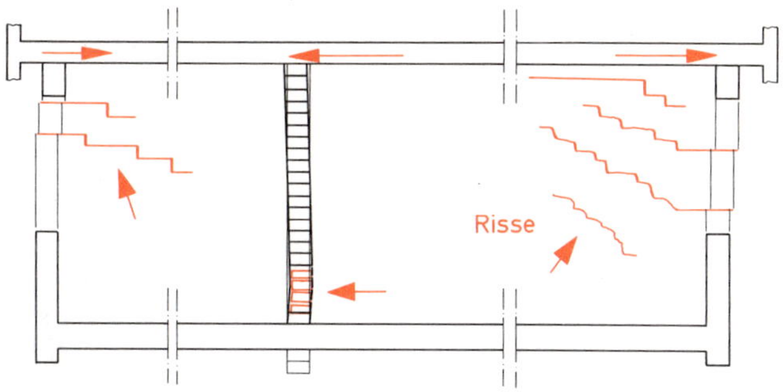

Der Dehnkoeffizient α_S (= ε_S bei 1 M.-% Feuchtigkeitsänderung) für das Schwinden und Quellen von Holz beträgt je nach Faserrichtung und Holzart 0,05 bis 5 mm/m · M.-%, siehe 3.3.3b, das Schwindmaß ε_S von Beton (je nach Zementgehalt, Wasserzementwert und Nachbehandlung des Frischbetons) rd. 0,2 bis 2 mm/m, siehe Bild 5.10.

1.4.6.4 Maßnahmen gegen Schäden durch Verformungen

Schäden durch Verformungen, die unterschiedliche Ursachen haben können (Kriechen, Feuchtigkeitsänderung, Temperaturänderung), treten dann auf, wenn die Verformungen behindert werden und die dadurch entstehenden Spannungen z. B. die (meist niedrige) Zugfestigkeit erreichen. Auch an der Befestigung von Bauteilen können beträchtliche Kräfte auftreten.

Baustoffe mit geringeren Längenänderungen sind von Vorteil; bei einigen Baustoffen (Beton, Kunststoffe) lassen sich die Verformungen durch günstige Zusammensetzung und Behandlung verringern. Durch besondere Maßnahmen sollte insbesondere die Temperaturänderung gering gehalten werden z. B. durch äußere Wärmedämmung, durch helle Oberflächen (dadurch größere Reflexion der Sonnenstrahlen) oder bei massigen Betonbauteilen durch Verwendung eines Zements mit geringer Wärmeentwicklung. Bei kraftschlüssigen Verbindungen unterschiedlicher Baustoffe müssen die unterschiedlichen Werte für die Wärmedehnung oder des Schwindens beachtet werden.

Um Schäden durch Verformungsbehinderungen zu vermeiden, müssen Bauteile durch eine ausreichende Zahl von **Fugen** unterteilt werden. Sonst entstehen Risse oder Aufwölbungen. Schwindfugen nur für Schwindverkürzungen können eng gehalten werden. Dagegen hängt die erforderliche Breite von Dehnungsfugen von der zu erwartenden Vergrößerung bzw. Verkleinerung der Fugenbreite ab, also von der Temperaturänderung gegenüber der Einbautemperatur, von Schwinden und Kriechen sowie von den Bauteilmaßen.

Gegen eindringendes Wasser sind die Fugen mit geeigneten Dichtstoffen abzudichten, und zwar mit Dichtungsprofilen (siehe 8.3.1e) oder mit Dichtungsmassen, die bei Verbreiterung der Fugen weder einreißen, noch sich von den Fugenflanken ablösen dürfen, siehe 9.5b mit Bild 9.1, 7.4.3, 8.3.3 sowie DIN 18540.

1.4.7 Beständigkeit

Die vereinbarten Eigenschaften der Baustoffe sollen nicht nur bei deren Lieferung oder bei der Abnahme eines Bauwerks vorhanden sein, sondern sollen möglichst unbegrenzt erhalten bleiben. Baustoffe können durch physikalische und chemische Einwirkungen ihre Beschaffenheit ungünstig verändern oder sogar ihren Zusammenhalt verlieren.

Unter Verwitterungsbeständigkeit versteht man einen ausreichenden Widerstand des Baustoffes gegenüber den verschiedenartigen Umwelteinflüssen. Eine schädliche Veränderung eines Baustoffes durch chemischen Angriff von außen wird i. allg. als Korrosion bezeichnet, siehe 1.4.7.5.

1.4.7.1 Raumbeständigkeit

Bei Ziegelwaren, Kalkmörtel oder Beton können durch Treiben (= Volumenzunahme durch chemische Umwandlung) von nicht gelöschten Kalkteilen, bei Beton auch von Sulfaten im Zuschlag Risse und Aussprengungen auftreten; die Baustoffe können dadurch auch völlig zerfallen.

1.4.7.2 Beständigkeit gegenüber Wasser und Frost

a) Nur wasserunlösliche Baustoffe sind beständig gegenüber Wasser; dies trifft also nicht für Baustoffe aus Gips oder Lehm zu. Baustoffe, die mit Wasser in Berührung kommen, müssen auch unempfindlich gegenüber oftmaligem Wechsel von Durchfeuchtung und Austrocknung sein.
b) **Frostbeständigkeit** wird in unserem Klima für alle Baustoffe im Freien gefordert. Eine schädliche Sprengwirkung des Eises ist zunächst abhängig vom Wassergehalt der Baustoffe; z. B. werden Natursteine mit einer Wasseraufnahme von höchstens 0,5 Massen-% ohne weitere Prüfungen als frostbeständig angesehen. Auch bei größerem Wassergehalt der Baustoffe kann noch Frostbeständigkeit vorausgesetzt werden, wenn an jeder Stelle des Baustoffes noch genügend wasserfreier Porenraum vorhanden ist, in dem sich das Eis ausdehnen kann. Dies trifft für Natursteine mit sehr gleichmäßigem Gefüge, also Natursteine ohne Schichtstruktur, zu, wenn der Sättigungswert S kleiner als 0,85 ist, siehe 1.4.3.3b. Bei anderen Baustoffen (Ziegelwaren, Beton) kommt man in der Regel ohne besondere Frosttauversuche nicht aus, z. B. 25 oder 50 Wechsel mit wassersatten Proben zwischen Gefrieren bei −15 °C und Auftauen in Wasser von +15 bis 20 °C.
c) Bei Baustoffen, die mit Tausalzen in Berührung kommen können, wird darüber hinaus ein hoher **Widerstand gegen Frost und Tausalze** verlangt. Durch die Tausalze wird die Frostbeanspruchung verschärft, weil beim Schmelzen einer Eisschicht durch Tausalze und andere Taumittel in den darunterliegenden Baustoffporen durch plötzlichen Wärmeentzug ein besonders schroffer Eisdruck entsteht.

1.4.7.3 Beständigkeit gegenüber dem Kristallisationsdruck von Salzen

Beim Verdunsten von Lösungen, die Salze (meist Sulfate, seltener Nitrate) enthalten, können an der Oberfläche der Baustoffe **Ausblühungen** entstehen. Es können aber auch die darunterliegenden Poren so durch den Druck von wachsenden Salzkristallen beansprucht werden, daß an den Baustoffen Schichten abblättern. Empfindliche Baustoffe sollten also weder wasserlösliche Salze enthalten, noch dürfen derartige Lösungen später in sie eindringen können.

1.4.7.4 Alterungsbeständigkeit

Einige Baustoffe können bei ungünstiger Zusammensetzung und Verarbeitung durch chemische, thermische und atmosphärische Einwirkungen, z. B. auch durch UV-Strahlen, ihr teilweise instabiles Gefüge verändern. Dies führt zu Verfärbungen, Versprödungen oder gar zum Brüchigwerden. Alterungsempfindlich sind vor allem kaltverformte Stähle, Steinkohlenteerpech und manche Kunststoffe.

1.4.7.5 Chemische Beständigkeit (Korrosionswiderstand)

Zu einer Korrosion der Baustoffe kommt es, wenn die angreifenden Lösungen oder Dämpfe Stoffe enthalten, die mit den Baustoffen neue, teils sprengende, teils lösliche Verbindungen eingehen. So üben Säuren eine aggressive Wirkung auf Baustoffe aus, die Calciumverbindungen enthalten, z. B. auf kalkhaltige Natursteine, Mörtel oder Beton. Sulfate und Magnesiumverbindungen können bei Beton Treiberscheinungen hervorrufen (siehe Tabelle 5.16). Alkalische Stoffe, wie Kalk- oder Zementmörtel, greifen Aluminium und andere NE-Metalle, Sauerstoff in Verbindung mit Feuchtigkeit Eisen und Stahl an. Die Stärke des Angriffs hängt bei den mineralischen Baustoffen u. a. von der Dichte des Gefüges ab. Gegen chemischen Angriff müssen die Baustoffe meist durch dichte und chemisch beständige Überzüge geschützt werden.

1.4.7.6 Beständigkeit gegen pflanzliche und tierische Schädlinge

Eine Zerstörung durch Pilze und Insekten ist nur bei Holz, Holzwerkstoffen und einigen Kunststoffen möglich. Schutz davor kann durch Austrocknen, in vielen Fällen jedoch nur durch chemische Holzschutzmittel bzw. Zusätze gewährleistet werden.

1.4.7.7 Beständigkeit gegen Feuer und Hitze

a) Die **Baustoffe** werden nach DIN 4102 T1 nach ihrem Brandverhalten in verschiedene Klassen eingeteilt:

Klasse	Brandverhalten	Baustoffe
A A 1 A 2	nicht brennbar	mineralische und metallische Baustoffe ohne organische Stoffe mineralische Baustoffe mit wenig organischen Stoffen
B B 1 B 2 B 3	brennbar schwer entflammbar normal entflammbar leicht entflammbar	organische Baustoffe

Alle Baustoffe sind entsprechend ihrer Klasse zu kennzeichnen, ausgenommen alle Baustoffe der Klasse A 1, bei der Klasse B 2 Holz und Holzwerkstoffe mit $\varrho \geq 0{,}40$ kg/dm^3 und >2 mm Dicke. Bei bestimmten Baustoffen ist der Nachweis durch ein Prüfzeichen oder Prüfzeugnis zu führen.

b) Nach DIN 4102 T2 werden die **Bauteile** je nach der Feuerwiderstandsdauer beim vorgeschriebenen Brandversuch eingeteilt:

Feuerwiderstandsklasse	Feuerwiderstandsdauer min	Temperaturerhöhung K
F 30 feuerhemmend F 60	≥ 30 ≥ 60	822 925
F 90 feuerbeständig F 120	≥ 90 ≥120	986 1029
F 180 (hochfeuerbeständig)	≥180	1090

Die verwendeten Baustoffklassen müssen angegeben werden, z. B. F 30-B, F 90-AB.

Innerhalb der vorgeschriebenen Zeit müssen die Bauteile beim Brandversuch u.a. den Durchgang des Feuers verhindern, ihre raumabschließende Funktion behalten und dürfen unter der rechnerischen Gebrauchslast nicht zusammenbrechen.

«AB» bedeutet, daß die wesentlichen Teile des Bauteils aus nichtbrennbaren Baustoffen bestehen. Durch Ummantelungen, Putze und Beschichtungen kann die Feuerwiderstandsklasse erhöht werden. Für Brandwände gelten besondere Anforderungen, u. a. Baustoffe der Klasse A, Feuerwiderstandsklasse ≥ F 90.

Entsprechende Feuerwiderstandsklassen gibt es für nichttragende Außenwände (W 30 usw.), für Feuerschutzabschlüsse, z. B. Türen (T 30 usw.) und Verglasungen (G 30 usw.); bei den letzteren wird jedoch der Durchgang der Wärmestrahlung nicht behindert, wie es bei Verglasungen F 30 der Fall ist. Für diese Bauteile wie auch für Lüftungsleitungen, Bedachungen u.a. sind besondere Prüfungen und Anforderungen maßgebend.

c) Für den Ausbau von Öfen werden feuerfeste bzw. hochfeuerfeste Baustoffe hergestellt, die mindestens bis 1500 bzw. 1790 °C druckfeuerbeständig sein müssen, siehe 4.4.

1.4.8 Wärmeschutz

Außenbauteile von beheizten Räumen müssen einen möglichst hohen Widerstand gegen Wärmedurchgang besitzen, damit die sich in den Räumen aufhaltenden Menschen gesund bleiben und der Heizwärmebedarf niedrig bleibt – letzteres auch, damit der bei der Energieerzeugung durch fossile Brennstoffe entstehende schädliche CO_2-Ausstoß verringert wird. Die Behaglichkeit eines Raumes hängt nicht nur von einer angenehmen Temperatur und Feuchte der Luft selbst ab, sondern auch von der Temperatur der Rauminnenflächen. Bei kalten Innenflächen besteht die Gefahr der Tauwasserbildung und vieler dadurch verursachter Mängel. Für die Grundlagen, Anforderungen und Berechnung des Wärmeschutzes ist DIN 4108 maßgebend. Erhöhte Anforderungen werden in der seit 1995 gültigen Wärmeschutzverordnung gestellt. (Ausführlicher als im folgenden wird der Wärmeschutz in der Literatur behandelt, siehe Literaturverzeichnis).

1.4.8.1 Begriffe

Die wichtigsten wärmetechnischen Begriffe sind nachstehend beschrieben. Bei Nachweisen, die den Wärmeschutz betreffen, müssen sogenannte «Rechenwerte» verwendet werden; diese sind in DIN 4108 T 4 enthalten.

a) Die **Wärmeleitfähigkeit λ** ist der Wärmestrom in Watt, der durch einen Baustoff von 1 m^2 Fläche und 1 m Dicke bei einem Temperaturunterschied der beiden Oberflächen von 1 Kelvin hindurchfließt. Die Werte werden angegeben in W/m · K. In der Tabelle 1.5 sind für

Tabelle 1.5 Rohdichte und Wärmeleitfähigkeit, Rechenwerte λ_R nach DIN 4108 T 4 (Auszug)

Baustoff	Rohdichte kg/m^3	Wärmeleitfähigkeit W/m · K
Natursteine	2600···2800	2,3···3,5
Flachglas	2500	0,80
Normalbeton	2400	2,1
Zementmörtel	2000	1,4
Kalk-, Kalkzementmörtel u. ä.	1800	0,87
Gips- und Anhydritmörtel	1400	0,70
Gipsmörtel ohne Zuschlag	1200	0,35
Wärmedämmputzmörtel	600	0,20
Leichtbeton (geschlossenes Gefüge)	1800	1,3[1]
	1600	1,0[1]
	1400	0,79[1]
	1200	0,62[1]
	1000	0,49[1]
	800	0,39[1]
Leichtbeton (haufwerksporiges Gefüge)	1200	0,46[1]
	1000	0,36[1]
	800	0,28[1]
dampfgehärteter Gasbeton	800	0,23
	600	0,19
	400	0,14
Eichenholz	800	0,20
Fichten- und Kiefernholz	600	0,13
Holzspanplatten	700	0,13
Poröse Holzfaserplatten	200···300	0,045···0,056
Holzwolleleichtbauplatten ($s \geqq 25$ mm)	360···480	0,093
Faserdämmstoffe	–	0,035···0,050
Schaumkunststoffe allgemein	–	0,025···0,045
z. B. Polyurethanhartschaumplatten	≥30	0,020···0,035

Mauerwerk aus	Rohdichte[2]) kg/m^3	Wärmeleitfähigkeit[3]) W/m · K
Voll- und Hochlochziegeln	1800	0,81
	1400	0,58
	1200	0,50
Leichthochlochziegeln mit Lochung A und B	1000	0,45[4])
	800	0,39[4])
	700	0,36[4])
Kalksandsteinen	1800	0,99
	1400	0,70
	1200	0,56
	1000	0,50
Leichtbetonvollsteinen und -vollblöcken	1200	0,54
	1000	0,46
	800	0,40 (0,39)[5])
	600	0,34 (0,32)[5])
Leichtbetonhohlblocksteinen	1200	0,60 (0,76)[6])
	1000	0,49 (0,64)[6])
	800	0,39 (0,46)[6])
	600	0,32 (0,34)[6])
Gasbetonblocksteinen	800	0,29
	600	0,24
	500	0,22

[1]) mit Quarzsandzusatz um 20% größere Werte

[2]) der Wandbausteine

[3]) Bei Mauerwerk mit Leichtmauermörtel ($\varrho \leq 1000$ kg/m^3) ohne quarzhaltigen Sand kann λ_R um 0,06 W/m · K geringer angesetzt werden. – Bei Leichtbetonsteinen mit quarzhaltigem Zuschlag (Bezeichnung «Q») ist λ_R um bis zu 20% zu erhöhen.

[4]) Bei Leichthochlochziegeln des Typs W um 0,06 W/m · K geringere Werte, siehe Tabelle 4.1, Fußnote 4.

[5]) Zwischen Klammern für Vollblöcke; für Vollblöcke S-W mit Schlitzen und nur aus Naturbims oder Blähton gelten um rd. 0,1 oder 0,08 W/m · K geringere Werte.

[6]) Zwischen Klammern für Hohlblocksteine mit weniger Kammern (bei 300 mm Breite nur 2 Kammern, bei 365 mm Breite nur 3 Kammern).

verschiedene Baustoffe die Rechenwerte λ_R wiedergegeben. Für die Wärmeleitfähigkeit wird der Rechenwert festgelegt bei einer Mitteltemperatur des Materials von 10 °C, dem praktischen Feuchtigkeitsgehalt und unter Berücksichtigung der Streubreite der Werte.

Die Wärmeleitfähigkeit hängt vor allem von der Dichte des Baustoffes ab. Sie wird durch eingeschlossene Poren wesentlich vermindert, weshalb als maßgebender Kennwert stets auch die Rohdichte des Baustoffes anzugeben ist. Dabei sind viele kleine Poren günstiger als wenige größere Hohlräume, weil in den letzteren durch die Luftzirkulation eher ein Wärmeaustausch möglich ist. Einen gewissen Einfluß hat auch das Gefüge; bei gleicher Dichte haben amorphe oder glasige Baustoffe eine geringere Wärmeleitfähigkeit als kristalline, siehe 1.2.1c. Besondere Bedeutung hat auch der Feuchtegehalt, weil Wasser in den Baustoffporen eine um rd. 20mal größere Wärmeleitung hat als ruhende Luft, und weil außerdem Wärme durch Wasserdampfdiffusion übertragen wird.

b) Der **Wärmedurchlaßwiderstand 1/*Λ*** einer Konstruktion errechnet sich für *s* (in m) dicke Baustoffe zu

$$\frac{1}{\Lambda} = \frac{s}{\lambda}\ [\mathrm{m^2\,K/W}].$$

Bei verschiedenen *hintereinander* angeordneten Baustoffen (bezogen auf den Wärmedurchgang) errechnet sich für die Gesamtkonstruktion der Wärmedurchlaßwiderstand zu

$$\frac{1}{\Lambda} = \frac{1}{\Lambda_1} + \frac{1}{\Lambda_2} + \frac{1}{\Lambda_3} + \ldots$$
$$= \frac{s_1}{\lambda_1} + \frac{s_2}{\lambda_2} + \frac{s_3}{\lambda_3} + \ldots,\ \text{siehe Bild 1.12.}$$

Befindet sich dazwischen eine Luftschicht, so beträgt deren Wärmedurchlaßwiderstand $1/\Lambda$, abhängig von der Weite und Lage, 0,14 oder 0,17 m² K/W, siehe DIN 4108 T 4, Tabelle 2.

c) Zur Berechnung der Transmissionswärmeverluste Q_T durch ein Bauteil wird der **Wärmedurchgangskoeffizient *k*** benötigt. Er gibt an, welche Wärmemenge je Zeiteinheit [W] durch 1 m² der Konstruktion fließt, wenn die Temperaturdifferenz der Luft zu beiden Seiten der Konstruktion 1 K beträgt. Zur Berechnung werden die Wärmeübergangswiderstände innen ($1/\alpha_i$) und außen ($1/\alpha_a$) (vgl. DIN 4108 T 4, Tab. 5) benötigt.

$$k = \frac{1}{{}^1/_{\alpha_i} + {}^1/_{\Lambda} + {}^1/_{\alpha_a}}\ [\mathrm{W/m^2\,K}]$$

Für Innenflächen beträgt $1/\alpha_i = 0{,}13$ oder 0,17, für die Außenflächen $1/\alpha_a = 0{,}04\ \mathrm{m^2\,K/W}$, bei hinterlüfteter Außenhaut oder belüfteter Dachschräge 0,08 m² K/W. Der mittlere Wärmedurchgangskoeffizient k_m eines Bauteils mit der Gesamtfläche A aus mehreren *nebeneinanderliegenden* Teilbereichen mit k_1, k_2 ... und A_1, A_2 ... berechnet sich zu

$$k_m = (k_1 \cdot A_1 + k_2 \cdot A_2 + \ldots)/\ A.$$

Bei Fenstern und Fenstertüren braucht der mittlere *k*-Wert nicht berechnet zu werden; es werden Rechenwerte (DIN 4108 T 4, Tab. 3) für das Gesamtfenster verwendet. Diese sind abhängig von der Verglasungsart und der Rahmenmaterialgruppe.

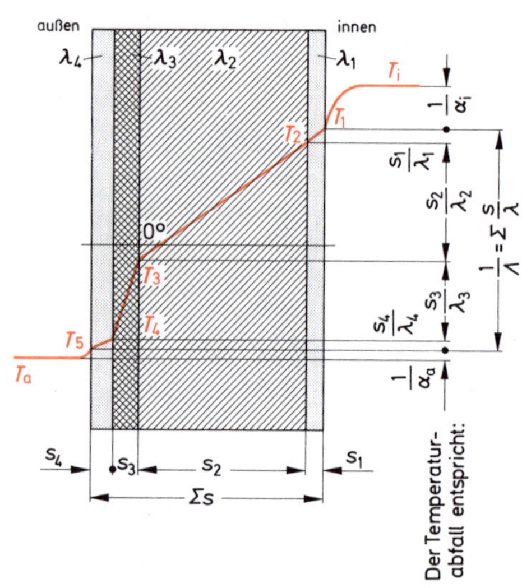

Bild 1.12 Wärmedurchgang bei einer mehrschichtigen Konstruktion

Die Transmissionswärmeverluste Q_T berechnen sich zu:

$$Q_T = k \cdot A \cdot t\ (\delta_{Li}–\delta_{La}),$$

dabei bedeuten t die Zeit und δ_{Li}, δ_{La} die Lufttemperaturen zu beiden Seiten eines Bauteils mit der Fläche A. Sollen die Verluste für eine ganze Heizperiode berechnet werden, wird für $t\ (\delta_{Li}–\delta_{La})$ die Gradtagzahl eingesetzt.

1.4.8.2 Anforderungen und Maßnahmen

a) Nach der seit 1995 gültigen Wärmeschutzverordnung ist für zu errichtende Gebäude ein Wärmebedarfsausweis aufzustellen. Darin ist nachzuweisen, daß die in der Verordnung angegebenen maximalen Werte des Jahres-Heizwärmebedarfs nicht überschritten werden.

Bei der Berechnung des Jahres-Heizwärmebedarfs werden berücksichtigt:

- der Transmissionswärmebedarf Q_T infolge des Wärmedurchgangs durch Außenbauteile,
- der Lüftungswärmebedarf durch den Austausch der Raumluft gegen kalte Außenluft,
- die nutzbaren Wärmegewinne innerhalb des Gebäudes,
- die durch Sonneneinstrahlung nutzbaren Wärmegewinne.

Der Jahres-Heizwärmebedarf darf bei Gebäuden mit normaler Innentemperatur je nach dem Verhältnis der wärmeübertragenden Umfassungsfläche A zum hiervon umschlossenen Bauwerksvolumen V bestimmte Werte nicht überschreiten (bei Gebäuden mit niedrigen Innentemperaturen sind höhere Werte zugelassen). Statt dieses ziemlich aufwendigen Nachweises sind bei neuen kleinen Wohngebäuden mit bis zu zwei Vollgeschossen und höchstens drei Wohnungen ebenso wie bei Ersatz oder Erneuerung von Außenbauteilen bestehender Gebäude vereinfacht nur die in Tabelle 1.6 angegebenen **Wärmedurchgangskoeffizienten** k (in $W/m^2\,K$) nachzuweisen.

b) Mit diesen Forderungen und ggf. zusätzlichen Maßnahmen für einen klimabedingten Feuchteschutz nach DIN 4108 T 3 sollen im **Winter** ein hygienisches Raumklima und ein dauerhafter Schutz der Bauteile vor Feuchteeinwirkungen gewährleistet werden.

Tabelle 1.6 Anforderungen an den Wärmeschutz

Bauteil	in neuen kleinen Wohngebäuden	bei Ersatz oder Erneuerung bei bestehenden Gebäuden
Außenwände	$k_W \leq 0{,}50$	$k_W \leq 0{,}50$ (0,40[1])
Außenliegende Fenster und Fenstertüren	$k_F \leq 0{,}7$[2])	$k_F \leq 1{,}8$
Decken (einschließlich Dachschrägen), die bewohnte Räume nach oben und unten abschließen	$k_D \leq 0{,}22$	$k_D \leq 0{,}30$
Kellerdecken, Wände und Decken gegen unbeheizte Räume	$k_G \leq 0{,}35$	$k_G \leq 0{,}50$

[1]) Bei Erneuerungsmaßnahmen durch eine Außendämmung
[2]) Mittelwert aller Fenster und Fenstertüren

Schon durch energiebewußte Planung können Wärmeverluste im **Winter** verringert werden:
- durch gedrungene Baukörper mit kleiner wärmeabgebender Außenfläche im Verhältnis zum beheizten Gebäudevolumen,
- durch Anordnung von Räumen gleicher Raumtemperatur möglichst aneinander angrenzend,
- durch nicht zu große Fensterflächen,
- durch Orientierung der Fenster nach Süden zur Ausnutzung der Sonneneinstrahlung im Winter,
- durch dichte, raumumschließende Bauteile.

Zur Sicherung des Wärmeschutzes sind die Bauteile vor stärkerer Durchfeuchtung zu schützen, sowohl von unten, außen oder oben wie auch im Innern infolge Tauwasserbildung, siehe 1.4.3.2 und 1.4.3.5. Günstig sind hinterlüftete Konstruktionen, bei denen aber die wasserabweisende äußere Schicht und die Luftschicht bei der Berechnung des Wärmeschutzes nicht berücksichtigt werden dürfen.

Allgemein und vor allem bei Massivdächern sollen die Wärmedämmschichten möglichst weit nach außen gelegt werden, weil dadurch auch ungünstige Formänderungen infolge Temperaturänderungen (siehe 1.4.6.2 und 1.4.6.4) in tragenden Konstruktionen vermindert werden.

Alle Fenster und Fenstertüren sind in Isolier- oder Doppelverglasung auszuführen, siehe 4.5.3.

c) Um eine zu hohe Erwärmung im **Sommer** zu vermeiden, wird in DIN 4108 T 2 empfohlen, bestimmte Werte für den gesamten Durchlaßgrad der Fenster und Fenstertüren für die Sonnenenergie einzuhalten, wobei sich Sonnenschutzgläser nach 4.5.3b, besondere Sonnenschutzvorrichtungen, eine größere Masse und damit eine größere Wärmespeicherung der Innenbauteile und eine Belüftung günstig auswirken.

d) **Rechenbeispiel:** Eine Altbauwohnung hat 24 cm dicke Außenwände aus Vollziegeln ($\varrho \approx 1{,}7$ kg/dm^3), die innen 2 cm mit Kalkmörtel verputzt sind. In welcher Dicke (x) müssen Hartschaumplatten mit 0,5 cm Kunstharzputz angebracht werden, damit die Mindestanforderungen an den Wärmeschutz erfüllt werden?

Nach Tabelle 1.5 gelten für

Mauerwerk aus Vollziegeln ($\varrho \leq 1{,}8$ kg/dm^3)	$\lambda = 0{,}81$ W/m·K
Hartschaumplatten	$\lambda = 0{,}025$ W/m·K
Kalkmörtel	$\lambda = 0{,}87$ W/m·K
Kunstharzmörtel	$\lambda \approx 0{,}5$ W/m·K

Nach a) soll bei der Renovierung von Altbauten $k \leq 0{,}40$ W/m^2 K sein. Mit der Gleichung in 1.4.8.1c erhält man:

$$k = \frac{1}{{}^1/_{\alpha_i} + {}^1/_{\Lambda} + {}^1/_{\alpha_a}} \leq 0{,}40$$

$$k = \frac{1}{0{,}13 + \frac{0{,}005}{0{,}5} + \frac{\varkappa}{0{,}025} + \frac{0{,}24}{0{,}81} + \frac{0{,}02}{0{,}87} + 0{,}04} \leq 0{,}40$$

$$\frac{1}{k} = 0{,}13 + 0{,}01 + \frac{\varkappa}{0{,}025} + 0{,}296 + 0{,}023 +$$

$$0{,}04 \geq \frac{1}{0{,}40} \geq 2{,}50$$

$$\varkappa \geq 0{,}025 \cdot (2{,}50 - 0{,}499) \geq 0{,}025 \cdot 2{,}001 \geq 0{,}05 \text{ m}$$

Gewählt wird eine Hartschaumplatte von 50 mm Dicke.

1.4.9 Schallschutz

Der Mensch muß in seiner Wohnung und an seinem Arbeitsplatz zur Erhaltung seiner Gesundheit und Leistungsfähigkeit auch vor Lärm geschützt werden. Im Hinblick auf die zunehmenden Geräuschquellen innerhalb und außerhalb der Bauten sowie auf die Anwendung leichter Bauweisen kommt dem Schallschutz immer größere Bedeutung zu. Da er vor allem auch vom Zusammenwirken verschiedener Baustoffe und Bauteile abhängt, ist eine besonders sorgfältige Planung erforderlich. Maßnahmen für den Wärmeschutz entsprechen nur unter bestimmten Voraussetzungen denen des Schallschutzes. Grundlagen und Vorschriften finden sich in DIN 4109.

1.4.9.1 Begriffe

a) Beim **Luftschall** breiten sich die Schallwellen in der Luft aus.

Beim **Körperschall** breiten sich die Schallwellen in festen Körpern aus.

Der **Trittschall** wird zunächst als Körperschall erzeugt und wird anschließend als Luftschall abgestrahlt.

Der **Schallpegel** ist ein Maß für die Schallstärke und wird berechnet aus dem Schalldruck p der Schallwellen gegenüber einem bei 1000 Hz gerade noch hörbaren Schalldruck p_0 nach der Formel

$$L = 20 \cdot \lg \frac{p}{p_0} \text{ [Dezibel = dB]}.$$

Die **Frequenz** f ist maßgebend für die Tonhöhe [Schwingungen je s oder Hertz (Hz)]. In der Bauakustik betrachtet man den Bereich von 100 bis 3150 Hz (5 Oktaven). Die Anforderungen für die Schalldämmung sind jeweils im oberen Frequenzbereich größer als im unteren, weil hohe Töne störender sind, von den Bauteilen jedoch zumeist mehr gedämmt werden als tiefe Töne.

b) Die **Schalldämmung** umfaßt alle Maßnahmen, die das Eindringen der Schallwellen **von außen** und von Nachbarräumen in den zu schützenden Raum behindern.

> Das **Schalldämm-Maß** R ergibt sich als Schallpegeldifferenz zwischen dem Pegel L_1 im Senderaum und dem Pegel L_2 im Empfangsraum nach der Formel*)
>
> $$R = L_1 - L_2 + 10 \lg \frac{S}{A}$$
>
> und kennzeichnet damit die Luftschalldämmung der Bauteile.
>
> Der **Norm-Trittschallpegel** L_n wird festgestellt als Schallpegel in einem Raum, dessen darüberliegende Decke mit einem genormten Hammergerät beklopft wird, und kennzeichnet damit die Trittschalldämmung der Decke.

*) In der Formel bedeuten S die Trennwandfläche zwischen den beiden Räumen und A die Schallabsorptionsfläche des leisen Raumes.

Bei der Schalldämmung muß nicht nur auf den direkten Schallweg, sondern auch auf indirekte Schallwege über die angrenzenden Wände und Decken (Schallängsleitung) geachtet werden; unter diesen Verhältnissen festgestellte Werte werden als **Bau-Schalldämm-Maß R′** bzw. als Norm-Trittschallpegel L'_n bezeichnet.

c) Die **Schallabsorption** umfaßt alle Maßnahmen, um den Schallpegel **innerhalb** eines Raumes zu vermindern.

1.4.9.2 Anforderungen und Maßnahmen

a) In DIN 52210 T 4 sind für die Bewertung von Meßergebnissen für die Luft- und Trittschalldämmung Bezugskurven B festgelegt worden, siehe Bilder 1.13a und b. In Einzahlangaben (bei 500 Hz abgelesen) entsprechen sie R = 52 dB bzw. L_n = 60 dB. Die Kurven B sind so weit zu den Kurven B_v zu verschieben, bis die mittlere Unterschreitung u (beim Luftschall) bzw. Überschreitung $ü$ (beim Trittschall) durch die Meßkurve M gerade 2 dB beträgt. Ebenfalls bei 500 Hz abgelesen, ergeben die Kurven B_v das **bewertete Schalldämm-Maß** R_w oder R'_w bzw. den **bewerteten Norm-Trittschallpegel** $L_{n,w}$ oder $L'_{n,w}$, wie im Beispiel der Bilder 1.13a und b R_w = 41 dB bzw. $L_{n,w}$ = 48 dB.

Mit dem bewerteten Norm-Trittschallpegel wird das **Trittschallschutzmaß TSM** errechnet zu

$$\text{TSM} = 63\,\text{dB} - L_{n,w};$$

im Beispiel von Bild 1.13b

$$\text{TSM} = 63 - 48 = 15\ \text{dB}.$$

In DIN 4109 finden sich die Mindestanforderungen an das bewertete Bau-Schalldämm-Maß und das Trittschallschutzmaß für Bauteile von Wohnhäusern und anderweitig genutzten Gebäuden, Vorschläge für einen erhöhten Schallschutz sowie Richtwerte für den Schallschutz im eigenen Wohn- und Arbeitsbereich.

b) Für eine ausreichende **Luftschalldämmung** zwischen Wohnungen muß das bewertete Bau-Schalldämm-Maß je nach Bauteil zwischen 52 dB und 67 dB liegen.

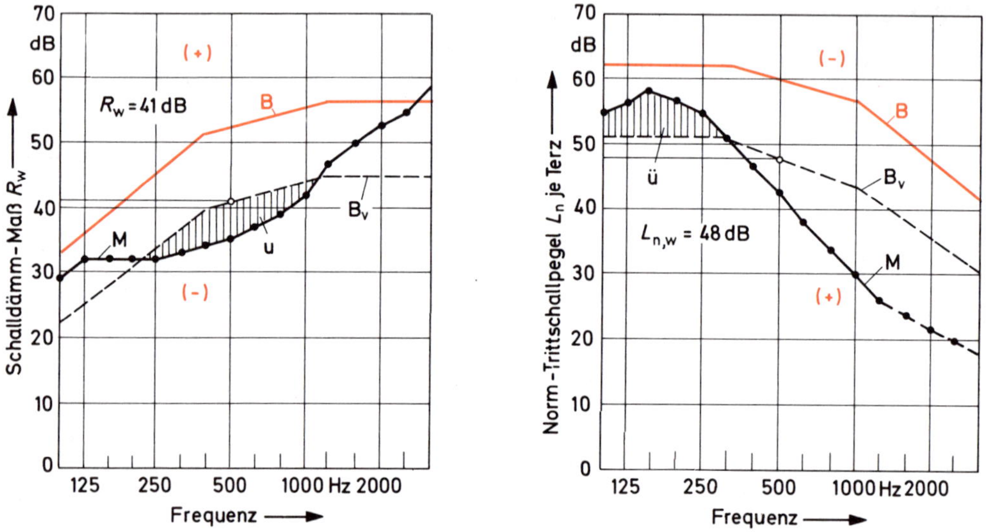

a) für die Luftschalldämmung

b) für die Trittschalldämmung

Bild 1.13 Beispiele für die Bewertung von Meßergebnissen [10]

Die geforderte Luftschalldämmung läßt sich erreichen durch schwere, dichte Bauteile ohne Hohlräume. Die flächenbezogene Masse von Decken (Rohdecke ohne Estrich) sollte etwa 400 kg/m^2 betragen, die von Wohnungstrennwänden rund 500 kg/m^2. Bei zweischaligen Doppel- und Reihenhaustrennwänden aus zwei biegesteifen Schalen sollte die Gesamtmasse mindestens 500 kg/m^2, der Schalenabstand mindestens 30 mm betragen, die Fuge sollte mit Mineralfaser gefüllt sein.

Auch zum Schutz gegen Außenlärm gelten für Außenbauteile je nach Nutzung der Räume und dem Außenlärmpegel Mindestwerte von 30 bis 55 dB für Außenwände und 25 bis 50 dB für Fenster. Dabei müssen Türen und Fenster dicht schließen, siehe 4.5.3.

c) Das Trittschallschutzmaß für Decken muß i. a. mindestens 10 dB betragen, bei Wohnungstrenndecken in Doppel- und Reihenhäusern 15 dB. Für eine ausreichende **Trittschalldämmung** reichen alle einschaligen, auch schweren Decken nicht aus. Da im Wohnungsbau weichfedernde Beläge zur Verbesserung der Trittschalldämmung nicht angerechnet werden dürfen, sind dort generell **schwimmende Estriche** nach 5.6.5 und 7.3.1 erforderlich, um ein bestimmtes Trittschallverbesserungsmaß VM zu erreichen.

Die Wirkung eines **schwimmenden Estrichs** hängt vor allem von einer möglichst geringen dynamischen Steifigkeit der Dämmstoffe ab (siehe 9.1 und 8.3.2a); die Rechenwerte von VM liegen zwischen 20 und 34 dB. Die Funktion der Dämmstoffe darf nicht durch **Schallbrücken** beeinträchtigt werden, das sind feste Verbindungen des Estrichs zur Rohdecke, zu Wänden oder zu anderen mit der Rohdecke fest verbundenen Bauteilen, z. B. Rohrleitungen oder Heizkörperständern.

d) Der Schallpegel von haustechnischen Anlagen gegenüber Wohn- und Schlafräumen darf höchstens 35 dB betragen. Einschalige Wände,

an denen Wasserinstallationen befestigt werden, müssen mindestens 220 kg/m^2 schwer sein. Liegen solche Wände direkt an fremden Wohn- und Schlafräumen im selben Geschoß oder im Geschoß darüber oder darunter, so muß der Armaturengeräuschpegel der Armaturengruppe I entsprechen.
e) Eine **Schallabsorption** kann erreicht werden, wenn durch Schallschluckstoffe mit poröser oder löchriger Oberfläche an den Rauminnenflächen die Reflexion der Schallwellen herabgesetzt wird. Bei Anordnung solcher Baustoffe an der Rückwand und an der Decke kann der Nachhall in einem Raum reguliert und die Hörsamkeit verbessert werden.

1.4.10 Emissions- und Strahlenschutz

Durch einige Bau- und Bauhilfsstoffe kann die Gesundheit gefährdet, in besonderen Fällen jedoch auch zusätzlich geschützt werden.
a) Gesundheitsgefährlich für die Atmungsorgane, z.T. auch für die Haut und die Augen, sind **Emissionen** von Formaldehyd aus eingebauten Baustoffen, vor allem mit Harnstoff-Formaldehyd *UF*, von Feinstaub bei der Bearbeitung von Baustoffen mit mineralischen Fasern, vor allem Asbestfasern, beim Metallschweißen, von Lösungsmitteldämpfen aus Kaltbitumen und einigen Kunststoffen und Lacken sowie von Holzschutzmitteln. Außer den in verschiedenen Abschnitten dieses Buches angegebenen Vorschriften oder Hinweisen sind jeweils auch die Angaben auf der Verpackung und die entsprechenden Vorschriften der Berufsgenossenschaften sorgfältig zu beachten.
b) Besonders gefährlich sind **radioaktive Strahlen,** wie sie in der Medizin, Forschung, Industrie und vor allem in Kernkraftwerken als Röntgen-, Elektronen-, und γ-Strahlen sowie als Neutronen entstehen. Die Abschwächung auf die für Menschen zulässige Strahlenbelastung erfolgt auch durch Baustoffe vor allem mit großer Dichte, wie Blei und Schwerbeton, bzw. gegen Neutronen mit hohem Wassergehalt, siehe 5.5.
c) Unter dem Stichwort «Baubiologie» werden bestimmten Baustoffen gesundheitsgefährdende Eigenschaften unterstellt. Nach wissenschaftlichen Untersuchungen haben jedoch die Konstruktion der Gebäude und die Baustoffe keinen spürbaren Einfluß auf die Abschirmung der geringen elektrischen Felder von außen und damit auf ein davon abhängiges Befinden des Menschen; durch das Bewohnen und die elektrischen Installationen und Geräte entstehen, unabhängig von den Baustoffen, wesentlich stärkere elektrische Felder.

Auch von der sehr geringen Radioaktivität der bei uns erzeugten Baustoffe gehen keine Gefahren für die Gesundheit aus: Die höhere Radioaktivität in Innenräumen gegenüber im Freien kommt vor allem aus dem radioaktiven Edelgas Radon aus dem Untergrund. Sie ist an Standorten mit hoher terrestrischer Strahlung, z. B. im Bayerischen Wald oder im Fichtelgebirge, besonders hoch. Die radioaktive Exhalation aus Baustoffen, die ja aus Rohstoffen aus der Erdkruste gewonnen werden, ist dagegen von untergeordneter Bedeutung. Durch dichte Kellerwände und -decken sowie durch Lüften kann die Radioaktivität in Innenräumen stark vermindert werden.

Bei Beachtung von a) und der Normen für Aufenthaltsräume bezüglich Feuchte-, Wärme- und Schallschutz ist eine zusätzliche «baubiologische» Überprüfung der Baustoffe weder notwendig noch in den Vorschriften vorgesehen.

1.5 Gewährleistung der Eigenschaften

Es besteht ein allgemeines Interesse, daß die Güte der Baustoffe, die alle verlangten Eigenschaften umfaßt, tatsächlich eingehalten wird, und daß die Baustoffe mit einer hohen Gleichmäßigkeit ohne zu große Streuung geliefert werden.

1.5.1 Gütenachweis und Güteüberwachung

In den Normen u. a. (siehe 1.3) ist im einzelnen der Umfang der Prüfungen vorgeschrieben, mit denen der Nachweis für die Güte der Baustoffe erbracht werden muß. Bei den meisten Baustoffen ist dazu eine Güteüberwachung, beste-

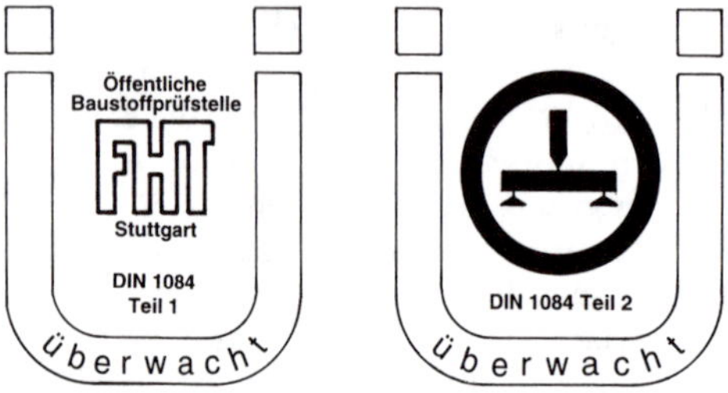

Materialprüfungsanstalten — Güteschutz Beton- und Stahlbetonfertigteile e.V.

Bild 1.14 Überwachungszeichen

hend aus Eigen- und Fremdüberwachung, durchzuführen.

a) Im Rahmen der **Eigenüberwachung** werden in der Regel vom Baustoffhersteller selbst laufend die notwendigen Prüfungen vorgenommen. In den Werkstagebüchern sind auch weitere für eine gleichmäßige Produktion wichtige Daten festzuhalten. Außerdem sind in bestimmten Zeitabständen die Produktions- und Prüfeinrichtungen zu kontrollieren.

b) Die **Fremdüberwachung** kann entweder durch eine Überwachungsgemeinschaft oder durch eine Prüfstelle, z. B. einer Hochschule, durchgeführt werden, die bauaufsichtlich dazu anerkannt sein müssen. Die fremdüberwachende Stelle prüft insbesondere, ob das Fachpersonal und die Einrichtungen eine ordnungsgemäße Baustoffproduktion gewährleisten, ob bei der Eigenüberwachung alle notwendigen Feststellungen getroffen werden und ob sie den Anforderungen genügen. Die Kontrolle kann durch Prüfungen der fremdüberwachenden Stelle ergänzt werden. Eine erfolgreiche Güteüberwachung kann äußerlich durch ein Überwachungszeichen auf Verpackung, Lieferscheinen usw. sichtbar gemacht werden (Bild 1.14). Bei einer wiederholten Beanstandung ist die Bauaufsichtsbehörde zu verständigen.

1.5.2 Streuung und Statistik

Bei vielen Eigenschaften der Baustoffe muß zum einen ein bestimmter Mittelwert der Prüfergebnisse erreicht werden, zum anderen müssen die Einzelwerte innerhalb bestimmter Grenzen liegen, um Fehlproduktionen auszuschließen.

a) Die **Streuung** der Prüfergebnisse ist zunächst durch schwankende Eigenschaften der Baustoffe bedingt (Materialstreuung). Man darf jedoch nicht vergessen, daß jedes Prüfergebnis auch mit Prüffehlern, verursacht durch die Prüfer und die Prüfeinrichtungen, behaftet ist (Prüfstreuung). Durch genaue Beachtung der Prüfvorschriften (siehe 1.4) und durch Verwendung von Prüfeinrichtungen im vorgeschriebenen Zustand wird die Prüfstreuung möglichst gering gehalten.

b) Da die Größe der Streuung einer Produktion an wenigen Proben nicht zuverlässig festgestellt werden kann, bedient man sich auch im Bauwesen bei der Qualitätskontrolle der Sta-

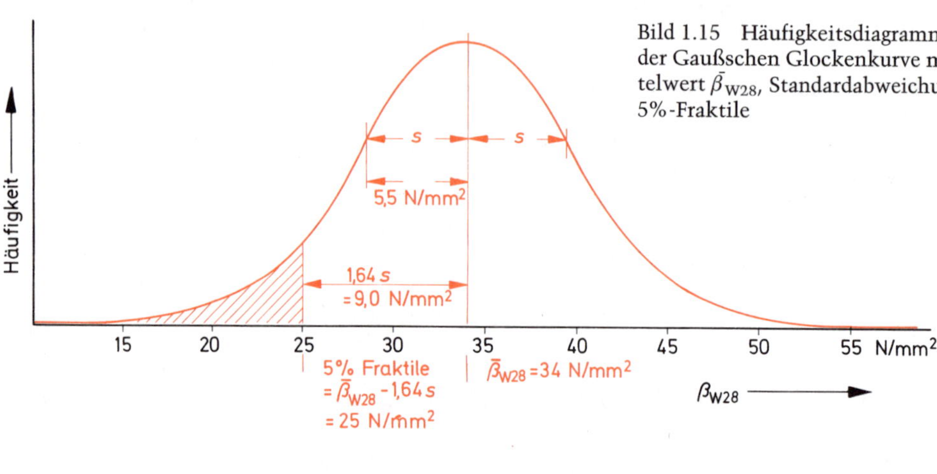

Bild 1.15 Häufigkeitsdiagramm in Form der Gaußschen Glockenkurve mit Mittelwert $\bar{\beta}_{W28}$, Standardabweichung s und 5%-Fraktile

tistik. Um einigermaßen auf die Qualitätsstreuung der Gesamtproduktion schließen zu können, sollte man von jeder Baustoffsorte, gleichmäßig über eine längere Zeit verteilt, mindestens 30 Stichproben prüfen.

Aus den n Einzelwerten $x_1, x_2, \ldots x_i, \ldots x_n$ werden der **Mittelwert** $\bar{x}$ und, als Maß für die Streuung, die **Standardabweichung** s zu

$$s = \sqrt{\frac{1}{n-1} \sum_{i=1}^{n} (x_i - \bar{x})^2}$$

errechnet. Bild 1.15 zeigt ein schematisches Häufigkeitsdiagramm von Betonwürfeldruckfestigkeiten im Alter von 28 Tagen im Rahmen einer Güteprüfung mit dem Mittelwert $\bar{\beta}_{w28}$ und der Standardabweichung s. Bei schmaler Glockenkurve ist die Standardabweichung gering und die Baustoffproduktion besonders gleichmäßig.

Bei genügend vielen Proben kann aus dem Diagramm mit großer Wahrscheinlichkeit auf die Gesamtproduktion geschlossen werden. Im Bauwesen läßt man in der Regel noch 5% Schlechtanteil zu (schraffierte Fläche in Bild 1.15). Der untere Grenzwert wird auch als **5%-Fraktile** bezeichnet; bei der oberen Grenze spricht man von der 95%-Fraktile.

Ist die Gesamtproduktion ähnlich der Gaußschen Glockenkurve normalverteilt, was meist zutrifft, errechnet sich

die 5%-Fraktile zu $\bar{x} - 1{,}64\,s$,
die 95%-Fraktile zu $\bar{x} + 1{,}64\,s$.

Bei Baustoffen werden die Festigkeitsklassen nach der mindestens verlangten Fraktile bezeichnet, bei Beton z. B. nach der 5%-Fraktile, auf die sich die Rechenfestigkeit β_R und der Sicherheitsabstand für die zulässige Spannung beziehen, siehe 1.4.4b und c. Bei den Prüfungen müssen außer dieser Mindestfestigkeit auch ganz bestimmte Werte für den Mittelwert eingehalten werden.

Für die Aufzeichnung eines Häufigkeitsdiagrammes werden die Einzelergebnisse in etwa $\sqrt{2n}$ gleich große Klassen eingeteilt und als Kreuze in das untere Häufigkeitsnetz eingetragen, siehe Bild 1.16 unten. Damit kann die weitere Auswertung bei normal verteilter Gesamtproduktion auch grafisch vorgenommen werden. Aus der Häufigkeit jeder Klasse wird, von links beginnend, die Summenhäufigkeit bestimmt und in % umgerechnet. Die letzteren Werte werden in das obere Wahrscheinlichkeitsnetz eingetragen und eine vermittelnde Gerade gezogen, wobei die äußersten Punkte weniger zu berücksichtigen sind. Der Mittelwert wird bei 50% Summenhäufigkeit abgelesen, die 5%-Fraktile bei 5% Summenhäufigkeit. Die Standardabweichung ergibt sich als Differenz zwischen den Ablesungen bei 50 und 16% oder 50 und 84% Summenhäufigkeit.

Rechenbeispiel: Auf einer Baustelle wurden aus der gleichen Betonsorte, gleichmäßig über den Einbau des Betons verteilt, 40 Würfel mit 200 mm Kantenlänge hergestellt; im Alter von 28 Tagen ergaben sie folgende Druckfestigkeiten in N/mm^2:

34,8	35,6	36,0	34,0	38,9	37,3	35,7	33,4,
27,2	32,8	30,2	31,5	33,1	32,0	34,3	36,8,
35,7	32,5	30,7	31,5	33,8	33,3	35,5	37,2,
42,5	40,8	36,3	32,1	32,6	28,3	31,7	33,4,
29,8	31,1	33,8	34,9	39,2	41,6	37,5	36,7.

Die rechnerische Lösung ergibt:

$\bar{x} = 34{,}4\,\text{N/mm}^2$
$s = 3{,}4\,\text{N/mm}^2$
$\beta_{5\%} = 34{,}4 - 1{,}64 \cdot 3{,}4 = 28{,}8\,\text{N/mm}^2$

Die grafische Lösung nach Bild 1.16 ergibt nahezu gleiche Werte. Weitere Beurteilung in Abschnitt 5.3.1a, Beispiel C.

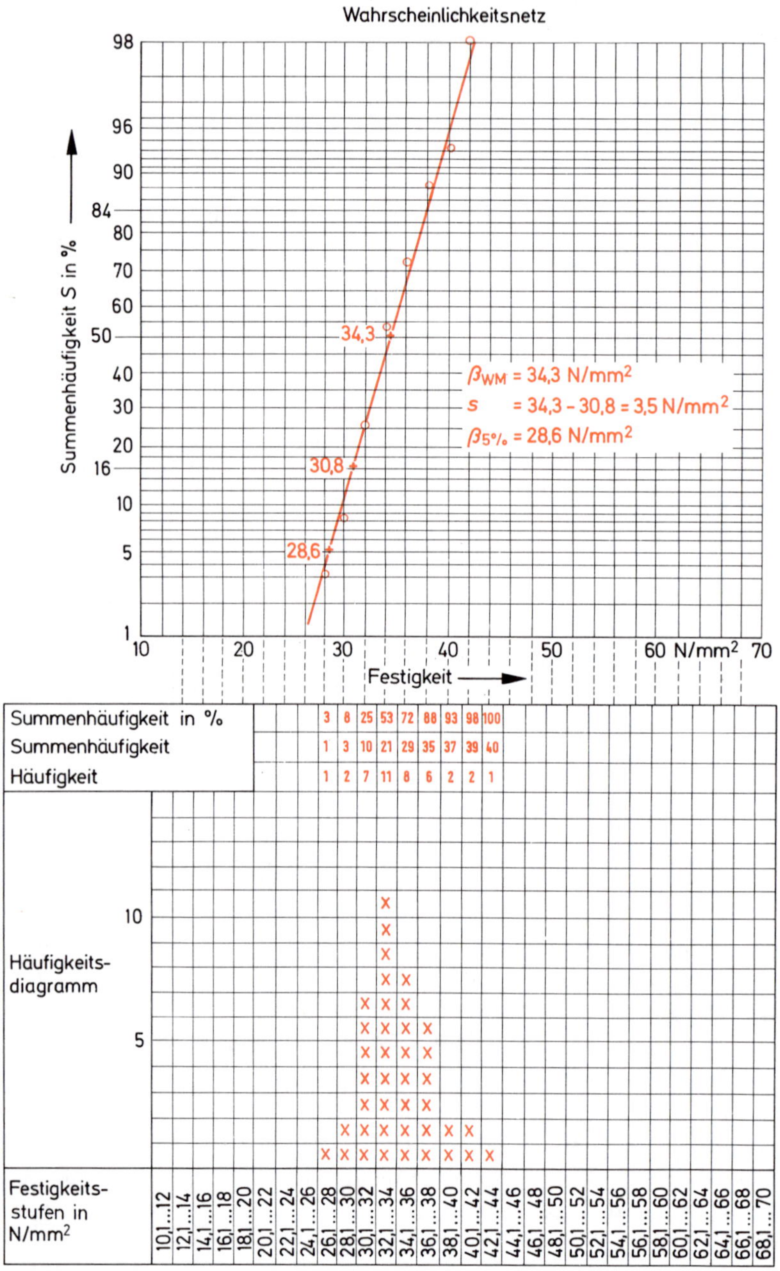

Bild 1.16 Ermittlung der statistischen Kennwerte β_{WM}, $\beta_{5\%}$ und s der Betondruckfestigkeit mit Hilfe des Häufigkeitsdiagrammes und des Wahrscheinlichkeitsnetzes

2 Natursteine

Natursteine kommen in großer Mannigfaltigkeit vor. Sie werden nach wie vor im Bauwesen als bearbeitete Naturwerksteine oder zerkleinert als Schotter und Splitt für vielerlei technische Aufgaben verwendet. Bei Mauersteinen und Bekleidungsplatten im Hochbau wird außer einer guten architektonischen Wirkung vor allem ein dauerhafter Schutz der Bauwerke gegen Witterungseinflüsse und mechanische Einwirkungen erwartet, bei Treppen, Pflaster und Bordsteinen außerdem ein hoher Verschleißwiderstand. Zur Verringerung der Rutschgefahr sollte die Oberfläche griffig bleiben. Schotter und Splitt verbessern im Tiefbau die Stabilität der Konstruktionen, als Zuschlag zu Beton und bituminösem Mischgut auch deren Tragfähigkeit, Verschleißwiderstand und Griffigkeit.

2.1 Aufbau der Natursteine, Hinweise für die Auswahl

a) Die Natursteine bestehen aus verschiedenen Mineralien mit unterschiedlicher chemischer Zusammensetzung, Farbe, Festigkeit und Härte. Die Eigenschaften der Mineralien sind zusammen mit der Porosität maßgebend für die physikalischen, mechanischen und chemischen Eigenschaften der Natursteine. Das äußere Bild wird auch durch die Form und Größe von Kristallen und Einschlüssen bestimmt.

> Für die technischen Eigenschaften sind **günstig**: glänzende Bruchflächen, gleichmäßiges, mittel- bis feinkörniges Gefüge, **ungünstig**: matte, verfärbte Bruchflächen, Tongeruch, schiefriges oder grobkörniges Gefüge, Risse, schädliche Einsprengungen, hohe kapillare Saugfähigkeit.

b) Von Natursteinen, die im Freien den vielfachen ungünstigen Einwirkungen der Witterung ausgesetzt sind, wird vor allem eine gute Verwitterungsbeständigkeit verlangt (DIN 52106). Wesentlich dafür ist die Frostbeständigkeit, Anforderungen siehe Abschnitt 1.4.7.2b. Bei kalkhaltigen Gesteinen, die vor allem am Aufbrausen bei Salzsäureeinwirkung erkennbar sind, treten in kohlendioxid- und schwefeldioxidhaltiger Luft zusammen mit Feuchtigkeit folgende Reaktionen auf:

$CaCO_3 + H_2CO_3 \rightarrow Ca(HCO_3)_2$

(= lösliches Calciumhydrogencarbonat)

$CaCO_3 + H_2SO_4 + H_2O \rightarrow$

$CO_2 + CaSO_4 \cdot 2\,H_2O$ (= löslicher Gips).

Die Wasseraufnahme sollte gering sein, damit die möglichen aggressiven Einwirkungen und Mängel (Ausblühungen, Auslaugungen, Verschmutzungen) in erträglichen Grenzen bleiben. Das tatsächliche Verhalten der Natursteine sollte nach Möglichkeit an besonders exponierten Teilen von ausgeführten Bauwerken beobachtet werden.

c) Bei der Auswahl von Natursteinen muß auch der notwendige und je nach Härte (siehe Abschnitt 1.4.5.1) oft sehr unterschiedliche Aufwand für die Bearbeitung berücksichtigt werden.

2.2 Natursteinarten, Eigenschaften und Anwendung

Normen für Natursteine sind insbesondere DIN 52100 bis 52115. In Tabelle 2.1 finden sich Richtwerte nach DIN 52100 für die wichtigsten technischen Eigenschaften der verschiedenen, nach ihrer Entstehung unterteilten Gesteinsgruppen. Bei Schotter bzw. Splitt wird außerdem eine Schlagprüfung durchgeführt, bei der eine bestimmte Probemenge in einem Mörser durch 20 bzw. 10 Schläge eines Fallbären aus 420 bzw. 370 mm Höhe beansprucht und anschließend durch Siebversuche als Maß für die Schlagfestigkeit der Zertrümmerungswert festgestellt wird, siehe auch Abschnitte 1.4.4.4c und 7.2.1.

Für die verschiedenen Gesteine werden im folgenden einheimische Vorkommen genannt. Für Werksteine werden Tiefengesteine, Mar-

Tabelle 2.1 Eigenschaften der Natursteine, Richtzahlen nach DIN 52 100

Gesteinsgruppen	Rohdichte kg/dm³	Wasseraufnahme (scheinbare Porosität) Raum-%	Druckfestigkeit N/mm²	Schleifverschleiß mm (cm³/50 cm²)
Magmatische oder **Erstarrungsgesteine**				
Granit, Syenit, Porphyr	2,55 ··· 2,80	0,4 ··· 1,8	160 ··· 300	1 ··· 1,6 (5 ··· 8)
Diorit, Gabbro, Diabas	2,80 ··· 3,00	0,3 ··· 1,2	170 ··· 300	1 ··· 1,6 (5 ··· 8)
Basalt, Melaphyr	2,95 ··· 3,00	0,2 ··· 0,8	250 ··· 400	1 ··· 1,7 (5 ··· 8,5)
Basaltlava	2,20 ··· 2,35	9 ··· 24	80 ··· 150	2,4 ··· 3 (12 ··· 15)
Sedimentgesteine				
Quarzit, dichte kieselige Sandsteine	2,60 ··· 2,65	0,4 ··· 1,3	120 ··· 300	1,4 ··· 1,6 (7 ··· 8)
sonstige Sandsteine[1])	2,00 ··· 2,65	0,5 ··· 24	30 ··· 180	2 ··· 2,8 (10 ··· 14)
dichte Kalksteine einschl. Marmor[1]) Dolomite	2,65 ··· 2,85	0,4 ··· 1,8	80 ··· 180	3 ··· 8 (15 ··· 40)
Travertin	2,40 ··· 2,50	4 ··· 10	20 ··· 60	–
Tuffsteine[1])	1,80 ··· 2,00	12 ··· 30	20 ··· 30	–
Metamorphe oder **Umwandlungsgesteine**				
Gneis	2,65 ··· 3,00	0,3 ··· 1,8	160 ··· 280	0,8 ··· 2 (4 ··· 10)
Serpentin[1])	2,60 ··· 2,75	0,3 ··· 1,8	140 ··· 250	1,6 ··· 3,6 (8 ··· 18)
Dachschiefer	2,70 ··· 2,80	1,4 ··· 1,8	Biegezugfestigkeit 50 ··· 80	–

[1]) zum Teil nicht frostbeständig.

more und Umwandlungsgesteine auch aus anderen europäischen Staaten bezogen.

2.2.1 Erstarrungsgesteine

Je nach Abkühlungsgeschwindigkeit beim Erstarren ist das Gefüge grobkristallin bis feinkristallin. Bei einem Kieselsäuregehalt von über 65%, z. B. Granit, wird das Gestein als «sauer», bei weniger als 52%, z. B. Gabbro, Basalt, Diabas, als «basisch» bezeichnet.

Einzelheiten über die verschiedenen Erstarrungsgesteine finden sich in Tabelle 2.2.

> Gesteine mit hohem Quarzgehalt sind heller, leichter und etwas spröder als mit geringem Quarzgehalt. Mit Ausnahme von Basaltlava und Trachyt gelten die Erstarrungsgesteine als Hartgesteine.

Vorkommen dieser Gesteine: Bayerischer Wald, Eifel, Fichtelgebirge, Harz mit Vorland, Hegau, Hunsrück, Oberpfälzer Wald, Odenwald, Pfalz, Rheinisches Schiefergebirge, Rhön, Sachsen, Schwarzwald, Spessart, Vogelsberg, Westerwald u. a.

Tabelle 2.2 Erstarrungsgesteine

Steinart	Mineralien	Farbe	Eigenschaften	ungünstig	hauptsächliche Verwendung
Tiefengesteine: Langsam abgekühlt, daher grobkristallin					
Granit	Feldspat, Quarz (hart), Glimmer (weich)	grau bis rot	meist sehr dicht, hart und beständig, polierfähig, Verschleißfläche immer rauh	zu grobkörnig, matte verfärbte Flächen (Schwefelkies), zuviel Glimmer	Werksteine, Bordsteine und Pflaster, Splitt und Schotter
Syenit Diorit Gabbro	Feldspat, Glimmer, Augit und Hornblende	dunkelgrün bis schwarz, z. T. gesprenkelt	ähnlich Granit		
Ganggesteine: Mit größeren Kristallen in feinkristalliner Grundmasse					
Porphyr	Quarz und Feldspat	meist rötlich	meist sehr hart und beständig, polierfähig	geringer Quarzgehalt, mürbe Grundmasse, Tongeruch	Werksteine, Pflaster, Splitt und Schotter
Ergußgesteine: Rasch abgekühlt, daher feinkristallin					
Basalt	Augit und Hornblende	dunkel bis schwarz	sehr dicht, hart und beständig, Verschleißfläche glatt	Einsprenglinge und helle Flecken («Sonnenbrenner»)	Splitt und Schotter, Schmelzbasalt, Steinwolle
Basaltlava und Basalttuffe		blaugrau	porig, leichter bearbeitbar	–	Werksteine, Treppen
Trachyt	vorwiegend Feldspat	grau	dicht bis porig, leichter bearbeitbar	bei hellgrauer Farbe weniger beständig	Werksteine, Traßmehl
Diabas	Feldspat und Augit	grünlich	meist hart und beständig	schwaches Aufbrausen mit HCl	Werksteine, Splitt und Schotter

2.2.2 Sandsteine, Konglomerate, Breccien und Quarzite

Diese Sedimentgesteine sind verfestigte Ablagerungen von mechanisch verwitterten Ausgangsgesteinen.

a) Für die **Sandsteine** sind die zahlreichen Sandkörnchen kennzeichnend, meist aus Quarz, teilweise auch aus Feldspat- und Glimmerteilchen, die durch ein Bindemittel verkittet sind. Besonderheiten der verschiedenen Sandsteine sind in Tabelle 2.3 zusammengestellt. Verwendung meist als Werksteine, aus härteren Sandsteinen, z. B. Grauwacke, auch Kleinpflaster, Schotter und Splitt.

Die Beschaffenheit des Bindemittels ist nicht nur für die Farbe des Sandsteins entscheidend, sondern vor allem auch für die Festigkeit und Beständigkeit:

Bei **kieseligem** Bindemittel ist mit hoher Festigkeit und Beständigkeit zu rechnen.

Kalkiges oder dolomitisches Bindemittel ergibt wohl im allgemeinen noch eine gute Festigkeit und Frostbeständigkeit, wird aber durch säurehaltige Luft angegriffen.

Toniges Bindemittel führt zu geringer Festigkeit und Frostbeständigkeit.

Tabelle 2.3 Sandsteine

Steinart	Vorkommen	Farbe	Bindemittel	Gefüge
Grauwacke	Sauerland, Harz, Lausitz	grau bis braun	überwiegend quarzitisch	dicht, z. T. mit Einschlüssen
Karbon-sandstein	Ruhr, bei Osnabrück	gelblich-grau	kieselig	feinkörnig
Buntsandstein	Eifel, Odenwald, Pfalz, Schwarzwald, Unterfranken, Weserland	rötlich	Eisenverbindungen, z. T. verkieselt	fein- bis mittel-körnig
Schilfsandstein	Oberfranken, Württemberg	grünlich, gelblich, rot geflammt	tonig bis kieselig	feinkörnig
Stuben-sandstein	Württemberg	weiß-gelblich, z. T. mit braunen Flecken	kalkig bis kieselig	grobkörnig
Burgsandstein	Mittelfranken, Thüringen	rötlich-weißgrau	kieselig	grobkörnig, z. T. porig
Rätsandstein	Oberfranken, Pfalz, Württemberg	hellgelb bis braun	kieselig	feinkörnig
Oberkirchner und Elb-Sand-stein	Weserland Elbsandsteingebirge	graugelblich	kalkig bis kieselig	feinkörnig
Flysch-Sandstein	Allgäu	grünlich bis blaugrau	kalkig bis kieselig	feinstkörnig

Mit Rot- oder Brauneisen als Bindemittel sind die Sandsteine meist fest und beständig. Sie erhalten dadurch eine rötliche Farbe, mit glaukonitischen Bindemitteln (aus FeAl-Silikaten) eine grüne Farbe.

b) **Konglomerate** bestehen aus festverkitteten Kieskörnern, z. B. Nagelfluh in den Alpen, Breccien aus verkitteten gebrochenen Gesteinsteilen. Sie werden als Werksteine benutzt.

c) Die **Quarzite** bestehen aus verwachsenen Quarzkristallen. Da sie weitgehend durch Umwandlungen von Sandsteinen entstanden sind, werden sie teilweise auch zu den Umwandlungsgesteinen gerechnet, siehe Abschnitt 2.2.4. Sie besitzen eine hellgraue bis weiße Farbe und zählen ebenfalls zu den Hartgesteinen. Auch als zerkleinerter Quarzitsand und Quarzitmehl finden sie im Bauwesen weitgehende Anwendung, z. B. bei feuerfesten Steinen, Glas, Beton und dampfgehärteten Baustoffen. Vorkommen: Harz, Rheinisches Schiefergebirge, Taunus, Alpen.

2.2.3 Kalksteine und Dolomite

Diese Sedimentgesteine sind aus Lösungen von Verwitterungsprodukten anderer Gesteine sowie vielfach auch durch Organismen entstanden. Die verschiedenen Steinarten sind in der Tabelle 2.4 beschrieben. Wegen der leichteren Bearbeitbarkeit werden vor allem Werksteine hergestellt, aus dichten Gesteinen auch Schotter und Splitt.

a) **Kalksteine** bestehen vorwiegend aus $CaCO_3$, teilweise auch mit Beimengungen von $MgCO_3$, Eisenverbindungen und Ton. Technisch wird jeder polierbare Kalkstein mit gewissen Beimengungen oder mit Adern als Marmor be-

Tabelle 2.4 Kalksteine und Dolomite

Steinart	Vorkommen	Farbe	Gefüge
Kalksteine			
Marmor	Alpen, Eifel, Fichtelgebirge, Hessen, Westfalen	verschiedenfarbig, z. T. mit Adern, «marmoriert»	dicht, bei echtem Marmor körnig-kristallin
Muschelkalk (insbesondere Trochitenkalk)	Unterfranken, Württemberg, Thüringen	grau bis graublau bzw. gelbbraun	mit Versteinerungen, teils porös, teils dicht (z. B. Blaubank)
Jurakalk (weißer Jura)	Fränkischer und Schwäbischer Jura	weiß, hellgelb, hellgrau	z. T. porig und mit Versteinerungen, z. T. dicht
Juraschiefer	Fränkischer Jura (Solnhofen)	grau bis gelb	schiefrig, mit tonhaltigen Zwischenschichten
Kalktuffe oder Travertine, meist als Ablagerungen kalkhaltiger Quellen entstanden			
	Baden-Württemberg, Thüringen	hellgrau, gelblich, z. T. mit braunen Streifen	grob- bis feinporig
Dolomite			
	Oberfranken, Fränkischer Jura, Alpen	grau bis graublau und graubraun	i. a. dicht

zeichnet. Die «echten» Marmore sind kristallin und durch Umwandlungen von dichten Kalksteinen entstanden, siehe Abschnitt 2.2.4.

> Dichte Kalksteine und auch grobporige Kalksteine (Travertine) besitzen in der Regel eine gute Festigkeit und Frostbeständigkeit. Sie sind jedoch an der Oberfläche mehr oder weniger empfindlich gegen Verschleiß und säurehaltige Luft.

Die geringe Härte erleichtert die Bearbeitung. Manche Marmore sowie Juraschiefer und weiche, feinporige Kalktuffe sind nicht witterungsbeständig.

Die Kalksteine sind außerdem wichtige Rohstoffe für die Herstellung der Baukalke und der Zemente, siehe Abschnitte 5.1.1 und 5.1.2.

b) **Dolomite** bestehen aus $CaMg(CO_3)_2$. Sie sind i. allg. härter und beständiger als die Kalksteine.

2.2.4 Umwandlungsgesteine

Die ursprüngliche Struktur und häufig auch der Mineralbestand wurden bei diesen Gesteinen durch spätere Einwirkungen, wie hoher Gebirgsdruck oder Hitze, verändert. Teilweise werden auch die unter Abschnitt 2.2.2c und 2.2.3a beschriebenen Quarzite und «echten» Marmore zu den Umwandlungsgesteinen gerechnet. Manche Umwandlungsgesteine sind deutlich schichtig oder auch schiefrig. Durch einfaches Spalten können daher plattenförmige Baustoffe gewonnen werden. Sie sind jedoch u.U. empfindlicher gegen Frosteinwirkung.

a) **Gneis** entspricht im großen und ganzen einem geschichteten Granit (siehe Abschnitt 2.2.1); er sollte möglichst glimmerarm sein. Vorkommen: Alpen, Fichtelgebirge, Sachsen, Schwarzwald. Die Anwendung ist ähnlich wie bei Granit.

b) **Serpentin** besteht aus verwitterten Magnesiumsilikaten und ist grünschwarz, ziemlich weich und nicht wetterbeständig. Vorkommen: Alpen. Anwendung: Platten für Innenbekleidung.

c) **Schiefer** sind verfestigte Tone, deren Eigenschaften weit gestreut sind. Bei Dachschiefer muß der Ton eine innige, feste Verbindung mit feinstem Quarz und Glimmer eingegangen sein. Erst dann ist die notwendige Biegefestigkeit, Wasserdichtheit und Frostbeständigkeit vorhanden. Er ist meist grau bis graublau. Ungünstig sind matter Glanz, Härteverminderung bei Wasserlagerung sowie Gehalt an Kalk, Schwefelkies und organischen Stoffen. Maßgebend sind DIN 52201 bis 52206. Vorkommen: Harz, Rheinisches Schiefergebirge, Thüringer Wald. Anwendung: Dacheindeckung, Außenwandbekleidung.

2.3 Verarbeitung der Natursteine

2.3.1 Naturwerksteine

Die Naturwerksteine werden aus Gesteinsblöcken mit Steinsägen, bei plattigen und schiefrigen Gesteinen teilweise auch durch einfaches Spalten als Mauersteine oder Platten gewonnen. Die Sichtflächen werden zumeist noch maschinell oder manuell in verschiedenster Weise bearbeitet, z. B. scharriert oder poliert. Auch der Einbau erfordert besondere Erfahrung. Werksteine aus Schicht- und Umwandlungsgesteinen sollten grundsätzlich so verlegt werden, daß die Lagerfugen parallel zur ursprünglichen horizontalen Lage im Steinbruch bzw. zu einer möglichen Schichtfuge sind. Weichere und saugende Gesteine sollten zur Verhütung von Ausblühungen nur mit hydraulischem Kalkmörtel oder Traßkalkmörtel verlegt werden. Wegen der Besonderheiten für den Einbau von Fassadenbekleidung ist DIN 18515 zu beachten, siehe auch Abschnitte 1.4.6.4, 5.6.4 und 6.2.3.2a.

Zur Verminderung ungünstiger Witterungseinflüsse sollten alle Außenflächen möglichst eben gestaltet werden. Anstrichstoffe (Imprägnierungen) zur weiteren Verbesserung der Witterungsbeständigkeit empfindlicher Natursteine müssen wasserabweisend und gleichzeitig wasserdampfdurchlässig sein, z. B. Siliconharze, Silane und Akrylharze, siehe Abschnitt 8.3.4a.

2.3.2 Schotter, Splitt und Brechsand

Schotter (von 32 bis 56 mm Größe), Splitt (von 2 bis 32 mm) und ggf. Brechsand (0 bis 2 mm) werden aus dem gesprengten Gestein in mehreren Arbeitsgängen durch Zerkleinerung in Brechmaschinen gewonnen und durch Siebmaschinen in Korngruppen getrennt. Mit Prall- und Kreiselmühlen läßt sich die vor allem bei Edelsplitt geforderte günstige gedrungene Kornform (Verhältnis Länge : Dicke ≤ 3) leichter erreichen. Dadurch wird auch die Schlagfestigkeit erhöht, siehe Abschnitt 2.2. Die Kornoberfläche sollte möglichst staubfrei sein.

Brechsand, Splitt, teilweise auch Schotter, in Lieferkörnungen abgesiebt, sowie ohne Zerkleinerung gewonnener Sand und Kies werden als Zuschlag für Beton (siehe Abschnitt 5.2.2) und bituminöses Mischgut (siehe Abschnitt 7.2.1a) verwendet. Auch mit nicht gebundenen Körnerhaufwerken, die maschinell durch statisch oder dynamisch wirkende Walzen verdichtet werden, lassen sich tragende Schichten im Straßenbau herstellen. Für eine hohe Tragfähigkeit günstig sind rauhe, unregelmäßige und scharfkantige Körner sowie eine gleichmäßige Kornabstufung. Die Anforderungen für diese Mineralstoffe im Straßenbau finden sich in den Technischen Lieferbedingungen (TL Min) sowie in den Technischen Vorschriften und Richtlinien für Ausführung von Tragschichten (TVT), für Frostschichten in den Zusätzlichen Technischen Vorschriften für Erdarbeiten im Straßenbau (ZTVE-StB). Für die Prüfung sind besondere Merkblätter MP Min, für die Güteüberwachung die Richtlinien Rg Min maßgebend.

Schotter wird außerdem im Gleisbau benutzt; noch grobkörnigere Steinschüttungen dienen im Wasserbau der Ufer- und Untergrundbefestigung.

3 Holz und Holzwerkstoffe

Als natürlicher organischer Baustoff kommt Holz in den meisten Regionen der Erde vor und wird vor allem wegen seiner geringen Masse und Wärmeleitfähigkeit, seiner hohen Zähigkeit und seiner leichten Bearbeitbarkeit geschätzt. Seine Formänderungen sind jedoch meist ziemlich groß, und seine Beständigkeit wird durch Feuchtigkeit, biologische Schädlinge und Feuer besonders gefährdet.

Holz ist nicht einfach zu normen, weil es aus verschiedenartigen Teilen aufgebaut ist, in verschiedenen Richtungen unterschiedliche Eigenschaften aufweist, also inhomogen und anisotrop ist, und mehr oder weniger große Holzfehler besitzen kann. Holzwerkstoffe werden hingegen aus kleinen Holzteilen zusammengesetzt, wodurch die unterschiedlichen Holzeigenschaften ausgeglichen werden können.

3.1 Aufbau des Holzes und Holzfehler

Die besonderen Eigenschaften des Holzes werden durch den von anderen Baustoffen abweichenden Aufbau bestimmt.

a) Der **makroskopische Aufbau** läßt sich am besten an den Schnittflächen in Bild 3.1 erkennen, und zwar am

Quer- oder **Hirnschnitt** rechtwinklig zur Stammachse (a),

Radial- oder **Spiegelschnitt** in der Stammachse (b) und

Tangential- oder **Sehnenschnitt** parallel zur Stammachse (c).

Die Holzmasse unserer Hölzer besteht aus einer Vielzahl von **Jahresringen,** die jährlich hinzugewachsen sind und deren Breite und Beschaffenheit von den klimatischen Verhältnissen während des Wachstums abhängen. Im Querschnitt erscheinen sie als konzentrische Ringe, im Radialschnitt als parallele, im Tangentialschnitt als parallele bis parabolische Streifen.

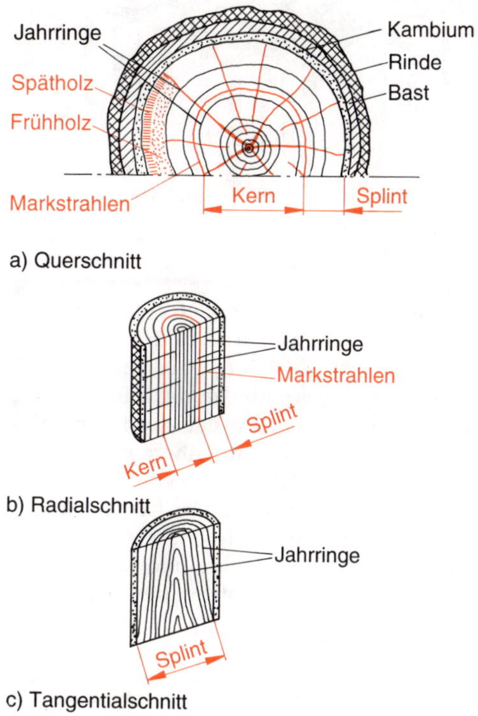

Bild 3.1 Schnittflächen eines Holzstammes

In jedem Jahrring heben sich nach Bild 3.2 mehr oder weniger deutlich voneinander ab:

Frühholz, im Frühjahr gewachsen, aus weiten dünnwandigen Zellen, daher heller und weicher, bei Eiche und Esche deutlich großporig («Nadelrisse» im Radialschnitt).

Spätholz, im Juli bis Oktober gewachsen, aus engen dickwandigen Zellen, daher dunkler und härter. Allgemein werden die Härte und Festigkeit des Holzes durch den Spätholzanteil bestimmt.

Der innere Teil des Stammes wird als Kern bezeichnet. Seine Zellen sind bei vielen Hölzern schon weitgehend mit Ablagerungsstoffen gefüllt.

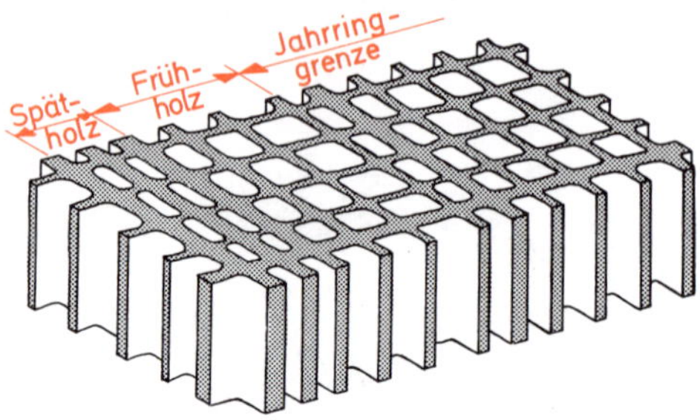

Bild 3.2 Ausbildung der Früh- und Spätholzzellen bei Nadelholz [4]

Das **Kernholz** besitzt bei gleicher Jahrringbreite eine höhere Dichte und Härte sowie einen geringeren Wassergehalt. Bei den sogenannten «Farbkernhölzern», z. B. Kiefer, Lärche oder Eiche, ist der Kern dunkel verfärbt. Im **Splint,** dem äußeren Stammteil, nahmen die Zellen noch voll am Stoffwechsel des Baumes teil. Das frische Holz enthält daher dort mehr Wasser und ist weicher und heller. Fichte und Kiefer besitzen jedoch im Kern oft breitere Jahrringe und damit weniger Spätholz als im Splint.

Von außen nach innen gerichtet verlaufen die **Markstrahlen.** Sie dienten dem horizontalen Austausch und der Speicherung von Nährstoffen. Bei Eiche und Buche sind sie ziemlich breit – im Radialschnitt als glänzende Streifen erkennbar – und erhöhen dadurch die Aufnahmefähigkeit für Holzschutzmittel.

Technisch ohne Bedeutung sind innen das Mark, außen das Kambium, in dem neue Zellen entstanden sind, sowie der Bast und die Rinde. Die letzteren beiden Schichten dienten dem lebenden Stamm vor allem als Schutz gegen Austrocknen, Temperaturschwankungen und Beschädigungen; sie werden bei Bauholz entfernt.

b) **Mikroskopisch** betrachtet sind die Holzzellen meist röhrenförmige Elemente. Sie hatten im lebenden Stamm ganz bestimmte Aufgaben: Die Frühholztracheiden (bei Nadelholz) und die Gefäße (bei Laubholz) dienten der Aufwärtsleitung von Wasser und Nährstoffen, die Spätholztracheiden (bei Nadelholz) bzw. die Hart- oder Libriformfasern (bei Laubholz) vor allem der Stabilität, die Parenchymzellen in den Markstrahlen der Speicherung von Nährstoffen.

c) **Chemisch** besteht das Holz vor allem aus Verbindungen von Kohlenstoff, Sauerstoff und Wasserstoff. Die Zellwände sind aufgebaut u. a. aus
40 bis 55% Cellulose (Zellstoff), die das Holzgerüst bildet und vor allem für die hohe Zugfestigkeit verantwortlich ist,
15 bis 35% Hemicellulose und
20 bis 30% Lignin, das vor allem den Druckwiderstand des Holzes erhöht.

In den Poren des Holzes finden sich außer Wasser in unterschiedlichen Mengen vor allem im Splint Eiweiß und Stärke, bei Nadelhölzern außerdem Harze, bei Eiche Gerbsäure. Diese Holzinhaltstoffe sind teils ungünstig, teils günstig für die Beständigkeit des Holzes, siehe Abschnitt 3.3.4.

d) Fast alle Holzteile sind mehr oder weniger mit **Holzfehlern** behaftet, die für den Gebrauchswert sowie für die Einteilung des Holzes in Sortierklassen maßgebend sind, siehe Abschnitt 3.3.2b. Sie können entweder als Wuchsfehler oder durch ungünstige äußere Einwirkungen vor oder nach dem Einschlag entstanden sein.

Drehwuchs: Die Holzfasern laufen wendelförmig um die Stammachse. Sie werden daher bei Schnittholz durchgeschnitten, wodurch die Festigkeit herabgesetzt wird und die Schnittware windschief werden kann.

Einseitiger Wuchs, siehe Bild 3.3: Die Folge sind ungleiche Festigkeit und ungleiches Schwinden innerhalb des Stammquerschnitts.

Äste: Sie verursachen eine Ablenkung der Holzfasern, die bei Schnittholz durchgeschnitten werden. Es wird insbesondere die Zugfestigkeit herabgesetzt. Bei losen Ästen (ohne Faserbindung mit dem Stamm) oder faulen Ästen wird das Holz meist unbrauchbar.

Zu breite oder **ungleichmäßige Jahrringe** sowie **Harzgallen** mindern ebenfalls die Holzqualität.

Risse: Sie können nach Bild 3.4 als Schwindrisse (a) von außen nach innen, als Kernrisse (b) von innen nach außen, als Ringrisse (c) entlang von Jahrringen sowie als Blitz- oder Frostrisse entstanden sein. Sie erleichtern das Eindringen von Wasser und Schädlingen, erschweren die Gewinnung von Schnittware und können das Holz sogar unbrauchbar machen.

Verfärbungen: Sie entstehen vor allem bei zu feuchter Lagerung des Holzes nach dem Einschlag. Eine **Blaufärbung** des Splints vieler Nadelhölzer ist nur ein Schönheitsfehler, da der Bläuepilz nur vom Zellinhalt lebt. Verbläutes Holz läßt sich aber schwerer streichen. Nadelholz sollte daher nach dem Einschlag sofort mit geeigneten Mitteln gespritzt werden. **Rote** und **braune Streifen** bedeuten dagegen den Anfang einer Fäulnis, so daß Festigkeit und Haltbarkeit herabgesetzt werden.

Fäulnis: Sie wird durch Pilzbefall verursacht; das Holz ist morsch und unbrauchbar, siehe auch Abschnitt 3.3.4.1.

Insektenfraßgänge: Frisches oder gefälltes Holz wurde von Insekten befallen, siehe auch Abschnitt 3.3.4.2. Das Holz besitzt verminderte Festigkeit und Haltbarkeit.

3.2 Holzarten

Ein Überblick über die Merkmale, die besonderen Eigenschaften und Anwendungsgebiete der einheimischen und im Bauwesen verwendeten Hölzer gibt Tabelle 3.1. Nadelhölzer wachsen meist schneller und sind daher billiger als Laubhölzer. Weitere, vor allem ausländische Hölzer werden u. a. wie folgt verwendet (in Klammern Rohdichte in kg/dm^3 und Resistenzklasse nach Fußnote 1 in Tabelle 3.1):
Zu Bauholz: Douglasie (0,54, 3), Red Cedar oder Thuja (0,37, 2), jeweils NH
Zu Fenster und Türen: Afzelia (0,79, 1), Meranti (0,71, 2 bis 3), Mahagoni-Sipo (0,59, 2) u. a. jeweils LH
Zu Parkett: Esche (0,65, 5), Nußbaum, Rüster, Aformosia (0,69, 2) Azobé oder Bongossi (1,06, 1), Mahagoni (0,70, 2 bis 3) u. a., jeweils LH
Zu Furnieren: Ahorn, Birne, Nußbaum, Rüster, Mahagoni, Teak u. a., jeweils LH.

Bild 3.3 Einseitiger Wuchs

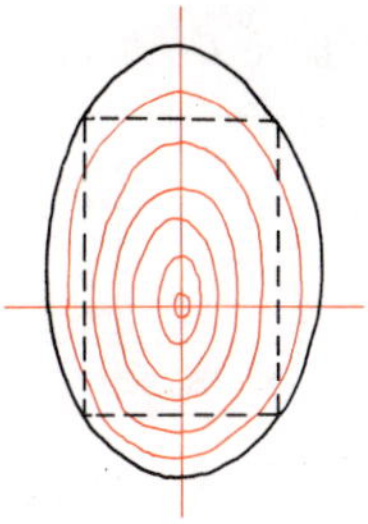

Bild 3.4 Rißarten des Holzes

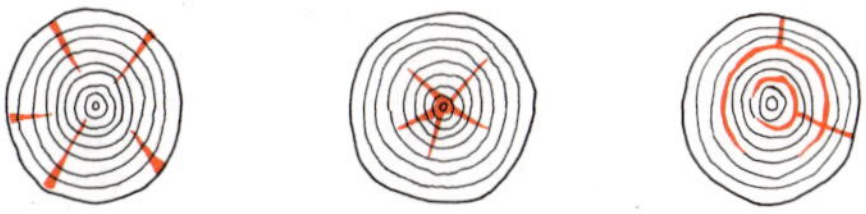

a Schwindrisse b Kernrisse c Ringrisse

3.3 Eigenschaften des Holzes

Sie liegen allgemein in weiten Grenzen und können sogar innerhalb desselben Stammes erheblich variieren. Allgemeine Hinweise für die einheimischen Hölzer finden sich in Tabelle 3.1, Spalten 2 bis 4. Wegen Prüfungen siehe DIN 52180 bis 52189 und 52192.

3.3.1 Rohdichte und Feuchtigkeitsgehalt

a) Die **Rohdichte** kann je nach Anteil an Früh- oder Spätholz, Splint- oder Kernholz oder Ästen noch wesentlich niedriger oder größer sein, als in Tabelle 3.1, Spalte 3, für einen Feuchtigkeitsgehalt von 12 M.-% angegeben ist.
b) Da ein hoher **Feuchtigkeitsgehalt** fast alle weiteren Holzeigenschaften nachhaltig beeinflußt, muß er besonders beachtet und geprüft werden.

Nach DIN 4074 werden unterschieden (Feuchtigkeit in Massen-%):
Frisches Holz mit über 30%, bei Querschnitten über 200 cm^2 35% Feuchtigkeit
Halbtrockenes Holz mit höchstens 30 bzw. 35% Feuchtigkeit
Trockenes Holz mit höchstens 20% Feuchtigkeit

Tabelle 3.1 Einheimische Holzarten, Merkmale, Eigenschaften und Anwendung

1 Holzart Kurzzeichen	2 Merkmale	3 Besondere Eigenschaften, Rohdichte, kg/dm^3 (bei 12% Feuchtigkeit)	4 Dauerhaftigkeit (Resistenzklasse)[1])	5 Hauptsächliche Anwendung
Nadelhölzer NH				
Fichte (Rottanne) FI	gelblich bis rötlich-gelb, Harzkanäle	0,4 ··· 0,48	nur im Trockenen oder unter Wasser, nicht im Wechsel (4)	Bauholz, Brettschichtholz, Verkleidungen, Sperrholzmittellager, FI zu Fenster und Türen, engringige FI zu Holzpflaster
Tanne (Weißtanne) TA	gelblich-weiß, deutliche Jahrringe, ohne Harzkanäle	0,38 ··· 0,47	im Trockenen gut, unter Wasser mäßig, nicht im Wechsel (4)	
Kiefer (Forche) KI	breiter, hellgelber Splint, rotbrauner Kern, deutlich voneinander abgesetzt, deutliche Harzkanäle	0,45 ··· 0,52 neigt zu Harzfluß und bei Feuchtigkeit zu Bläue	im Trockenen und unter Wasser sehr gut, im Wechsel ziemlich gut (3 bis 4)	Bauholz, Fenster und Türen, Parkett, Holzplaster
Lärche LA	schmaler, hellgelber Splint, Kern breit und rötlich bis braun, scharf abgesetzt, deutliche Jahrringe, Harzkanäle nicht sichtbar	0,5 ··· 0,6 zähe, hart, sehr harzreich, neigt nicht zu Harzfluß	auch im Wechsel gut, fast wie Eiche (3)	
Laubhölzer LH				
Eiche EI	Splint schmal und hell, Kern breit und braun, deutliche Jahrringe, Frühholz grob- und ringporig, im Längsschnitt feine Rillen, deutliche Mark-Strahlen	0,6 ··· 0,7 schwer und hart, Gerbsäuregeruch	allgemein sehr gut (2)	Fachwerk, Parkett, Holzpflaster, Furniere
Rotbuche BU	gelblich bis rötlich, deutliche Jahrringe und Markstrahlen	0,6 ··· 0,8 schwer, sehr hart, größeres Schwinden und Quellen	im Trockenen oder unter Wasser, dagegen nicht im Wechsel (5)	Parkett, Treppen, getränkt zu Schwellen

[1]) nach DIN 68364: (1) sehr, (2) normal, (3) mäßig, (4) wenig und (5) nicht resistent gegen Pilze bei hoher Holzfeuchte und ohne Holzschutz

Bei über 30% Feuchtigkeit, dem sogenannten Fasersättigungspunkt, besitzt das Holz nicht nur fasergebundenes Wasser in den Zellwänden, sondern auch noch «freies» Wasser in den Zellhohlräumen. Je nach Luftfeuchtigkeit und Temperatur der Umgebung stellt sich nach und nach im Holz eine ganz bestimmte Feuchtigkeit ein (Gleichgewichtsfeuchte):

im Freien ungeschützt	(18 ± 6)%
im Freien geschützt	(15 ± 3)%
in Räumen ohne Heizung	(12 ± 3)%
in Räumen mit Heizung	(9 ± 3)%

Für eine Holzfeuchtigkeit unter 15% ist i. allg. eine künstliche Trocknung im Trockenraum notwendig. Zur Vermeidung von Schwindrissen ist dabei ein schonendes Vorgehen notwendig. Der Feuchtigkeitsgehalt wird auf die Masse nach dem künstlichen Trocknen der entnommenen Proben bei 105 °C (Darrprüfung) bezogen. Durch Messung des elektrischen Widerstands in einem Holzteil erhält man Näherungswerte der Holzfeuchtigkeit.

3.3.2 Festigkeiten, Sortierklassen, Härte

a) Da das Gerüst des Holzes einem Röhrenbündel ähnlich ist, hängt die **Festigkeit** vor allem von der Beschaffenheit dieser Röhren ab.

Bei einem hohen Anteil an Spätholz mit dickwandigen Zellen oder an dichterem Kernholz und damit höherer Rohdichte ist die Festigkeit größer als bei viel Frühholz oder bei weniger dichtem Splintholz. Bei geradfasrigem Holz ist die Druckfestigkeit niedriger als die Zugfestigkeit, weil bei axialer Druckbeanspruchung die Röhren ausknicken. Die Festigkeit, vor allem die Zugfestigkeit, fällt erheblich ab, wenn das Holz schräg oder rechtwinklig zu den Fasern belastet wird, siehe Bild 3.5, oder wenn die Fasern durch Äste oder Verkrümmungen abgelenkt worden sind. Die Festigkeiten vermindern sich auch mit zunehmendem Feuchtigkeitsgehalt, siehe Bild 3.6.

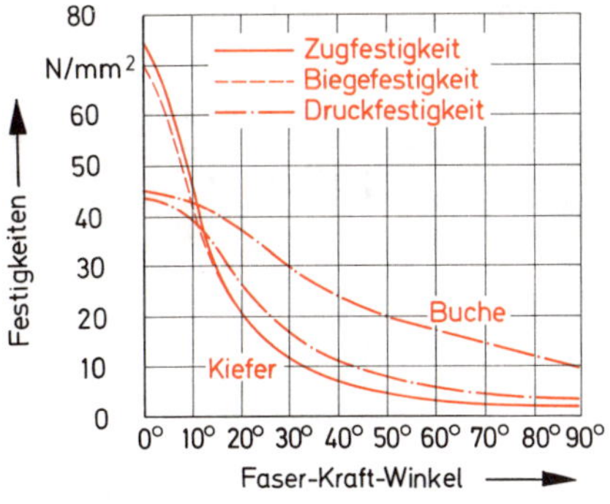

Bild 3.5 Abhängigkeit der Festigkeiten vom Winkel zwischen Kraft- und Faserrichtung bei Kiefern- und Buchenholz [2]

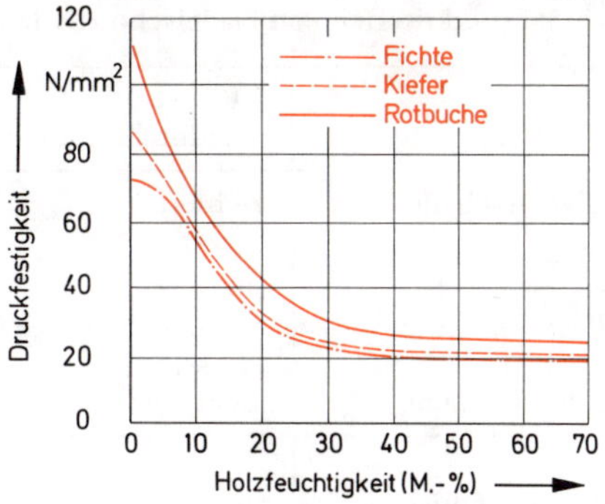

Bild 3.6 Abhängigkeit der Druckfestigkeit verschiedener Hölzer von der Holzfeuchtigkeit [2]

Bei Fasersättigung (siehe Abschnitt 3.3.1b) ist die Festigkeit nur noch etwa halb so groß wie im lufttrockenen Zustand (Feuchtigkeitsgehalt ≈12%). Bei Feuchtigkeitsgehalten über 30% ändert sich die Festigkeit kaum mehr.

Bei lufttrockenem, fehlerfreiem Holz liegen die Festigkeiten der kleinen Normprüfkörper etwa in den in der Zusammenstellung unten angegebenen Bereichen.

Größere Bauteile ergeben geringere Festigkeiten. Die Dauerstandfestigkeit beträgt etwa 60% der Kurzzeitfestigkeit.

b) Nach DIN 4074 Teil 1 wird Nadelschnittholz nach seiner Beschaffenheit und Tragfähigkeit in **3** bzw. **4 Sortierklassen** eingeteilt, bei visueller Sortierung S 7, S 10, S 13 bzw. bei maschineller Sortierung MS 7, MS 10, MS 13, MS 17. (Die Klassen 7, 10, 13 entsprechen den früheren und in DIN 1052 Ausgabe 4.88, aufgeführten Güteklassen III, II, I). Die wichtigsten Bedingungen sind in der Tabelle 3.2 zusammengestellt. Die Ziffern bei den Sortierklassen sind die (unten in der Tabelle angegebenen) zulässigen Biegespannungen in N/mm² nach DIN 1052.

Beanspruchung auf	Kraftrichtung, bezogen auf die Faserrichtung	Festigkeiten in N/mm²	
		bei Nadelhölzern	bei Eiche und Buche
Zug	parallel	70 ··· 110	90 ··· 140
Biegung	parallel	40 ··· 100	60 ··· 130
Druck	parallel	25 ··· 70	35 ··· 85
Druck	rechtwinklig	5 ··· 10	10 ··· 15
Abscheren	parallel	5 ··· 10	7 ··· 15

Tabelle 3.2 **Sortierkriterien von Nadelschnittholz** nach DIN 4074 Teil 1

Sortierklasse Tragfähigkeit	**S 13** überdurchschnittlich	**S 10** üblich	**S 7** gering
Allgemeine Beschaffenheit (Holzfehler)			
Verfärbungen: – Bläue – nagelfeste braune und rote Streifen – Rotfäule, Weißfäule	 zulässig bis zu bestimmten Querschnitts- bzw. Oberflächenanteilen zulässig nicht zulässig		
Risse – radiale Schwindrisse (Trockenrisse) – Blitz-, Frostrisse, Ringschäle	 zulässig nicht zulässig		
Insektenfraß	Fraßgänge von Frischholzinsekten bis 2 mm Durchmesser zulässig		
Mistelbefall	nicht zulässig		
Jahrringbreite (im allgemeinen)	bis 4 mm	bis 6 mm	keine Anforderung
Äste: Durchmesser Durchmesser/Querschnittseite	bis 50 mm bis ⅕	bis 70 mm bis ⅖	keine Anforderung bis ⅗
Faserneigung	bis 70 mm/m	bis 120 mm/m	bis 200 mm/m
Baumkante K (siehe Bild 3.9)	bis ⅛	bis ⅓	alle 4 Seiten sägegestreift
Krümmung (bezogen auf 2 m Meßlänge)	bis 5 mm	bis 8 mm	bis 15 mm
Zulässige Spannungen in N/mm^2 nach DIN 1052 (in Faserrichtung)			
auf Biegung	**13**	**10**	**7**
auf Zug	10,5	8,5	0
auf Druck	11	8,5	6

c) **Härte** und **Verschleißwiderstand** hängen vor allem von der Dichte des Holzes ab, siehe auch Tabelle 3.1, Spalte 3. Hirnholzflächen ergeben die besten, tangential geschnittene Flächen wegen möglicher großer Frühholzanteile in der Regel die ungünstigsten Werte.

3.3.3 Formänderungen

a) Unter Belastung verformt sich das Holz je nach Faserrichtung sehr unterschiedlich. Nach DIN 1052 ist mit folgendem **Elastizitätsmodul** zu rechnen:

Beanspruchung	Elastizitätsmodul in N/mm^2 bei Nadelhölzern	bei Eiche und Buche
parallel zur Faserrichtung	10 000	12 500
rechtwinklig zur Faserrichtung	300	600

Bei langanhaltenden höheren Beanspruchungen entstehen Kriechverformungen.

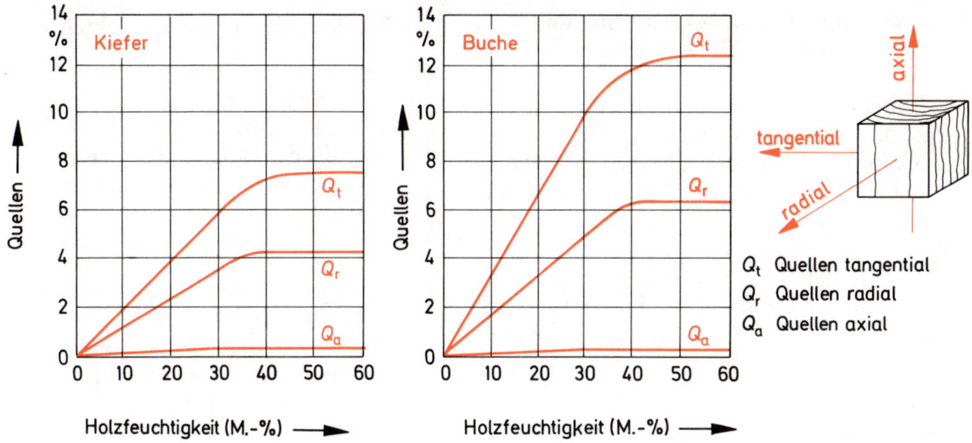

Bild 3.7 Quellen von Kiefern- und Buchenholz in Abhängigkeit von der Holzfeuchtigkeit [5]

b) Bei der Anwendung des Holzes müssen vor allem das **Schwinden** und das **Quellen,** das sogenannte «Arbeiten», beachtet werden.

> Aus Bild 3.7 geht hervor, daß die Werte je nach Faserrichtung und Holzart sehr unterschiedlich sind. In tangentialer Richtung sind Schwinden und Quellen etwa doppelt so groß wie in radialer Richtung; in axialer Richtung sind sie erheblich kleiner. Buche besitzt höhere Werte als andere Bauhölzer.

Oberhalb des Fasersättigungspunktes (über 30% Feuchtigkeit) bleiben die Werte ziemlich konstant. Nach DIN 1052 ist das Schwinden und Quellen des Holzes in Faserrichtung nur in Sonderfällen, (dann mit 0,01%), zu berücksichtigen. Rechtwinklig zur Faserrichtung ist mit den Werten nachstehender Tabelle zu rechnen:

Rechenwerte für das Schwind- und Quellmaß in % bei Änderung der Holzfeuchte um 1%		
	tang.	rad.
Fichte, Kiefer, Tanne, Lärche, Eiche, Douglasie, Southern Pine, Western Hemlock	0,32	0,16
	i. M. 0,24	
Buche, Keruing, Angelique, Greenheart	0,40	0,20
	i. M. 0,3	
Teak, Afzelia, Merbau	0,25	0,15
	i. M. 0,2	

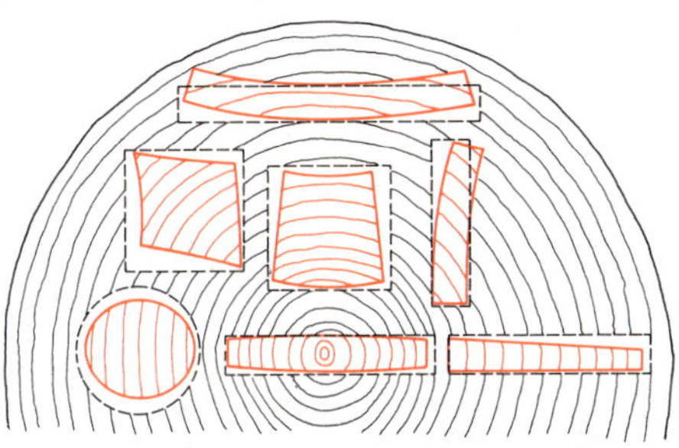

Bild 3.8 Verformungen von frisch aus einem Holzstamm herausgesägten Querschnitten beim Austrocknen [2]

Bild 3.8 zeigt die Verformungen verschiedener Querschnitte beim Austrocknen. Am meisten verformen sich die tangential herausgeschnittenen Querschnitte mit liegenden Jahrringen.

> Um Verwölbungen, Risse und andere Mängel zu vermeiden, sollte Holz daher möglichst mit dem Feuchtigkeitsgehalt verarbeitet und eingebaut werden, der sich später nach dem Einbau je nach Klima der Umgebung im Holz einstellen wird, siehe Abschnitt 3.3.1b.

3.3.4 Beständigkeit, Holzzerstörung und Holzschutz

Die Beständigkeit ist je nach Holzart und Beanspruchung sehr unterschiedlich, siehe Tabelle 3.1, Spalte 4 und Fußnote 1. Chemisch ist Holz weitgehend beständig. Es kann aber durch pflanzliche oder tierische Schädlinge sowie durch Feuer angegriffen und zerstört werden. Sofern mit einer solchen Möglichkeit zu rechnen ist, muß es vorbeugend durch bauliche oder/und chemische Maßnahmen geschützt werden.

3.3.4.1 Zerstörung durch Pilze

Aus Sporen oder Keimen bilden sich papierartige Gewebe oder wurzelartige Stränge, Myzel genannt, die sogar durch Poren eines Mauerwerks hindurchwachsen können, sowie Fruchtkörper, durch die unzählige neue Sporen erzeugt werden.

Für die Entwicklung der Pilze ist vor allem eine hohe Holzfeuchtigkeit von ≥ 20 M.-% sowie Wärme und geringe Luftbewegung günstig. Die Pilze entziehen dem Holz, und zwar besonders dem weicheren Splintholz, Cellulose und Lignin und verursachen dadurch Fäulnis und Zerfall; das Holz wird morsch, meist auch braun und querrissig.

Am gefährlichsten ist der echte **Hausschwamm** mit grauweißem Myzel und braunem, gelbgerändertem Fruchtkörper; letzterer kann bei Trockenheit die zum Wachstum notwendige Feuchtigkeit selbst erzeugen. Ununterbrochene hohe Feuchtigkeit dagegen benötigen der **Keller-** oder **Warzenschwamm** (braunschwarzes Myzel, brauner, warziger Fruchtkörper) sowie der **Porenschwamm** (weißes Myzel, kleine weiße und porige Fruchtkörper). Ständig sehr feuchtes Holz wird durch **Moderfäule** modrigweich. (Einige Pilze, z. B. der Bläuepilz, verfärben lediglich das Holz).

3.3.4.2 Zerstörung durch Insekten

Die eigentlichen Schädlinge sind die Larven bestimmter Insekten («Holzwürmer»), die das Holz, und zwar ebenfalls vor allem das weichere und eiweißreichere Splintholz, durchfressen.

Die Larven entwickeln sich aus Eiern, die die Käfer in Risse und Ritzen des Holzes ablegen. Je nach Insektenart und Entwicklungsbedingungen fressen die Käfer nach 1 bis 8 Jahren die Holzoberfläche durch und hinterlassen dabei Fluglöcher.

Am weitesten verbreitet ist in eingebauten Nadelhölzern der **Hausbock:** Die Larven sind bis 30 mm lang, die ovalen Fluglöcher 4 bis 7 mm groß, die Käfer 10 bis 25 mm lang mit 2 glänzenden Höckern am behaarten Halsschild. In feuchteren Nadel- und Laubhölzern hält sich der **Poch-** oder **Nagekäfer** («Totenuhr») auf (Larven bis 6 mm lang, runde Fluglöcher 1 bis 2 mm groß, Käfer 3 bis 5 mm lang mit kapuzenartigem Halsschild). Der Splint von Laubhölzern, besonders in Parkett, wird vom braunen **Splintholzkäfer** befallen; der Käfer ist 3 bis 6 mm lang.

In wärmeren Regionen richten Termiten große Schäden an Holz an.

3.3.4.3 Schutz gegen Pilze und Insekten

Die notwendigen Maßnahmen sind in DIN 68800 beschrieben. Vor allem gegen Pilze müssen vorbeugend folgende **bauliche Regeln** beachtet werden:

Beim Einbau soll das Holz möglichst trokken sein bzw. bald vollends austrocknen können. Deshalb dürfen dichte Anstriche und Beläge nicht zu früh aufgebracht werden. Die Holzbauteile, z. B. im Freien oder Balkenköpfe im Bauwerk, sind gegen spätere Durchfeuchtung und gegen eine größere Wasserdampfeinwirkung zu schützen. Die Luft sollte freien Zutritt zum Holz haben.

Darüber hinaus sind mindestens alle tragenden und mit diesen verbundenen Holzteile **vorbeugend chemisch** gegen zerstörende Pilze und Insekten zu schützen; für alles übrige Bauholz wird ein chemischer Holzschutz empfohlen.

Es werden dazu **Holzschutzmittel** verwendet, die verschiedene chemische Verbindungen mit giftiger Wirkung gegenüber Pilzen und Insekten enthalten. Es handelt sich meist um **wasserlösliche Mittel,** z.B. Fluor-, Bor-, Chrom-, Kupfer- und Arsenverbindungen oder **ölige Mittel,** d.s. steinkohlenteeröl- oder/und lösungsmittelhaltige Präparate, z.T. mit starkem Eigengeruch.

Es dürfen nur Mittel mit gültigem Prüfzeichen verwendet werden, siehe Abschnitt 1.3c. Beim Prüfzeichenverfahren wird der Nachweis geführt, daß bei bestimmungsgemäßer Anwendung die holzschützende Wirkung erzielt wird, und daß aufgrund einer Bewertung des Bundesgesundheitsamtes keine gesundheitlichen Bedenken bestehen.

Als Hinweis für die Wirkung, Eignung und Anwendung der Holzschutzmittel tragen die Gebinde bestimmte Prüfprädikate. Es bedeuten:

- P wirksam gegen Pilze (fungizid)
- Iv vorbeugend wirksam gegen Insekten (insektizid)
- (Iv) nur bei Tiefschutz als Iv wirksam
- Ib bekämpfend wirksam gegen Insekten (insektizid)
- M gegen Schwamm im Mauerwerk
- W für Holz, das der Witterung ausgesetzt ist
- E bei extremer Beanspruchung, z.B. Erdkontakt
- S zum Streichen, Spritzen und Tauchen
- St zum Streichen und Tauchen, in Werken zum Spritzen

Oft werden auch kombinierte Mittel angeboten, z.B. PIvS. W und E sind nicht auswaschbare Mittel, wozu die wasserlöslichen chromhaltigen Mittel, die im Holz in schwerlösliche (= fixierende) Verbindungen übergehen, und alle öligen Mittel gehören. Die Wahl des Holzschutzmittels für tragende Bauteile richtet sich nach DIN 68800 T3 nach der Gefährdungsklasse je nach Anwendungsbereich des Holzes und der daraus resultierenden Gefährdung durch Insekten, Pilze, Auswaschung und Moderfäule (vgl. untenstehende Tabelle).

Bei der Verarbeitung und Anwendung der Holzschutzmittel muß beachtet werden, daß sie mehr oder weniger starke Giftstoffe sind, was an den Gefahrensymbolen und -bezeichnungen auf den Gebinden erkennbar ist. Manche dürfen also nicht in Räumen für Menschen, Tiere und Lebensmittel verwendet werden. Einige Mittel greifen auch andere Baustoffe an. Angaben über die Verträglichkeit mit Anstrichstoffen, Leimen u.a. sind z.B. dem Prüfbescheid zu entnehmen.

Gefährdungsklasse	Anwendungsbereich des Holzes	Erforderliches Holzschutzmittel (für tragende Bauteile) mit Prüfprädikat
0	innen eingebaut, zusätzlich z.B. kontrollierbar oder mit allseitig geschlossener Bekleidung	–
1	innen eingebaut	Iv
2	nur vorübergehende Befeuchtung möglich	Iv, P
3	bewitterte Außenbauteile	Iv, P, W
4	dauernder Erdkontakt, ständig starke Befeuchtung	Iv, P, W, E

Die Holzschutzmittel sind in der vorgeschriebenen Menge möglichst gleichmäßig und tief in das Holz einzubringen, sowie sparsam und nur wo erforderlich anzuwenden.

Die Aufnahmefähigkeit ist je nach Holzart, Holzfeuchtigkeit und Beschaffenheit der Oberfläche unterschiedlich. Bei Fichte und Tanne und allgemein bei Kernholz ist sie sehr gering. Bei öligen Mitteln muß das Holz mindestens halbtrocken sein. Es werden verschiedene **Einbringverfahren** angewandt.

a) Durch **Kesseldrucktränkung** können Holzquerschnitte am besten mit den Holzschutzmitteln durchsetzt werden, desgl. auch durch das Saftverdrängungsverfahren bei frisch gefällten Stämmen. Diese Behandlungen sind erforderlich bei Bauteilen im Erdbereich.

b) Durch **Trog-** und **Einstelltränkung** während mehrerer Tage sollte ein **Tiefschutz** von mind. 1 cm erreicht bzw. das gesamte Splintholz getränkt werden.

c) Ein mindestens 2maliges **Spritzen** oder **Streichen** oder ein **Tauchen** während mindestens 10 Minuten ergibt nur einen **Randschutz** von wenigen mm und ist daher vor allem bei dickeren Querschnitten oft nicht ausreichend.

d) Durch Tränkung von Bohrlöchern oder Behandlungen mit Pasten ergibt sich für örtlich besonders gefährdete Stellen ein **Teilschutz.**

Die Arbeiten müssen durch erfahrene Personen durchgeführt werden. Dies gilt besonders auch für die ziemlich aufwendigen **bekämpfenden Maßnahmen,** die erforderlich werden, wenn eingebautes Holz von Pilzen und Insekten befallen worden ist:

Alle zerstörten Holzteile sowie alle Pilzteile sind gründlich zu vernichten. Die noch brauchbaren Holzteile sowie auch ein von Pilzen infiziertes Mauerwerk sind intensiv mit Ib- bzw. P-Mitteln zu behandeln, desgl. auch alle neuen Holzteile.

3.3.4.4 Zerstörung durch Feuer, vorbeugender Brandschutz

Oberhalb 150 °C zersetzt sich Holz; es bilden sich dabei Gase, die sich oberhalb rd. 200 °C selbst entzünden können. Besonders empfindlich ist trockenes und harzreiches Holz, weniger empfindlich feuchtes oder schweres Holz, insbesondere Eichenholz. Bei dickeren Querschnitten bildet die Holzkohle an der Oberfläche eine wärmedämmende Schutzschicht, die die Erhitzung des Holzinnern verzögert.

Durch Behandlung mit **Feuerschutzmitteln** mit Kurzzeichen F kann Holz schwer entflammbar gemacht werden (Baustoffe B 1, siehe Abschnitt 1.4.7.7a).

Schaumschichtbildende Mittel aus bestimmten Kunststoffen werden als Anstriche («S») aufgebracht; bei Hitzeeinwirkung schäumen sie zu einer Hitzedämmschicht auf.

Wasserlösliche Salze auf Phosphatbasis müssen im Kesseldruckverfahren eingebracht werden; eine Kombination mit P- und I-Mitteln ist möglich.

Inwieweit aus Holz Bauteile der Feuerwiderstandsklasse F 30-B oder F 60-B (siehe Abschnitt 1.4.7.7b) hergestellt werden können, richtet sich nach der Bauteilart, dem Querschnitt, der vorhandenen Spannung und einer evtl. Verkleidung. Außerdem sind besondere baurechtliche Vorschriften zu beachten.

3.4 Lieferformen und Behandlung des Holzes

Für die mannigfaltige Anwendung wird Holz in ganz bestimmten Querschnitten und Formen geliefert. Die Anwendung des Holzes wird wesentlich erleichtert durch die vielen Möglichkeiten der Holzverbindungen, bei denen stets auch auf die Besonderheiten des Holzaufbaus und der Holzeigenschaften Rücksicht genommen werden muß. Im Hochbau wird die Holzoberfläche zur Verbesserung der Eigenschaften und des Aussehens meist mit Anstrichen versehen.

3.4.1 Lieferformen, Baumkante

a) Als **Rundholz** werden Stämme mit mind. 14 cm Durchmesser, gemessen 1 m oberhalb des Stammendes, bezeichnet. Es besitzt bei gleicher Querschnittsfläche eine höhere Tragfähigkeit als Schnittholz, bei dem beim Zuschnitt die Holzfasern unterbrochen werden bzw. bei einigen Holzarten das engringigere und daher tragfähigere Splintholz teilweise wegfällt.

b) Trotzdem wird Bauholz in der Regel wegen der erforderlichen Auflager- und Verbindungsflächen als **Schnittholz** verarbeitet und dazu in verschiedenen Abmessungen geliefert. Nach DIN 4070 werden die größten, mehr rechteckigen Querschnitte von 10 bis 24 cm als **Balken,** die mittleren, mehr quadratischen Querschnitte von 6 bis 18 cm als **Kanthölzer** und die kleinen Querschnitte von 24 bis 60 mm als **Dachlatten** bezeichnet. Je nach Zuschnitt aus einem Stamm entstehen ein Vollholz, zwei Halbhölzer, vier Viertelhölzer usw. In DIN 4071 wird unterschieden zwischen **Bohlen** mit einer Dicke von 40 bis 100 mm und **Brettern** von 10 bis 35 mm.

Die schräg gemessene **Baumkante k**, bezogen auf die größere Querschnittsseite *h* (siehe Bild 3.9), darf je nach **Sortierklasse** die in Tabelle 3.2 angegebenen Werte nicht überschreiten.

c) Für **Fußbodenbretter** sind DIN 68365 und 18334 maßgebend. Die «rechte» Seite der Bretter (der Stammitte zugewandt) sollte wegen der kleineren Schwindverformungen möglichst nach oben bzw. in der Sichtfläche liegen.

d) **Parkett** nach DIN 280 wird in verschiedenen Formen geliefert:

Parkettstäbe und -riemen sowie Tafeln für Tafelparkett aus Eiche (EI), Buche (BU), Kiefer (KI), Lärche (LA) und anderen, auch ausländischen Hölzern, siehe Abschnitt 3.2; Beschaffenheit Standard (S), Rustikal (R) und Exquisit (E)

Mosaikparkettlamellen nur aus Eiche (EI); Beschaffenheit Natur (N), Gestreift (G) und Rustikal (R)

Parkettdielen und -platten, Fertigelemente.

Die Holzfeuchtigkeit soll 9 ± 2% betragen. Beim Verlegen ist DIN 18356 zu beachten. Für die Klebstoffe gilt DIN 281, siehe Abschnitt 8.3.4c.

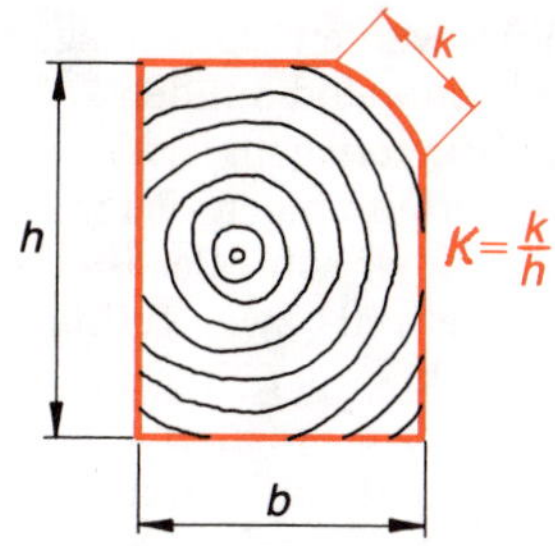

Bild 3.9 Baumkante K

e) **Holzpflaster** wird aus scharfkantigen Holzklötzen hergestellt, wobei die Hirnholzfläche als Lauffläche dient. Für gewerbliche Zwecke (GE) nach DIN 68 701 wird es aus KI, LA, FI und EI hergestellt, imprägniert und bei einem Feuchtigkeitsgehalt von rd. 16% mit bituminösen Klebmassen verlegt. Für Schulen u.ä. (RE) nach DIN 68 702 wird es bei einem Feuchtigkeitsgehalt von 10 ± 2% mit hartplastischen, schubfesten Klebstoffen aufgeklebt. Für die Arbeiten ist DIN 18367 maßgebend.

3.4.2 Leimverbindungen

Im Vergleich zu den anderen Holzverbindungen setzen die Leimverbindungen besondere Werkstoffkenntnisse und Einrichtungen voraus. Sie dürfen daher für Holzbauwerke nach DIN 1052 nur von bauaufsichtlich zugelasse-

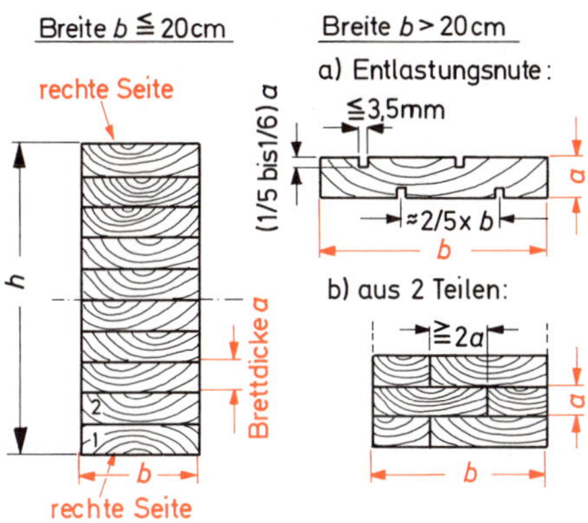

Bild 3.10 Aufbau von Brettschichtholz [4]

nen Werken ausgeführt werden. Die ausgewählten Holzteile sind schonend auf den später zu erwartenden Feuchtigkeitsgehalt (≤15%) zu trocknen. Die zu verleimenden Flächen müssen paßgenau und sauber sein. Bei **Brettschichtholz** (BSH) mit mehr als zwei Teilhölzern ist jeweils eine «linke» (der Stammitte abgewandte) Seite mit einer «rechten» (der Stammitte zugewandten) Seite zu verleimen; an den Außenseiten sollen nur «rechte» Seiten liegen, siehe Bild 3.10. Bei Feuchtigkeitsänderungen entstehen so in den Leimfugen und im Holz geringere Querzugspannungen.

Es dürfen nur Leime nach DIN 68 141 verwendet werden (siehe auch Abschnitt 9.5a), und zwar
für überdachte Bauteile ohne Nässe-Einwirkung bewährte Casein- und Kunstharzleime,
für Bauteile mit kurzzeitiger Nässe-Einwirkung Harnstofformaldehyd- oder Resorcinformaldehyd-Kunstharzleime und
für Bauteile mit Nässe-Einwirkung und tropenähnlichen Einwirkungen nur Resorcinformaldehyd-Kunstharzleime, siehe Abschnitt 8.3.4d.

Der Preßdruck muß gleichmäßig wirken, die Raumtemperatur i. allg. mindestens 20 °C betragen. Durch Wärme (mit eingelegten Heizdrähten oder Hochfrequenz) kann die Leimhärtung beschleunigt werden. Gegen Witterungseinflüsse müssen geleimte Träger durch Anstriche geschützt werden.

3.4.3 Oberflächenbehandlung

Holzflächen im Freien, z. B. Verkleidungen und Türen, werden beschichtet mit wasserabweisenden, wasserdampfdurchlässigen, pigmentierten, teilweise auch leicht filmbildenden Lasuranstrichen oder mit deckenden Lakken, meist auf Akryl- und Alkydharzbasis, siehe auch Abschnitte 8.3.4a und b sowie 9.4. Bei empfindlichen Hölzern ist ein holzschützender Voranstrich notwendig, siehe Abschnitt 3.3.4.3.

Parkett wird zur Erleichterung der Pflege meist mit transparenten porenfüllenden oder filmbildenden Öl- oder PUR-Lacken beschichtet (versiegelt), siehe Abschnitt 9.4.

3.5 Holzwerkstoffe

Aus dem inhomogenen und anisotropen Massivholz können wegen des richtungsabhängigen Schwindens und Quellens kaum schwind- und verwölbungsfreie plattenförmige Werkstücke gefertigt werden. Holzwerkstoffe, aus größeren bis kleinsten Holzteilen hergestellt, haben einen gleichmäßigeren Aufbau; die Unterschiede des Schwindens und teilweise auch der Festigkeit werden weitgehend ausgeglichen.

3.5.1 Technologie und allgemeine Eigenschaften

Für Holzwerkstoffe kann auch Holz minderer Qualität verwendet werden. Als Leime und Bindemittel werden meist UF- und MF-Kunstharze für Innenplatten und PF-Kunstharze für Außenplatten verwendet, siehe Tabelle 8.4, bei Faserplatten auch Naturleime und Bitumen. Die Art und auch die Menge des Bindemittels (rd. 10 bis 60 kg/m^3) sind entscheidend für die spätere Wetterbeständigkeit der Holzwerkstoffe. Für die Herstellung werden verschiedene Verfahren angewandt:

Vergütetes Vollholz: Pressen, Dämpfen oder chemische Behandlung von Vollholz.

Lagenholz: Aufteilen des Holzes in Furniere, Stäbe oder Stäbchen, Verleimen unter Druck.

Holzspanwerkstoffe: Zerkleinern zu Holzspänen oder Holzwolle. Verbindung mit Bindemitteln, wobei sich teilweise die groben Späne in der Mitte, die feinen Späne außen befinden.

Holzfaserwerkstoffe: Zerkleinern des Holzes zu Fasern, Verbindung unter Druck mit oder ohne Bindemittel.

Je nach aufgebrachtem Druck bei der Herstellung entstehen poröse Holzwerkstoffe geringer Festigkeit oder dichte Holzwerkstoffe größerer Festigkeit. Die mechanischen Eigenschaften sind auch je nach Anordnung der Holzteile und je nach Kunstharzgehalt sehr verschieden. Die Oberflächen werden in unterschiedlicher Weise behandelt oder beschichtet. Um unerwünschte Formänderungen infolge von Schwinden und Quellen zu vermeiden, müssen vor allem die porösen Holzwerkstoffe mit einem der späteren Umgebung entsprechenden Feuchtigkeitsgehalt eingebaut und vor Durchfeuchtung geschützt werden. Nach DIN 68 800 T 2 sind je nach Leim- oder Bindemittelart Holzwerkstoffe der **Klasse 20** nur in Räumen mit niederer Luftfeuchte beständig (Stoffeuchte $\leq$15 M.-%), **Klasse 100** auch in einer Umgebung mit höherer Luftfeuchte und bei höchstens nur kurzfristiger Befeuchtung (Stoffeuchte $\leq$18 M.-%). Die Proben der Klasse 20 werden vor der Prüfung unter Wasser von 20 °C gelagert, Proben der Klasse 100 in kochendem Wasser von 100 °C. Bei länger andauernder Befeuchtung, z.B. in Naßräumen, bei nicht belüfteter Außenbeplankung oder bei Dachschalung müssen Holzwerkstoffe der **Klasse 100 G** (Stoffeuchte $\leq$21 M.-%) verwendet werden, die schon bei der Herstellung mit Holzschutzmitteln geschützt worden sind, siehe Abschnitt 3.3.4.3. Mit Feuerschutzmitteln können Holzwerkstoffe schwerentflammbar gemacht werden, siehe Abschnitt 3.3.4.4.

Angaben über E- und G-Modul sowie Schwinden und Quellen finden sich in DIN 1052 T 1.

3.5.2 Arten und Anwendung der Holzwerkstoffe

a) Unter höherem Druck entsteht **Schichtpreßholz** mit $\varrho >$ rd. 1,0 kg/dm^3 und mit hoher Beanspruchbarkeit.
b) Der wichtigste Vertreter des Lagenholzes ist das **Sperrholz** nach DIN 68 705, das aus mindestens drei kreuzweise verleimten Holzlagen hergestellt wird und zwar als **Furniersperrholz** nur aus Furnieren und **Stab-** oder **Stäbchensperrholz** aus beidseitigen Furnierlagen und einer dazwischengeleimten Mittellage aus Holzstäben oder -stäbchen (früher als Tischlerplatten bezeichnet). Je nach der Verleimung werden für allgemeine Zwecke Platten IF (nicht wetterbeständig) und AW (bedingt wetterbeständig), für Bauzwecke Platten aus Bau-Furniersperrholz BFU und aus Bau-Stab- oder Stäbchensperrholz BST oder BSTAE jeweils in den Klassen 20, 100 und 100 G geliefert. Gesundheitliche Beeinträchtigungen durch Formaldehyd sind nicht zu erwarten.
c) **Spanplatten** nach DIN 68 761 bis 68 765 werden mit unterschiedlicher Rohdichte von $\leq$ 0,45 bis 0,85 kg/dm^3 hergestellt, und zwar mit vorzugsweise liegenden Spänen als Flachpreßplatten V 20, V 100 und V 100 G, mit vorzugsweise stehenden Spänen als Strangpreßvollplatten SV 1 und SV 2 bzw. Strangpreßröhrenplatten SR 1 und SR 2. Um unzumutbare Formaldehydkonzentrationen in Aufenthaltsräumen zu vermeiden, dürfen dort für größere Flächen nur Spanplatten der Emissionsklasse E 1, mit Beschichtung oder Bekleidung auch der Emissionsklassen E 2 und E 3 verwendet werden; letztere werden kaum mehr hergestellt. (In der Emissionsklasse E 1 dürfen Emissionswerte von 0,1 ppm, bei E 2 1,0 ppm und E 3 2,3 ppm an Formaldehyd nicht überschritten werden.)
d) **Holzwolleleichtbauplatten** mit mineralischen Bindemitteln siehe Abschnitt 5.7.6.
e) Bei **Holzfaserplatten** nach DIN 68 750 bis 68 754 wird u. a. unterschieden zwischen porösen Platten HFD mit ϱ = 0,23 bis 0,35 kg/dm^3, mittelharten Platten HFM mit $\varrho >$ 0,35 bis 0,80 kg/dm^3 und harten bzw. extraharten Platten HFH bzw. HFE mit $\varrho >$ 0,80 kg/dm^3. Im Trockenverfahren mit UF hergestellte Platten HFM und HFH können Formaldehyd emittieren.

Die Anwendung der Holzwerkstoffe ist sehr vielseitig: Poröse Platten für Wärme- und Schallschutz bzw. Schallschluckung, dichte Werkstoffe u. a. für Innenausbau, Dachschalungen, Betonschalungen, Bausperrholz und Flachpreßplatten auch für tragende und aussteifende Bauteile.

Für besondere Anwendungen werden die Holzwerkstoffe mit Dekorfilmen oder Kunststoffen beschichtet oder als **Holzverbundwerkstoffe** mit Aluminium- oder Stahlblechen oder glasfaserverstärkten Kunststoffen beplankt.

4 Keramische Baustoffe und Glas

Diese mineralischen Baustoffe erhalten ihre endgültigen Eigenschaften erst durch Brennen bei Temperaturen von 900 bis 1400 °C. Ziegel, Klinker und Steinzeug für die Kanalisation werden als grobkeramische Baustoffe, Fliesen und Porzellan als feinkeramische Baustoffe bezeichnet.

4.1 Technologie und allgemeine Eigenschaften der keramischen Baustoffe

a) Die keramischen Baustoffe werden aus tonhaltigen Massen hergestellt. Der Hauptbestandteil der Rohstoffe bzw. das Bindemittel sind **Tone**. Chemisch betrachtet handelt es sich um wasserhaltige Aluminiumsilikate ($Al_2O_3 \cdot 2\ SiO_2 \cdot 2\ H_2O$), die durch chemische Umsetzung und Verwitterung des Feldspats von Natursteinen entstanden sind. Reiner Ton, überwiegend als Kaolin vorkommend, ist weiß und sehr fein (Korngröße meist unter 0,002 mm). Bei der Verarbeitung benötigt er viel Wasser und verleiht den Rohstoffen die für die Formgebung notwendige gute Plastizität.

> Das chemisch gebundene Wasser des Tones wird erst beim Brennen bei etwa 900 °C ausgetrieben. Erst dann ist der Tonscherben fest und wasserbeständig, jedoch noch porös. Bei höheren Temperaturen bis rd. 1300 °C wird durch innere Strukturverdichtung (Sinterung) der Scherben dichter. Dies ist auch der Fall, wenn **Flußmittel** vorhanden sind, z. B. Eisenverbindungen oder Feldspatpulver, die die Sintertemperatur herabsetzen. Wegen des erheblichen Wasserverlustes schwindet Ton beim Trocknen und Brennen beträchtlich. **Magerungsstoffe,** wie Sand oder Schamotte (= vorgebrannte Tonmassen), sind formstabil und verringern das Schwinden, was für die geforderte Maß- und Formhaltigkeit der Baustoffe von großer Bedeutung ist.

b) Bei der **Herstellung** müssen die Rohstoffe gleichmäßig zusammengesetzt und in Kollergängen, Walzwerken usw. sorgfältig aufbereitet werden. Aus den teils plastischen, teils erdfeuchten Rohmassen werden in Strang- und Stempelpressen die Formlinge hergestellt. Ihre Maße müssen um das zu erwartende Schwindmaß der Rohmasse beim Trocknen und Brennen größer sein. Nach dem Trocknen in Trokkenkammern folgt das Brennen bei rd. 1000 bis 1300 °C in Tunnelöfen, durch die die Formlinge auf Brennwagen hindurchgeschoben werden, und in deren Mitte sich eine stationäre Brennzone befindet. Je nach Rohmaterial müssen Brenntemperatur und Brennzeit genau eingehalten werden, damit einerseits die verlangte Dichte und Festigkeit sicher erreicht werden, andererseits die Baustoffe nicht erweichen und zerfließen. Bild 4.1 zeigt die verschiedenen Phasen der Ziegelproduktion. Weitere Einzelheiten finden sich unter Abschnitt 4.2 und 4.3.

c) Die **Eigenschaften** der keramischen Baustoffe liegen in weiten Grenzen:

> Poröse Scherben saugen kapillar viel Wasser auf und haben eine geringe Festigkeit; ihre Frostbeständigkeit ist unsicher. Dichte Scherben sind wenig wassersaugend, hochfest und frostbeständig. Die keramischen Baustoffe sind chemisch beständig, ausgenommen gegen Flußsäure.

4.2 Ziegel und Klinker

Die Rohstoffe für diese Massenprodukte sind Lehm, Löß oder Tonmergel. Sie bestehen überwiegend aus Ton, Quarzsand, Eisenverbindungen und Kalkstein. Quarzsand wirkt als Magerungsstoff; ein zu großer Gehalt vermindert jedoch die Festigkeit und die Dichte. Bei zu fetten Rohstoffen wird u. a. Ziegelbrechsand zugegeben. Die Eisenverbindungen wirken als

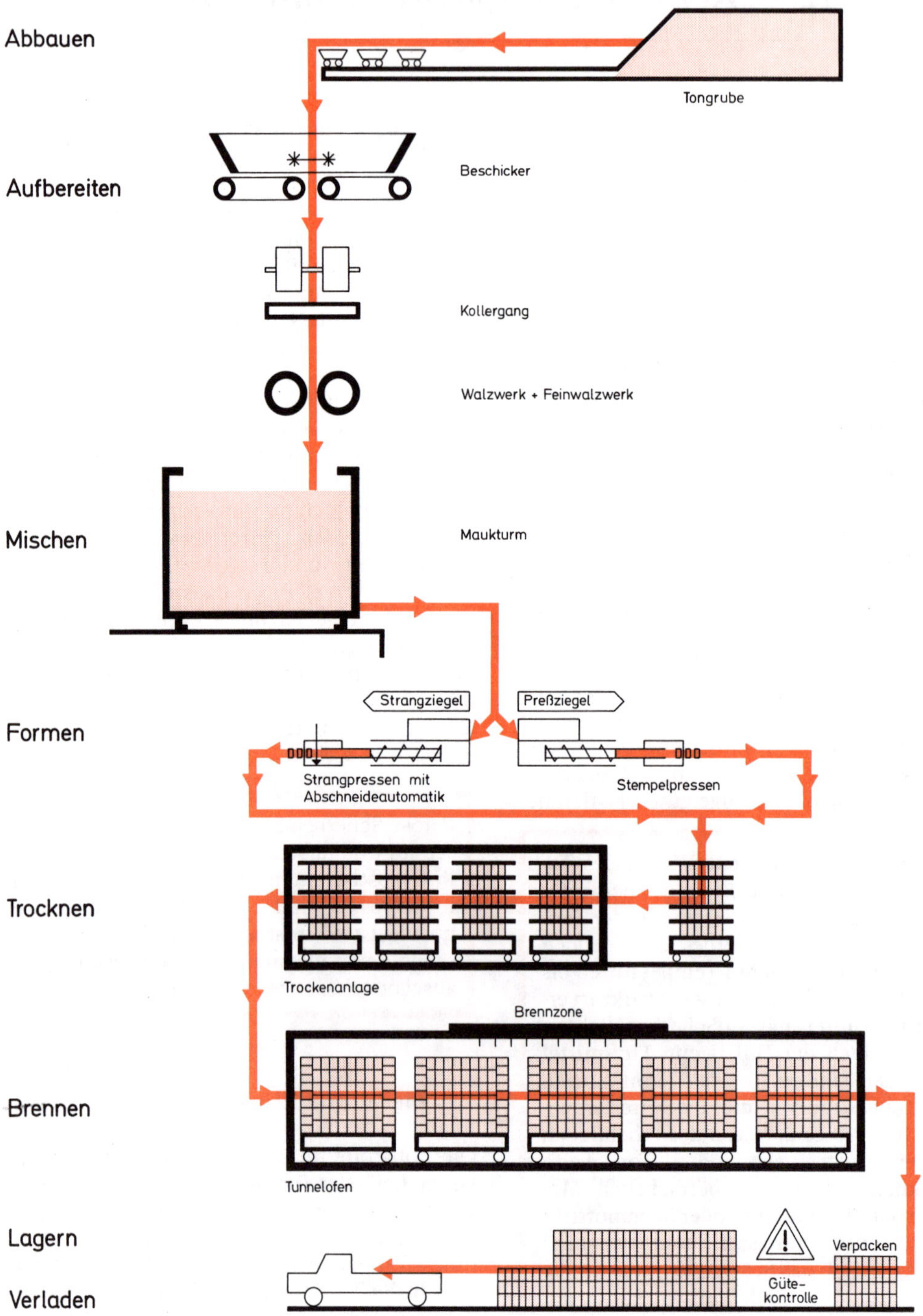

Bild 4.1 Ziegelproduktion

Flußmittel und verursachen die rote Farbe; kalkhaltige Tone ergeben eine gelbe Farbe. Ziegel werden unterhalb der Sintergrenze gebrannt, Klinker im Sinterbereich, wodurch die Dichte größer wird.

> Im Rohmaterial sind ein großer Gehalt an Kalk und vor allem größere Kalkkörner (über 1 mm) schädlich. Der beim Brennen entstehende Branntkalk nimmt beim späteren Ablöschen infolge Feuchtigkeitseinwirkung erheblich an Volumen zu und führt zu Rissen und Aussprengungen. Die Rohstoffe müssen daher möglichst fein gemahlen werden.

Wasserlösliche Salze in den Ziegeln, meist Sulfate, können Ausblühungen oder gar Abblätterungen verursachen. Sie können durch Schlämmen der Rohstoffe beseitigt oder durch Zusatz von Bariumcarbonat in wasserunlösliches Bariumsulfat umgewandelt werden.

Eine weitere Qualitätsverbesserung der Rohmassen erhält man durch Lagern in Maukräumen nach Benetzung mit Wasser bzw. durch Entlüften und Erwärmen mit Dampf bei der Formgebung.

4.2.1 Mauerziegel und -klinker

a) Die Formlinge werden in Strangpressen mit entsprechenden Mundstücken für die verschiedenen Formate hergestellt. Nach DIN 105 gibt es verschiedene **Mauerziegelarten** mit unterschiedlichen Eigenschaften, siehe Tabelle 4.1. Vollziegel werden ohne oder bis höch-

Tabelle 4.1 Mauerziegel nach DIN 105

Ziegelarten	Formate[1]	Rohdichte-klassen[2]	Festigkeits-klassen[3]	Besondere Eigenschaften
Vollziegel Mz Hochlochziegel HLz	DF bis 2 DF DF bis 20 DF	1,2 bis 2,2	4 bis 28	–
Vormauervollziegel VMz Vormauerhochlochziegel VHLz	DF und NF DF bis 3 DF	1,2 bis 2,2	4 bis 28	frostbeständig, frei von schädlichen, auch das Aussehen beeinträchtigenden Stoffen
Vollklinker KMz Hochlochklinker KHLz	DF und NF DF bis 3 DF		≧ 28	
Leichthochlochziegel HLz[4]	2 DF bis 20 DF	0,6 bis 1,0	2 bis 28	–
Vormauerleichthochlochziegel VHLz				wie bei VHLz
Hochfeste Ziegel und Klinker	DF bis 10 DF	1,2 bis 2,2	36, 48 und 60	wie bei VMz und KMz
Leichtlanglochziegel LLz und -ziegelplatten LLp	NF bis 20 DF –[5]	0,5 bis 1,0	2 bis 12 –[6]	–

[1] siehe 1.4.1b und Tabelle 1.3, bei V und K sind bestimmte Sondermaße möglich.
[2] siehe 1.4.2.2b, Wärmeleitfähigkeit des Mauerwerks siehe Tabelle 1.5.
[3] siehe Tabelle 1.4 und insbesondere dort auch die Fußnote 2 wegen der Kennzeichnung.
[4] Im Vergleich zu den normalen Typen können bei Typ W wegen günstigerer Lochanordnung und Scherbenrohdichte geringere λ-Werte als nach Tabelle 1.5 eingesetzt werden (siehe dort Fußnote 4).
[5] unterschiedliche Maße.
[6] Bruchkraft ≥ 500 N bei der Biegeprüfung.

stens 15%, Lochziegel mit mehr als 15% Lochanteil hergestellt. Hochloch- und Leichthochlochziegel können mit Lochung A, B oder C hergestellt werden, entsprechend Einzellochquerschnitt bis 2,5 cm^2, 6 cm^2 oder 16 cm^2; bei Lochung C sind die Ziegel 5seitig geschlossen mit oberer Abdeckplatte. Lochziegel können trotz der Löcher die gleiche Druckfestigkeit besitzen wie Vollziegel, weil die Rohmassen in der Strangpresse mehr verdichtet und im Ofen gleichmäßiger gebrannt werden können. Klinker müssen eine Scherbenrohdichte von $\geq 1{,}9\ kg/dm^3$ (Ziegelmasse bezogen auf das Ziegelvolumen ohne Löcher) und eine Festigkeitsklasse ≥ 28 aufweisen.

Alle Mauerziegel müssen frei von Stoffen sein, die später zum Abblättern und Ausblühen führen.

Die **Formate** reichen von Dünnformat DF und Normalformat NF bis zu den großformatigen Hochlochziegeln 20 DF. Außer einer bestimmten Toleranz für die Nennmaße dürfen innerhalb einer Lieferung auch bestimmte Maßspannen zwischen den größten und kleinsten Abmessungen nicht überschritten werden. Größere Formate können in der Mitte der Lagerfläche Grifföffnungen besitzen, damit sie als Einhandsteine vermauert werden können, siehe Bild 4.2. Die Seitenflächen sind zur Verbesserung der Putzhaftung oft gerillt, bei V und K für Sichtmauerwerk z. T. strukturiert. Formate über 8 DF dürfen an den Stoßflächen auch Mörteltaschen besitzen, die nach dem Versetzen vermörtelt werden. **Mauertafelziegel** mit etwas größeren Steinlängen dienen der Vorfertigung von Mauertafeln.

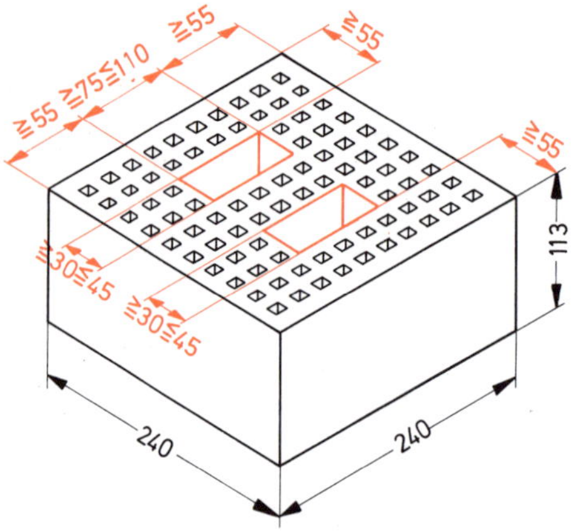

Bild 4.2 Hochlochziegel 4 DF = 3 NF (240 mm × 240 mm × 113 mm) mit Grifföffnungen, Maße in mm

Mit Ziegeln geringerer **Rohdichteklassen,** in der Regel als Lochziegel hergestellt, sind größere Formate oder leichtere Wandbausteine möglich, und es ergibt sich eine bessere Wärmedämmung des Mauerwerks, siehe Tabelle 1.5. Vor allem für die Rohdichteklassen der Leichthochlochziegel unter 1,0 wird der Ziegelscherben durch Zugabe von organischen Stoffen wie Polystyrolschaumstoffpartikel (Styropor) oder Sägemehl zur Rohmasse, die beim Brennen vergasen oder verbrennen, zusätzlich porosiert.

b) Außer den unter a) genannten Mauerziegelarten werden noch **Keramikklinker,** vor allem für Verkleidungen, mit den Rohdichteklassen 1,4 bis 2,2 (Scherbenrohdichte mindestens 2,0 kg/dm^3) und der Festigkeitsklasse 60 hergestellt.

c) Bei der Kurzbezeichnung für die Mauerziegel gilt die Reihenfolge: Ziegelart, Festigkeitsklasse, Rohdichteklasse, Format. Beispiel:

DIN 105 – VHLz A – 20 – 1,2 – 3 DF

d) Wegen der Verarbeitung der Mauerziegel zu Mauerwerk siehe Abschnitte 5.6.1e, 5.6.2b bis d.

4.2.2 Dachziegel

Wegen der größeren Witterungsbeanspruchung der Dachziegel muß das Rohmaterial besonders sorgfältig ausgewählt und aufbereitet werden. Nach der Herstellung und der Form werden nach DIN 456 unterschieden (Beispiele siehe Bild 4.3):

Preßdachziegel, hergestellt in Stempelpressen: Falzziegel und Flachdachpfannen mit allseitiger Verfalzung; bei der letzteren Art greift die Seitenverfalzung über die Seitenfuge hinweg, so daß flachere Dachneigungen möglich sind; Mönch und Nonne.

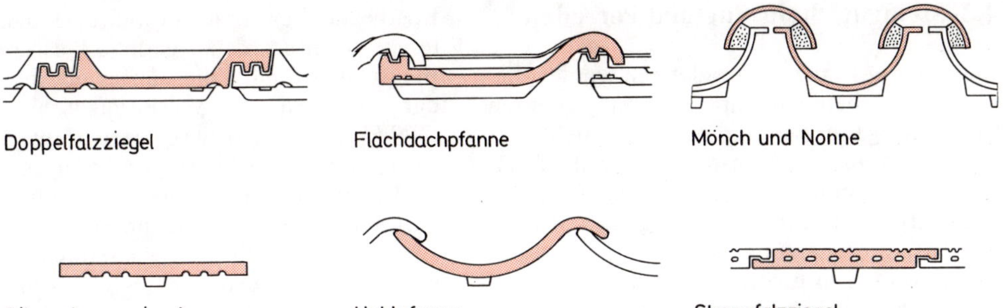

Bild 4.3 Dachziegelquerschnitte (Beispiele)

Strangdachziegel, hergestellt in Strangpressen: Biberschwanzziegel, Hohlpfannen, Strangfalzziegel.

Zubehör- und **Sonderziegel,** z. B. Firstziegel, Traufziegel, Entlüftungsziegel.

Viele Dachziegel erhalten durch Aufbringen einer Tonschlämme vor dem Brennen eine Oberflächeneinfärbung (Engobe); Anforderungen hinsichtlich der Farbe sind vor der Lieferung zu vereinbaren. Nach dem Brennen werden die Dachziegel nach ihrer Qualität sortiert.

Nach DIN 456 müssen Dachziegel der Sorte I maß- und formhaltiger sein als Sorte II. Weitere Anforderungen sind eine bestimmte Wasserundurchlässigkeit und Tragfähigkeit, Frostbeständigkeit sowie ein unschädlicher Gehalt an Kalk und wasserlöslichen Salzen.

4.2.3 Weitere Ziegel- und Klinkerarten

a) **Deckenziegel** für auf geschlossener Schalung hergestellte Stahlbetondecken:

Statisch mitwirkend nach DIN 4159 für Stahlsteindecken, wobei die Deckenziegel eine Druckfestigkeit von mindestens 22,5 und 30 N/mm^2 besitzen müssen. Derartige Ziegel können auch für vorgefertigte Wandtafeln verwendet werden. Statisch nicht mitwirkend nach DIN 4160 als Füllkörper für Stahlbetonrippendecken.

Außerdem gibt es besondere Ziegelelemente, aus denen Balken oder Stürze als Stahlbetonfertigteile hergestellt werden.

b) **Tonhohlplatten** oder Hourdis und Hohlziegel nach DIN 278 werden für Decken, vorgefertigte Wandtafeln und leichte Trennwände benutzt.

c) **Dränrohre** nach DIN 1180 werden mit Nennweiten von 50 bis 200 mm geliefert, außen sowohl rund wie auch 6-, 8- oder 12eckig. Sie dienen zur Entwässerung, z. B. von landwirtschaftlich genutzten Flächen, teilweise auch zur Entlüftung von nicht beheizten Räumen.

d) **Radialziegel** nach DIN 1057 mit verschiedenen Maßen und Festigkeitsklassen (Radialziegel Rz 12 bis Rz 36 sowie Radialklinker R 28 und R 36) dienen zur Herstellung von runden Schornsteinen und Silos, Kanalklinker nach DIN 4051 mit $\beta_D \geq 45$ N/mm^2 (Einzelwerte $\geq$ 40 N/mm^2) zur Herstellung von Abwasserkanälen und -schächten.

e) **Pflasterklinker** nach DIN 18503 und entsprechenden Richtlinien der Forschungsgesellschaft für das Straßenwesen mit $\beta_D \geq 80$ N/mm^2 (Einzelwerte ≥ 70 N/mm^2) werden insbesondere zur Befestigung von Verkehrswegen verwendet.

f) **Bodenklinkerplatten** nach DIN 18158 mit 100 × 200 bis 300 × 300 mm besitzen ähnliche Eigenschaften wie unglasierte Steinzeugfliesen nach Abschnitt 4.3.1.

4.3 Steingut, Steinzeug und Porzellan

Im Gegensatz zu den Ziegelwaren werden diese keramischen Baustoffe aus ausgesuchten Tonen, Magerungsstoffen wie Quarzmehl oder zerkleinertem, gebranntem Material (Schamotte), bei Steinzeug erforderlichenfalls mit Flußmitteln und Farbstoffen in ganz bestimmter Zusammensetzung hergestellt. Die Rohstoffe werden in mehreren Arbeitsgängen besonders sorgfältig aufbereitet und zu Formlingen plastisch im Strangverfahren oder erdfeucht unter hohem Druck gepreßt oder gegossen. Sanitäre Baustoffe werden meist durch Gießen in Gipsformen hergestellt.

Steingut und Irdengut werden unterhalb der Sintergrenze gebrannt; der Scherben ist porös und wassersaugend, bei Steingut weiß, bei Irdengut farbig.
Steinzeug wird oberhalb der Sintergrenze gebrannt; der Scherben ist dicht und kaum mehr wassersaugend.
Porzellan wird aus reinem Kaolin hergestellt und oberhalb der Sintergrenze gebrannt; der Scherben ist weiß, dicht und transparent.

Den meisten Baustoffen wird eine Glasur aufgeschmolzen, die als Flußmittel mit Wasser vermahlene Gläser (Fritten) und zur Färbung Metalloxide enthält. Dadurch erhält man dekorative sowie besonders dichte und damit hygienisch günstige Oberflächen; bei Kanalisationsrohren wird dadurch die Fließgeschwindigkeit des Abwassers erhöht. Die Oberflächen von Fliesen können mit glänzenden und matten Dekors geschmückt werden. Aus Porzellan wird vor allem Sanitärkeramik hergestellt.

4.3.1 Keramische Fliesen und Platten

Fliesen für Bodenbeläge und Wandbekleidungen wurden nach der früher gültigen DIN-Norm unterteilt in «Steingutfliesen» (mit hoher Wasseraufnahme, saugend, daher bessere Haftung mit dem Verlegemörtel, jedoch nicht frostbeständig) und in «Steinzeugfliesen» (dicht gesintert, daher geringe Wasseraufnahme, frostbeständig, biegefester und härter). In der seit 1986 gültigen Europäischen Norm DIN EN 87 werden diese Bezeichnungen nicht mehr verwendet. Fliesen und Platten werden in 12 Gruppen eingeordnet, je nach Formgebungsverfahren: stranggepreßt (Kurzzeichen A), trockengepreßt (B), gegossen (C) und Wasseraufnahme (4 Bereiche): $\leq 3\%$, 3 bis $\leq 6\%$, 6 bis $\leq 10\%$, $> 10\%$.

Für die Auswahl von Fliesen und Platten für den Innenbereich hat diese Einteilung wenig Bedeutung, da diese sowohl unglasiert als auch glasiert hergestellt werden können. Glasierte (GL) Fliesen und Platten werden nach der Prüfnorm DIN EN 154 in die Abriebgruppen I bis IV für sehr leichte, leichte, mittlere und stärkere Beanspruchung eingestuft. Bei ständig starker Beanspruchung ist die Verwendung unglasierter (UGL) Fliesen und Platten mit geringer Wasseraufnahme zu empfehlen. Wegen des Verlegens und Verfugens von Fliesenbelägen siehe Abschnitt 5.6.4.

4.3.2 Keramische Spaltplatten

Sie werden nach DIN 18166 als Doppelplatten stranggepreßt, meist glasiert und zu Steinzeug gesintert. Nach dem Brennen werden die Platten gespalten, wobei an der Rückfläche schwalbenschwanzförmige Stege verbleiben, die den Verbund mit dem Verlegemörtel (siehe Abschnitt 5.6.4) wesentlich erhöhen.

Anforderungen: Wasseraufnahme bei hellem Scherben $\leq$ 3 M.-% bzw. bei farbigem Scherben $\leq$ 6 M.-%, Biegezugfestigkeit $\geq$ 25 bzw. 20 N/mm^2, Frostbeständigkeit, Härte 5 (glasiert) und 6 (unglasiert). Anwendung vor allem für Schwimmbäder und Außenfassaden.

4.3.3 Steinzeug für die Kanalisation

Geliefert werden nach DIN 1230 vor allem Rohre und Formstücke, außerdem Sohl- und Profilschalen sowie Platten. Durch Tauchen der Formlinge vor dem Brennen in tonhaltige Suspensionen erhält man eine allseitige Spatglasur, wodurch vor allem der Rauhigkeitswert für das in der Kanalisation abzuführende Wasser herabgesetzt wird.

Diese Baustoffe sind besonders beständig gegen saure und alkalische Abwässer. Sie sollen beim Anschlagen mit einem harten Gegenstand einen klar klingenden Ton geben.

Rohre werden mit Nennweiten d = 100 bis 1000 mm hergestellt, und zwar als N-Rohre mit normaler Wanddicke sowie mit d = 200 bis 800 mm auch als V-Rohre mit um 50% verstärkter Wanddicke. Verlangt wird eine hohe Maßhaltigkeit.

Je nach der Nennweite und Wanddicke der Rohre muß die Scheiteldrucklast (siehe Abschnitt 1.4.4.4d) mind. 20 bis 75 kN/m betragen. Weiter müssen die Rohre unter 0,5 bar Innendruck wasserdicht sein. Um das Verlegen zu beschleunigen, werden die Rohre auch mit vorgefertigten Muffendichtungen geliefert, und zwar bis d = 200 mm mit Steckmuffe L (Lippendichtungsring aus Gummi) und ab d = 200 mm mit Steckmuffe K (Kunststoffmuffe aus Polyurethan und Polyester).

4.4 Feuerfeste Baustoffe

Sie werden für den Innenausbau von Öfen benötigt und müssen bis 1500 °C beständig bleiben, hochfeuerfeste Baustoffe sogar bis 1800 °C. Für die meisten Zwecke genügen **Schamottesteine** und Schamotterohre, die aus feuerfestem Ton (mit geringem Gehalt an niedrigschmelzenden Bestandteilen) und Schamotte (= vorgebrannter und zerkleinerter, feuerfester Ton) als Magerungsstoff geformt und gebrannt werden. Mit abnehmendem Tonerdegehalt vermindert sich die Feuerfestigkeit.

Für Industrieöfen werden vielfach hochfeuerfeste Baustoffe benötigt. Bei saurem Brenngut werden u. a. **Silikasteine** oder Dinas, aus Quarzit und etwas Weißkalk gepreßt und gebrannt, verwendet, bei basischem Brenngut (z. B. in der Sinterzone in Zementdrehöfen) **Magnesitsteine,** die aus etwas eisenhaltigem Magnesitgestein geschmolzen werden.

4.5 Glas

4.5.1 Technologie, allgemeine Eigenschaften und Verarbeitung

a) Die Rohstoffe bestehen aus Quarzsand als Hauptbestandteil, Soda (seltener Pottasche) und Glasbruch als Flußmittel sowie Kalkstein, bestimmte Feldspäte u. a. zur Verbesserung der Glaseigenschaften. Durch Metalloxide erhält man verschiedene Farbtönungen und damit auch eine unterschiedliche Durchlässigkeit für Strahlen. Das Gemenge wird bei rd. 1450 °C in großen Wannenöfen geschmolzen. Im Gegensatz zu den keramischen Baustoffen erfolgt die Formgebung erst nach dem Erhitzen in noch plastischem Zustand durch Gießen, Walzen und Pressen. Zu ebenen oder gebogenen Scheiben geformtes Glas wird als Flachglas bezeichnet, siehe Abschnitte 4.5.2 bis 4.5.4. Auch durch nachträgliche Behandlung lassen sich die Glaseigenschaften verändern.

b) Glas ist porenfrei (ausgenommen Schaumglas); seine Dichte beträgt 2,5 g/cm^3. Es besitzt im Vergleich zu allen übrigen mineralischen Baustoffen die höchsten Festigkeiten (Druckfestigkeit mindestens 800 N/mm^2, Biegefestigkeit 30 bis 90 N/mm^2), weshalb Baustoffe geringer Dicke daraus hergestellt werden. Bei Fenstern richtet sich die Dicke nach der Größe der Scheibe und, wegen der unterschiedlichen Windbeanspruchung, auch nach der Höhe über dem Gelände. Glas ist spröde und schlagempfindlich. Der Härtegrad liegt zwischen 6 und 7. Der Wärmedehnkoeffizient beträgt 0,0085 mm/m · K; vor allem bei großen und sich besonders stark erwärmenden (siehe Abschnitt 4.5.3b) Scheiben muß auf eine ausreichende Ausdehnungsmöglichkeit geachtet werden. Die Wärmeleitfähigkeit ist mit 0,8 W/m · K im Vergleich zu anderen dichten mineralischen Baustoffen gering, siehe Tabelle 1.5. Bei rascher einseitiger Erwärmung oder Abkühlung kann es daher in dickeren und farbigen Gläsern zu hohen Temperaturspannungen kommen. Farblose Gläser haben für Lichtstrahlen (Wellenlänge 400 bis 760 nm) eine hohe Durchlässigkeit von $\geq$90% (Bild 4.4), bei Doppelscheiben $\geq$80%, desgleichen auch für Infrarot-Wärmestrahlen (Wellenlänge 760 bis

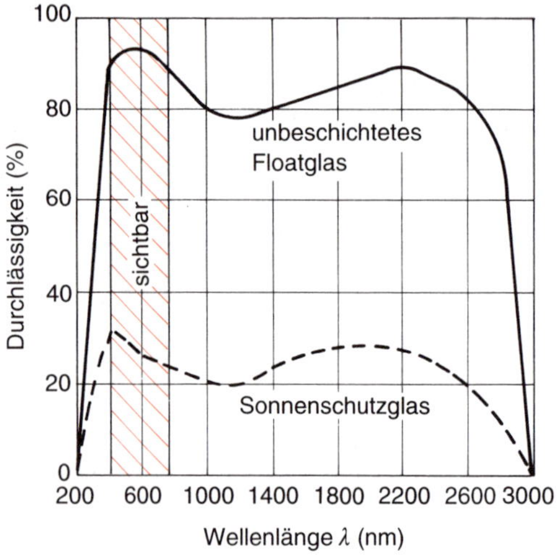

Bild 4.4 Strahlendurchlässigkeit verschiedener Gläser

3000 nm), was zu einer starken Raumlufterwärmung im Sommer führen kann.

Glas besteht aus Calcium- und Natrium- (oder Kalium-)Silikaten und ist nur gegen Flußsäure und damit auch gegen Fluate empfindlich. Die Oberfläche wird außerdem durch länger einwirkende Laugen, wie Kalk- und Zementmörtel, angegriffen. Frisches Glas kann auch durch Tauwasser «blind» werden, was vor allem beim Transport und Lagern beachtet werden muß.

c) Das Abtrennen von Glasteilen erfolgt nach dem Anritzen der Glasoberfläche mit Diamant oder Stahlrädchen. Für Verglasungsarbeiten ist DIN 18361 maßgebend. Wegen der erforderlichen Dichtstoffe siehe Abschnitt 9.5b.

4.5.2 Flachglasarten

Nach DIN 1249 unterscheiden sich die Flachglasarten hinsichtlich ihrer Herstellung und einiger wichtiger Eigenschaften.

a) **Spiegelglas** (Kurzzeichen S) wird meist nach dem Float-Verfahren hergestellt, wobei die zähflüssige Glasschmelzmasse auf ein flüssiges Metallbad aufgebracht wird und dort langsam abkühlt. Es besitzt planparallele und geschliffene Oberflächen und ist daher frei von Verzerrungen in Durchsicht und Reflexion und auch frei von größeren Eigenspannungen.

Es wird hergestellt mit Nenndicken von 3 bis 19 mm und größten Scheibenmaßen bis 3180 × 9000 mm.

Beispiel für die Bezeichnung:
DIN 1249 – S – 6 – 600 × 3180 (in der Reihenfolge Spiegelglas – Dicke – Breite × Länge in mm)
Geliefert werden auch leicht farbiges Spiegelglas, Drahtspiegelglas (wie Gußglas hergestellt, anschließend geschliffen und poliert).

b) **Fensterglas** (F) wird im Ziehverfahren mit feuerblanken Oberflächen und mit den gleichen Nenndicken wie Spiegelglas hergestellt, jedoch mit größeren zulässigen Abweichungen sowie mit möglichen Verzerrungen, weshalb es nur noch wenig verwendet wird. In gleicher Weise wird auch Dünnglas mit 0,6 bis 2 mm Dicke hergestellt.

c) **Gußglas** wird durch Gießen und Walzen hergestellt, oft mit verschiedenen Farbtönungen. Es ist mehr oder weniger strukturiert bzw. ornamentiert (O) und nur durchscheinend. Drahtglas (D) mit Drahtnetz dient als Sicherheitsglas (siehe Abschnitt 4.5.4) und eignet sich auch für Brandschutzgläser (siehe Abschnitt 4.5.3e) sowie als Welldrahtglas für Dächer.

U-förmig ausgebildetes **Profilglas** ohne oder mit Drahteinlage wird für Lichtwände und Lichtbänder verwendet.

d) Gartenblank- und Gartenklarglas ist Fenster- bzw. Gußglas mit größeren Fehlern.

4.5.3 Isoliergläser

Da Bauteile aus Glas zur Belichtung der Innenräume vor allem in Außenwände u.ä. eingebaut werden, müssen auch die bauphysikalischen Forderungen nach Abschnitt 1.4.8.2 und 1.4.9.2 beachtet werden.

Im Vergleich zu Einfachfenstern aus gewöhnlichem Glas wird durch Doppelfenster und vor allem durch besondere Isolierverglasungen die Wärme- und Luftschalldämmung wesentlich erhöht. Sie hängen ab von der Art, Dicke und Zahl der Scheiben, von der Weite des Luftzwischenraumes und der Beschaffenheit der Luft oder ggf. eines anderen Füllstoffes sowie von dem Baustoff der Rahmen und deren prozentualem Anteil.

Bei besonders günstigen Bedingungen (u. a. Füllung mit schweren Gasen) kann der Wärmedurchgangskoeffizient bis unter 1,5 W/m^2 K herabgesetzt werden. Für Fenster und Türen aus den im folgenden beschriebenen Isoliergläsern wird meist Spiegelglas verwendet; auch eine Kombination mit Sicherheitsgläsern nach Abschnitt 4.5.4 ist möglich. Bestimmte Anforderungen müssen auch hinsichtlich der Falzausbildung und der Fugenundurchlässigkeit eingehalten werden.

a) Zur Verbesserung der Wärme- und Schalldämmung wird bei **Mehrscheibenisoliergläsern** zwischen 2 oder 3 Scheiben eine trockene Luftschicht durch Verklebung (Climalit, Cudo) oder durch Randverschweißung der Scheiben (Gado) luftdicht eingeschlossen (früher durch einen dichten Metallrahmen (Thermopane)). Dadurch werden auch späteres Beschlagen und Verstauben der inneren Glasflächen verhindert. Mit einem besonderen Wärmeschutzglas (innen) und besonderen Luft-Gas-Gemischen wird die Wärmedämmung weiter erhöht (Climaplus, Thermoplus). Mit eingelegtem Glasseidengespinst (Thermolux) werden derartige Fenster undurchsichtig, bleiben jedoch durchscheinend mit lichtstreuender Wirkung. Die Isolierglaseinheiten werden in Werken hergestellt und können nach der Lieferung nicht mehr geändert werden.

b) Bei den Mehrscheibenisoliergläsern werden oft als äußere Scheiben sogenannte **Sonnenschutzgläser** eingebaut. Durch eine besondere Behandlung dieser Gläser vermindert sich die Durchlässigkeit für die Sonnenenergie (siehe Abschnitt 1.4.8.2) um rd. 30 bis 60%, gleichzeitig jedoch auch die Lichtdurchlässigkeit bis zu rd. 60%, siehe Bild 4.4.

Absorptionsgläser (Parsol) sind bronze, grau oder grün eingefärbt. Sie absorbieren einen großen Teil der Infrarotstrahlen des Sonnenlichts. Die vom Glas selbst aufgenommene Wärmeenergie muß beim Einbau berücksichtigt (siehe Abschnitt 4.5.1b) bzw. durch ausreichende Belüftung der Glasoberfläche rasch abgeführt werden.

Bei den **Reflexionsgläsern** (Elioterm, Infrastop) werden durch eine meist innere dünne Beschichtung der äußeren Scheiben mit Metalloxiden die Infrarotstrahlen zum größten Teil reflektiert, so daß es zu einer geringeren Aufheizung dieser Scheiben kommt.

c) Die Luftschalldämmung kann vor allem durch größere Glasdicken verbessert werden, bei Doppelfenstern, Kastenfenstern und Mehrscheibenisoliergläsern durch einen größeren Luftzwischenraum sowie durch zusätzliche Rahmen- und Falzdichtungen.

Schallschutzgläser als Mehrscheibenisoliergläser mit einem ausreichenden bewerteten Schalldämmaß R'_w auch für stärkeren Außenlärm (siehe Abschnitt 1.4.9.2b) erhält man durch unterschiedliche Anordnung von verschieden dicken Scheiben (Contrasonor) oder/und Füllung des Luftzwischenraums mit einem schweren Gas (Phonstop).

d) Das dunkelfarbige, lichtundurchlässige **Schaumglas** (Foamglas) hat eine geschlossene Zellstruktur ohne kapillare Verbindung und ist daher dampfundurchlässig. Es hat eine niedrige Rohdichte (rd. 0,13 kg/dm^3) und Wärmeleitfähigkeit (λ_R = 0,45 bis 0,60 W/m · K) sowie eine sehr geringe Wasseraufnahme. Nach DIN 18174 wird es, z. T. beschichtet, als Wärmedämmplatten je nach Druckfestigkeit ≥0,5 und ≥0,7 N/mm^2 mit der Typenbezeichnung WDS (siehe Abschnitt 8.3.2a) und WDH geliefert.

e) Als **Brandschutzgläser** können unter bestimmten Voraussetzungen Drahtglas nach Abschnitt 4.5.2a) und c) zu Verglasungen bis Feuerwiderstandsklasse G 60, borhaltiges Glas bis G 120 verwendet werden, bzw. 2- und Mehrscheibengläser mit wasserhaltigem Gel (Contraflam) oder mit anorganischen Brandschutzschichten im Innenraum auch bis F 120, siehe Abschnitt 1.4.7b.

4.5.4 Sicherheitsgläser

Mit Sicherheitsgläsern soll die Verletzungsgefahr durch Splitter vermindert und die Sicherheit von Menschen und Sachen bei Gewaltanwendung erhöht werden.

Beim Bruch von Alarmglasscheiben wird durch eingelegte dünne Metalldrähte Alarm ausgelöst.

a) Beim **Einscheibensicherheitsglas** (Sekurit, Delodur, Klarit) wird die einbaufertige Scheibe für Fenster und Türen (Ganzglastüren) aus Spiegelglas durch Erwärmen auf 600 °C und anschließendes beidseitiges rasches Abkühlen vorgespannt. Der dabei erzeugte Eigenspannungszustand ist in Bild 4.5 dargestellt, die Zugspannungszone im Kern beträgt etwa 60% der Plattendicke, die Druckspannungszonen an den Oberflächen jeweils 20%. Dadurch werden die Biegezugfestigkeit (auf rd. 150 N/mm^2) und die Temperaturwechselbeständigkeit erhöht. Beim Bruch zerfällt das Glas in kleinste, meist stumpfkantige Teile. Die Scheiben können nach der Lieferung nicht mehr bearbeitet werden.

b) Das **Verbundsicherheitsglas** wird aus 2 oder mehr Scheiben mit farblosen, gefärbten oder

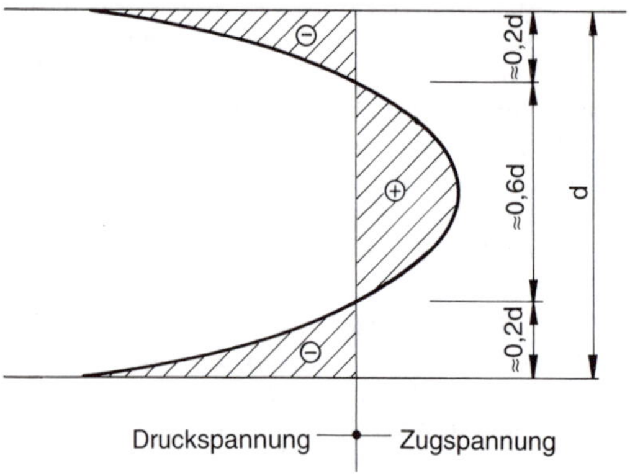

Bild 4.5 Spannungsverteilung in Einscheibensicherheitsglas

matten Kunststoffschichten zusammengeklebt (Kinon, Sigla). Bei der Zerstörung der Scheiben haften die Splitter an der Zwischenschicht. Je nach Anzahl und Dicke der Einzelscheiben ergeben sich u. a. durchbruch- und durchschußhemmende Verglasungen.

c) Beim **Drahtglas** (siehe Abschnitt 4.5.2c) bleiben beim Bruch die Splitter an den Drahteinlagen hängen.

4.5.5 Weitere Glasbaustoffe

a) Farbige, meist undurchsichtige (= opak), teilweise auch mit einseitiger Farbemaille versehene Gläser werden in verschiedenen Abmessungen geliefert: Als Glasmosaik, als Glasfliesen und -platten (Detopak), für Brüstungsplatten u. ä. auch als Einscheibensicherheitsglas (Emalit, Delogcolor).

b) **Glasdachsteine** werden in gleichen Formen und Maßen wie Dachziegel und Betondachsteine hergestellt.

c) **Glasbausteine** nach DIN 18175 werden als geschlossene Hohlkörper in quadratischer und rechteckiger Gestalt geliefert; Steinmaße 150 bis 300 mm, Dicke 80 und 100 mm. Sie werden nach DIN 4242 nur für nichttragende Wände verwendet. Durch genügend breite Mörtelfugen und Dehn- und Gleitfugen sollten Zwängspannungen vermieden werden.

d) **Betongläser** nach DIN 4243 werden in vier verschiedenen Formen (quadratisch als Voll- und Hohlglas sowie quadratisch und rund als nach unten offenes Hohlglas) geliefert; je nach Form ist die Seitenlänge 117 bis 200 mm bzw. der Durchmesser 117 mm, die Höhe 22 bis 100 mm. Sie dienen zur Herstellung von Bauteilen aus Glasstahlbeton nach DIN 1045.

4.5.6 Glaswolle und Glasfasern

Es sind feinste mineralische Fäden von 2 bis 30 μm Durchmesser, die aus der Glasschmelze nach verschiedenen Verfahren durch Blasen und Ziehen erzeugt werden. Als Glaswolle dienen sie in vielen Formen der Wärme- und Schalldämmung, siehe Abschnitt 9.1a. Als Glasvlies und Glasseidengewebe werden sie als Trägereinlagen von Dach- und Dichtungsbahnen (siehe Abschnitte 7.4.2 und 8.3.1e), zur Bewehrung von Anstrichen und Putzen, als Fasern und Schnüre (Rovings) aus Glasseide für Kunststoffe (siehe Abschnitt 8) verwendet und erhöhen vor allem die Zug- und Biegefestigkeit dieser Baustoffe. Alkaliwiderstandsfähige Glasseide kann auch mit Zement zu Glasfaserbeton verarbeitet werden, siehe Abschnitt 5.7.3b.

5 Baustoffe mit mineralischen Bindemitteln, Beton und Mörtel

Die bisher behandelten Baustoffe sowie auch die Metalle und die meisten Kunststoffe werden im fertigen Zustand und mit ihren endgültigen Eigenschaften auf die Baustelle geliefert. Beton und Mörtel werden dagegen erst auf der Baustelle hergestellt oder fertig gemischt angeliefert und müssen dann noch verarbeitet werden. Ihre endgültigen Eigenschaften können erst nach der Erhärtung festgestellt werden. Die bei der Herstellung Beteiligten müssen also bei der Zusammensetzung und Verarbeitung von Beton und Mörtel alle Vorschriften, Erkenntnisse und Maßnahmen beachten, mit denen sicher die verlangten Eigenschaften erreicht werden.

Beton wird mit Zuschlag von mindestens 8 bis höchstens 63 mm Größtkorn hergestellt, als Bindemittel wird ausschließlich Zement verwendet.

Nach der Rohdichte unterscheidet man:
Beton oder **Normalbeton** mit $\varrho > 2{,}0$ bis 2,8 kg/dm^3 (siehe Abschnitte 5.2 und 5.3),
Leichtbeton mit $\varrho \leqq 2{,}0$ kg/dm^3 (siehe Abschnitt 5.4)
Schwerbeton mit $\varrho > 2{,}8$ kg/dm^3 (siehe Abschnitt 5.5).
Mörtel (siehe Abschnitt 5.6) wird ohne oder mit Sand bis 4 mm, seltener mit Zuschlag bis 8 mm Größtkorn hergestellt.

5.1 Bindemittel

Mit einigen Ausnahmen werden sie aus bestimmten Gesteinen durch Brennen gewonnen und mehlfein gemahlen, wodurch die reagierende Oberfläche vervielfacht wird. In diesem Zustand sind sie gegen Luftfeuchtigkeit oder Luftkohlensäure empfindlich, weshalb sie, auch in trockenen Räumen, nicht zu lange gelagert werden dürfen. Mit Wasser angemacht, entsteht zunächst der Bindemittelleim; seine Verarbeitbarkeit, insbesondere die Geschmeidigkeit und die Eigenschaft, Wasser abzusondern oder zurückzuhalten, ist je nach Bindemittelart, Feinheit und ggf. Zugabe von Zusätzen sehr verschieden. Durch chemische Umsetzungen, teilweise auch durch physikalische Oberflächenkräfte verfestigt sich der Bindemittelleim in einen steinartigen Zustand, wobei Füllstoffe miteinander verkittet werden können.

Eine Übersicht über die verschiedenen Bindemittel findet sich in Tabelle 5.1.

Es werden unterschieden:
Luftbindemittel, die nur an der Luft erhärten: Luftkalke, Baugipse, Anhydritbinder, Magnesiabinder
Hydraulische Bindemittel, bei denen durch Reaktion mit Wasser wasserunlösliche Verbindungen entstehen, so daß die Weitererhärtung auch unter Wasser möglich ist: Hydraulisch erhärtende Baukalke, alle Zemente, Putz- und Mauerbinder, hydraulische Tragschichtbinder

5.1.1 Baukalke

5.1.1.1 Technologie und Erhärtung

Je nach der chemischen Zusammensetzung des Kalkgesteins entstehen beim Brennen in Schachtöfen bei 1100 bis 1300 °C Baukalke mit unterschiedlichen Eigenschaften.

a) **Reiner Kalkstein** (entsprechend auch dolomitischer Kalkstein) wird zunächst zu Branntkalk gebrannt:

$$CaCO_3 \rightarrow CaO + CO_2 \uparrow$$

Branntkalk kann i. allg. nicht unmittelbar verwendet werden, sondern muß zunächst mit Wasser gelöscht werden.

$$CaO + H_2O \rightarrow Ca(OH)_2$$

Tabelle 5.1 Einteilung der Bindemittel

Bindemittel	Gestein	Brennen	Erhärtung	Hauptsächliche Verwendung
Baukalke	Kalkstein $CaCO_3$	unterhalb der Sintergrenze	an der Luft (Luftkalke)	Putz- und Mauermörtel, dampfgehärtete Baustoffe
	Kalkmergel		an der Luft und unter Wasser (hydraulisch erhärtende Kalke)	
Zemente	Kalkstein und Mergel[1])	oberhalb der Sintergrenze	an der Luft und unter Wasser	Beton und Mörtel, Betonwaren, Fertigteile
Baugipse	Gipsgestein[2]) $CaSO_4 \cdot 2\,H_2O$	bei 100 bis 800 °C	an der Luft	Innenputzmörtel, Gipsbauplatten
Anhydritbinder	Anhydritgestein[2]) $CaSO_4$	(nur vermahlen, mit Anreger)		Estrichmörtel, Innenputzmörtel
Magnesiabinder	Magnesitgestein $MgCO_3$	bei 700 bis 800 °C	(mit $MgCl_2$-Lösung angemacht) an der Luft	Estrichmörtel (Steinholz), Leichtbauplatten

[1]) Für Portlandzemente. Bei weiteren Zementen werden nach dem Brennen des Portlandzementklinkers noch Hüttensand, Traß, Ölschieferschlacke u. a. zugemahlen.

[2]) Gewinnung auch aus Abfallstoffen.

Tabelle 5.2 Baukalke nach DIN 1060

Baukalkart	Gewinnung aus	Farbe	Mindestdruckfestigkeit des Normmörtels nach 28 Tagen/Kennzeichnung auf den Papiersäcken
Luftkalke: Weiß- und Dolomitkalk werden gelöscht, wobei Weißkalk besonders kräftig reagiert und sehr ergiebig ist. Die Luftkalke liefern bei hohem Wasseranspruch einen besonders geschmeidigen Mörtel. Erhärtung nur durch Reaktion mit Kohlensäure, poröse Mörtelstruktur, geringe Festigkeiten.			
Weißkalk	reinem Kalkstein	weiß	keine Forderung
Dolomitkalk	dolomitischem Kalkstein	weiß bis hellgrau	keine Forderung
Hydraulisch erhärtende Kalke: Geringerer Wasseranspruch und geringere Geschmeidigkeit des Mörtels als mit Luftkalken. Nach Erhärtung an der Luft auch Lagerung unter Wasser möglich. Dichtere Mörtelstruktur sowie früher höhere Festigkeiten als mit Luftkalken.			
Wasserkalkhydrat	mergeligem Kalkstein	hellgrau	keine Forderung/1 schwarzer Streifen
Hydraulischer Kalk	Kalksteinmergel oder Kalkstein und Zusatz von latent-hydraulischen Stoffen[1])	i. a. grau	2 N/mm²/ 2 schwarze Streifen
Hochhydraulischer Kalk	Kalksteinmergel oder Kalkstein und Zusatz von latent-hydraulischen Stoffen[1])	i. a. grau	5 N/mm²/ 3 schwarze Streifen

[1]) oder Vermischen von Luftkalken oder Wasserkalken mit latent-hydraulischen Stoffen, siehe 5.1.3a.

Beim Löschen zerfällt der Branntkalk unter beträchtlicher Wärmeentwicklung und Volumenzunahme zu sehr feinem Kalkhydrat (Calciumhydroxid). Es wird überwiegend fabrikmäßig als Pulver hergestellt. Mit Wasserüberschuß hergestellter Kalkteig hat nur noch untergeordnete Bedeutung.

> Gelöschter Kalk (Calciumhydroxid) ist wasserlöslich und bildet eine starke Lauge (Vorsicht: Verätzungsgefahr!).
> Die Erhärtung von Luftkalkmörtel erfolgt nur, wenn Kohlendioxid aus der Luft in den Mörtel eindringen kann, sich im Mörtelwasser löst und Kohlensäure bildet. Diese reagiert mit dem gelösten Calciumhydroxid, wobei unlösliches, neutrales Calciumkarbonat entsteht **(Karbonatisierung)**, das auskristallisiert und die Sandkörner untereinander verkittet.
>
> $$Ca(OH)_2 + \text{Sand} + H_2O + CO_2 \rightarrow CaCO_3 + \text{Sand} + 2\,H_2O$$

Durch den Sandzusatz wird der Mörtel ausreichend porös, so daß Luft eindringen kann. Die Erhärtung kann nur beschleunigt werden, wenn künstlich Kohlendioxid zugeführt wird. Bei dichten Anstrichen, dichtem Mörtel sowie auch innerhalb von dicken Mauern kann weniger Kohlendioxid eindringen, weshalb die Erhärtung und damit auch das Austrocknen sehr verlangsamt werden.

Eine wesentlich raschere Erhärtung und größere Festigkeit ist unter Dampfdruck (i. allg. von 8 bis 16 bar entspr. 170 bis 200 °C) möglich, sofern feinkörniger kieselsäurehaltiger Zuschlag vorhanden ist. Das Calciumhydroxid verbindet sich dabei mit der Kieselsäure zu Calciumsilikathydrat, einem sehr festen Mineral (Kalksandstein- und Gasbetonherstellung, siehe Abschnitte 5.7.1 und 5.4.1.3a).

b) Bei **mergeligem Kalkstein,** der außer $CaCO_3$ noch Kieselsäure, Tonerde und Eisenoxid enthält, oder bei Zugabe von latent hydraulischen Stoffen (siehe Abschnitt 5.1.3a) zu Kalkstein entstehen beim Brennen neben CaO noch Calciumsilikate, Calciumaluminate und Calciumferrite. Je nach CaO-Gehalt löschen diese Kalke nur mäßig oder gar nicht mehr; sie werden daher z. T. nur gemahlen.

> Die Calciumsilikate, Calciumaluminate und Calciumferrite reagieren nach dem Anmachen des Mörtels mit Wasser, ergeben dabei mehr oder weniger früh wasserunlösliche Verbindungen und sind damit die Träger einer hydraulischen Erhärtung.

5.1.1.2 Baukalkarten, Eigenschaften und Verarbeitung

a) Eine Übersicht über die verschiedenen Baukalkarten nach DIN 1060 findet sich in Tabelle 5.2. Sie unterscheiden sich u. a. auch in der Schüttdichte und im Wasseranspruch. Durch besondere Raumbeständigkeitsprüfungen wird geprüft, daß vor allem die Luftkalke keine ungelöschten, treibenden Teile mehr enthalten bzw. daß die hydraulisch erhärtenden Kalke von einem bestimmten Zeitpunkt an wasserbeständig geworden sind.

b) Stückkalk und Feinkalk sind gebrannte Kalke in stückiger oder gemahlener Form und müssen vor der Verarbeitung genügend lange eingesumpft werden. Weißfeinkalk wird vor allem für Kalksandsteine und Gasbeton verwendet. Für Mauer- und Putzmörtel werden meist nur abgelöschte, pulverförmige Kalkhydrate oder gemahlene hydraulische und hochhydraulische Kalke benutzt. Bei den hydraulisch erhärtenden Kalken muß beachtet werden, daß ihre Mörtelliegezeit wegen der Reaktion mit dem Mörtelwasser begrenzt ist. Alle Baukalke finden außerdem Anwendung im Straßenbau zur Verfestigung des Untergrundes, hydraulisch erhärtende Kalke auch für hydraulisch gebundene Kies- und Schottertragschichten.

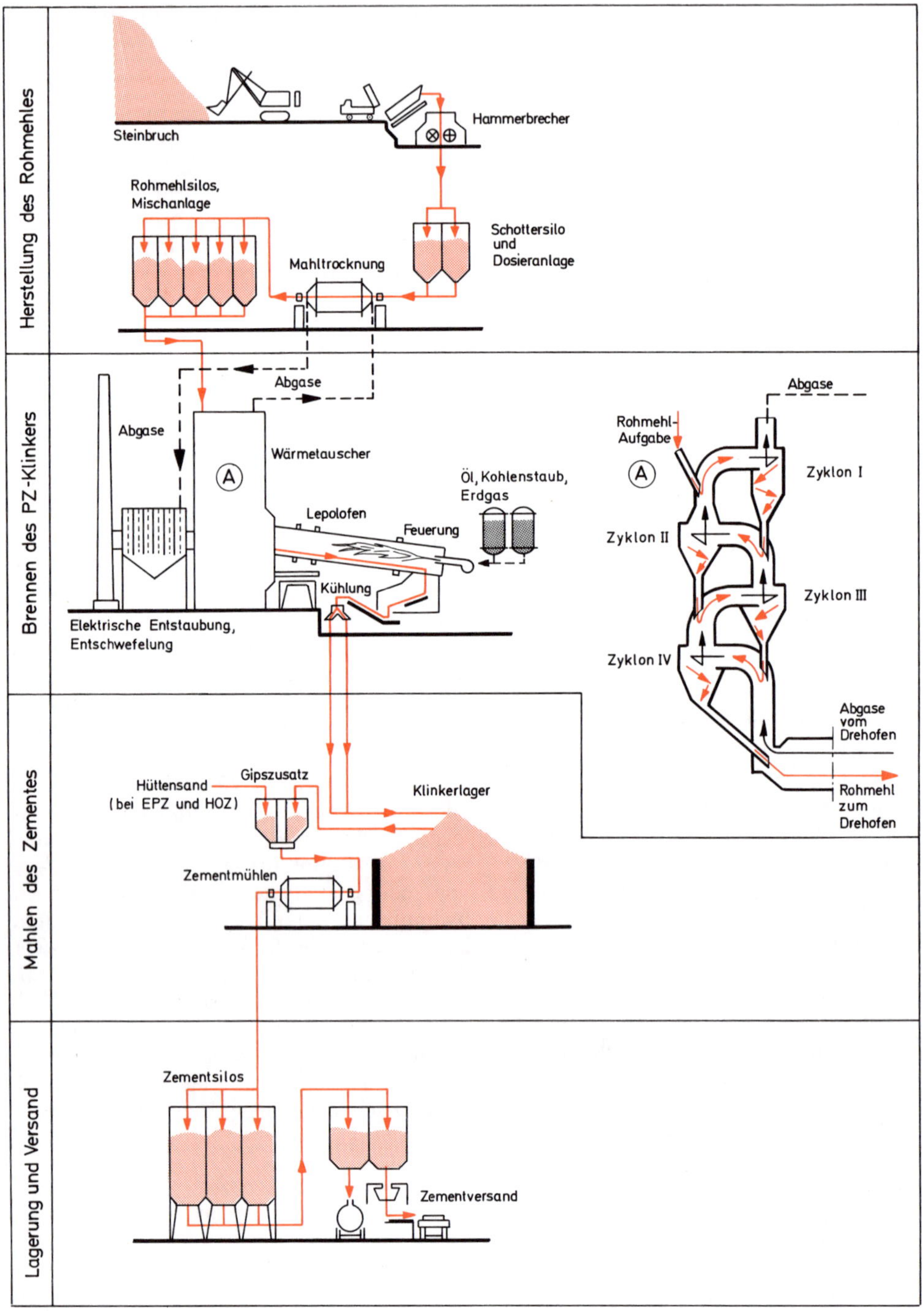

Bild 5.1 Zementproduktion

5.1.2 Zemente

5.1.2.1 Technologie und Erhärtung

> Zemente werden durch Vermahlen von verschiedenen Ausgangsstoffen hergestellt, deren Hauptbestandteile Portlandzementklinker und ggf. Hüttensand, Traß u. a. durch Sinterung oder in einer Schmelze entstanden sind. Dabei bilden sich im Gegensatz zu den Baukalken höherwertige Calciumsilikate, Calciumaluminate und Calciumferrite, die die höheren, mit Zementen erreichbaren, Festigkeiten möglich machen.

Die Produktion von Zement ist in Bild 5.1 dargestellt.

a) Der wichtigste Hauptbestandteil aller Normzemente ist der **Portlandzementklinker** (PZ-Klinker). In den Zementwerken wird zunächst aus Kalkstein oder Kreide und einem tonhaltigen Gestein, z. B. Mergel, in einem Verhältnis $CaCO_3$: Ton ≈ 3 : 1 durch Brechen und Mahlen das Rohmehl gewonnen. Dieses wird in besonderen Brennaggregaten bei Temperaturen von rd. 1450 °C bis zur Sinterung zum PZ-Klinker gebrannt. Die wichtigsten Klinkerphasen und deren Bedeutung für die Eigenschaften der Zemente sind in Tabelle 5.3 zusammengestellt.

b) Durch das bei der Hydratation des PZ-Klinkers freiwerdende Calciumhydroxid (siehe d) erhalten auch bestimmte andere, i. a. bei hohen Temperaturen entstandene, Mineralgemenge hydraulische Eigenschaften: Dies gilt insbesondere für die bei der Stahlherstellung anfallende Hochofenschlacke. Für Zemente ist sie jedoch nur als basischer, d. h. kalkreicher, und rasch abgekühlter **Hüttensand** geeignet.

Tabelle 5.3 Phasen des Zementklinkers und ihre zementtechnischen Eigenschaften

Klinkerphase	Chemische Formel	Kurzbezeichnung*)	Gehalt in M%	Zementtechnische Eigenschaften	Hydratationswärme Joule/g
Tricalciumsilikat	$3\,CaO \cdot SiO_2$	C_3S	45 bis 80	Schnelle Erhärtung, hohe Hydratationswärme	500
Dicalciumsilikat	$2\,CaO \cdot SiO_2$	C_2S	0 bis 30	Langsame, stetige Erhärtung, niedrige Hydratationswärme	250
Tricalciumaluminat	$3\,CaO \cdot Al_2O_3$	C_3A	7 bis 15	In größerer Menge schnelles Erstarren, schnelle Anfangserhärtung, anfällig gegen Sulfatwässer, erhöhtes Schwinden	1340
Calciumaluminatferrit	$2\,CaO \cdot (Al_2O_3, Fe_2O_3)$	C_2 (A, F)	4 bis 14	Langsame Erhärtung, widerstandsfähig gegen Sulfatwässer	420
Freier Kalk	CaO	–	0,1 bis 3	In größerer Menge: Kalktreiben	–
Freie Magnesia	MgO	–	0,5 bis 4,5	In größerer Menge: Magnesiatreiben	–

*) In der Zementchemie bedeuten C = CaO, S = SiO_2, A = Al_2O_3 und F = Fe_2O_3.

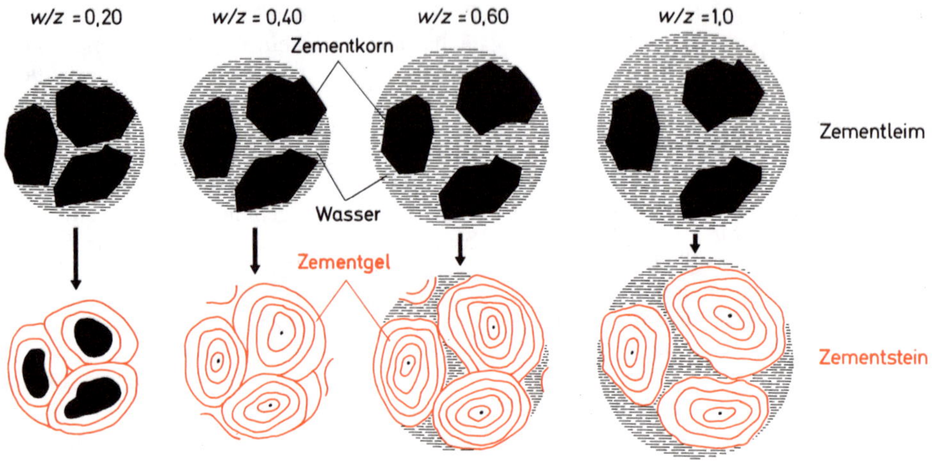

Bild 5.2 Hydratation des Zements bei unterschiedlichem Wasserzementwert w/z des Zementleimes

Ferner werden Zemente mit natürlichen Puzzolanen hergestellt, vor allem mit **Traß,** einem porösen Gestein aus der Eifel oder dem Nördlinger Ries. Diese bestehen zum überwiegenden Teil aus hydraulisch wirkenden Stoffen, insbesondere aus reaktionsfähiger Kieselsäure, siehe Abschnitt 5.1.3a. Als weitere Hauptbestandteile werden gebrannter **Ölschiefer** (in Baden-Württemberg) und kieselsäurereiche **Flugasche** (siehe Abschnitt 5.1.3a) sowie **Kalkstein** verwendet.

c) PZ-Klinker wird allein oder mit anderen Hauptbestandteilen in der Zementmühle sehr fein gemahlen. Da gemahlener PZ-Klinker zu rasch mit Wasser reagiert, werden zur Regulierung des Erstarrens geringe Mengen von **Calciumsulfat** $CaSO_4$ als Gipsstein, Anhydrit oder Rauchgasentschwefelungsgips zugemahlen. Mit zuviel Gips würden jedoch später im Zementstein zuviel und wegen ihres hohen Wassergehaltes sehr voluminöse Kristalle aus **Ettringit** $3\ CaO \cdot Al_2O_3 \cdot 3\ CaSO_4 \cdot 32\ H_2O$ entstehen, die den Zementstein durch Treiben sprengen würden («Zementbazillus»).

Zementfremde Stoffe dürfen nur bis höchstens 1 M.-% zugegeben werden, zementverwandte Stoffe, z. B. Füller als Nebenbestandteile, bis zu 5 M.-%.

d) Die **Erhärtung** von Zement erfolgt durch Reaktion mit Wasser **(Hydratation).** Sie verläuft je nach Zusammensetzung des Zements, Feinheit und Temperatur schneller oder langsamer und ist u. U. erst nach Jahren abgeschlossen. Für die Festigkeit sind vor allem die bei der Hydratation entstehenden faserförmigen Calciumsilikathydrate maßgebend. Im Zementstein können die Zementgele Wasser bis rd. 25%, bezogen auf das Zementgewicht, chemisch, bis zu weiteren rd. 15% physikalisch binden, siehe Bild 5.2.

Wegen der Bedeutung des Wasserzementwertes siehe Abschnitt 5.2.5a.

Bei der Reaktion des gemahlenen Portlandzementklinkers mit Wasser werden große Mengen Kalkhydrat $Ca(OH)_2$ abgespalten, die einen ausgezeichneten Korrosionsschutz für Stahleinlagen im Beton ergeben, siehe Abschnitt 5.3.7, aber bei ungünstigen Verhältnissen an der Oberfläche von Beton und Mörtel zu Ausblühungen führen können, siehe Abschnitt 5.3.6b.

5.1.2.2 Zementarten, Eigenschaften und Verarbeitung

Bis die Europäische Vornorm ENV 197-1 als Norm verabschiedet wird, gilt die neue DIN 1064-1 (10/1994). In ihr werden die Zemente in 3 Hauptarten unterteilt:

- CEM I Portlandzemente (nur aus Portlandzementklinker),
- CEM II Portlandkompositzemente (mit bis zu 35% unterschiedlichen Zusatzstoffen),
- CEM III Hochofenzemente (mit 35 bis 80% Hüttensand).

In Tabelle 5.4 sind die Zementarten mit ihren alten und neuen Bezeichnungen sowie ihren Zusammensetzungen angegeben. Bei den Kurzzeichen bedeutet die Zusatzbezeichnung A jeweils weniger, B mehr Zusatzstoffe. Portlandzemente eignen sich für alle durchschnittlichen Bauaufgaben. Da sie eine hohe Anfangsfestigkeit (siehe d) und eine hohe Hydratationswärme aufweisen (siehe e), sind sie vor allem für den Winterbau geeignet und falls eine rasche Erhärtung des Betons erwünscht ist. Weißer Portlandzement wird für weißen und farbigen Beton verwendet, hydrophobierter Portlandzement (Pectacrete) für Bodenverfestigungen.

Hochofenzemente haben geringere Hydratationswärme und höhere chemische Beständigkeit, vor allem, wenn der Hüttensandgehalt über 50% liegt; sie eignen sich daher besonders für den Tiefbau.

Die Eigenschaften der Portlandkomposit-

Tabelle 5.4 Zementarten und Zusammensetzung

Alte Benennung (und Kurzzeichen)	Neue Zementart	Neue Benennung	Kurzzeichen	Hauptbestandteile in Masse-% [1] Portlandzementklinker K	Hüttensand S	natürliches Puzzolan P	kieselsäurereiche Flugasche V	gebrannter Schiefer T	Kalkstein L
Portlandzement PZ	CEM I	Portlandzement	CEM I	95–100	–	–	–	–	–
Eisenportlandzement EPZ	CEM II	Portlandhüttenzement	CEM II/A–S	80– 94	6–20	–	–	–	–
			CEM II/B–S	65– 79	21–35	–	–	–	–
Traßzement TrZ		Portlandpuzzolanzement	CEM II/A–P	80– 94	–	6–20	–	–	–
			CEM II/B–P	65– 79	–	21–35	–	–	–
Flugaschezement FAZ		Portlandflugaschezement	CEM IIA–V	80– 94	–	–	6–20	–	–
Portlandölschieferzement PÖZ		Portlandölschieferzement	CEM II/A–T	80– 94	–	–	–	6–20	–
			CEM II/B–T	65– 79	–	–	–	21–35	–
Portlandkalksteinzement PKZ		Portlandkalksteinzement	CEM II/A–L	80– 94	–	–	–	–	6–20
Flugaschehüttenzement FAHZ		Portlandflugaschehüttenzement	CEM II/B–SV	65– 79	10–20	–	10–20	–	–
Hochofenzement HOZ	CEM III	Hochofenzement	CEM III/A	35– 64	36–65	–	–	–	–
			CEM III/B	20– 34	66–80	–	–	–	–

[1]) Die angegebenen Werte beziehen sich auf die aufgeführten Hauptbestandteile einschließlich 0 bis 5% Nebenbestandteile ohne Calciumsulfat und Zusatzmittel

zemente liegen etwa zwischen denen der Portland- und Hochofenzemente. Mit Portlandpuzzolan- und -kalksteinzement können die Verarbeitbarkeit und die Wasserundurchlässigkeit von Beton verbessert werden. Portlandpuzzolanzemente (Traßzemente) haben nach der Erhärtung nur wenig freies Calciumhydroxid (dieses wird zum großen Teil durch die reaktionsfähige Kieselsäure gebunden). Sie haben daher keine so hohe Korrosionsschutzwirkung für Betonstähle wie Portlandzemente, neigen aber weniger zu Ausblühungen, siehe 5.1.3a.

Außer den Normzementen wird **Tonerdeschmelzzement** (aus Bauxit und Kalkstein geschmolzen und gemahlen) vor allem für feuerfesten Beton (siehe 5.3.4d) verwendet. Seine Anfangserhärtung und Hydratationswärme sind sehr groß. Da er jedoch in feuchtwarmem Klima erheblich an Festigkeit verliert und auch den Betonstahl nicht vor Korrosion schützt, ist er für tragende Beton- und Stahlbetonbauteile nicht zugelassen.

DIN 1164 und EN 196 enthalten Festlegungen und Prüfungen für Mahlfeinheit, Erstarren, Festigkeit, Hydratationswärme, Raumbeständigkeit und Sulfatwiderstand. In bestimmten Fällen sind noch weitere Eigenschaften des Zements von Bedeutung.

a) Durch die **Mahlfeinheit** werden viele Eigenschaften des Zements beeinflußt, besonders sein Reaktionsvermögen mit Wasser. Eine feinere Mahlung führt zu geringerem Wasserabsondern, größerer Anfangsfestigkeit und Hydratationswärme sowie größerem Schwinden. Im Vergleich zu 1 g ungemahlenem PZ-Klinker, der bei angenommener Kugelform eine Oberfläche von 2,3 cm^2 besitzt, müssen die Zemente bis zu einer Oberfläche von mindestens 2200 cm^2/g gemahlen werden; feingemahlene Zemente besitzen eine Oberfläche bis zu 6000 cm^2/g. Die spezifische Oberfläche wird nach Blaine durch Bestimmung der Luftdurchlässigkeit einer Zementprobe ermittelt.

b) Die **Farbe** des Zements hängt vor allem vom Gehalt der Rohstoffe an Fe_2O_3 und Mangan ab. Weißer Portlandzement wird aus eisenfreien Rohstoffen gewonnen. Rötlicher Portlandölschieferzement entsteht mit besonders gebranntem Ölschiefer.

c) Nach dem Mischen mit Wasser kann infolge Sedimentation der Zementkörnchen je nach deren Feinheit und je nach Wassergehalt des Zementleims ein unterschiedlich großes Wasserabsondern («Bluten») auftreten. Aus Verarbeitungsgründen soll der Zementleim noch eine bestimmte Zeit beweglich bleiben, bevor das **Erstarren** als erste Phase der Hydratation einsetzt. Daher darf bei der Prüfung eines steifen Zementleims mit dem Nadelgerät bei 20 °C der Erstarrungsbeginn nicht vor 1 Std., bei den Festigkeitsklassen 52,5 und 52,5 R nicht vor ¾ Std. und das Erstarrungsende (= Beginn der Verfestigung) nicht nach 12 Stunden liegen.

d) Die **Festigkeit** wird an Prismen 40 mm × 40 mm × 160 mm aus Normmörtel geprüft, die aus 1 GT Zement, 3 GT Normsand und 0,5 GT Wasser hergestellt und unter Wasser von 20 °C gelagert werden. Die verschiedenen **Festigkeitsklassen** in Tab. 5.5 entsprechen der Mindestdruckfestigkeit in N/mm^2 nach 28 Tagen. Die Festigkeitsklassen unterscheiden sich besonders in den Anfangsfestigkeiten.

Die alte Festigkeitsklasse Z 25 ist weggefallen. Es wird unterschieden zwischen Festigkeitsklassen

- mit normaler Anfangsfestigkeit (alte Bezeichnung «L»), wozu i. a. die Hochofenzemente gehören, und
- mit hoher Anfangsfestigkeit (Zusatzbezeichnung R = rapid, früher «F»).

Damit die Abnehmer mit gleichmäßigeren Festigkeiten rechnen können (siehe auch Abschnitt 5.2.1), ist bei den Festigkeitsklassen 32,5 und 42,5 die 28-Tage-Festigkeit N_{28} auch nach oben begrenzt worden.

e) Während der gesamten Reaktion des Zements mit Wasser wird Hydratationswärme freigesetzt. Welche Wärmemenge vor allem während der Anfangserhärtung entsteht, hängt von der Zusammensetzung und der Feinheit des Zements ab.

Tabelle 5.5 Zementfestigkeitsklassen nach DIN 1164-1

Festigkeitsklasse		Druckfestigkeit N/mm^2				Kennfarbe/ Aufdruck der Papiersäcke und der Begleitpapiere (bei losem Zement)
		Anfangsfestigkeit nach		Normfestigkeit N_{28} nach 28 Tagen		
alt	neu	2 Tagen mind.	7 Tagen mind.	mind.	höchst.	
Z 35 L	32,5	–	16	32,5	52,5	Hellbraun/Schwarz
Z 35 F	32,5 R	10	–			Hellbraun/Rot
Z 45 L	42,5	10	–	42,5	62,5	Grün/Schwarz
Z 45 F	42,5 R	20	–			Grün/Rot
Z 55	52,5	20	–	52,5	–	Rot/Schwarz
	52,5 R	30	–			Rot/Weiß

Zemente **NW** mit **niedriger Hydratationswärme,** i. a. hüttensandreiche Hochofenzemente, dürfen bei einer vorgeschriebenen Prüfung in den ersten 7 Tagen höchstens 270 Joule je g Zement entwickeln.

f) Austrocknen des erhärteten Zementsteins führt zu um so größerem **Schwinden,** je größer die Mahlfeinheit des Zements und der Wasserzementwert sind. Wasseraufnahme führt zu geringem Quellen. Langandauernde Krafteinwirkung verursacht vor allem bei geringer Luftfeuchte ein ziemlich großes **Kriechen** des sich teilweise viskos verhaltenden Zementsteins, siehe auch Abschnitt 1.4.6.1c.

g) Um die **Raumbeständigkeit** der Zemente zu gewährleisten, ist durch chemische Analyse sicherzustellen, daß der Gehalt an treibenden Bestandteilen wie z. B. SO_3, MgO und CaO begrenzt ist. Zusätzlich wird die Volumenvergrößerung nach einem in der Zement-Prüfnorm beschriebenen Verfahren an 24 Std. alten Zementzylindern nach 3-stündigem Kochen ermittelt und darf festgelegte Werte nicht überschreiten.

h) Die chemische Beständigkeit des Zementsteins gegenüber Säuren und bestimmten Salzlösungen ist nicht gesichert (siehe Abschnitt 5.3.4c) und hängt u. a. auch von der Zusammensetzung des Zements ab.

Als Zemente **HS** mit **hohem Sulfatwiderstand** gelten:
- Portlandzemente mit höchstens 3% C_3A und 5% Al_2O_3
- Hochofenzemente mit mindestens 70% Hüttensand

Bei den Rohstoffen für C_3A-arme oder -freie Portlandzemente wird tonhaltiger Mergel teilweise durch eisenhaltige Stoffe, z. B. Kiesabbrand, ersetzt, so daß im PZ-Klinker weniger Al_2O_3 enthalten ist bzw. weitgehend an $C_2(A,F)$ gebunden wird, siehe Tabelle 5.3. Diese Zemente sind daher sehr dunkelfarben.

Bei einem größeren Gehalt an alkaliempfindlichem Zuschlag (siehe Abschnitt 5.2.2.1b) muß ein **NA-Zement** mit niedrigem wirksamen Alkaligehalt verwendet werden, z. B. Portlandzement mit $\leq$0,60 M.-% Na_2O-Äquivalent.

i) Wegen des **Korrosionsschutzes** der Stahleinlagen dürfen Zemente keine Chloride enthalten. Günstig sind CaO-reichere Zemente, weil sie nach der Erhärtung mehr freies $Ca(OH)_2$ enthalten (siehe Abschnitt 5.1.2.1d) und langsamer karbonatisieren (siehe Abschnitt 5.3.7).

k) Bei losem Zement muß ein mitgeliefertes Blatt DIN A5 mit genauen Angaben sowie Kennfarbe und Aufdruck gemäß Tabelle 5.5 am Silo angeheftet werden. Heiß gelieferter Zement erhöht geringfügig die Betontemperatur, ergibt aber sonst keine Nachteile. Auch bei der vorgeschriebenen trockenen Lagerung sollte Zement je nach Feinheit spätestens nach 1 bis 2 Monaten verarbeitet werden. Ein Vermischen verschiedener Normzemente miteinander ist unbedenklich, jedoch wegen der Farbunterschiede nicht zu empfehlen.

5.1.3 Weitere hydraulische Stoffe und Bindemittel

a) **Latent-hydraulische Stoffe** weisen einen hohen Gehalt an reaktionsfähiger Kieselsäure und Tonerde auf. Ihre hydraulische Eigenschaft ist zunächst latent, d. h. verborgen, und wird erst bei Gegenwart von Calciumhydroxid oder Portlandzement zusammen mit Wasser wirksam. Zu diesen Stoffen gehört vor allem gemahlener Hüttensand (siehe Abschnitt 5.1.2.1b).

Puzzolane (genannt nach der Stadt Pozzuoli bei Neapel, siehe auch Abschnitt 1.1) haben zwar kein eigenes, latentes Erhärtungsvermögen, sie reagieren aber mit Calciumhydroxid und Wasser und bilden dabei hydraulische Erhärtungsprodukte. Der wichtigste Vertreter der natürlichen Puzzolane ist gemahlener Traß nach DIN 51043, siehe Abschnitt 5.1.2.1b. Künstliche Puzzolane sind u. a. Steinkohlenflugaschen, die ein Prüfzeichen des Deutschen Instituts für Bautechnik benötigen.

Durch Zusatz von latent-hydraulischen Stoffen und Puzzolanen können die Verarbeitbarkeit, Festigkeit und Dichte von Kalkmörtel (z. B. Traßkalkmörtel, siehe auch Abschnitt 5.6.4b) und von Beton (siehe Abschnitt 5.2.4.2) verbessert werden.

b) **Putz- und Mauerbinder** nach DIN 4211 (Fabrikatbezeichnung PM-Binder, Fix u. a.) bestehen aus Zement und Gesteinsmehl. Zur weiteren Verbesserung der Verarbeitbarkeit werden meist noch Kalkhydrat oder Zusätze, z. B. Luftporenbildner (siehe Abschnitt 5.2.4.1), zugegeben. Die Normfestigkeit N_{28} muß zwischen 5 und 15 N/mm^2 liegen. Die Papiersäcke sind gelb mit blauem Aufdruck. Anwendung für Putz- und Mauermörtel, siehe Abschnitte 5.6.3 und 5.6.2.

c) **Hydraulische Tragschichtbinder** HT 15 und HT 35 (N_{28} $\geq$15 bzw. 35 N/mm^2) nach DIN 18506 werden aus Portlandzement, Luftkalk oder/und hochhydraulischem Kalk, Traß, Flugasche u. a. hergestellt und für hydraulisch gebundene Tragschichten u.ä. unter Verkehrsflächen verwendet.

5.1.4 Baugipse und Anhydritbinder

Beide Bindemittelgruppen bestehen aus Calciumsulfat und sind Luftbindemittel, siehe Abschnitt 5.1. Sie werden auf unterschiedliche Weise hergestellt.

5.1.4.1 Technologie und Erhärtung

a) **Baugipse** entstehen durch Entwässerung (Dehydratation) von Dihydrat $CaSO_4 \cdot 2\,H_2O$, das in der Natur als Naturgips vorkommt, oder das als Chemiegips bei der Herstellung von Phosphorsäure oder zunehmend bei der Entschwefelung von Verbrennungsgasen in Großverbrennungsanlagen (Rauchgasgips) als Abfallstoff anfällt, letzterer jedoch nur nach vorhergehender Reinigung und zusätzlicher Behandlung. Je nach der gewünschten Baugipssorte wird das Rohmaterial nach geeigneten Verfahren zerkleinert, in Drehöfen, Großkochern, Rostbandöfen u. a. gebrannt und gemahlen. Je nach Brenntemperatur entstehen unterschiedliche Hydratstufen des Calciumsulfats:

Temperatur °C	Hydratstufe	Versteifen und Erhärten
120 ··· 190	$CaSO_4 \cdot ½\,H_2O$ als Halbhydrat	rasch
190 ··· 300	$CaSO_4$ als Anhydrit III	langsam
300 ··· 700	$CaSO_4$ als Anhydrit II	sehr träge
900 ··· 1050	$CaSO_4 + CaO$	sehr langsam

Die Baugipse bestehen aus einer oder mehreren abgestimmten Hydratstufen des Calciumsulfates. Bei bestimmten Sorten werden im Werk Zusätze, die die Verarbeitbarkeit, das Versteifen und die Haftung beeinflussen, sowie auch Füllstoffe zugegeben.

b) **Anhydritbinder** wird aus Anhydrit $CaSO_4$ und Anreger zusammengesetzt.

Dabei wird der Anhydrit künstlich als Nebenprodukt bei der Flußsäuregewinnung oder durch Mahlen von Anhydritgestein gewonnen. Als Anreger dienen Kalkhydrat, Zement, Kalium- oder Natriumsulfat; sie können auch erst auf der Baustelle zugegeben werden. Auch bei Anhydritbindern können durch Zusätze bestimmte Eigenschaften verändert werden.

c) Je nach Zusammensetzung, Feinheit und Zusätzen haben die Bindemittel einen unterschiedlichen Wasserbedarf, was auch einen unterschiedlichen Wasserbindemittelwert des Bindemittelleimes zur Folge hat.

Nach dem Anmachen mit Wasser bilden sich bei der **Hydratation** je nach Bindemittelart mehr oder weniger bald nadelförmige Kristalle aus $CaSO_4 \cdot 2\,H_2O$ (Dihydrat). Bei Baugipsen kann dies durch bereits vorhandene Dihydratkristalle, z. B. abgebundene Gipsreste, erheblich beschleunigt werden.

Die Festigkeit und Härte hängen wie beim Zement vom Wasserbindemittelwert des Bindemittelleimes ab, außerdem im Gegensatz zum Zement, nicht bzw. nicht nur vom Alter, sondern vor allem vom Austrocknungsgrad. Optimale Werte erhält man erst, wenn das vom Calciumsulfat bei der Hydratation nicht gebundene Anmachwasser weitgehend verdunstet ist. Da Calciumsulfat auch nach der Erhärtung wasserlöslich bleibt, sind die Bindemittel nur in weitgehend trockener Umgebung zu gebrauchen.

5.1.4.2 Baugipsarten, Eigenschaften und Verarbeitung

Eine Übersicht über die verschiedenen Baugipsarten nach DIN 1168 sowie über ihre wichtigsten Eigenschaften und ihre Verwendung findet sich in Tabelle 5.6. Stuckgips besteht überwiegend aus Halbhydrat, Putz- und Maschinenputzgips aus Halbhydrat, Anhydrit III und II. Die übrigen Baugipse werden auf der Basis Stuckgips oder Putzgips hergestellt.

Die Hydratation der Baugipse ist mit einem gewissen Quellen verbunden. Dagegen schwinden die Gipsmörtel praktisch nicht beim Austrocknen. Sie besitzen außerdem eine günstige feuerhemmende Wirkung: Bei Hitze- und Feuereinwirkung wird zunächst durch Verdampfen des Kristallwassers Wärmeenergie verbraucht, dann bleibt die entwässerte mürbe Gipsschicht weitgehend als wärmedämmende Schicht ohne Rißbildung an der Tragkonstruktion haften.

Stuck- und Putzgips erfordern wegen des raschen Versteifens einen verhältnismäßig hohen Wassergipswert und eine rasche Verarbeitung. Nach dem Versteifungsbeginn darf dem Gipsmörtel kein Wasser mehr zugegeben werden; nach dem Versteifungsende darf der Mörtel nicht weiter verrieben werden. Die langsamer versteifenden Baugipsarten lassen sich leichter mit Sand oder anderen Füllstoffen mischen und verarbeiten; entsprechende Verarbeitungshinweise finden sich auf den Papiersäcken oder den Begleitpapieren.

Um das eingestellte Versteifen des Gipses nicht zu verändern, muß mit sauberen Geräten ohne Mörtelreste gearbeitet werden, und die Sande dürfen keine störenden Verunreinigungen enthalten, siehe Abschnitt 5.6.1b.

5.1.4.3 Anhydritbinder, Eigenschaften und Verarbeitung

Je nach Gewinnung aus Natur- oder synthetischem Anhydrit werden die Bindemittel als Anhydritbinder NAT oder SYN bezeichnet.

Tabelle 5.6 Baugipsarten

Baugipsart	Versteifungsbeginn min	Biegezug- festigkeit N/mm²	Druck- festigkeit N/mm²	Besondere Eigenschaften	Verwendung für
Baugipse ohne werkseitige Zusätze					
Stuckgips	8···25	≥2,5	–	feingemahlen, rasches Versteifen	Innenputz, Stuck- und Rabitzarbeiten, Gipsbauplatten
Putzgips	≥3	≥2,5	–	rasches Versteifen, längere Bearbeitbarkeit	Innenputz, Rabitzarbeiten
Baugipse mit werkseitigen Zusätzen					
Fertigputzgips	≥25	≥1,0	≥2,5	langsames Versteifen	Innenputz
Haftputzgips z. T. mit Füllstoffen	≥25	≥1,0	≥2,5	langsames Versteifen, gute Haftung	meist einlagige Innenputze, auch auf schwierigem Putzgrund, z. B. Beton
Maschinenputzgips z. T. mit Füllstoffen	≥25	≥1,0	≥2,5	langsames Versteifen, kontinuierlich maschinell verarbeitbar	Innenputz, mit Putzmaschinen aufgebracht
Ansetzgips	≥25	≥2,5	≥6,0	langsames Versteifen, gute Haftung, hohes Wasserrückhaltevermögen	Ansetzen von Gipskartonplatten
Fugengips	≥25	≥1,5	≥3,0	langsames Versteifen, hohes Wasserrückhaltevermögen	Verfugen und Verspachteln von Gipsbauplatten
Spachtelgips	≥15	≥1,0	≥2,5		

Nach DIN 4208 gibt es entsprechend der Mindestdruckfestigkeit des Normmörtels im Alter von 28 Tagen 2 Festigkeitsklassen: AB 5 und AB 20 (Kennzeichnung auf den Papiersäcken durch 1 bzw. 3 schwarze Punktreihen). Verwendet wird AB 5 für Innenputz und AB 20 für Estriche. Anhydritbindermörtel ist normal erstarrend, darf nur wenig quellen und schwindet ähnlich wie Gipsmörtel praktisch nicht.

Um die erwarteten Eigenschaften sicher zu erhalten, muß die Mischanweisung auf den Papiersäcken genau beachtet werden; die gilt vor allem, wenn der Anreger erst auf der Baustelle zugegeben wird, sowie für die Reinheit der Sande, siehe Abschnitt 5.6.1b.

5.1.5 Magnesiabinder

Er besteht aus gebrannter Magnesia MgO. Als Anreger dienen Magnesiumchlorid $MgCl_2$ oder Magnesiumsulfat $MgSO_4$. Gebrannte Magnesia wird durch Brennen von Magnesitgestein bei 700 bis 800 °C und anschließendes Mahlen erzeugt; sie ist besonders lagerempfindlich. Die Magnesiumchloridlösung ist sehr hygroskopisch und korrosionsfördernd; bei magnesiagebundenen Holzwolleleichtbauplatten wird daher Magnesiumsulfatlösung verwendet. Wichtig ist ein ausgewogenes Mischungsverhältnis, i. a. (in Masseanteilen) 2,0 bis 3,5 MgO : 1 wasserfreies $MgCl_2$. Das Mischungsverhältnis ist auch von Temperatur und Luftfeuchte bei der Herstellung abhängig. Bei zuviel $MgCl_2$ zeigt der Magnesiamörtel erhöhte Hygroskopizität, verminderte Festigkeit, Quellen und erhöhte rostfördernde Wirkung auf Metalle, bei zuviel MgO ebenfalls verminderte Festigkeit sowie Schwinden. Anforderungen und Prüfungen finden sich in DIN 273. Bei der Verarbeitung ist vor allem auf die genaue Zugabe der richtigen Salzmenge zu achten. Mit Magnesiabinder kann auch organischer Zuschlag, wie Holzspäne oder Holzwolle, ohne Vorbehandlung gebunden werden, siehe Abschnitt 5.6.5d und 5.7.6.

5.2 Technologie des Normalbetons

Durch die einfache Formgebung des Betons und die Möglichkeit der Bewehrung mit Stahl wurden bedeutsame Fortschritte auf allen Gebieten der Bautechnik erzielt. Die Betontechnologie ist in den letzten Jahrzehnten sehr verbessert worden, sowohl hinsichtlich der zweckentsprechenden Zusammensetzung des Betons als auch seiner maschinellen Verarbeitung. Beton ist ein Mehrkomponentenstoff; seine Eigenschaften im frischen wie erhärteten Zustand werden beeinflußt bzw. können in mannigfaltiger Weise variiert werden durch die Art und Menge der verschiedenen Komponenten:

Der **Zement** verbessert zusammen mit Wasser als Zementleim durch seine Schmierwirkung und Klebekraft die Verarbeitbarkeit und den Zusammenhalt des Frischbetons; außerdem ist er nach der Erhärtung als Zementstein maßgebend für die Dichtigkeit, Festigkeit und Beständigkeit des Festbetons. Er verursacht aber das Schwinden und das Kriechen.

Der **Zuschlag,** meist aus Gestein mit großer Härte, Dichte und Festigkeit, erhöht bei gutem Aufbau des Gesteinsgerüstes i. allg. auch die Festigkeit des Betons und vermindert Schwinden und Kriechen. Die Verarbeitung des Frischbetons wird aber durch gröberen Zuschlag erschwert.

Das **Wasser** dagegen erleichtert die Verarbeitung; wenn es in großer Menge zugegeben wird, verursacht das Wasser aber wegen seiner viel geringeren Dichte Entmischungen des Frischbetons und verschlechtert praktisch alle Eigenschaften des Festbetons, weil es nur zum Teil vom Zement gebunden wird, siehe Abschnitt 5.1.2.1d.

Im gesamten hängen die Eigenschaften des Frisch- und Festbetons von den Ausgangsstoffen und der Zusammensetzung ab (siehe Abschnitte 5.2.1 bis 5.2.6), die Eigenschaften des Festbetons (siehe Abschnitt 5.3) auch von der Verarbeitung, der Nachbehandlung, dem Alter und der Temperatur (siehe Abschnitte 5.2.7 und 5.2.8). DIN 1045 enthält Vorschriften über Herstellung, Zusammensetzung, Eigenschaften und Gütenachweis, DIN 1048 über die Prüfungen des Frischbetons und Festbetons.

a) Die **Festigkeitsklassen** nach DIN 1045 finden sich in Tabelle 5.7. Die Zahl bedeutet die Nennfestigkeit als Mindestdruckfestigkeit in N/mm^2 jedes einzelnen Würfels (Ausnah-

Tabelle 5.7 Festigkeitsklassen von Normalbeton (Mindestdruckfestigkeiten im Alter von 28 Tagen)

Betongruppe	Festigkeitsklasse	Nennfestigkeit β_{WN} (N/mm^2)	Serienfestigkeit β_{WS} (N/mm^2)	Anwendung
Beton B I	B 5 B 10	5 10	8 15	Nur für unbewehrten Beton
	B 15 B 25	15 25	20 30	Für bewehrten und unbewehrten Beton (für bewehrte Außenbauteile ≧B 25 mit β_{WN} ≧32 N/mm^2)
Beton B II	B 35 B 45 B 55	35 45 55	40 50 60	

Tabelle 5.7a Festigkeitsklassen für Beton nach ENV 206

Festigkeitsklasse	C 12/15	C 16/20	C 20/25	C 25/30	C 30/37	C 35/45	C 40/50	C 45/55	C 50/60
$f_{ck_{cyl}}$ N/mm²	12	16	20	25	30	35	40	45	50
$f_{ck_{cube}}$ N/mm²	15	20	25	30	37	45	50	55	60

men siehe Abschnitt 5.3.1a); die Serienfestigkeit als mittlere Druckfestigkeit jeder Serie von 3 Würfeln muß um mindestens 3 bzw. 5 N/mm² über der Nennfestigkeit liegen. B 55 ist vor allem der Herstellung von Fertigteilen in Betonwerken vorbehalten. Nach der «Richtlinie für **hochfesten Beton**» sind für hochbeanspruchte Stahlbetonbauteile auch die Festigkeitsklassen B 65 bis B 115 vorgesehen. Nach den zusätzlichen technischen Vorschriften und Richtlinien für den Bau von Fahrbahndekken aus Beton (ZTV Beton) werden je nach Bauklasse SV bis I (siehe Abschnitt 7.2) entsprechende Festigkeitsklassen B 25 oder B 35 gefordert, nach ZTVT für Betontragschichten ≥B 15.

b) Die unteren Festigkeitsklassen B 5 bis B 25 werden zu **Beton B I** zusammengefaßt. Er ist unter Beachtung des Mindestzementgehaltes nach Tabelle 5.11 (siehe Abschnitt 5.2.5b) als sogenannter «Rezeptbeton» oder aufgrund einer Eignungsprüfung zusammenzusetzen.

Beton B II umfaßt die höheren Festigkeitsklassen B 35 bis B 55 und in der Regel auch Beton mit besonderen Eigenschaften (siehe Abschnitte 5.3.2 bis 5.3.4) und muß aufgrund einer Eignungsprüfung zusammengesetzt werden. Es werden höhere Anforderungen an die Baustellen und Unternehmen hinsichtlich der Geräteausstattung und des Personals gestellt.

Für Beton B II ist außerdem eine Güteüberwachung vorgeschrieben, siehe Abschnitt 1.5.1; für hochfesten Beton ist ein Qualitätssicherungsplan (QS) aufzustellen. Die im Vergleich zu Beton B I wesentlich umfangreichere Eigenüberwachung ist durch eine ständige Betonprüfstelle E durchzuführen, die von einem in der Betontechnologie erfahrenen Fachmann geleitet werden muß.

In der Vornorm ENV 206 sind die in Tabelle 5.7a angegebenen Festigkeitsklassen vorgesehen. Die charakteristische Druckfestigkeit f_{ck} ist als 5%-Fraktile (siehe Abschnitt 1.5.2) definiert, die entweder an Zylindern ∅ 150/300 mm ($f_{ck_{cyl}}$) oder an Würfeln mit 150 mm Kantenlänge ($f_{ck_{cube}}$) nach 28 Tagen Wasserlagerung bestimmt wird.

c) Durch die **Eignungsprüfung** wird im voraus die Zusammensetzung festgestellt, mit der der Beton zuverlässig verarbeitet werden kann und sicher die geforderten Eigenschaften erreicht. Im Gegensatz dazu dient die **Güteprüfung** dem Nachweis, daß der für den Einbau hergestellte Beton diese Eigenschaften besitzt, siehe Abschnitt 5.3.1a.

5.2.1 Bindemittel

a) Beton wird mit Zement als Bindemittel hergestellt. Besondere Einflüsse des Zementes und der verschiedenen Zementarten auf die Betoneigenschaften sind in Abschnitt 5.1.2.2 beschrieben. Die Zementfestigkeiten sind in der Regel größer als die verlangten Mindestwerte nach der Tabelle 5.5. Wenn die tatsächliche Normdruckfestigkeit im Alter von 28 Tagen nicht bekannt ist, kann etwa von folgenden Mittelwerten ausgegangen werden:

Zement-festigkeitsklasse	Normdruckfestigkeit N_{28} (N/mm²)		
	min.	max.	Mittelwert
32,5; 32,5 R	32,5	52,5	43
42,5; 42,5 R	42,5	62,5	53
52,5; 52,5 R	52,5	–	63

Mit verschiedenen Zementen verhält sich die Druckfestigkeit von Beton, der sonst gleich zusammengesetzt, verarbeitet und bei mittlerer Temperatur gelagert wurde, etwa proportional zur tatsächlichen Normdruckfestigkeit *N* des Zements, siehe auch Bild 5.7.

b) Latent-hydraulische Stoffe (siehe Abschnitte 5.1.3a und 5.2.4.2) können als Betonzusatzstoffe aufgrund einer Eignungsprüfung auf den Zementgehalt und teilweise auch beim Wasserzementwert angerechnet werden, soweit dies im Prüfbescheid oder in Richtlinien geregelt ist.

5.2.2 Zuschlag

Für Normalbeton wird Zuschlag aus mineralischen Körnern mit dichtem Gefüge verwendet, und zwar meist als natürlicher Zuschlag aus Gruben, Flüssen, Seen und Steinbrüchen, seltener als künstlicher Zuschlag aus Hochofenschlacke. Zur Rißbehinderung können Mineral-, Kunststoff- oder Stahlfasern zugegeben werden. Zur Entfernung schädlicher Stoffe wird der Zuschlag in der Regel gewaschen und für die spätere Herstellung von gleichmäßigen Gemischen in Korngruppen oder Lieferkörnungen abgesiebt, siehe auch Abschnitte 2.3.2 und 7.2.1a.

Nach der Korngröße und Gewinnung werden unterschieden:

	bis 4	4 bis 32	über 32 mm
ungebrochen	Sand	Kies	Grobkies
gebrochen	Brechsand, Edelbrechsand	Splitt, Edelsplitt	Schotter

Wegen der oft unterschiedlichen Beschaffenheit sollte der Zuschlag auch nach seiner Herkunft oder Gesteinsart bezeichnet werden, z. B. Rheinkies, Basaltbrechsand, Moränesplitt. Für die Anforderungen an Betonzuschlag und seine Prüfung ist DIN 4226 T 1 und T3 maßgebend. Alle Lieferungen sind nach Augenschein zu prüfen; im Zweifelsfall ist der Zuschlag eingehender zu untersuchen.

5.2.2.1 Stoffliche Beschaffenheit, schädliche Stoffe

Da Beton im Mittel zu etwa 70 Vol.-% aus Zuschlag besteht, wirken sich dessen Dichte, Verschleißwiderstand, Elastizitätsmodul und Wärmedehnkoeffizient maßgeblich auf die entsprechenden Betoneigenschaften aus, siehe Abschnitte 5.3.2, 5.3.4d und 5.3.5.

Ungeeignet und schädlich sind Kreide, weicher Sandstein und vor allem Mergel, glimmerhaltige Zuschläge und Tonknollen. Betonzuschlag darf auch keine abschlämmbaren und organischen Bestandteile, Schwefelverbindungen und weitere Stoffe, die die Erhärtung des Zements bzw. die Beständigkeit von Beton und Stahl beeinträchtigen, in schädlicher Menge enthalten.

Außer der allgemeinen Forderung nach Wasserbeständigkeit und Unschädlichkeit gegenüber Zement und Bewehrung muß der **Zuschlag** je nach den verlangten Eigenschaften und der Anwendung des Betons bestimmten Regelanforderungen genügen, ggf. auch erhöhten (Kurzzeichen e) oder verminderten (v) Anforderungen.

Eigenschaft	Anforderung vermindert	erhöht
a) Kornform	vK	eK
b) Druckfestigkeit	vD	–
c) Widerstand gegen Frost	vF	eF
Widerstand gegen Frost und Taumittel	–	eFT
d) abschlämmbare Bestandteile	vA	–
e) Stoffe organischen Ursprungs	vO	–
f) quellfähige Bestandteile	–	eQ
g) Schwefelverbindungen	vS	–
h) wasserlösliches Chlorid	vCl	eCl

Vom Herstellwerk sind die Eigenschaften (z. B. Druckfestigkeit D, Frostwiderstand F, siehe oben) im Sortenverzeichnis und auf den Lieferscheinen anzugeben, z. B. vD, eF; bei (v) ist eine vorausgehende Betoneignungsprüfung erforderlich.

a) Zuschlag mit gedrungener **Kornform,** das sind kugelige oder würfelige Körner, erleichtert die Verarbeitung des Frischbetons. Dagegen setzen flache, längliche sowie besonders rauhe Körner der Verarbeitung einen größeren Widerstand entgegen.

Ungünstig geformte Körner, deren Verhältnis Länge: Dicke größer als 3:1 ist, dürfen daher im Zuschlag über 4 mm zu ≦50 M.-% enthalten sein, bei Edelsplitt ≦20 M.-% (eK); bei >50 M.-% Bezeichnung (vK).

Mäßig rauhe und saubere **Kornoberflächen** verbessern die Haftung des Zementsteins und sind vor allem für Beton mit Zug- und Biegebeanspruchung und allgemein für eine hohe Festigkeitsklasse von Vorteil, siehe Abschnitt 5.3.1. Ungünstig sind Kornoberflächen, die besonders glatt oder durch die unter d genannten abschlämmbaren Bestandteile verschmutzt sind.

b) Eine ausreichende **Festigkeit** und auch ein hoher Frostwiderstand können bei Sand und Kies wegen der vorausgegangenen aussondernden Beanspruchung in Flüssen und Geschieben vorausgesetzt werden. Zuschlag aus Felsgestein muß im durchfeuchteten Zustand eine Druckfestigkeit von ≧100 N/mm^2 aufweisen.

c) Bei der Prüfung des Zuschlags auf **Widerstand gegen Frost** dürfen je nach späterer Durchfeuchtung des Betons nur begrenzte Absplitterungen des Zuschlags auftreten. Die Absplitterungen werden nach den vorgeschriebenen Frost-Tau-Wechseln als Durchgang des Zuschlags durch ein Prüfsieb mit der halben Lochweite der unteren Prüfkorngröße ermittelt (z. B. 4-mm-Prüfsieb bei 8/16 mm) und in Massenanteilen (M.-%), bezogen auf die Einwaage, angegeben.

Bei **mäßiger Durchfeuchtung** des Betons (z. B. bei Hochbauten) darf Zuschlag mit Regelanforderung maximal 4 M.-% abgesplitterte Teile nach 20 FT-Wechseln an Luft aufweisen; Zuschlag (vF) mit verminderten Anforderungen darf bei dieser Prüfung >4 M.-% absplittern.

Zuschlag (eF) für Beton mit **starker Durchfeuchtung** (z. B. horizontale Betonflächen im Freien, Bauwerke im Wasserbau) darf nach 10 FT-Wechseln unter Wasser ≦4 M.-% absplittern.

Bei Beton, der durch **Frost-Tau-Wechsel** und **Taumittel** beansprucht wird (z. B. Brückenbauten, Stützmauern im Straßenbau, Fahrbahndecken aus Beton, Bauwerke des Wasserbaus in der Wasserwechselzone) muß die Abwitterung des Zuschlags (eFT) ≦2 M.-% nach 10 FTW unter Wasser sein.

d) **Abschlämmbare Bestandteile** bis 0,063 mm, vor allem als Ton und Staub, erhöhen den Wasseranspruch des Betons und vermindern dadurch seine Festigkeit, siehe auch a. Auch die Frostempfindlichkeit und das Schwinden werden erhöht. Beim orientierenden Absetzversuch bzw. beim genaueren Auswaschversuch gelten folgende Werte (bei höheren Werten Bezeichnung vA):

Kornbereich bzw. Korngruppe mm	Abschlämmbare Bestandteile M.-%
0/1, 0/2, 0/4	≦4,0
0/8, 1/2, 1/4, 2/4	≦3,0
0/16, 0/32, 2/8, 4/8	≦2,0
0/63, 2/16, 4/16, 4/32, gebrochenes Material	≦1,0
8,16, 8/32, 16/32, 32/63	≦0,5

e) **Organische Stoffe,** z. B. humose Stoffe, können in fein verteilter Form die Zementerhärtung stören. Wenn 24 Stunden nach dem Aufschütteln des Zuschlags in 3%iger Natronlauge die Lösung sich nicht oder bis gelb verfärbt, ist der Zuschlag geeignet, bei rötlicher bis schwarzer Verfärbung als (vO) einzustufen.

Bei Verdacht auf **zuckerähnliche Stoffe,** die schon in geringer Menge die Zementerhärtung verhindern, ist eine Betoneignungsprüfung im Vergleich mit einem einwandfreien Zuschlag durchzuführen; der Festigkeitsabfall darf nicht größer als 15% sein.

f) In körniger Form können **quellfähige** Braunkohlenteile, Holzreste u. ä. durch Quellen zu Absprengungen und auch zu Verfärbungen des Betons führen. Ihr Gehalt darf bei Zuschlag ≦4 mm 0,5 M.-%, bei >4 mm 0,1 M.-% nicht überschreiten; für Sichtbeton, Estriche u. ä. müssen die Werte geringer sein (eQ).

g) **Schwefelverbindungen,** z. B. Gipsstein, Anhydrit (nicht dagegen Schwerspat $BaSO_4$, siehe Abschnitt 5.5), sowie Gestein mit **alkalilöslicher Kieselsäure** (z. B. Opal, Chalcedon, Flintstein, die nur in der nördlichen Bundesrepublik vorkommen) können zusammen mit Bestandteilen des Zements vor allem in feuchter Umgebung zum Treiben führen. Der Gehalt an SO_3 darf 1 M.-% nicht überschreiten; bei mehr SO_3 (vS) sind besondere Untersuchungen notwendig. Bei größeren Gehalten an alkalilöslicher Kieselsäure kann man dem Treiben durch NA-Zemente vorbeugen, siehe Abschnitt 5.1.2.2h.

h) Wie alle anderen Ausgangsstoffe darf auch der Zuschlag keine schädlichen Mengen von **stahlangreifenden Stoffen** enthalten; der Gehalt an Chlorid soll bei Stahlbeton ≦0,04 M.-%, bei Spannbeton mit sofortigem Verbund und Einpreßmörtel ≦0,02 M.-% (eCl) betragen.

5.2.2.2 Kornzusammensetzung

Der Zuschlag soll aus verschieden großen Körnern so zusammengesetzt sein, daß sein Hohlraumgehalt möglichst gering ist, siehe Abschnitt 1.4.2.3b. Körner mit ungünstiger Kornform erfordern dazu mehr Sand. Bei zu geringem Sandgehalt benötigt man mehr Zementleim, oder die Verarbeitung wird so erschwert, daß «Nester» im Betongefüge zurückbleiben.

Zuschlag mit ungünstiger Kornform und vor allem mit viel Sand besitzt eine wesentlich größere Oberfläche und benötigt daher für eine ausreichende Verarbeitbarkeit ebenfalls mehr Zementleim bzw. mehr Wasser.

Das **Größtkorn** ist so groß zu wählen, wie es die Verarbeitung erlaubt. Es sollte jedoch kleiner sein als

- ¼ der geringsten Bauteildicke,
- der lichte Stababstand abzüglich 5 mm,
- 1,3 mal die Dicke der Betondeckung der Bewehrung.

Mit zunehmendem Größtkorn wird, wegen der damit hervorgerufenen größeren Inhomogenität, die Verarbeitung erschwert und die Festigkeit etwas verringert.

a) Die **Kornverteilung** von Korngruppen bzw. Lieferkörnungen, die die Körner zwischen zwei Prüfkorngrößen umfassen, und von Korngemischen wird durch Siebversuche festgestellt. Dabei werden trockene Proben durch die Prüfsiebe mit

Maschenweite (mm)					Quadratlochweite (mm)				
0,125	0,25	0,5	1	2	4	8	16	31,5[1]	63

[1] Nenngröße 32 mm

gesiebt und die Rückstände gewogen. Für gebrochene Zuschläge werden außerdem Zwischensiebe mit 5/11,2/22,4 mm Lochweite verwendet. Von besonderer Bedeutung sind die

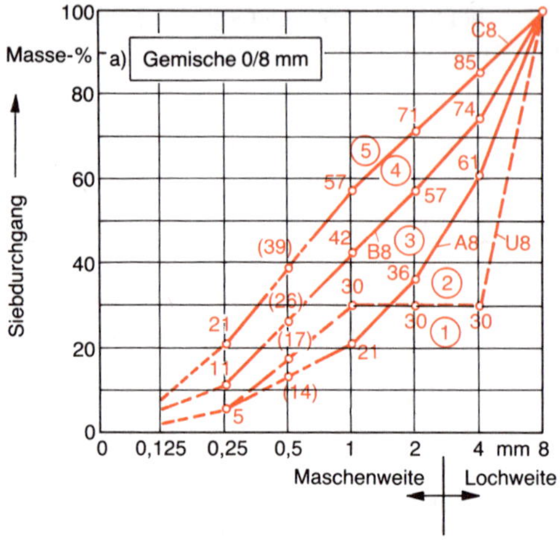

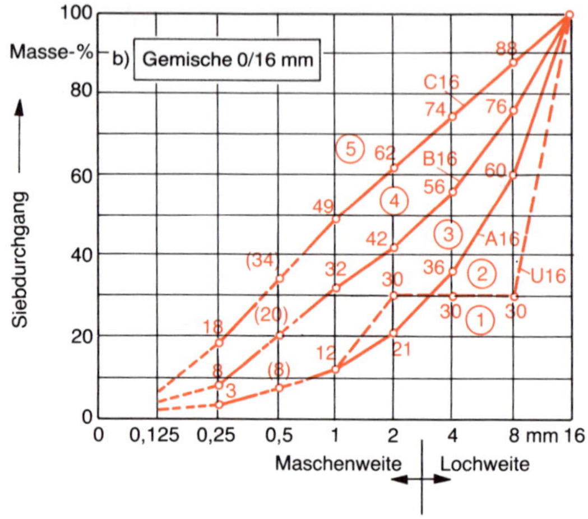

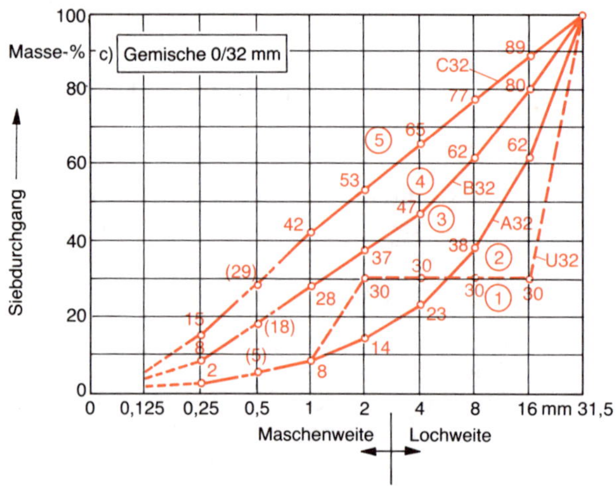

e) Körnungsziffer *k*

Sieblinie	Größtkorn(mm)			
	8	16	32	63
A	3,63	4,60	5,48	6,15
Mitte A/B	3,27	4,13	4,84	5,54
B	2,90	3,66	4,20	4,92
C	2,27	2,75	3,30	3,73
U	3,88	4,87	5,65	6,57

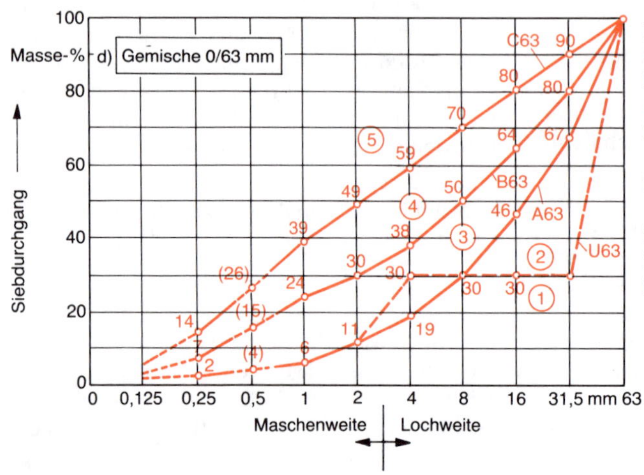

Bild 5.3
Sieblinien und Körnungsziffern ***k*** **für Betonzuschlag mit verschiedenem Größtkorn**

Bereich ⑤: ungeeignet (zu fein und sandreich)
Bereich ④: noch brauchbar für stetige Sieblinien
Bereich ③: günstig für stetige Sieblinien
Bereich ②: günstig für Ausfallkörnungen
Bereich ①: ungeeignet (zu grob, schwer verarbeitbar).

Körnchen unter 0,125 mm, die dem Mehlkorngehalt zugerechnet werden und auf Anfrage dem Verwender vom Herstellwerk anzugeben sind (siehe Abschnitt 5.2.5d) sowie der Feinstsand von 0,125 bis 0,25 mm. Die Kornzusammensetzung wird durch **Sieblinien** dargestellt; über den im logarithmischen oder $\sqrt{}$-Maßstab aufgezeichneten Lochweiten der Prüfsiebe werden die Durchgänge in M.-% (= 100% minus Rückstände in M.-%) aufgetragen. Bei Gemischen aus Zuschlägen mit unterschiedlicher Gesteinsrohdichte muß der Durchgang auf die Stoffraumanteile V der verschiedenen Zuschläge bezogen werden, z. B.

$$V_{0/4} + V_{4/32} = \frac{m_{0/4}}{\varrho_{0/4}} + \frac{m_{4/32}}{\varrho_{4/32}}$$

$$= V_{0/32} \mathrel{\hat{=}} 100\,\text{Vol.-\%}.$$

Als einfacher zahlenmäßiger Kennwert für die Kornzusammensetzung und den Wasseranspruch (siehe auch Bild 5.6) eines Zuschlags dient u. a. die **Körnungsziffer *k*;** sie errechnet sich zu

$$k = \frac{\Sigma\,\text{Rückstände (in\%) a. d. einz. Prüfsieben}^{1)}}{100}$$

Rechenwerte für die Körnungsziffer k sind in Bild 5.3e angegeben, siehe auch Abschnitt 5.2.6, Beispiel A.

Rechenbeispiel für die Sieblinie B8 in Bild 5.3a:

$$k = (89+74+58+43+26+0) : 100 = \underline{2{,}90}$$

Die Körnungsziffer k kann auch mit den unmittelbar angegebenen Durchgängen berechnet werden, wobei aber stets alle 9 Prüfsiebe berücksichtigt werden müssen:

$$k = \frac{900 - \Sigma\,\text{Durchgänge auf 9 Prüfsieben}}{100}$$

Das Rechenbeispiel B8 ergibt dann:

$$k = \frac{900-(11+26+42+57+74+100+100+100+100)}{100}$$

$$= \frac{900-610}{100} = \underline{2{,}90}$$

[1]) 9 Prüfsiebe von 0,25 bis 63 mm (ohne 0,125-mm-Sieb)

Zuschlaggemische mit gleicher Körnungsziffer k sind betontechnologisch etwa gleichwertig, auch wenn die Sieblinien voneinander abweichen. Unterschiede der Sieblinie im Bereich über 8 mm wirken sich auf die Betoneigenschaften nur wenig aus.

b) Die Bilder 5.3a bis d zeigen die Sieblinien für Betonzuschlag nach DIN 1045 jeweils für ein Größtkorn von 8, 16, 32 und 63 mm.

Zwischen den **stetigen Sieblinien** A und B mit großer und mittlerer Körnungsziffer liegt der günstige Bereich ③ mit geringerem Wasseranspruch und i. allg. noch ausreichender bis guter Verarbeitbarkeit des Frischbetons. Zuschlag mit einer Sieblinie im brauchbaren Bereich ④ zwischen den Sieblinien B und C bzw. mit kleiner Körnungsziffer hat einen hohen Wasseranspruch und ergibt meist Beton minderer Qualität. Oberhalb der Sieblinie C (Bereich ⑤) wäre der Wasseranspruch sehr hoch.

Zuschlag mit Sieblinie A ist zwar schwer verarbeitbar und eignet sich i. a. nur für steifen Rüttelbeton; er ergibt aber wegen des geringen Wasseranspruchs bei besonders sorgfältiger Verarbeitung eine hohe Betonqualität. Bei geringerem Zementgehalt, bei ungünstigerer Kornform und weicher Konsistenz erleichtert ein Zuschlag mit einer Sieblinie näher bei B die Verarbeitbarkeit und verringert die Entmischungsgefahr. Tabelle 5.8 gibt Hinweise für die Wahl einer zweckentsprechenden Kornzusammensetzung.

Außer den stetigen Sieblinien sind auch **unstetige Sieblinien,** sogenannte **Ausfallkörnungen,** möglich, die oberhalb der Linien U liegen müssen. Der Zuschlag wird dazu nur aus Sand mit einem Anteil ≥ 30% und einer Grobkorngruppe unter «Ausfall» des Mittelkorns zusammengesetzt, z. B. aus 32% 0/2 mm und 68% 16/32 mm. Ausfallkörnungen eignen sich nur für steifen bis plastischen Rüttelbeton und vor allem auch für Waschbeton; durch eine

Tabelle 5.8 Hinweise für die Wahl einer zweckentsprechenden Kornzusammensetzung

Größtkorn	8 mm	16 mm	32 mm	63 mm
Bauteile (Abmessung, Bewehrung)	feingliedrig, eng bewehrt	– – – – – – –	normal – –	groß, massig

Sieblinie Bereich / Oberfläche des Zuschlags	⑤ zu sandreich (links von C)	C–B: ④ brauchbar; groß	B–A: ③ günstig grob; mittel	A–U: ② Ausfallkörnung; klein	U: ① zu grobkörnig
Wasseranspruch Zementgehalt Wärmeentwicklung Schwinden und Kriechen		hoch	mittel	gering	
Gefahr des Entmischens (Blutens)		gering	mittel	groß	
Pumpbeton		—	—		
Sichtbeton		—	—		
Massenbeton			—	—	
Waschbeton			—	—	
Beton mit besonderen Eigenschaften:					
Wasserundurchlässigkeit		—	—		
Frostwiderstand, FT-Widerstand			—		
Verschleißwiderstand			—		

Eignungsprüfung muß vor allem die ausreichende Verarbeitbarkeit der Mischung für die vorgesehene Verwendung nachgewiesen werden.

c) Natürliche Gemische sind ungleichmäßig und können deshalb als ungetrennter Betonzuschlag nur für die niedrigen Betonfestigkeitsklassen B 5 und B 10 (Beton B I) benutzt werden. Für B 15 und B 25 (Beton B I) muß der Zuschlag aus wenigstens 2 **Korngruppen** oder **Lieferkörnungen** 0 bis 4 mm und über 4 mm zusammengesetzt werden.

Für Beton B II mit stetiger Sieblinie bis 32 mm sind wenigstens 3 Korngruppen oder Lieferkörnungen, mit stetiger Sieblinie bis 8 mm oder 16 mm sowie mit Ausfallkörnungen wenigstens 2 Korngruppen oder Lieferkörnungen erforderlich; davon muß jeweils eine im Bereich 0/2 mm bzw. 0/4a liegen.

Für Beton B II darf als Sand auch die Korngruppe 0/4a (mit 55 bis 85% <2mm) verwendet werden. Die Korngruppen 0/2a und 0/4a sind gemischtkörniger, also günstiger als die feinkörnigeren Korngruppen 0/2b und 0/4b. Wegen der Gleichmäßigkeit der Gemische ist der zulässige Anteil der Korngruppen und Lieferkörnungen an **Unter- und Überkorn** begrenzt:

Korngruppe	Unterkorn	Überkorn
0/1 mm	–	≦15 M.-%
alle übrigen	≦15 M.-%	≦10 M.-%

Bei der Lagerung dürfen sich die verschiedenen Korngruppen und Lieferkörnungen nicht vermischen.

Für Beton B I kann auch **werkgemischter Betonzuschlag (WBZ)** mit festgelegter Sieblinie bis 32 mm Größtkorn verwendet werden. Wegen der Entmischungsgefahr ist Zwischenlagerung unzulässig bzw. auf der Baustelle besondere Sorgfalt beim Entladen und Lagern notwendig.

Eine günstige oder zweckentsprechende Zusammensetzung von Zuschlaggemischen aus verschiedenen Korngruppen kann durch Vergleich der Siebdurchgänge oder rechnerisch mit Hilfe der Körnungsziffer ermittelt werden, siehe Beispiel A in Abschnitt 5.2.6. Gemische zwischen den Sieblinien A und C aus überwiegend ungebrochenem Zuschlag können ohne Eignungsprüfung verwendet werden. Bei der Prüfung der Kornzusammensetzung darf der Durchgang durch die einzelnen Prüfsiebe um höchstens 5% der Gesamtmenge (bei 0,25 mm um höchstens 3%) von der z. B. bei der Eignungsprüfung festgelegten Sieblinie abweichen. Außerdem soll der Kennwert für die Kornverteilung und den Wasseranspruch nicht ungünstiger sein, d. h., die Körnungsziffer k soll i. allg. nicht kleiner, bei A- und U-Linien auch nicht größer ausfallen.

5.2.3 Wassergehalt, Zugabewasser, Konsistenz

Das Wasser verleiht dem Frischbeton die für die Verarbeitung notwendige Beweglichkeit und wird vom Zement zur Hydratation benötigt; diese bewirkt die Erhärtung des Betons.

> Im Frischbeton setzt sich die gesamte Wassermenge zusammen aus:
> Zugabewasser
> + Oberflächenfeuchte des Zuschlags
> + Kernfeuchte des Zuschlags.
> Nur der Wassergehalt aus Zugabewasser und Oberflächenfeuchte steht dem Zement zur Erhärtungsreaktion zur Verfügung und bestimmt über den w/z-Wert die Festigkeit des Zementsteins.

a) Als **Zugabewasser** beim Mischen sind Trinkwasser sowie auch alle in der Natur vorkommenden Wässer geeignet, soweit sie nicht Bestandteile wie Säuren, Sulfate, organische Verbindungen, vor allem Zucker, in schädlicher Menge enthalten, die die Betoneigenschaften und den Korrosionsschutz der Bewehrung beeinträchtigen. Die Höchstwerte des Chloridgehalts im Zugabewasser betragen 4500 mg/l bei Beton, 2000 mg/l bei Stahlbeton und 600 mg/l bei Spannbeton. Meerwasser sollte für bewehrten Beton nicht verwendet werden. Zugabewasser ist zunächst nach Farbe, Geruch, Geschmack sowie auf Schaumbildung zu überprüfen. Im Zweifelsfall ist eine chemische Untersuchung des Wassers, z. B. durch Schnelltests auf der Baustelle oder durch ein chemisches Institut, nötig.

Weiterhin kann die Wasserqualität durch eine Zementleim- bzw. Zementsteinuntersuchung von Proben mit zweifelhaftem bzw. einwandfreiem Wasser (zum Vergleich) beurteilt werden, wobei die von der Zementprüfung her bekannten Untersuchungen wie Erstarrungsbeginn, Erstarrungsende, Raumbeständigkeit usw. und die Feststoffprüfungen auf Druck, Biegung u. a. benutzt werden können.

b) Die **Eigenfeuchte** des Zuschlags (= Kernfeuchte + Oberflächenfeuchte) wird an guten Durchschnittsproben durch Erhitzen oder nach Übergießen mit einer brennbaren Flüssigkeit durch Abflammen im AM-Gerät ermittelt. Der Wasserverlust wird in M.-% angegeben, bezogen auf die Trockenmasse der Probe, siehe Abschnitt 5.2.6, Beispiel B.

Kleine Proben von Sand können im CM-Gerät (Calciumcarbid-Methode) überprüft werden. Die Feuchtigkeit des Zuschlags reagiert mit dem in einer Glasampulle zugegebenen CaC_2 und bildet Acetylengas C_2H_2. Der dadurch entstehende Überdruck wird am Manometer der Druckflasche abgelesen und ergibt über eine Überdruck-Einwaage-Tabelle den Feuchtigkeitsgehalt der Probe.

Die **Kernfeuchte** entspricht der Wasseraufnahme des Zuschlags, festgestellt nach Wasserlagerung und anschließendem Abtrocknen der Oberfläche. Bei besonders dichten Zuschlägen ist die Kernfeuchte ≤ 1 M.-%, weshalb sie meist vernachlässigt wird, bei weniger dichten Zuschlägen i. a. <2 M.-%, bei porigem Zuschlag kann sie hoch sein, siehe Tabelle 5.19.

Die **Oberflächenfeuchte** kann bei Sand und sandreichen Gemischen wegen der großen Oberfläche der Körner ziemlich hoch sein. Bei gröberem Korn verringert sich die Oberflächenfeuchte entsprechend der abnehmenden spezifischen Oberfläche.

c) Der erforderliche Wassergehalt des Frischbetons hängt nicht nur von der Kornzusammensetzung des Zuschlags ab, siehe Abschnitt 5.2.2.2, sondern auch von der Beweglichkeit oder der **Konsistenz,** die je nach Bauteilabmessung, Bewehrungsgehalt und Verdichtungsgerät für die Verarbeitung und Verdichtung des Frischbetons erforderlich ist, siehe Abschnitt 5.2.7. Nach der Beschaffenheit des Frischbetons werden 4 Konsistenzbereiche unterschieden, siehe Tabelle 5.9.

Feingliedrige und dicht bewehrte Außenbauteile sollen i. a. mit der «Regelkonsistenz» *KR* ($a = 45 \pm 3$ cm) hergestellt werden. Die besonders weiche Konsistenz des **Fließbetons** wird nicht durch Erhöhung des Wassergehaltes, sondern durch Zusatz eines Fließmittels erreicht, siehe «Richtlinien für Beton mit Fließmittel und für Fließbeton» sowie Abschnitt 5.2.4.1. Innerhalb der Konsistenzbereiche ist ggf. ein bestimmtes Verdichtungs- oder Ausbreitmaß festzulegen. Bei Transportbeton sind je nach Temperatur, Fahr- und Wartezeiten bestimmte Vorhaltemaße einzuhalten, da der Beton zum Zeitpunkt der Übergabe die geforderte Konsistenz besitzen muß. Bei Eignungsprüfungen für Beton B I muß die Konsistenz an der oberen Grenze des gewählten Bereiches liegen (z. B. obere Grenze des Ausbreitmaßes), bei Beton B II sollte das Konsistenzmaß unter Berücksichtigung des später zu erwartenden Streubereiches gewählt werden. Während des Betonierens ist die Konsistenz laufend nach Augenschein zu überwachen; das Konsistenzmaß ist mindestens bei der Herstellung von Probekörpern zu überprüfen.

Das **Verdichtungsmaß v** ergibt sich aus dem Setzmaß s einer Betonprobe, die nur lose in einen Blechkasten eingefüllt (siehe Bild 5.4a links) und anschließend vollständig verdichtet wird (siehe Bild 5.4a rechts), nach der folgenden Formel

$$v = \frac{400}{400 - s} \quad \frac{\text{(Höhe des unverdichteten Betons)}}{\text{(Höhe nach dem Verdichten).}}$$

Das **Ausbreitmaß** a wird als mittlerer Durchmesser einer Betonprobe ermittelt, die zunächst in einer Blechform nach Bild 5.4b lose eingefüllt wird und sich nach dem Hochziehen der Form durch 15 Fallstöße des Ausbreittisches ausbreitet. Zerfällt die Probe unter den Fallstößen, was bei der Konsistenz KS meist der Fall ist, dann ist dieses Prüfverfahren ungeeignet.

Tabelle 5.9 Konsistenzbereiche des Frischbetons

Konsistenzbereich	**KS** steif	**KP** plastisch	**KR** weich	**KF** fließfähig
Konsistenzmaße:				
(Setzmaß s, mm)	(≥66)	(65 ··· 28)	(27 ··· 8)	–
Verdichtungsmaß v	≥1,20	1,19 ··· 1,08	1,07 ··· 1,02	–
Ausbreitmaß a, cm	–	35 ··· 41	42 ··· 48	49 ··· 60
Eigenschaften des Frischbetons:				
beim Schütten	noch lose	schollig bis knapp zusammenhängend	nahezu fließend	fließend
Entmischungsneigung	gering	mittel	groß	mittel
Verdichtungsaufwand	groß	mittel	gering	gering
Verdichtung durch	kräftiges Rütteln oder Stampfen	Rütteln oder Stampfen	Stochern oder Rütteln	Stochern oder leichtes Rütteln, «Entlüften»

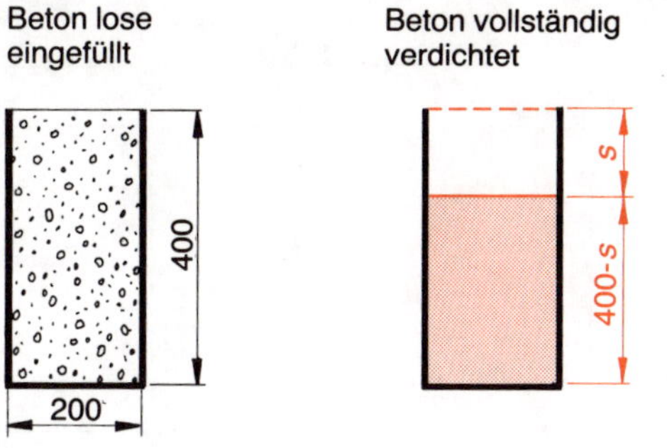

Bild 5.4a Prüfung des Verdichtungsmaßes, Maße in mm

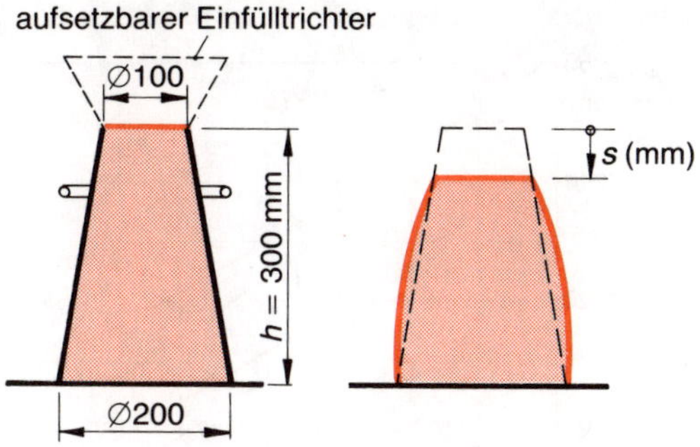

Bild 5.5a Slump-Prüfung nach ENV 206

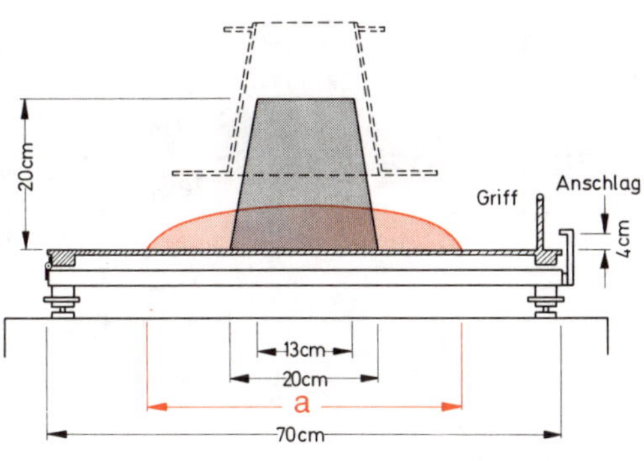

Bild 5.4b Prüfung des Ausbreitmaßes a (cm)

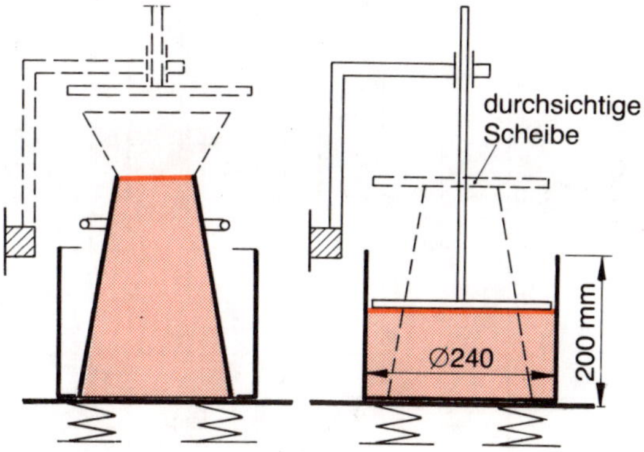

Bild 5.5b Vebe-Gerät nach ENV 206

In der Europäischen Vornorm ENV 206 sind als weitere Konsistenz-Prüfungen zur Einteilung des Frischbetons in Konsistenzklassen vorgesehen:

- **Slump-Maß** *s* (Setzmaß), um das sich ein Kegelstumpf aus verdichtetem Frischbeton nach Abziehen der Verdichtungsform setzt (siehe Bild 5.5a);
- **Vebe-Zeit in** *s* (Setzzeit), die benötigt wird bis ein Kegelstumpf aus verdichtetem Frischbeton durch Rütteln in einen Zylinder umgewandelt wird. Das Ende der Umformzeit erkennt man an der vollständigen Benetzung der durchsichtigen Scheibe durch den Beton (siehe Bild 5.5b).

Weitere Frischbetoneigenschaften wie guter Zusammenhalt, Geschmeidigkeit und Verdichtungswilligkeit hängen nicht nur vom Wassergehalt oder von der Kornzusammensetzung und der Kornform des Zuschlags ab, sondern können auch durch Zusätze (siehe Abschnitt 5.2.4) und den Mehlkorngehalt (siehe Abschnitt 5.2.5d) verbessert werden.

d) Richtwerte für den **Wassergehalt** *w* von Beton mit Zuschlag durchschnittlicher Beschaffenheit in Abhängigkeit von der Sieblinie des Zuschlags bzw. seiner Körnungsziffer *k* und der nach dem Verdichtungsmaß beurteilten Konsistenz können aus Bild 5.6 entnommen werden. Mittlere Werte lassen sich näherungsweise auch nach folgender Formel berechnen:

$$w \approx \frac{c}{k+3}\ [\text{kg/m}^3 \text{ oder dm}^3/\text{m}^3]$$

Für den Parameter *c* sind etwa folgende Werte einzusetzen:

Konsistenz	KS	KP	KR
Parameter c	1100	1250	1350

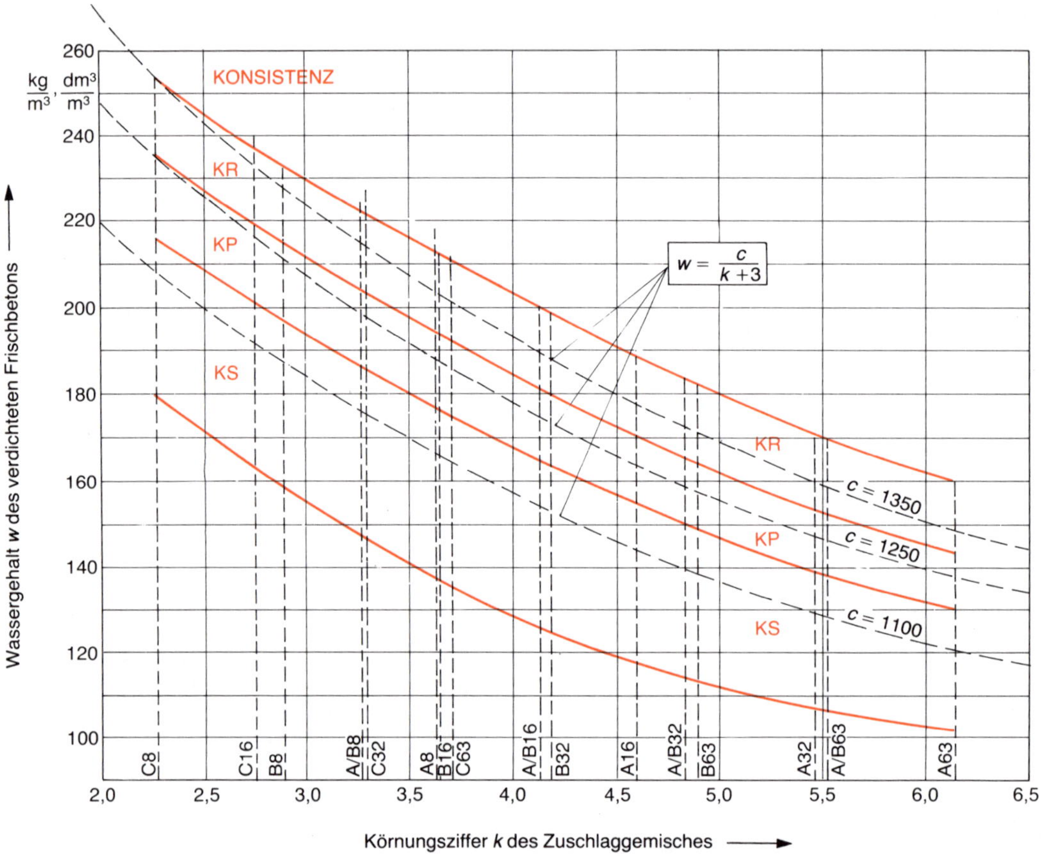

Bild 5.6 Richtwerte für den Wassergehalt *w* des Betons aus Zuschlag von durchschnittlicher Beschaffenheit

Der Wasseranspruch **vermindert** sich

- bei besonders dichtem Zuschlag mit glatten und rundlichen Körnern um rd. 5 bis 10 kg/m³,
- bei Betonzusätzen mit wassereinsparender Wirkung, siehe Tabelle 5.10.

Der Wasseranspruch **erhöht** sich

- bei weniger dichtem Zuschlag bzw. bei sehr rauhen und gebrochenen Körnern um rd. 5 bis 10 kg/m³,
- bei einem Zement- und ggf. Zusatzstoffgehalt von über 350 kg/m³ um rd. 1 kg Wasser je 10 kg Feinstoffe,
- bei einem besonders feinen Zement, z. B. CEM ≥52,5, um rd. 5 bis 10 kg/m³.

5.2.4 Betonzusätze

Sie können bestimmte Betoneigenschaften verbessern, verursachen jedoch oft ungünstige Nebenwirkungen, darunter häufig ein größeres Schwinden. Die Zusätze dürfen keine Stoffe, z. B. Chloride, enthalten, die eine Korrosion von Stahl verursachen können. Alle Betonzusätze sind deutlich zu kennzeichnen. Eine Übersicht über die verschiedenen Arten, ihre erwarteten Hauptwirkungen und möglichen Nebenwirkungen sowie ihre Anwendung gibt Tabelle 5.10.

Tabelle 5.10 Wirkung und Anwendung der Betonzusätze

Zusätze Kurzzeichen/Kennfarbe	Hauptwirkungen	Nebenwirkungen	Anwendung
Betonzusatzmittel			
Betonverflüssiger BV/gelb	Verflüssigung bzw. Wassereinsparung und Festigkeitssteigerung	evtl. Luftporenbildung und Erstarrungsverzögerung	allg. im Hoch- und Tiefbau, vor allem Beton B II
Fließmittel FM/grau	besonders starke Verflüssigung	evtl. geringe Festigkeitsminderung	Fließbeton, besonders als Transportbeton, leichtere Verarbeitung
Luftporenbildner LP/blau	Erhöhung des Frost- und Tausalzwiderstandes	Wassereinsparung, bess. Verarbeitbarkeit, Festigkeitsminderung	Beton im Freien, vor allem Fahrbahnen und im Wasserbau
Betondichtungsmittel DM/braun	geringere Wasseraufnahme und Wasserdurchlässigkeit	evtl. Luftporenbildung, Wassereinsparung, Festigkeitsminderung	wasserundurchlässiger Beton
Erstarrungsverzögerer VZ/rot	Verzögerung von Erstarren und Wärmeentwicklung	Wassereinsparung, Festigkeitssteigerung	Betonierunterbrechungen, Transportbeton, bei heißer Witterung
Erstarrungsbeschleuniger BE/grün	Beschleunigung von Erstarren, Festigkeits- und Wärmeentwicklung	evtl. Festigkeitsminderung	Fertigteile, Spritzbeton, bei kalter Witterung
Einpreßhilfe EH/weiß	Verflüssigung, Volumenzunahme, geringeres Wasserabsondern	evtl. Festigkeitsminderung	Einpreß-, Vergußmörtel, schwindarme Mörtel und Betone
Stabilisierer ST/violett	Verminderung von Entmischen	–	Sichtbeton, Leichtbeton, Unterwasserbeton
Betonzusatzstoffe			
Gesteinsmehle, Bentonit	bessere Verarbeitbarkeit und Wasserundurchlässigkeit	evtl. Wassereinsparung, größeres Schwinden	Pump-, Spritzbeton, wasserundurchlässiger Beton, Sichtbeton
Silica-Staub (Silica-Fume SF)	bessere Festigkeit, Wasserundurchlässigkeit und Dauerhauftigkeit	schlechtere Verarbeitbarkeit, klebrig, haftend	für hochfesten Beton, Spritzbeton
Latent-hydraulische Stoffe, z. B. Flugaschen; Puzzolane, z. B. Traß	wie bei Gesteinsmehlen, Festigkeitssteigerung, geringere Wärmeentwicklung[1])	wie bei Gesteinsmehlen, evtl. größerer chemischer Widerstand	wie bei Gesteinsmehlen, Massenbeton[1])
Farben, Farbpigmente	farbiger Beton	i. a. gering	Betonwerkstein, Fahrbahnen, Sichtbeton
Organische Stoffe (Kunststoffe u. a.)	größere Zähigkeit, Haftfestigkeit und Wasserundurchlässigkeit	Druckfestigkeitsminderung, größeres Schwinden und Kriechen	Ausbesserungen, Arbeitsfugen

[1]) Wenn der Zement teilweise durch die latent-hydraulischen Stoffe ersetzt wird.

5.2.4.1 Betonzusatzmittel

> Sie werden dem Beton flüssig oder pulverförmig in sehr geringen Mengen (je kg Zement etwa 2 bis 50 cm^3 oder g) zugegeben und wirken physikalisch oder/und chemisch. Betonzusatzmittel dürfen nur mit gültigem Prüfzeichen (siehe Abschnitt 1.3c), unter Beachtung des Prüfbescheids sowie aufgrund einer Eignungsprüfung verwendet werden. Ihre Wirkung fällt nämlich oft unterschiedlich aus, vor allem je nach Art des verwendeten Zements.

Bei sehr steifem Beton sind die Betonzusatzmittel meist ohne Wirkung. Gefährlich wäre eine Überdosierung, weil dadurch besonders ungünstige Wirkungen oder ein «Umschlagen» eintreten können. Zu den in Tabelle 5.10 aufgeführten Einflüssen auf die Betoneigenschaften sind noch folgende Besonderheiten zu beachten:

Betonverflüssiger BV vermindern die Oberflächenspannung des Betonwassers, was zu einer Verflüssigung des Betons führt und damit a) den Wasseranspruch bei gleicher Konsistenz vermindert, b) eine weichere Konsistenz bei etwa gleicher Festigkeit ergibt, oder c) die Kombination von a) und b) ermöglicht.

Fließmittel FM sind sehr wirksame Betonverflüssiger. Sie werden einem Ausgangsbeton nachträglich während mind. 5 min (bei guter Mischwirkung mind. 1 min) zugemischt, so daß die Konsistenz KR oder KF (Fließbeton) mit geringem Verdichtungsaufwand entsteht, siehe Abschnitt 5.2.3c und die dort genannten Richtlinien.

Luftporenbildner LP erzeugen beim Mischen viele kleine Luftbläschen, möglichst unter 0,3 mm Größe und in geringem Abstand untereinander (Abstandsfaktor $\leq 0,2$ mm) gleichmäßig im Zementstein verteilt. Diese Mikroporen unterbrechen die kapillare Saugwirkung; außerdem kann sich das Eis in die Kugelporen hinein ohne Sprengwirkung ausdehnen. Im Hinblick auf den Frost- und Tausalzwiderstand müssen je nach Größtkorn des Zuschlags bestimmte Luftporengehalte eingehalten werden (siehe Abschnitt 5.3.4a und b sowie Tabelle 5.15). Da der Luftporengehalt des Frischbetons von vielen Einflüssen abhängt, und bei zu großem Luftporengehalt die Festigkeit beträchtlich abfällt, muß er laufend überwacht werden, z. B. nach dem Druckausgleichsverfahren im Luftgehalt-Prüfgerät.

Erstarrungsverzögerer VZ und **Erstarrungsbeschleuniger BE** erfordern besonders sorgfältige Eignungsversuche, weil das Maß der Verzögerung oder Beschleunigung des Erstarrens auch von der Zusammensetzung und Temperatur des Betons abhängt. Bei Beton, dessen Verarbeitungszeit durch VZ um $\geqq 3$ Std. verlängert werden soll, muß die «Richtlinie für Beton mit verlängerter Verarbeitbarkeitszeit» beachtet werden. BE können beim Betonieren bei Frost als sogenannte «Frostschutzmittel» die notwendigen Maßnahmen unterstützen, siehe Abschnitt 5.2.8c.

5.2.4.2 Betonzusatzstoffe

> Es sind fein verteilte, meist mineralische Zusätze. Sie werden in größerer Menge (je kg Zement etwa 10 bis 300 g) zugegeben und sind daher bei der Mischungsberechnung als Volumenanteil des Betons und beim Mehlkorngehalt zu berücksichtigen, siehe Abschnitt 5.2.5c und d.

Die verschiedenen Arten sind ebenfalls in Tabelle 5.10 beschrieben. Für Gesteinsmehle, die aus festen Gesteinen gewonnen werden müssen und eine Korngröße <0,125 mm aufweisen, gilt DIN 4226 (siehe Abschnitt 5.2.2.1), für Traß DIN 51043, für Farbpigmente DIN 53237. Alle weiteren Betonzusatzstoffe dürfen nur mit gültigem Prüfzeichen verwendet werden. Auch die Anwendung von Betonzusatzstoffen setzt i. a. eine Eignungsprüfung voraus; dies gilt insbesondere für latenthydraulische Stoffe gemäß Abschnitt 5.2.1b.

Silica-Staub (SF) wird bei der Herstellung von Legierungsgrundstoffen in Filtern als staubförmiges, amorphes Siliciumdioxid SiO_2 gewonnen. Aufgrund seiner rd. 100fach größeren Oberfläche als Zement ergibt sich ein guter

Füllereffekt im Beton. Außerdem kommt es zu einer puzzolanischen Reaktion des Staubs mit dem Calciumhydroxid des Zements zu Calciumsilikathydrat. Dieses ergibt einen sehr guten Verbund zwischen den Festteilen Korn bzw. Stahl und dem Zementstein. Damit verbessern sich die mechanischen/physikalischen Eigenschaften des Betons. Der Feinstaub wird als Pulver oder Suspension mit höchstens 10% der Zementmasse dem Beton zugegeben. Nachteilig sind die schlechtere Verarbeitbarkeit und Klebrigkeit des Betons.

Als **Farben** dienen hauptsächlich

- Eisenoxide für Gelb, Rot, Braun, Schwarz,
- Titanoxide für Weiß,
- Chromoxide für Grün,
- Rußsuspensionen für Schwarz.

Die Farbwirkung hängt ab von der Feinheit und Reinheit der Farben sowie auch von der Zementfarbe; eine endgültige Beurteilung kann nur am trockenen Festbeton vorgenommen werden. Beton mit hellen Farben, auf den Nässe einwirkt, sollte mit weißem Zement hergestellt werden.

5.2.5 Wasserzementwert, Mischungszusammensetzung

Die Eigenschaften von Frisch- und Festbeton werden weiterhin dadurch beeinflußt, aus welchen Anteilen von Zement, Zuschlag, Wasser und ggf. Zusätzen die Mischungen zusammengesetzt werden.

a) Eine besondere Bedeutung für eine zielsichere Betonherstellung kommt dabei dem Verhältnis von Wasser zu Zement, dem **Wasserzementwert,** zu. Er errechnet sich zu

$$w/z = \frac{\text{Wassermenge [kg oder kg/m}^3\text{]}}{\text{Zementmenge [kg oder kg/m}^3\text{]}},$$

wobei nach Abschnitt 5.2.3 beim Wasser auch die Oberflächenfeuchte des Zuschlags berücksichtigt werden muß. Nach Abschnitt 5.1.2.1d und Bild 5.2 entsteht bei geringerem Wasserzementwert ein dichterer, festerer Zementstein. Der Zuschlag nach Abschnitt 5.2.2 ist gewöhnlich dichter und fester als der Zementstein. Somit ist, eine gute Verarbeitung und Behandlung des Betons vorausgesetzt, der Wasserzementwert der maßgebende Kennwert auch für die Dichtigkeit und Festigkeit des Normalbetons.

Den Einfluß des Wasserzementwerts auf Betoneigenschaften zeigt folgende Tabelle:

Eigenschaft	w/z niedrig $\simeq 0{,}4 \cdots 0{,}5$	w/z hoch $>0{,}65$
Überschußwasser (= Kapillarporen)	wenig	viel
Zementstein bzw. Beton	dicht	porös
Früh- und Endfestigkeit	hoch	gering
Schwinden, Kriechen	gering	hoch
Wasserundurchlässigkeit Chemischer Widerstand Frostbeständigkeit Korrosionsschutz	gut	schlecht

Bild 5.7 zeigt die Beziehungen zwischen Wasserzementwert und der mittleren Würfeldruckfestigkeit β_{w28} von Beton im Alter von 28 Tagen. Je nach Zementfestigkeitsklasse kann β_{w28} unmittelbar abgelesen werden. Diesem Bild liegen die angenommenen Mittelwerte von N_{28} nach Abschnitt 5.2.1 zugrunde. Für

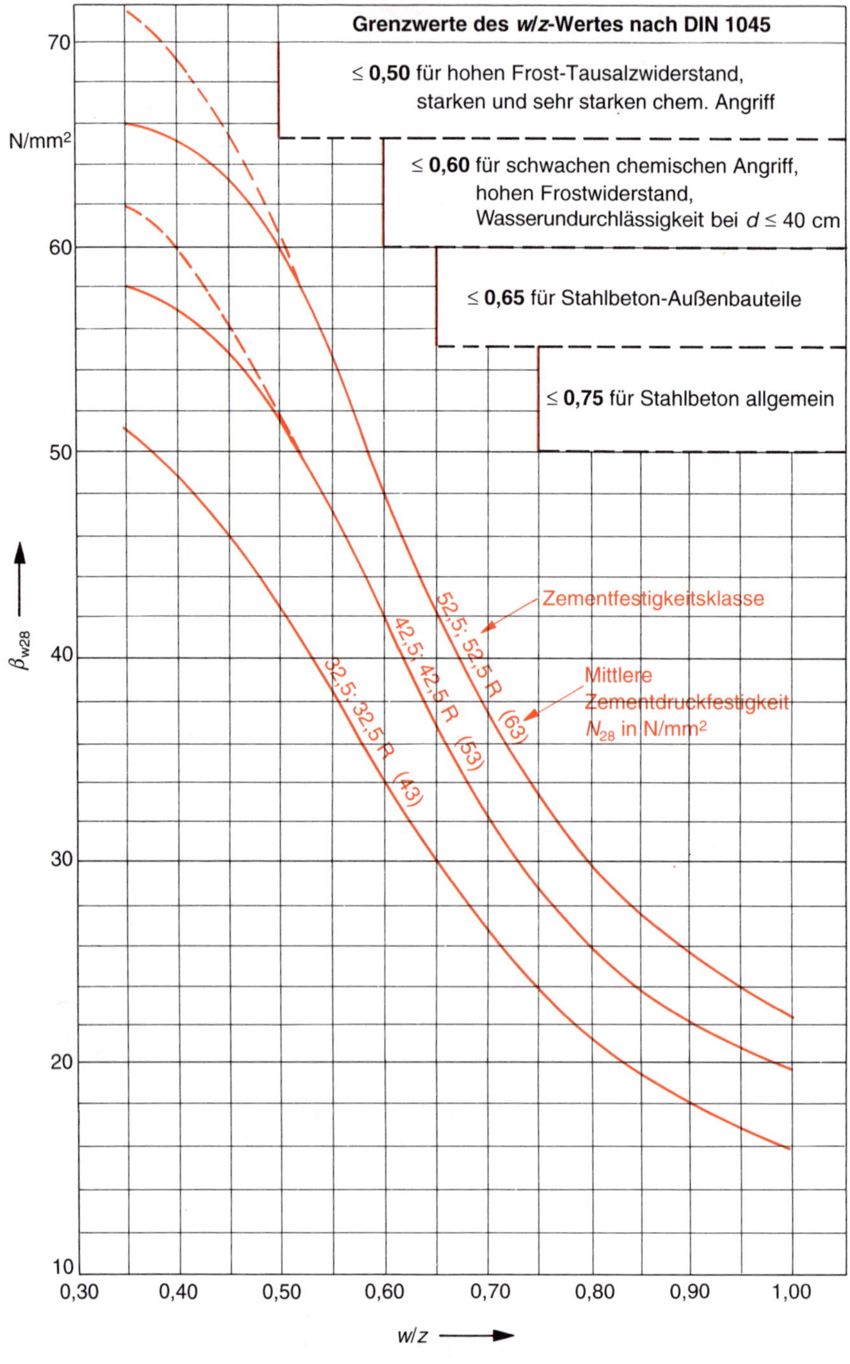

Bild 5.7 Abhängigkeit der Betondruckfestigkeit β_{W28} vom Wasserzementwert w/z und der Zementfestigkeitsklasse [6]

eine bekannte Normdruckfestigkeit N_{28} des Zements im Alter von 28 Tagen ist zu den angegebenen Linien für die mittleren Werte von N_{28} eine parallele Linie einzuzeichnen. Die gestrichelten Linien für höhere Festigkeiten gelten nur bei optimalen Bedingungen für den Zuschlag, die Verdichtung u. a.

Das *w/z*-Diagramm nach Bild 5.7 gilt nur für gut verdichteten Beton ohne zusätzliche Luftporen. Sind zusätzliche Luftporen vorhanden, ist für die Festigkeit der sogenannte **wirksame Wasserzementwert** maßgebend, bei dem der zusätzliche Luftporengehalt Δp berücksichtigt wird:

$$\text{Wirksamer } w/z = \frac{w + \Delta p}{z};$$

z und *w* sind in kg/m³, Δp in dm³/m³ einzusetzen.

Beispiel: Ein Beton mit $w = 165$ l/m³ Wassergehalt und $z = 300$ kg Zement der Festigkeitsklasse 42,5 ($w/z = 0{,}55$) wird bei normaler Verdichtung etwa einen Luftgehalt $p_0 \approx 1\%$ und eine Festigkeit $\beta_{W28} = 47\,\text{N/mm}^2$ nach Bild 5.7 erreichen. Erhält dieser Beton mehr Luftporen (durch LP-Mittel oder schlechte Verdichtung), z. B. $p_1 = 5\%$, also um $\boldsymbol{\Delta} p = 4\% = 40\,\text{l/m}^3$ mehr, so ist für diesen Beton mit wirksamem *w/z* $(165+40)/300 = 0{,}68$ nur eine Festigkeit $\beta_{W28} = 33\,\text{N/mm}^2$ zu erwarten. Falls die bei LP-Mittel für gleiche Konsistenz mögliche Wassereinsparung, z. B. um 15 l/m³ ausgenützt wird, ist der wirksame $w/z = (165-15+40)/300 = 0{,}63$ und β_{W28} wird zu $38\,\text{N/mm}^2$ abgelesen.

Um auch mit Luftporenbildner LP wiederum die Festigkeit von $47\,\text{N/mm}^2$ zu erhalten, muß der wirksame $w/z = 0{,}55$ betragen. Mit LP wird jedoch für die gleiche Konsistenz weniger Wasser benötigt, z. B. 15 l/m³. Damit errechnet sich der erforderliche Zementgehalt zu $z = (165-15+40)/0{,}55 = 345\,\text{kg/m}^3$.

Bei Beton B II darf der durch die Eignungsprüfung festgelegte Wasserzementwert im Mittel nicht überschritten werden, Einzelwerte dürfen bis zu 10% höher sein.

Bestimmte höchstzulässige Wasserzementwerte sind außerdem stets bei der Herstellung von Stahlbeton nach Tabelle 5.11a bzw. von Beton B II für wasserundurchlässigen Beton und Beton mit hohem Widerstand gegen Frost, Tausalze und chemischen Angriff nach Tabelle 5.14 festgelegt. Der Wasserzementwert ist bei den Güteprüfungen täglich an Frischbetonproben zu prüfen, entweder mit Hilfe des Massenverlustes nach raschem und scharfem Trocknen, siehe auch Beispiel B in Abschnitt 5.2.6, oder mit Hilfe der Unterwasserdichte des Betons nach THAULOW.

b) Der **Zementgehalt** *z* (in kg/m³) muß so groß sein, daß die geforderten Eigenschaften erreicht werden. Beton B I ohne Eignungsprüfung muß mit Zement der Festigkeitsklasse 32,5 oder 32,5 R und Zuschlag 0/32 mm je nach Betonfestigkeitsklasse, Sieblinienbereich des Zuschlags und Konsistenzbereich mindestens den in Tabelle 5.11b angegebenen Zementgehalt besitzen. Der Zementgehalt muß noch **vergrößert** werden bei Größtkorn des Zuschlags

- von 16 mm um 10%.
- von 8 mm um 20%.

Tabelle 5.11a Grenzwerte von *w/z* und Zementgehalt bei Stahlbeton

Stahlbeton	Beton-festigkeitsklasse	Zement-festigkeitsklasse	*w/z*¹) Grenzwert	Zementgehalt kg/m³
allgemein	≥B 15	–	≤ 0,75	≥240
für Außenbauteile	≥B 25 (mit β_{WN} ≥32 N/mm²)	≤32,5 R	≤0,65	≥300 ≥270 bei B II
		≥42,5		≥270

¹) Anrechnung des Flugaschegehaltes *f* mit höchstens $0{,}25 \cdot z$ mit der Formel $w/(z+0{,}4 \cdot f)$

Tabelle 5.11b Mindestzementgehalt für Beton B I ohne Eignungsprüfung

Festigkeitsklasse des Betons	Sieblinienbereich des Zuschlags	Mindestzementgehalt in kg/m³ für den Konsistenzbereich KS[3])	KP	KR
Beton B I	Größtkorn 32 mm	Zementfestigkeitsklasse 32,5 oder 32,5 R		
B 5[2])	A/B 32 B/C 32	140 160	160 180	– –
B 10[2])	A/B 32 B/C 32	190 210	210 230	230 260
B 15	A/B 32 B/C 32	240 270	270 300	300 330
B 25 allgemein	A/B 32 B/C 32	280 310	310 340	340 380
B 25 für Außenbauteile	A/B 32 B/C 32	300 320	320 350	350 380

[2]) nur für unbewehrten Beton
[3]) möglichst nicht für bewehrten Ortbeton

(farbig hinterlegt:) für bewehrten Ortbeton

Er darf maximal **verringert** werden

- bei Zementfestigkeitsklasse ≥ 42,5 um 10%,
- bei Größtkorn 63 mm des Zuschlags um 10%.

Bei B 25 für Außenbauteile darf der Zementgehalt in der letzten Zeile der Tabelle 5.11b nicht verringert werden. Für Stahlbeton gelten darüber hinaus die Mindestzementgehalte nach Tabelle 5.11a.

Sofern Beton mit besonderen Eigenschaften ohne Eignungsprüfung als Beton B I hergestellt werden kann, sind ebenfalls bestimmte Mindestzementgehalte einzuhalten, siehe Tabelle 5.14. Bei Beton B I mit Eignungsprüfung und bei Beton B II ist der erforderliche Zementgehalt aufgrund der Eignungsprüfung festzulegen. Er ergibt sich aus dem erforderlichen Wassergehalt *w* (abhängig von der vorhandenen Kornzusammensetzung des Zuschlags und der gewünschten Konsistenz) und dem Wasserzementwert *w/z* (abhängig von den angestrebten Betoneigenschaften und der gewählten Zementfestigkeitsklasse) nach der Gleichung:

$$z = \frac{w}{w/z} \text{ [kg/m}^3\text{]}.$$

Wegen des Korrosionsschutzes der Stahleinlagen müssen bei Stahlbeton die Mindestzementgehalte nach Tabelle 5.11a eingehalten werden.

Bei Beton B I ist der Zementgehalt im Rahmen der Güteprüfung in angemessenen Zeitabständen zu prüfen, siehe Beispiel B in Abschnitt 5.2.6d.

c) Für die **Mischungszusammensetzung** gibt es verschiedene Möglichkeiten. Eine Mischungsangabe nach Raumteilen ist aber sehr ungenau und ungleichmäßig, weil die Schüttdichte von Zement und Zuschlag je nach Verdichtungsgrad, bei feinkörnigen Zuschlägen auch je nach Feuchtigkeitsgehalt sehr schwanken, siehe Abschnitt 1.4.2.2d. Gleichmäßigere Mischungen erhält man durch eine Mischungsangabe in Gewichtsteilen, z.B. Mischung aus 1 GT Zement + 2,5 GT Sand 0/4 mm + 3,5 GT Kies 4/32 mm + 0,5 GT Wasser.

Besonders genau und zweckmäßig ist eine Mischungsangabe, bei der die verschiedenen Komponenten nach der **Stoffraumrechnung** ermittelt werden, siehe Abschnitt 1.4.2.2c. Für 1 m^3 verdichteten Beton gilt:

$$V_z + V_g + V_w + V_p = 1000\,dm^3$$

$$\frac{z}{\varrho_z} + \frac{g}{\varrho_g} + \frac{w}{1{,}0} + p = 1000\,dm^3$$

Bei festgelegtem Zementgehalt z (siehe b), angenommenem Wassergehalt w und Luftporengehalt p je m^3 errechnet sich der erforderliche **Zuschlaggehalt** g zu

$$g = \varrho_g \left(1000 - \frac{z}{\varrho_z} - w - p\right) [kg/m^3].$$

Es können folgende Richtwerte benutzt werden:
Für die **Dichte** ϱ in kg/dm^3:

CEM I	Portlandzement-HS	3,2
	Portlandzement (P.-zement)	3,1
CEM II	P.-hütten-, P.-ölschiefer-, P.-kalkstein-, P.-flugasche-hüttenzement	3,0
CEM III	Hochofenzement	3,0
CEM II	P.-puzzolan-, P.-flugaschezement	2,9

Gesteine: Basalt	2,9 ... 3,0
Dichter Kalkstein	2,7 ... 2,8
Quarzhaltiges Gestein	2,6 ... 2,7
(Weitere Werte siehe Tabelle 2.1)	

Für den **Wassergehalt** w gilt Bild 5.6 oder die Formel $w = c/(k+3)$ (Abschnitt 5.2.3d) in Abhängigkeit von der gewünschten Konsistenz und der Körnungsziffer k.

Der **Luftgehalt** p entsteht durch unvermeidliche Verdichtungsporen im Beton. Ihr Volumenanteil ist abhängig von der Sieblinie des Zuschlags (zunehmend mit der Feinkörnigkeit), der Rauhigkeit der Kornoberflächen, der Konsistenz und der Verdichtung des Betons. Bei gut verdichtetem Beton beträgt der Luftgehalt $p \approx 1$ bis 3 Vol.-% (10 bis 30 dm^3/m^3). Bei zusätzlich erzeugten Luftporen durch LP-Mittel sind jeweils um 2 bis 4 Vol.-% höhere Werte einzusetzen, siehe Tabelle 5.15.

Zur Kontrolle der Rechenannahmen wird die **Frischbetonrohdichte** bei der Eignungs- und Güteprüfung ermittelt und mit dem rechnerischen Wert verglichen: $\varrho_b = (z+g+w)$ in kg/m^3. Da sich die durch die Stoffraumrechnung ermittelte Mischung auf das verdichtete Betonvolumen bezieht, muß die für den losen Beton notwendige Mischergröße bis um rd. 50% größer sein, siehe Abschnitt 5.2.7a.

Beispiele für die Berechnung von Mischungen finden sich in Abschnitt 5.2.6.

d) Der **Mehlkorn- und Feinstsandgehalt** ist von besonderer Bedeutung für eine gute Verarbeitbarkeit vor allem von Pumpbeton und Spritzbeton sowie für ein dichtes Gefüge vor allem bei wasserundurchlässigem Beton und Sichtbeton. Dazu gehören alle festen Stoffe <0,25 mm, also vor allem der Zement, der Feinstsand des Zuschlags <0,25 mm sowie ggf. Betonzusatzstoffe.

Zweckmäßige Richtwerte (nach DIN 1045 alt) für die vorgenannten Betone sind je nach Größtkorn in Tabelle 5.12a angegeben.

Da die Feinstanteile andererseits viele Festbetoneigenschaften verschlechtern, soll der Mehlkorn- und Feinstsandgehalt auf das für

Tabelle 5.12a Richtwerte für den Feinststoffgehalt

Zuschlaggemisch mm	Feinststoffgehalt <0,25 mm kg/m^3
0,8	525
0/16	450
0/32	400
0/63	325

Tabelle 5.12b Mehlkorn- und Feinstsandgehalte

Zement-gehalt[2]) *z* kg/m³	Höchstgehalte[1]) in kg/m³ Mehlkorn (<0,125 mm)	Mehlkorn + Feinstsand (<0,25 mm)
≤300	350	450
≥400	450	550

[1]) Bei Größtkorn 8 mm dürfen die Höchstgehalte um 50 kg/m³ erhöht werden.

[2]) Bei *z* = 300 bis 400 kg/m³ sind Zwischenwerte linear zu interpolieren.

die Verarbeitung notwendige Maß beschränkt werden. Insbesondere bei Beton für Außenbauteile sowie mit hohem Widerstand gegen Verschleiß, gegen Frost und Tausalze dürfen die Werte nach Tabelle 5.12b für Betone mit einem Größtkorn von 16 bis 63 mm nicht überschritten werden.

5.2.6 Mischungsberechnungen

Aufgrund der bislang gemachten Angaben über die Ausgangsstoffe und die Mischungszusammensetzung soll an den folgenden zwei Beispielen die Berechnung von Mischungen aufgezeigt werden.

Beispiel A: Vorausberechnung einer Mischung für Beton B II

Bauteile: Engbewehrte Wände in der Tiefgarage eines Geschäftshauses;

Anforderungen an den Beton: B 35, wasserundurchlässig, Sichtbeton;

Baustoffe: CEM I 42,5 R wegen frühzeitigen Ausschalens; Rheinmaterial 0/2 und 2/8 mm sowie ein in Baustellennähe gewonnener Kalksteinsplitt 8/16 mm (wegen der engen Bewehrung ohne 16/32 mm).

Für die vorgeschriebene Eignungsprüfung stehen trockene Zuschläge und ein 150 l-Labormischer zur Verfügung.

a) Zusammensetzung des Zuschlaggemisches

Durch Siebversuche werden die in Tabelle A1 angegebenen Durchgänge festgestellt. In der letzten Zeile ist die Soll-Sieblinie angegeben, wie sie für wasserundurchlässigen Beton und Sichtbeton im günstigen Bereich nahe der Sieblinie B 16 nach Bild 5.3b und Abschnitt 5.3.6a angestrebt wird.

Lösung durch Vergleichen der Siebdurchgänge der Korngruppen

Der Durchgang der Sollsieblinie von 38% bei 2 mm kann zum überwiegenden Teil durch den Sand 0/2 erreicht werden; gewählt werden 38% Sand 0/2. Für den angestrebten Durchgang von 70% bei 8 mm sind außer 38% 0/2 mm noch 32% 2/8 mm erforderlich. Für 8/16 mm verbleiben dann noch 30%.

Die Korngruppen haben jedoch bei 2, 8 und 16 mm Unter- bzw. Überkornanteile, die sich teilweise aufheben. Auch weist die Korngruppe 0/2 gegenüber dem gleichmäßigen Anstieg der Sollsieblinie ziemlich hohe Durchgänge bei 0,5 mm und 1 mm, die Korngruppe 2/8 einen sehr niedrigen Durchgang bei 4 mm auf.

Die Siebdurchgänge der IST-Sieblinie bei den einzelnen Prüfsieben erhält man mit den oben genannten Korngruppenanteilen durch tabellarische Aufstellung in Tabelle A2 und damit den Vergleich mit der SOLL-Sieblinie. Die Differenzen der IST-Sieblinie zur SOLL-Sieblinie heben sich nahezu auf; beide Sieblinien sind also weitgehend gleichwertig.

Tabelle A1

Korngruppe	Durchgang in % durch die Siebe (mm) 0,25	0,5	1	2	4	8	16	31,5
Sand 0/2	14	58	81	96	100	100	100	100
Kiessand 2/8	0	0	1	3	26	93	100	100
Kalkstein 8/16	0	0	0	1	3	9	85	100
Soll-Sieblinie	6	17	28	38	52	70	100	100

Tabelle A2

Korngruppe	Anteil %	Durchgang in % durch die Siebe (mm) 0,25	0,5	1	2	4	8	16	31,5	Körnungsziffer
0/2	38	5,3	22,0	30,8	36,5	38	38	38	38	
2/8	32	0	0	0,3	1,0	8,3	29,8	32	32	
8/16	30	0	0	0	0,3	0,9	2,7	25,5	30	
IST-Sieblinie		5,3	22,0	31,1	37,8	47,2	70,5	95,5	100	$k = 3{,}906$
SOLL-Sieblinie		6	17	28	38	52	70	100	100	$k = 3{,}89$
Differenz IST-SOLL		−0,7	+5,0	+3,1	−0,2	−4,8	+0,5	−4,5	0	

Lösung durch Rechnung
Allgemein lassen sich für 2 Korngruppen, deren Anteile g_1 und g_2, jeweils in %, und deren Körnungsziffern k_1 und k_2 sind und die zu 100% als Gemisch mit der Körnungsziffer k_m zusammengesetzt werden, folgende 2 Gleichungen aufstellen:

$$g_1 + g_2 = 100$$
$$g_1 \cdot k_1 + g_2 \cdot k_2 = 100 \cdot k_m$$

Daraus ergeben sich die Anteile

$$g_2 = \frac{k_m - k_1}{k_2 - k_1} \cdot 100 \qquad \text{und}$$
$$g_1 = 100 - g_2.$$

Mit den aufgestellten Formeln lassen sich unmittelbar nur Gemische aus 2 Korngruppen berechnen. Eine Lösung für Gemische aus mehr Korngruppen ist möglich, wenn auch für Teilgemische angestrebte Sieblinien aufgestellt werden. Diese können aus der angestrebten Sieblinie des Gesamtgemisches entwickelt werden. Für die angestrebte Sieblinie des Gemisches 0/16 mm wird im folgenden der Durchgang von 70% bei 8 mm gleich 100% gesetzt und die Durchgänge durch die anderen kleineren Siebe im Verhältnis 100:70 vergrößert, siehe Tabelle A3.
Nach Abschnitt 5.2.2.2a ergeben sich folgende Körnungsziffern:

Sand 0/2:	$k_{0/2} = 1{,}51$
Kiessand 2/8:	$k_{2/8} = 4{,}77$
Kalksteinsplitt 8/16:	$k_{8/16} = 6{,}02.$

Nun wird mit Hilfe der Körnungsziffern das Gesamtgemisch stufenweise berechnet, wobei vorteilhaft mit dem Größtkorn begonnen wird, da dann sofort die weitere Aufteilung der Teilgemische in die Korngruppen berechnet werden kann.

Gemisch 0/16 mm aus 0/8 und 8/16 mm:

$$g_{8/16} = \frac{3{,}89-2{,}99}{6{,}02-2{,}99} \cdot 100\% = 0{,}297 \cdot 100\% = 29{,}7\% \approx 30\%$$

$$g_{0/8} = 100-29{,}7 = 70{,}3\%.$$

Gemisch 0/8 mm aus 0/2 und 2/8 mm:

$$g_{2/8} = \frac{2{,}99-1{,}51}{4{,}77-1{,}51} \cdot 70{,}3\% = 0{,}454 \cdot 70{,}3\% = 31{,}9\% \approx 32\%$$

$$g_{0/2} = (100-45{,}4) \cdot 70{,}3\% = 0{,}546 \cdot 70{,}3\% = 38{,}4\% \approx 38\%$$

Kontrolle: $g_{0/16} = 100\%$

Tabelle A3

	Durchgang in % durch die Siebe (mm) 0,25	0,5	1	2	4	8	16	31,5	Körnungsziffer
Soll-Sieblinie 0/16 mm	6	17	28	38	52	70	100	100	$k_{0/16} = 3{,}89$
Teil-Sieblinie 0/8 mm	9	24	40	54	74	100	100	100	$k_{0/8} = 2{,}99$

Durch Rechnung ergaben sich (nach Rundung) etwa gleiche Anteile und damit die gleiche Sieblinie wie bei der vorhergehenden Lösung durch Betrachtung der Siebdurchgänge.

Kontrolle der Körnungsziffer
Es gilt allgemein, daß die Körnungsziffer des Gemisches gleich der Summe der Produkte (Anteil × Körnungsziffer) der einzelnen Korngruppen ist:

$$k_{0/16} = g_{0/2} \cdot k_{0/2} + g_{2/8} \cdot k_{2/8} + g_{8/16} \cdot k_{8/16}$$
$$= 0{,}38 \cdot 1{,}51 + 0{,}32 \cdot 4{,}77 + 0{,}30 \cdot 6{,}02$$
$$= 3{,}906.$$

Die angestrebte Körnungsziffer $k = 3{,}89$ wird also ausreichend genau eingehalten.

b) Zusammensetzung des Betons
Für den Frischbeton wird wegen der engen Bewehrung der Wände eine gut verarbeitbare weiche Konsistenz KR gewählt. Um bei der Eignungsprüfung nach Abschnitt 5.2.3c dafür ein Ausbreitmaß von 45 bis 48 cm zu erhalten, wird der **Wassergehalt** aus Bild 5.6 für $k = 3{,}91$ im oberen Bereich für die Konsistenz KR zunächst zu $w = 200\,\text{dm}^3/\text{m}^3$ abgelesen. Wegen des 30%igen Anteils an gebrochenen Körnern im Zuschlaggemisch und des bei Beton B 35 KR wohl 350 kg/m überschreitenden Zementgehaltes wird nach 5.2.3d der Wassergehalt noch um $5\,\text{dm}^3/\text{m}^3$ erhöht auf

$$w = 205\ \text{dm}^3/\text{m}^3.$$

Für die **Festigkeitsklasse** B 35 soll nach Abschnitt 5.3.1a bei der Eignungsprüfung die Mindestserienfestigkeit bei unbekanntem Streubereich der Baustelle um ein Vorhaltemaß von $5\,\text{N/mm}^2$ überschritten werden; es wird also

$$\beta_{w28} = 40 + 5 = 45\ \text{N/mm}^2$$

angestrebt. Damit kann in Bild 5.7 für die Zementfestigkeitsklasse 42,5 R der **Wasserzementwert** abgelesen werden zu

$$w/z \leqq 0{,}57.$$

Damit wird auch die Bedingung für wasserundurchlässigen Beton nach Tabelle 5.14, nämlich $w/z \leqq 0{,}60$ eingehalten.
Der notwendige **Zementgehalt** errechnet sich zu

$$z \geqq \frac{205}{0{,}57} \geqq 360\,\text{kg/m}^3.$$

Nach den Angaben in Abschnitt 5.2.5c, wobei der Luftporengehalt zu 1,5%, entsprechend $15\,\text{dm}^3/\text{m}^3$, angenommen wird, errechnet sich das **Stoffvolumen des Zuschlags** zu

$$V_g = 1000 - \frac{360}{3{,}1} - 205 - 15 = 664\,\text{dm}^3/\text{m}^3.$$

In der **Mischungsaufstellung** in Tabelle A4 wird das Stoffvolumen des Zuschlags in die Korngruppen, wie unter a ermittelt, aufgeteilt und jeweils mit der Kornrohdichte von 2,63 (für Rheinmaterial) und $2{,}73\,\text{kg/dm}^3$ (für Kalkstein) multipliziert. Bei der Eignungsprüfung sollen je 3 200 mm-Würfel für Druckfestigkeitsprüfungen nach 7 und 28 Tagen sowie 3 Platten 200×200×120 mm für die Wasserundurchlässigkeitsprüfung hergestellt werden, also mindestens $63\,\text{dm}^3$ Beton; die Mischung wird daher für $80\,\text{dm}^3$ in dem $150\,\text{dm}^3$-Labormischer ausgelegt. Die Angaben für die Korngruppen beziehen sich auf trockene Stoffe.

Tabelle A4

Stoffe	Zusammensetzung für 1 m³	kg	Mischung für 0,08 m³ kg
Wasser		205	16,4
CEM I 42,5 R		360	28,8
Rheinsand 0/2 mm	664 · 0,38 · 2,63 =	664	53,1
Rheinkiessand 2/8 mm	664 · 0,32 · 2,63 =	559	44,7
Kalkstein 8/16 mm	664 · 0,30 · 2,73 =	544	43,5
Gesamt		2332	186,5

Wegen der geforderten Wasserundurchlässigkeit ist noch der **Feinststoffgehalt** zu überprüfen; nach Abschnitt 5.2.5d und Tabelle 5.12a werden bei Zuschlaggemisch 0/16 als Richtwert 450 kg/m³ empfohlen. Er setzt sich zusammen aus Zement und dem Anteil <0,25 mm im Sand (lt. Siebversuch unter a 14%) und beträgt demnach

$$f = 360 + 0{,}14 \cdot 664 = 453\,\text{kg/m}^3.$$

Dies entspricht dem Richtwert.

Sonderfall: Betonzusatzstoff.

Falls die Zugabe eines Betonzusatzstoffes erforderlich wäre, z. B. wegen zu geringer Anteile <0,25 mm im Sand, müßten der Wassergehalt und für gleichen *w/z*-Wert auch der Zementgehalt geringfügig erhöht und bei der Neuberechnung auch das Volumen des Betonzusatzstoffes berücksichtigt werden.

Bei Zugabe eines LP-Mittels wird auf das Beispiel in Abschnitt 5.2.5a verwiesen.

Beispiel B: Nachrechnung einer Mischung
Für Stahlbetonteile ist B 25 KP vorgeschrieben. Ohne vorausgegangene Eignungsprüfung wurde der Beton auf der Baustelle wie folgt zusammengesetzt:

150 kg CEM I 32,5 R	
390 kg Rheinsand 0/2 mm	jeweils feucht
170 kg Rheinmaterial 2/8 mm	jeweils feucht
330 kg Rheinkies 8/32 mm	jeweils feucht
60 kg Zugabewasser	
1100 kg Mischung (= m_b)	

a) Bei der vorgeschriebenen **Güteprüfung** wurden nachfolgende Feststellungen getroffen:

Bei der Konsistenzprüfung des Frischbetons nach Abschnitt 5.2.3c ergaben sich das Setzmaß s = 32 mm und damit das Verdichtungsmaß

$$v = \frac{400}{400 - 32} = 1{,}09.$$

Die Rohdichte des verdichteten Frischbetons in den drei 200-mm-Würfelformen fand sich im Mittel zu 2,33 kg/dm³.

Nach Trocknen von 10,00 kg Frischbeton verblieben 9,16 kg trockene Masse.

b) Aus der Masse m_{gh} des feuchten Zuschlags und der bei der Prüfung festgestellten Eigenfeuchte h in M.-%, bezogen auf die Trockenmasse, nach Abschnitt 5.2.3b errechnet sich die Masse des trockenen Zuschlags zu

$$m_{gd} = \frac{m_{gh} \cdot 100}{100 + h} \qquad \text{und}$$

die Eigenfeuchte m_w in kg zu

$$m_w = m_{gd} \cdot h/100.$$

Für die **Korngruppen** der Baustellenmischung errechnen sich folgende Werte:

Korngruppe	m_{gh}	h	m_{gd}		m_w
mm	kg	M.-%	kg	Anteil (M.-%)	kg
0/2	390	6,0	368	(43)	22
2/8	170	3,7	164	(19)	6
8/32	330	1,85	324	(38)	6
0/32	890	–	856	(100)	34

Da die Korngruppen aus Gestein etwa gleicher Kornrohdichte bestehen, kann die Kornzusammensetzung nach den Korngruppenanteilen in M.-% beurteilt werden. (Bei unterschiedlicher Kornrohdichte müßten die Anteile in Vol.-% umgerechnet werden, siehe Abschnitt 5.2.2.2a). Mit 43% Sand 0/2 mm liegt die Sieblinie mindestens bei 2 mm und sehr wahrscheinlich auch bei 0,5 und 1 mm über der Sieblinie B 32 in Bild 5.3c im brauchbaren Bereich. (Für eine genaue Beurteilung wären mit den Korngruppen noch Siebversuche durchzuführen.)

c) Das **Volumen des verdichteten Betons** entspricht dem Schalungsinhalt, der mit der Mischung gefüllt werden kann. Mit der bei der Güteprüfung festgestellten Frischbetonrohdichte ϱ_{bh} erhält man folgenden Ansatz:
2,33 kg Beton ergeben 1 dm³,
die Mischung mit m_b = 1100 kg ergibt

$$V_b = \frac{1 \cdot m_b}{\varrho_{bh}} = \frac{1 \cdot 1100}{2{,}33} = 472\,\text{dm}^3.$$

d) Auch der **Zementgehalt** wird mit Hilfe der Frischbetonrohdichte wie folgt berechnet:

In der Mischung mit $m_b = 1100$ kg sind enthalten $m_z = 150$ kg Zement.

In 1 m^3 mit $2{,}33 \cdot 1000$ kg sind enthalten

$$z = \frac{m_z \cdot \varrho_{bh} \cdot 1000}{m_b}$$

$$= \frac{150 \cdot 2{,}33 \cdot 1000}{1100} = 318\,\text{kg}.$$

Mit dem unter a) festgestellten Verdichtungsmaß $v = 1{,}09$ entspricht die Konsistenz dem angegebenen Bereich KP. Die Kornzusammensetzung liegt nach b) mindestens teilweise im brauchbaren Bereich für 0/32 mm. Nach Tabelle 5.11 müßte demnach für B 25 der Zementgehalt mindestens 340 kg/m^3 betragen.

e) Für die Berechnung der voraussichtlichen Druckfestigkeit muß zunächst der **Wasserzementwert** errechnet werden. Unter Berücksichtigung der Eigenfeuchte des Zuschlags errechnet er sich zu

$$w/z = \frac{60 + 34}{150} = 0{,}63.$$

Wenn die Eigenfeuchte des Zuschlags nicht bekannt ist, kann der Wasserzementwert aus dem Trocknungsverlust m'_w einer Frischbetonprobe m'_b berechnet werden. Mit den Werten unter a) errechnet sich der Wassergehalt der Mischung m_b zu

$$m_w = \frac{m'_w \cdot m_b}{m'_b}$$

$$= \frac{(10{,}00 - 9{,}16) \cdot 1100}{10{,}00} = 92{,}4\,\text{kg}.$$

und der Wasserzementwert zu

$$w/z = \frac{92{,}4}{150} = 0{,}62.$$

Mit $w/z = 0{,}62$ und einer mittleren Normdruckfestigkeit $N_{28} = 43$ N/mm^2 des CEM I 32,5 R wird aus dem w/z-Diagramm (Bild 5.7) eine Betondruckfestigkeit $\beta_{W28} = 33$ N/mm^2 abgelesen.

Dieser Wert liegt nur wenig über der für B 25 verlangten Serienfestigkeit von mindestens 30 N/mm^2. Um bei der laufenden Produktion noch sicherer die Festigkeitsklasse B 25 einzuhalten, muß nach DIN 1045 entweder der Zementgehalt auf mindestens 340 kg/m^3 erhöht werden oder der Gehalt an Sand 0/2 von 43% auf 35 bis 33% vor allem zugunsten der Korngruppe 8/32 mm vermindert werden. Durch jede dieser beiden Verbesserungen wird der Wasserzementwert vermindert und dadurch die Druckfestigkeit erhöht.

5.2.7 Verarbeitung des Betons

Trotz günstiger Zusammensetzung kann ein mangelhafter Beton entstehen, wenn er nicht das notwendige gleichmäßige und dichte Gefüge bekommt. Um optimale Eigenschaften zu erreichen, muß Beton auch sorgfältig verarbeitet werden.

a) An der Mischstelle muß eine **Mischanweisung** mit allen notwendigen Angaben für den Beton und mit der Zusammensetzung der Mischerfüllung angeschlagen sein. Das **Abmessen** des Zements, in der Regel auch des Zuschlags, muß nach deren Masse mit einer Genauigkeit von 3% vorgenommen werden. Auch das Zugabewasser ist mit einer Genauigkeit von 3% abzumessen; die höchstzulässige Menge richtet sich, unter Berücksichtigung der Oberflächenfeuchte des Zuschlags, bei Beton B I nach der einzuhaltenden Konsistenz, bei Beton B II nach dem festgelegten Wasserzementwert.

b) Zum **Mischen** sind geeignete Betonmischer zu verwenden. Nach Zugabe aller Stoffe muß so lange gemischt werden, bis ein gleichmäßiges Gemisch entstanden ist, in der Regel mindestens 1 min, bei besonders guter Mischwirkung mindestens ½ min lang.

Fahrzeuggemischter Transportbeton muß u. a. durch mindestens 50 Umdrehungen gemischt werden. Die vereinbarte Konsistenz muß bei Übergabe auf der Baustelle vorhanden sein. Mischen von Hand ist nur in Ausnahmefällen bis B 10 zulässig. Die Frischbetontemperatur muß in der Regel zwischen +5 und +30 °C liegen, siehe auch Abschnitt 5.2.8. Außer bei

Fließbeton nach Abschnitt 5.2.4.1 darf der Frischbeton nach Abschluß des Mischvorganges nicht mehr verändert werden.

c) Beim **Transport** des Betons zur Baustelle oder beim **Fördern** auf der Baustelle müssen Entmischungen und schädliche Witterungseinflüsse verhindert werden.

Transportbeton darf nur in güteüberwachten Werken hergestellt werden. Bei Konsistenz KP, KR oder KF muß der Beton in Fahrzeugen mit Rührwerken während des Transports bewegt oder in Mischfahrzeugen auf der Baustelle nochmals durchgemischt werden. Außerdem muß er i. a. spätestens 90 min nach der Wasserzugabe vollständig entladen sein, bei Konsistenz KS schon nach 45 min.

Auf der Baustelle wird Beton mit Transportgefäßen, Förderbändern u. a. gefördert. Wenn er durch Rohrleitungen gepumpt werden soll, muß er als **Pumpbeton** eine gute Gleitfähigkeit besitzen. Diese kann leichter erreicht werden mit Zementen mittlerer Mahlfeinheit, Zuschlag mit möglichst rundlicher Kornform und günstiger Kornzusammensetzung näher den Sieblinien B nach den Bildern 5.3 Mehlkorngehalt nicht unter den Richtwerten nach Tabelle 5.12a und Konsistenz KP oder KR oder Fließbeton KF. Am Ende der Rohrleitung soll der Beton als geschlossener Pfropfen heraustreten.

d) Der Beton ist unverzüglich einzubringen, gleichmäßig zu verteilen und zu verdichten. Auch beim **Einbringen** darf sich der Beton nicht entmischen. In hohen Schalungen ist er durch Fallrohre zusammenzuhalten, die kurz über der Auftreffstelle enden.

Die Schalung muß maßgenau, dicht, ausreichend stabil, sauber und erforderlichenfalls mit einem dünnen Film eines Trennmittels versehen sein. Holzschalung darf zuvor nicht zu lange ungeschützt Sonne und Wind ausgesetzt, d. h. ausgetrocknet sein, siehe auch Abschnitt 5.3.6a.

Für bestimmte Bauteile wird Beton nach besonderen Verfahren eingebracht. **Spritzbeton** nach DIN 18551 wird vor allem im Stollen- und Tunnelbau sowie bei Ausbesserungen und Verstärkungen angewandt. Bei Trockenspritzbeton wird das Wasser erst an der Spritzdüse zugegeben, bei Naßspritzbeton wird der Beton mit einer Pumpe oder unter Druckluft in Leitungen gefördert, aufgetragen und gleichzeitig durch den Aufprall verdichtet. Damit der für Beton nicht mehr verwertbare Rückprall nicht zu groß wird, wird der Beton wie folgt zusammengesetzt: Zuschlag mit möglichst rundlicher Kornform, Sieblinie etwa B 16 oder B 8, Konsistenz KS bis KR je nach Spritzverfahren, für ein rascheres Erstarren evtl. Zusatz von BE.

Bei **Stahlfaserspritzbeton** mit größerer Rißsicherheit bzw. für geringere Dicken werden 1 bis 2 Vol.-% Stahlfasern von rd. 0,4 mm Durchmesser und 25 bis 40 mm Länge zugegeben, siehe Abschnitt 5.7.3; wegen des Rostschutzes wird eine rd. 2 mm dicke Deckschicht ohne Fasern aufgespritzt.

Beim sogenannten **Ausgußbeton** werden die Hohlräume der «vorgepackten» Grobzuschläge von 20 bis 600 mm Durchmesser mit einem besonders fließfähigen und sich nicht entmischenden Mörtel ausgefüllt. Die Verfahren von Prepakt und Colcrete unterscheiden sich durch Zusammensetzung, Mischen und Einbringen des Mörtels. Anwendung vor allem bei dicken Bauteilen und Unterwasserbeton.

Unterwasserbeton ist als Beton mit besonderen Eigenschaften unter den Bedingungen von Beton B II herzustellen, siehe Abschnitt 5.2b. Er muß einen *w/z*-Wert $\leqq 0{,}60$, bei Zuschlag 0/32 mm einen Zementgehalt $\geqq 350$ kg/m^3 und einen ausreichenden Mehlkorngehalt besitzen; durch Zusatz von ST kann der notwendige Zusammenhalt für das Schütten unter Wasser weiter verbessert werden. Um auch ohne Verdichtung ein dichtes Gefüge zu erhalten, soll das Ausbreitmaß i. a. zwischen 45 und 50 cm liegen, oder es wird Fließbeton verwendet. Bei Wassertiefen über 1 m muß der Beton i. a. in Trichtern, Rohren oder geschlossenen Behältern eingebracht werden, die vor dem Entleeren ausreichend tief in den noch nicht erstarrten Beton eingetaucht werden.

e) Beton muß in allen Bereichen eines Bauteils ein dichtes Gefüge erhalten, vor allem längs der Bewehrung sowie in den Ecken und an der Schalung. Die Art der **Verdichtung** richtet sich nach der Konsistenz des Betons, siehe unterste Zeile in Tabelle 5.9.

Beton der Konsistenz KS, KP und KR wird zumeist durch **Rütteln** verdichtet, siehe DIN 4235, T 1 bis 5; während der Einwirkung von Schwingungen wird weicher bis steifer Zementleim flüssig, so daß die Luft aus dem Beton nach oben entweichen kann. Die Konsistenz des Betons muß auf die Wirkung des Rüttlers, abhängig von Frequenz, Schwingungsbreite und Masse, abgestimmt werden; z. B. soll beim langsamen Herausziehen des Innenrüttlers weder ein Loch im Beton zurückbleiben, noch sich Wasser absondern und der Beton entmischen. Die Wirkungsbereiche der Rüttelflasche müssen sich überall überschneiden. Um eine gute Verbindung der verschiedenen Schichten zu erhalten, muß die Rüttelflasche mindestens 10 cm in die vorhergehende, noch nicht erstarrte Schicht eingetaucht werden. Bei Oberflächenrüttlern ist die Wirkungstiefe auf 20 bis 40 cm begrenzt, je nach Rüttelenergie und Einwirkungsdauer, bei Schalungsrüttlern auch je nach Steifigkeit der Schalung.

In Betonwerken erfolgt die Verdichtung von steifem Beton KS auch auf Rüttel- und Schocktischen oder durch Pressen und Walzen, wodurch eine hohe «Grünstandfestigkeit» erreicht wird und ein sofortiges Ausschalen möglich ist.

Bei Verdichtung von steifem Beton KS durch Stampfen darf die Schichtdicke höchstens 15 cm betragen. Weicher Beton KR und Fließbeton werden durch Rüttler mit geringerer Energie und mit kürzerer Rütteldauer oder nur durch Stochern verdichtet. Vor allem bei großer Steiggeschwindigkeit beim Einbringen in hohe Schalungen kann durch eine Nachverdichtung nach ½ bis 1 Stunde das Betongefüge verbessert werden.

Nach besonderen Verfahren kann Beton auch auf andere Weise ein dichtes Gefüge erhalten. Bei **Vakuumbeton** wird einem ursprünglich plastischen bis weichen Beton nach dem Einbringen durch Saugelemente an den Schalungsflächen oder an oberen Flächen Wasser entzogen; dadurch werden der Wasserzementwert und damit die Schwindneigung deutlich vermindert, die Früh- und Endfestigkeit gesteigert und die Dichtigkeit der Oberfläche verbessert. Anwendung vor allem bei Spezialschalungen, die rasch wieder frei werden sollen, und für besonders ebene Betonböden.

Bei **Schleuderbeton** wird aus einem plastisch bis weichen Beton durch eine beabsichtigte Entmischung während des Schleuderns an der Innenfläche der Bauteile Wasser abgeführt; Anwendung bei Rohren und Masten.

Walzbeton verlangt einen steifen Beton, damit die Walzen beim Ebnen und Verdichten nicht einsinken. Durch den geringen Wasserbedarf kann der Beton mit geringer Zementmenge und niedrigem *w/z*-Wert hergestellt werden. Anwendung bei Betontragschichten und Betonböden, Walzbetonrohren.

f) In **Arbeitsfugen** muß zwischen altem und neuem Beton eine gute Verbindung entstehen. Vor dem Aufbringen der neuen Betonschicht ist der alte Beton sorgfältig von allen Verunreinigungen und wenig festen Teilen zu reinigen, mehrere Tage feucht zu halten sowie erforderlichenfalls unmittelbar vor dem Anbetonieren mit fettem Zementmörtel kräftig einzubürsten. Um sogenannte Spaltrisse (siehe Abschnitt 5.3.5d) oberhalb der Arbeitsfuge zu vermeiden, sollte der Unterschied der Temperatur des alten Betons und des durch Hydratation erwärmten neuen Betons gering gehalten werden, z. B. durch Anwärmen des alten Betons oder durch Verminderung der Frischbetontemperatur des neuen Betons, siehe Abschnitt 5.2.8d.

5.2.8 Nachbehandlung, Einflüsse von Alter und Temperatur

Nach dem Verdichten sollte der Beton durch die Hydratation des Zements innerhalb einer bestimmten Zeit die verlangten Eigenschaften bekommen. Die Bauteile dürfen erst ausgeschalt werden, wenn der Beton ausreichend erhärtet ist, wovon sich der Bauleiter überzeugen muß. In DIN 1045 finden sich je nach Zementfestigkeitsklasse und der Art der Bauteile Anhaltswerte für Ausschalfristen. Bei Betontemperaturen unter +5 °C sind diese Fristen zu verlängern; Frosttage dürfen bei ungeschütztem Beton nicht berücksichtigt werden.

a) Durch die **Nachbehandlung** muß Beton bis zu einer ausreichenden Erhärtung vor schädigenden Einflüssen, wie z. B. vorzeitigem Austrocknen, großen Temperaturänderungen, mechanischen Beanspruchungen oder chemischen Angriffen, geschützt werden. Die Nachbehandlung erfolgt durch Belassen in der Schalung, dichtes Abdecken mit Folien oder wasserhaltenden Matten, Aufspritzen von Nachbehandlungsmitteln schon auf den mattfeucht werdenden Beton oder kontinuierliches Besprühen mit Wasser.

Maßgebend für die **Nachbehandlungsdauer** sind die Zusammensetzung und die Festigkeitsentwicklung des Betons und die Umgebungsbedingungen. Bei rascher Anfangserhärtung (siehe b) und in feuchter, geschützter Umgebung kann die Nachbehandlung kürzer sein (1 bis 6 Tage), bei langsamer Anfangserhärtung und trockenem, windigem Wetter muß sie entsprechend länger sein (6 bis 10 Tage); besonders bei Bauteilen mit hohen Anforderungen an Verschleißwiderstand und Beständigkeit der Betonoberflächen sind die Nachbehandlungszeiten weiter zu verlängern.

Wenn Beton frühzeitig das für die Erhärtung notwendige Wasser verliert, werden alle Eigenschaften verschlechtert:

- Die Hydratation kommt zum Stillstand,
- der Zementstein wird porös,
- die Festigkeitsentwicklung hört auf,
- die Oberflächen sanden ab,
- das Schwinden nimmt zu,
- die Wasserundurchlässigkeit und die Frostbeständigkeit entwickeln sich nicht ausreichend,
- die Karbonatisierung erfolgt schneller und tiefer.

Bei ungeschütztem Beton können vor allem an großen freien Flächen «Schrumpf»- und Schwindrisse entstehen. Erschütterungen während des Erstarrens und der Anfangserhärtung können das Betongefüge und den Verbund zwischen Beton und Betonstahl lockern. Das Abdecken des Betons mit wärmedämmendem Material unmittelbar nach dem Verdichten verhindert ein zu rasches Abkühlen bei Frost (siehe auch c) oder schädliche Formänderungen infolge zu großer Temperaturunterschiede. Das Abspritzen von dickeren Bauteilen mit kaltem Wasser kann durch schroffe Abkühlung des Betons in den Randzonen zu Rissen führen.

b) Mit zunehmendem **Alter** verbessern sich i. a. die Betoneigenschaften. Der Verlauf der Zementhydratation und damit der Betonerhärtung hängt von der Zusammensetzung und vor allem von der **Temperatur** des Betons ab.

Eine **rasche Anfangserhärtung** und eine geringe Nacherhärtung über 28 Tage hinaus sind zu erwarten bei den Zementfestigkeitsklassen ≥42,5 R, bei kleinem Wasserzementwert und bei hoher Temperatur,

eine **langsame Anfangserhärtung** und eine große Nacherhärtung (sofern der Beton feucht gehalten ist) erfolgt bei der Zementfestigkeitsklasse 32,5, bei NW-Zementen, bei großem Wasserzementwert und bei niedriger Temperatur.

Ein bestimmter Erhärtungszustand eines Betons kann zahlenmäßig angegeben werden durch den **Reifegrad** *R*

$$R = \Sigma\, t_i \times (T_i + 10)\ [\mathrm{d} \cdot {}^\circ\mathrm{C}] \text{ oder } [\mathrm{h} \cdot {}^\circ\mathrm{C}]$$

oder durch das **«wirksame Betonalter»**

$$t = \Sigma\, t_i \times \left(\frac{T_i + 10}{30}\right) [\mathrm{d}] \text{ oder } [\mathrm{h}]$$

mit t_i ... Erhärtungszeit [d] oder [h]
T_i ... Betontemperatur [°C]
d ... Tage oder h ... Stunden.

Dabei wird angenommen, daß die Zementhydratation schon bei −10 °C beginnt. Bei gleichem Reifegrad bzw. gleichem wirksamen Betonalter haben Betone gleicher Zusammensetzung etwa gleiche Festigkeiten.

Die Betontemperatur während der Anfangserhärtung hängt vor allem auch von der **Frischbetontemperatur** beim Einbringen ab. Diese läßt sich näherungsweise nach folgender Formel vorausberechnen, wobei T_z, T_w und T_g die Temperaturen von Zement, Zugabewasser und Zuschlag sind:

$$T_{bh} \approx 0{,}1\ T_z + 0{,}2\ T_w + 0{,}7\ T_g$$

c) Bei **kühler Witterung** und bei **Frost** wird die Erhärtung verzögert. Bei Frost kann außerdem das vom Zement noch nicht gebundene Wasser gefrieren und bleibende Gefügelockerungen verursachen.

Um auch bei Lufttemperaturen von +5 bis –3 °C eine ausreichende Erhärtung zu gewährleisten, darf die Betontemperatur beim Einbringen +5 °C, bei $z < 240$ kg/m^3 oder bei NW-Zementen +10 °C, nicht unterschreiten.

Um bei Frost unter –3 °C eine ausreichende **Gefrierbeständigkeit** ($\beta_W \geqq 5$ N/mm^2) zu erreichen, darf die Betontemperatur beim Einbringen und wenigstens 3 Tage lang +10 °C nicht unterschreiten.

Eine günstige hohe Frischbetontemperatur, die jedoch +30 °C nicht überschreiten sollte, kann erreicht werden, wenn der Zuschlag trokken und abgedeckt gelagert, erforderlichenfalls aufgetaut bzw. angewärmt wird und wenn warmes Wasser zugegeben wird; Wasser von über 70 °C ist zunächst mit dem Zuschlag vorzumischen, bevor der Zement zugegeben wird. Die Wärmeverluste beim Transport und Einbringen sowie in der Schalung sind möglichst gering zu halten. Außer der Nachbehandlung nach a) zum Schutz gegen Austrocknen und Abkühlen muß in besonders ungünstigen Fällen die Baustelle noch umschlossen oder beheizt werden.

Durch rascher erhärtende Zemente, vor allem die Festigkeitsklassen ≥42,5 R, durch Erhöhung des Zementgehaltes (mind. 270 kg/m^3) bzw. Verminderung des Wasserzementwertes (höchstens 0,60) sollte vor allem bei feingliedrigen Bauteilen die Wärme- und Festigkeitsentwicklung des Betons gesteigert werden.

d) Bei **Hitze** muß verhindert werden, daß durch eine Erhöhung der Frischbetontemperatur über +30 °C das Erstarren des Betons beschleunigt und dadurch vor allem seine Verarbeitbarkeit erschwert wird. Die Frischbetontemperatur kann durch Schutz der Wasserleitung und des Zuschlags vor Hitze niedrig gehalten werden; erforderlichenfalls wird der grobe Zuschlag berieselt, wird NW-Zement verwendet oder Verzögerer VZ zugemischt. Beton ist bis zum Einbau vor Sonne und Wind zu schützen und möglichst frühzeitig nachzubehandeln, siehe a.

e) Durch eine gewollte Erhöhung der Betontemperatur ist eine **Schnellerhärtung** möglich, die vor allem in Betonwerken ein rasches Entschalen, Transportieren, Stapeln, Vorspannen oder Einbauen von Betonwaren und Fertigteilen erlaubt. Durch eine Eignungsprüfung muß festgestellt werden, wie die notwendige Frühfestigkeit sicher erreicht wird. Meist wird die Endfestigkeit vermindert.

Dies ist vor allem bei zu schroffer Wärmebehandlung der Fall, die auch ein poröses Gefüge, Risse und Oberflächemängel verursachen kann. Für die Schnellerhärtung werden verschiedene Verfahren angewandt:

Ohne zusätzliche Wärme: Der Beton wird mit CEM I ≥42,5 R und kleinem *w/z* hergestellt; durch wärmeisolierende Schalungen und Abdeckungen wird die eigene Wärmeentwicklung des Betons ausgenützt.

Zusätzliche Wärme während der Herstellung: Durch Zugabe von heißem Wasser und heißen Zuschlägen oder durch Zumischen von erhitztem Dampf wird warmer Beton von 40 bis 60 °C hergestellt, siehe das «Merkblatt für die Anwendung des Betonmischens mit Dampfzuführung». Dieser Beton muß besonders rasch verarbeitet und vor Wasser- und Wärmeverlust geschützt werden.

Zusätzliche Wärme nach der Herstellung = Wärmebehandlung: Bei größeren Bauteilen wird die Schalung beheizt; kleinere Betonwaren und Bauteile werden in Kammern oder unter Hauben unmittelbar mit Dampf, angefeuchteter Heißluft, Infrarotstrahlen oder elektrisch erwärmt. Wichtig ist ein geregelter Ablauf durch Vorlagern, Erwärmen, Verweilen bei der Höchsttemperatur und Abkühlen und Schutz vor Austrocknen während und nach der Wärmebehandlung.

Dampfdruckhärtung: Beton mit Quarzmehlzusatz wird in Autoklaven bei 170 bis 200 °C (rd. 8 bis 12 bar) gehärtet, wobei das Kalkhydrat des Zements und das Quarzmehl sich zum hochfesten Calciumsilikathydrat verbinden, siehe Abschnitte 5.1.2.1d und 5.1.1.1a. Der Beton kann dadurch Druckfestigkeiten bis über 100 N/mm^2 erreichen und schwindet kaum mehr; Betonstähle benötigen jedoch einen besonderen Korrosionsschutz, weil das Kalkhydrat chemisch gebunden ist und der Beton deshalb nicht mehr ausreichend alkalisch ist.

5.3 Eigenschaften des erhärteten Normalbetons

Außer der allgemein verlangten und für die Einteilung in Festigkeitsklassen nach Tabelle 5.7 maßgebenden Druckfestigkeit und dem für Stahlbeton wichtigen Korrosionsschutz der Bewehrung (siehe Abschnitt 5.3.7) sind nach DIN 1045 auch besondere Eigenschaften für die Anwendung des Betons von Bedeutung. Dies sind Wasserundurchlässigkeit, hoher Widerstand gegen Verschleiß, Frost, Tausalze, chemische Angriffe und Hitze (siehe Abschnitte 5.3.2 bis 5.3.4) oder noch weitergehende Eigenschaften. Grundsätzlich muß Festbeton ein gleichmäßiges und geschlossenes Gefüge besitzen. Je nach der verlangten Eigenschaft müssen darüber hinaus Besonderheiten bei der Zusammensetzung und Verarbeitung beachtet werden. Bei **Straßenbeton** z. B. müssen hohe Anforderungen hinsichtlich der Druck- und Biegezugfestigkeit sowie des Widerstands gegen Verschleiß, Frost und Tausalze erfüllt werden; gute Griffigkeit und Ebenheit der Fahrbahndecken müssen auch bei hoher mechanischer und Witterungsbeanspruchung erhalten bleiben.

Festbetonprüfungen sind durchzuführen bei den in Abschnitt 5.2c genannten **Eignungsprüfungen,** die auch für Beton B I bei Verwendung von Ausfallkörnungen, Betonzusatzmitteln u. a. verlangt werden, sowie bei den **Güteprüfungen.** Bei den letzteren sind für Beton B II u. a. doppelt soviel Würfelprüfungen vorgeschrieben wie für Beton B I. Wenn wegen der Ausschalfristen, der Gefrierbeständigkeit oder der Schnellerhärtung nach Abschnitt 5.2.8 oder wegen des Vorspannens die Betonfestigkeit eines Bauteils zu einem bestimmten Zeitpunkt bekannt sein muß, sind außerdem **Erhärtungsprüfungen** durchzuführen. Je nach Prüfungsart sind bestimmte Probekörper herzustellen und in unterschiedlicher Weise zu lagern, siehe Tabelle 5.13.

Tabelle 5.13 Probekörper für Betonprüfungen und ihre Lagerung

Eigenschaft	Probekörper[1] (Maße in mm)	Lagerung
Eignungs- und Güteprüfungen:		Temperatur 15 bis 22 °C
Druckfestigkeit	Würfel a = 100, 150, 200, 300 Zylinder ∅ 100/200 ∅ 150/300 ∅ 200/400	7 Tage feucht, dann i. d. R. weitere 21 Tage an Luft
Biegezugfestigkeit	Balken 100 × 150 × 700[2] 150 × 150 × 700 200 × 200 × 900	dauernd unter Wasser
Wasserundurchlässigkeit	Platten 200 × 200 × 120 Würfel 200 × 200 × 200 Zylinder ∅ 150/> 120	dauernd unter Wasser
Erhärtungsprüfungen:		
Festigkeiten	siehe oben	Temperatur und Behandlung wie beim Bauwerk

1) Regelprobekörper unterstrichen, kleinste Probenabmessung ≥ 4× Größtkorn

2) im Straßenbau.

5.3.1 Festigkeiten

Die verschiedenen Einflüsse auf den Festigkeitsverlauf wurden vor allem in Abschnitt 5.2.8b aufgezeigt.

a) Die **Druckfestigkeit** des Betons ist vor allem vom Wasserzementwert des Frischbetons und von der Normdruckfestigkeit des Zements abhängig, siehe Abschnitt 5.2.5a und Bild 5.7. Bei gleichem *w/z* und gleicher Zementnormdruckfestigkeit fällt die Druckfestigkeit bei besonders grobkörnigen Zuschlaggemischen wegen der größeren Inhomogenität meist geringer aus als bei mittelkörnigen Zuschlaggemischen. Eine hohe Druckfestigkeit läßt sich, gute Verdichtung und Feuchthaltung vorausgesetzt, leichter erreichen mit Kies oder Splitt hoher Eigenfestigkeit als Grobzuschlag sowie mit rauherer Oberfläche bzw. eckiger Kornform; damit entsteht ein besserer innerer Verbund.

Hochfester Beton B65 bis B115 (siehe 5.2a) wird erreicht mit speziellen Rezepturen und Zusatz von Silica-Staub, siehe Abschnitt 5.2.4.2. Er darf als Ortbeton nur mit Konsistenz KF oder KR verarbeitet werden.

Bei gleichem Hydratationszustand des Zements ist die Druckfestigkeit von feuchtem Beton, vor allem wegen der geringeren Reibung beim Bruch, etwas geringer als bei lufttrockenem Beton.

Die **Festigkeitsklassen** nach Abschnitt 5.2a und Tabelle 5.7 beziehen sich auf 200-mm-Würfel nach Normlagerung. Bei anderen Probekörpern sind die Ergebnisse auf den 200-mm-Würfel umzurechnen, z. B.

- $\beta_{W200} = 0{,}95 \cdot \beta_{W150}$ (150-mm-Würfel),
- $\beta_{W200} = 1{,}25 \cdot \beta_c$ (bei ≤B 15) } (Zylinder
- $\beta_{W200} = 1{,}18 \cdot \beta_c$ (bei ≥B 25) } 150/300 mm)

Bei der **Eignungsprüfung** muß der Mittelwert der Druckfestigkeit von 3 Würfeln die Serienfestigkeit β_{WS} um ein Vorhaltemaß überschreiten. Dieses soll bei B 5 mindestens 3 N/mm², bei B 10 bis B 25 mindestens 5 N/mm² betragen bzw. ist bei den höheren Festigkeitsklassen von B II ggf. nach dem Streubereich der Baustelle zu wählen.

Bei der **Güteprüfung** muß die mittlere Druckfestigkeit jeder Serie von 3 aufeinanderfolgenden Würfeln mindestens der Serienfestigkeit β_{WS} in Tabelle 5.7 und die Druckfestigkeit jedes einzelnen Würfels mindestens der Nennfestigkeit β_{WN} entsprechen. Erst bei 9 aufeinanderfolgenden Würfeln darf die Druckfestigkeit eines Würfels bis zu 20% unter β_{WN} liegen.

Beispiel A: Verlangt wird B 25.
Bei der Güteprüfung im Alter von 28 Tagen waren die **Einzelwerte** 26,4, 30,6 und 30,0 N/mm², also stets größer als β_{WN} = 25 N/mm². Der **Mittelwert** errechnet sich zu 29,0 N/mm² und ist demnach kleiner als die geforderte Serienfestigkeit von β_{WS} ≥30 N/mm². Die verlangte Festigkeitsklasse liegt also nicht vor.

Beispiel B: Verlangt wird B 35.
Die Güteprüfung im Alter von 28 Tagen ergab folgende Druckfestigkeiten:

Einzelwerte	Mittelwerte (N/mm²)
1. 37,5	
2. 43,8	(1.…3.) 41,1
3. 42,0	(2.…4.) 44,7
4. 48,3	(3.…5.) 44,5
5. 43,2	(4.…6.) 41,0
6. 31,5	(5.…7.) 40,3
7. 46,2	(6.…8.) 40,1
8. 42,6	(7.…9.) 41,6
9. 36,0	

Nur der 6. Einzelwert lag unter β_{WN} = 35 N/mm²; jedoch war die Abweichung kleiner als 20%. Alle möglichen Mittelwerte von 3 aufeinanderfolgenden Würfeln erreichten β_{WS} ≧40 N/mm². Die Bedingungen für die verlangte Festigkeitsklasse wurden demnach erfüllt.

Beispiel C: In Abschnitt 1.5.2b wurden die Ergebnisse einer Güteprüfung von 40 Würfeln aus der gleichen Betonsorte **statistisch** ausgewertet; rechnerisch fanden sich die mittlere Festigkeit β_{WM} = 34,4 N/mm² und die 5%-Fraktile $\beta_{5\%}$ = 28,8 N/mm². Diese Betonproduktion entsprach also der Bedingung für B 25 nach Tabelle 5.7, nämlich β_{WN} ≥25 N/mm².

Wird aus bestimmten Gründen schon im Alter von 7 Tagen die Würfeldruckfestigkeit β_{W7} festgestellt, so kann, wenn andere Verhältniswerte nicht bekannt sind, die maßgebende Würfeldruckfestigkeit β_{W28} wie folgt umgerechnet werden:

Zementfestigkeitsklasse	β_{W28}
32,5	1,3 β_{W7}
32,5 R; 42,5	1,2 β_{W7}
42,5 R; 52,5; 52,5 R	1,1 β_{W7}

Bei fehlenden oder ungenügenden Güteprüfungen sowie bei Kontrollprüfungen von Betonfahrbahnen werden aus den erhärteten Bauteilen meist **Bohrkerne** mit Hilfe von Kernbohrmaschinen entnommen. Die Druckfestigkeit von Zylindern mit Durchmesser = Höhe von jeweils 100 oder 150 mm kann etwa der maßgebenden Druckfestigkeit von 200-mm-Würfeln gleichgesetzt werden. Bei davon abweichenden Durchmessern und Höhen muß die Zylinderdruckfestigkeit umgerechnet werden. Für die Durchführung und Auswertung der Druckfestigkeitsprüfungen des Betons von erhärteten Bauteilen sind DIN 1048 T 2 bzw. ZTV Beton zu beachten. Nach DIN 1048 T 2 können an den Bauteilen, i. a. nur als Ergänzung zu den zerstörenden Bohrkernprüfungen, auch **zerstörungsfreie Prüfungen** mit dem Rückprall- oder dem Kugelschlaghammer vorgenommen werden, siehe auch Abschnitt 1.4.4.4e.

b) Auf eine hohe **Biegezugfestigkeit** wird vor allem bei Betonfahrbahnen, bei wasserdichten Bauteilen, bei Betonwaren und bei unbewehrten Fertigteilen (siehe Abschnitt 5.7.2) Wert gelegt, auf eine hohe **Zugfestigkeit** vor allem bei Behältern. Für Betonfahrbahnen wird je nach Bauklasse I bis V im Alter von 28 Tagen eine Biegezugfestigkeit von mindestens 5,5 bis 4,0 N/mm² verlangt.

Günstige Werte der Biegezugfestigkeit und der Zugfestigkeit können erreicht werden, wenn nicht nur der Zementstein eine hohe Festigkeit hat (abhängig von *w/z*-Wert und Zementfestigkeit), sondern auch die gröberen Zuschlagkörner eine hohe Eigenfestigkeit, eine saubere und etwas rauhe Oberfläche sowie eine gute Verzahnung aufweisen. Zur Verminderung von Schwindzugspannungen muß der Beton möglichst lange nachbehandelt werden.

Glatte und rundliche Grobzuschläge wirken sich nachteilig aus auf den inneren Verbund, besonders grobkörnige Zuschlaggemische auch auf die Homogenität des Betongefüges. Beim Austrocknen von feuchtem Beton kann sich wegen der Schwindzugspannungen in den Randzonen die Biegezugfestigkeit vorübergehend um 1 bis 3 N/mm² vermindern, siehe auch Abschnitt 5.3.5c.

Die Prüfung der Zug-, Spaltzug- und Biegefestigkeit ist in den Abschnitten 1.4.4.2 und 1.4.4.3 beschrieben.

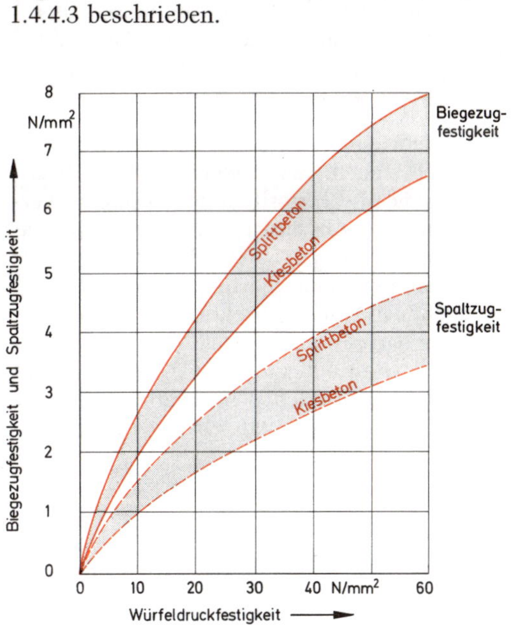

Bild 5.8 Beziehungen zwischen der Würfeldruckfestigkeit und der Biegezug- und Spaltzugfestigkeit von Normalbeton

Bei bekannter Druckfestigkeit lassen sich die Betonzugfestigkeiten durch die empirische Formel abschätzen:

$\beta_z \approx c \cdot \beta_w{}^{2/3}$ [N/mm²]

mit $c = 0{,}25(\pm 0{,}08)$ für zentrischen Zug,
$c = 0{,}27(\pm 0{,}05)$ für Spaltzug (Bild 1.4),
$c = 0{,}45(\pm 0{,}10)$ für Biegezug (Bild 1.5, re.),
$c = 0{,}50(\pm 0{,}10)$ für Biegezug (Bild 1.5, li.).

Aus Bild 5.8 geht hervor, daß mit zunehmender Druckfestigkeit das Verhältnis von Biegezug- bzw. Spaltzugfestigkeit zur Druckfestigkeit kleiner wird, wobei sich i. a. Splittbeton besser verhält als Kiesbeton. Wesentlich höhere Biegezug- und Zugfestigkeiten erhält man mit Faserbeton, siehe Abschnitt 5.7.3.

5.3.2 Verschleißwiderstand

Bei starker mechanischer Beanspruchung durch Schleifen und Schläge oder durch Feststoffe führendes Wasser muß die Betonoberfläche eine besonders hochwertige Beschaffenheit besitzen; sie muß daher überwiegend aus harten, in der Tiefe fest verankerten Zuschlagkörner bestehen.

Außerdem sollte der Sand überwiegend aus Quarz bestehen. Bei besonders hoher Beanspruchung sind künstliche Hartstoffe zu verwenden, siehe Abschnitt 5.6.5b. Weitere Angaben und Forderungen siehe Tabelle 5.14. Der Zuschlag sollte eine gedrungene Kornform besitzen und möglichst grobkörnig sein. Um eine weniger harte Feinmörtelschicht an der Oberfläche zu verhindern, muß der Zement- und Mehlkorngehalt nach oben begrenzt und der Beton möglichst steif eingebaut werden.

5.3.3 Wasserundurchlässigkeit

Wasserundurchlässiger Beton für Bauteile mit einer Dicke von 10 bis 40 cm wird dadurch definiert, daß am Ende der Wasserdruckprüfung die größte **Wassereindringtiefe** max. *e* im Mittel höchstens 50 mm beträgt. Bei der Prüfung von 3 Platten nach Tabelle 5.13 im Alter von 4 Wochen wird ein Wasserdruck von 0,5 N/mm² (≙ 50 m Wassersäule) 3 Tage lang aufgebracht; die Platten werden anschließend mittig gespalten und die max. Eindringtiefe des Druckwassers gemessen.

Nach Tabelle 5.14 kann wasserundurchlässiger Beton als B I mit entsprechend hohem Mindestzementgehalt und günstiger Sieblinie des Zuschlags oder als B II mit einem höchstzulässigen Wasserzementwert hergestellt werden; bei massigen Bauteilen mit einer Dicke *d* von über 40 cm wird auch zur Verringerung der Wärmeentwicklung (siehe Abschnitt 5.3.5d) ein größerer Wasserzementwert zugelassen. Um überall ein möglichst wasserdichtes Gefüge zu erhalten, sollten der Mehlkorn- und Feinstsandgehalt etwa die Richtwerte nach Tabelle 5.12a erreichen. Der Beton soll sich gut verarbeiten lassen und möglichst lang feuchtgehalten werden. Selbstverständlich dürfen auch die Bauteile selbst nur die für die Wasserundurchlässigkeit unschädlichen Risse aufweisen, und die notwendigen Fugen müssen wasserdicht sein.

Öldichtigkeit setzt ein noch dichteres Betongefüge voraus als Wasserundurchlässigkeit.

5.3.4 Beständigkeit

Normalbeton wird überwiegend für Konstruktionen im Freien und im Tiefbau angewandt, weil von ihm i. a. ohne zusätzlichen Schutz eine hohe Beständigkeit erwartet wird. Voraussetzung für die Raumbeständigkeit des Betons sind die Verwendung von raumbeständigen Bindemitteln und nichttreibendem Zuschlag (siehe Abschnitte 5.1.2.2g und 5.2.2.1b) sowie eine nicht rostende Bewehrung (siehe

Tabelle 5.14 Normalbeton mit besonderen Eigenschaften, Herstellung und Anforderungen

Besondere Eigenschaft	Betongruppe	Zementgehalt z [kg/m³] oder Wasserzementwert w/z	Zuschlag: Sieblinienbereich	Zuschlag: Beschaffenheit[1]	Zusatzmittel	Mehlkorngehalt[4]	Konsistenz	Nachbehandlung	Anforderungen an den Festbeton
Hoher Verschleißwiderstand	B II	$z \leq 350$ (bei 0/32 mm)	nahe A oder B/U	besonders hart, evtl. Hartstoffe	–	≤ Höchstwerte	KS (bis KP)	möglichst lange (verdoppeln)[5]	≥B 35
Wasserundurchlässigkeit	B I	$z \geq 350$ $z \geq 370$	A/B 32 A/B 16	geringe Wasseraufnahme	(evtl. DM)	≥ Richtwerte	KP bis KR, Fließbeton	möglichst lange	Wassereindringtiefe max. $e \leq 50$ mm
	B II	$w/z \leq 0{,}60$[2] ($d \leq 40$ cm)	–						
		$w/z \leq 0{,}70$[2] ($d > 40$ cm)	–						
Hoher Frostwiderstand	B I	$z \geq 350$ $z \geq 370$	A/B 32 A/B 16	eF	– –	≤ Höchstwerte	KS bis KR, Fließbeton	mind. 1 Woche	Wassereindringtiefe max. $e \leq 50$ mm
	B II	$w/z \leq 0{,}60$[2]	–		–				
		$w/z \leq 0{,}70$[2]	–		LP[3]				
Hoher Frost- und Tausalzwiderstand	B II	$w/z \leq 0{,}50$[2]	–	eFT	LP[3]				
Hoher Widerstand gegen schwache chemische Angriffe	B I	$z \geq 350$ $z \geq 370$	A/B 32 A/B 16	– –	– –	~ Richtwerte	KP bis KR, Fließbeton	möglichst lange	Wassereindringtiefe max. $e \leq 50$ mm
	B II	$w/z \leq 0{,}60$[2]	–	–	–				
starke	B II	$w/z \leq 0{,}50$[2]	–	–	–				max. $e \leq 30$ mm
sehr starke chemische Angriffe	B II	$w/z \leq 0{,}50$[2]	–	–	–				max. $e \leq 30$ mm + Schutzschichten
Beton für hohe Gebrauchstemperaturen	B II	–	–	geringe Wärmedehnung	–	–	–	≥ 7 Tage, dann langsam austrocknen	–

[1]) siehe 5.2.2.1.
[2]) Wegen der Streuung der Baustellenmischungen ist bei der Bauausführung der Wasserzementwert um 0,05 bis 0,03 niedriger einzustellen.
[3]) für einen Luftgehalt nach Tabelle 5.15.
[4]) siehe 5.2.5d., Richtwerte nach Tab. 5.12a, Höchstwerte nach 5.12b.
[5]) Verdoppeln der Mindestnachbehandlungsdauer nach der «Richtlinie zur Nachbehandlung von Beton».

Abschnitt 5.3.7). Gegenüber bestimmten äußeren Einwirkungen muß der Beton besonders zusammengesetzt werden und z. T. besondere Festbetoneigenschaften besitzen.

a) Ein **hoher Widerstand gegen Frost** wird verlangt, wenn Beton im durchfeuchteten Zustand häufig gefriert. Voraussetzung dafür ist ein Beton aus frostbeständigem Zuschlag eF (siehe Abschnitt 5.2.2.1) und einem wenig wasseraufnahmefähigen, dichten Mörtel.

Nach Tabelle 5.14 werden daher hinsichtlich des Zementgehalts oder Wasserzementwerts die gleichen Bedingungen gestellt wie für wasserundurchlässigen Beton. Lediglich bei massigen Bauteilen mit höherem $w/z > 0{,}60$ bis 0,70 muß durch Luftporenbildner LP nach Abschnitt 5.2.4.1 und Tabelle 5.10 der Frostwiderstand des Mörtels verbessert werden. Durch den LP-Zusatz muß je nach Größtkorn des Zuschlags im Frischbeton ein Luftgehalt nach Tabelle 5.15 erreicht werden. Ein hoher Mehlkorngehalt wirkt sich nachteilig auf den Frostwiderstand aus, siehe Abschnitt 5.2.5d, und muß deshalb nach Tabelle 5.12b begrenzt bleiben.

Tabelle 5.15 Luftgehalt im Frischbeton

Zuschlaggemisch mm	Mittlerer Luftgehalt Vol.-%	
0/8	≥5,5	Einzelwerte um max. 0,5 Vol.-% weniger
0/16	≥4,5	
0/32	≥4,0	
0/63	≥3,5	

b) Wenn Eis auf Beton mit Taumitteln aufgetaut wird, kommt es im Beton zu einer besonders schroffen Frostbeanspruchung, siehe Abschnitt 1.4.7.2c. **Für hohen Frost- und Tausalzwiderstand** muß daher $w/z \leq 0{,}50$ sein, Zuschlag eFT verwendet werden sowie durch LP-Zusatz im Frischbeton der Luftgehalt nach Tabelle 5.15 eingehalten werden.

Bei sehr starkem Frost- und Tausalzangriff sind Portlandzement (CEM I), Portlandhüttenzement (CEM II/S) oder Portlandölschieferzement (CEM II/T) jeweils ≥32,5 R oder Hochofenzement (CEM III 42,5) zu verwenden. Wegen des Mehlkorngehaltes siehe a) und Tabelle 5.14. Beim Bau von Betonfahrbahndekken ist der Luftgehalt für den Oberbeton stündlich zu überprüfen.

c) Ein **hoher Widerstand gegen chemische Angriffe** wird von Beton gefordert, der betonangreifenden Flüssigkeiten, Böden und Dämpfen ausgesetzt ist. Die Calciumverbindungen des Zementsteins können durch folgende Stoffe zerstört werden:

Einen überwiegend **lösenden Angriff** üben Säuren aus, die u. a. in Abwässern, Moorwässern und in landwirtschaftlichen Betrieben oder als kalklösende Kohlensäure in weichen Quellwässern aus kalkarmen Gebirgen vorkommen können, ebenso Schwefelwasserstoff, Magnesium- und Ammonium-Ionen, sowie organische Öle und Fette.

Ein **treibender Angriff** wird u. a. durch Sulfate verursacht, die vor allem im Grundwasser aus sulfathaltigen Gebirgen enthalten sind.

Je nach dem pH-Wert der Säuren bzw. je nach Gehalt an aggressiven Stoffen wird nach DIN 4030 in

- schwachen Angriff,
- starken Angriff und
- sehr starken Angriff

unterschieden; siehe Tabelle 5.16.

Dabei sind auch mögliche Kombinationen von verschiedenen Stoffen, die Temperatur und die Höhe des Wasserdrucks zu berücksichtigen. Wasserwechselzonen sind besonders gefährdet.

Die erforderlichen betontechnologischen Maßnahmen sind in DIN 1045 angegeben, siehe Tabelle 5.14.

Tabelle 5.16 Angriffsgrade von Wässern nach DIN 4030

Untersuchung	Angriffsgrade[1]) schwach angreifend	stark angreifend	sehr stark angreifend
pH-Wert	6,5 ··· 5,5	5,5 ··· 4,5	< 4,5
kalklösende Kohlensäure (CO_2) in mg/Liter, bestimmt mit dem Marmorversuch nach Heyer	15 ··· 40	40 ··· 100	> 100
Ammonium (NH_4^+) in mg/Liter	15 ··· 30	30 ··· 60	> 60
Magnesium (Mg^{2+}) in mg/Liter	300 ··· 1000	1000 ··· 3000	> 3000
Sulfat (SO_4^{2-}) in mg/Liter	200 ··· 600	600 ··· 3000	> 3000

[1]) Für die Beurteilung des Wassers ist der aus der Tabelle entnommene Angriffsgrad maßgebend, auch wenn er nur von einem der Werte der Tabelle erreicht wird. Liegen 2 oder mehr Werte im oberen Viertel eines Bereiches (bei pH im unteren Viertel), so erhöht sich der Angriffsgrad um eine Stufe. Diese Erhöhung gilt nicht für Meerwasser.

Für Beton in Wasser mit einem Sulfatgehalt von über 600 mg/dm^3 oder in Böden von über 3000 mg/kg muß ein **HS-Zement** verwendet werden, siehe Abschnitt 5.1.2.2h. Wie bei wasserundurchlässigem Beton, der noch für schwachen chemischen Angriff ausreicht, muß ein dichter und damit beständigerer Zementstein angestrebt und der Beton besonders gut verdichtet werden.

Bei starkem Angriff darf der Wasserzementwert 0,50 und die größte Wassereindringtiefe bei der Wasserdruckprüfung (siehe Abschnitt 5.3.3) 30 mm nicht überschreiten. Da bei sehr starkem Angriff immer mit einer Betonzerstörung gerechnet werden muß, ist Beton darüber hinaus zu schützen durch besondere Schutzschichten, i. a. Anstrichstoffe auf bituminöser oder Kunststoff-Basis.

Mineralöle zersetzen den Beton nicht, führen jedoch durch Herabsetzung der inneren Reibung zu einer geringeren Betonfestigkeit.

d) Beton, der **höheren Gebrauchstemperaturen** bis 250 °C ausgesetzt ist, kann durch Temperaturunterschiede und durch großes Schwinden rissig und damit unbrauchbar werden. Für einen ausreichenden Hitzewiderstand bis 250 °C ist daher Zuschlag mit möglichst kleiner Wärmedehnung zu verwenden, z. B. bestimmte Kalksteine und Hochofenschlacke, siehe Abschnitt 5.3.5d. Zur Verminderung der Schwindrißgefahr ist durch eine ausreichende Nachbehandlung zunächst eine hohe Zugfestigkeit anzustreben und dann durch langsames erstmaliges Erhitzen ein schroffes Schwinden zu verhindern. Bei häufigen Temperaturwechseln muß der Beton durch feuerfestes Mauerwerk, Wärmedämmschichten u. a. besonders geschützt werden.

Bei Temperaturen über 250 °C bis rd. 1150 °C ist der Beton als **Feuerbeton** aus Normzementen oder Tonerdeschmelzzement und feuerfestem Zuschlag (Schamotte u. a.) herzustellen; bei CEM I sind außerdem keramische Betonzusatzstoffe notwendig. Beim Erhitzen geht die hydraulische Bindung des Zementsteins in eine keramische über. Auch Feuerbeton darf nur langsam erhitzt werden.

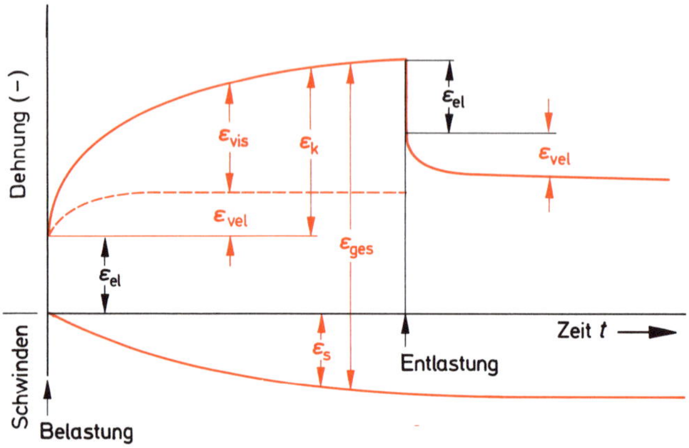

Bild 5.9
Anteile der verschiedenartigen Längenänderungen von Beton bei Langzeitbelastung [2]

5.3.5 Formänderungen

Bei Beton sind alle Arten und Ursachen von Formänderungen nach Abschnitt 1.4.6 von Bedeutung. Sie überlagern sich oft und können dann zu unzulässigen Verformungen und Schäden führen.

a) Der **Elastizitätsmodul** von Normalbeton wird in DIN 1045 je nach Festigkeitsklasse B 10 bis B 55 für durchschnittliche Zusammensetzung als Rechenwert mit E = 22 000 bis 39 000 N/mm^2, für hochfeste Betone B65 bis B115 mit E = 41 000 bis 45 000 N/mm^2 angegeben. Der E-Modul ist jedoch nicht nur von der Festigkeitsklasse des Betons und damit vom Wasserzementwert abhängig, sondern auch vom Volumenanteil von Zementstein und Zuschlag und besonders von der Zuschlagsart. Bei weniger dichtem Zuschlag und besonders hohem Zementgehalt ist eine Verminderung, bei besonders dichtem Zuschlag und bei feuchtem Beton eine Vergrößerung der angegebenen Werte bis um 50% möglich. Bild 1.9 zeigt die für Beton typische Beziehung zwischen Druckspannung und Dehnung.

b) Die Formänderungen ε_k des Betons infolge Kriechens werden durch das **Kriechen** des Zementsteins verursacht, siehe Abschnitt 5.1.2.2f. Sie betragen meist ein Mehrfaches der elastischen Werte ε_{el} beim Aufbringen der Kraft oder des Schwindens ε_s, siehe Bild 5.9. Im Gegensatz zum plastisch-viskosen Anteil ε_{vis} des Kriechens geht der verzögert-elastische Anteil ε_{vel} einige Zeit nach der Entlastung wieder zurück, siehe auch Abschnitt 1.4.6.1c sowie Bild 1.10 oben.

Nach DIN 4227 werden die Rechenwerte für die Kriechzahl $\varphi = \varepsilon_k/\varepsilon_{el}$ durch folgende Faktoren beeinflußt:

Kriechzahl φ wird	kleiner	größer
Zement	frühhochfest	langsam erhärtend
Konsistenz	KS	KR
Betonalter[1])	hoch	gering
Reifegrad R[2])	groß	klein
Bauteilquerschnitt	groß	klein
Lage des Bauteils	unter Wasser oder in feuchter Luft	in trockener Luft

[1]) Bei Belastungsbeginn
[2]) Reifegrad siehe Abschnitt 5.2.8b.

c) Das **Schwinden** von Beton beim Austrocknen wird durch die Volumenverminderung des Zementsteins verursacht, siehe Abschnitt 5.1.2.2f.

Aus Bild 5.10 ist ersichtlich, daß das Schwinden vor allem mit größerem Wassergehalt des Frischbetons zunimmt, also bei feinkörniger Kornzusammensetzung des Zuschlags und bei weicher Konsistenz. Es fällt auch größer aus bei feiner gemahlenem Zement und weniger dichtem Zuschlag sowie bei kleinerem Bauteilquerschnitt und insbesondere bei frühzeitigem und starkem Austrocknen.

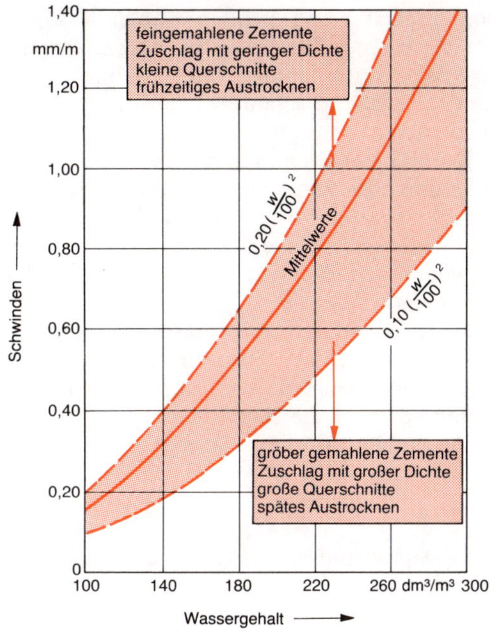

Bild 5.10 Schwinden von Normalbeton

Das Quellen von Beton, verursacht durch Wasseraufnahme des Zementsteins, kann i. a. vernachlässigt werden.

Wenn Bauteile vom Rand her zu früh austrocknen, können dort die Schwindzugspannungen wegen der noch geringen Zugfestigkeit des Betons Schwindrisse verursachen. Der Nachbehandlung nach Abschnitt 5.2.8a kommt also besondere Bedeutung zu. Bild 5.9 zeigt die Überlagerung von Formänderungen infolge von Kriechen (ε_k) und Schwinden (ε_s). Bei Betonwaren und Fertigteilen ist je nach Feuchtigkeit und Alter des Betons beim Einbau das Nachschwinden deutlich geringer als das Schwinden von Ortbeton.

d) Bei Bauteilen von größerer Dicke, größerer Fläche bzw. Länge oder bei Beton für höhere Gebrauchstemperaturen müssen die **Formänderungen infolge von Temperaturänderungen** berücksichtigt werden, siehe Bild 1.11. Nach DIN 1045 ist für Normalbeton, wie auch für die Stahleinlagen, $\alpha_T = 0{,}01$ mm/m · K anzunehmen. Dieser Wert gilt für kieselsäurehaltigen Zuschlag; mit Kalkstein-Zuschlag beträgt z. B. α_T nur 0,007 mm/m · K.

In dickeren Bauteilen kommt es während der Erhärtung wegen der Hydratationswärme des Zements (siehe Abschnitt 5.1.2.2e) zu einer mehr oder weniger großen Temperaturerhöhung und damit zu einer Volumenzunahme des Baukörpers. Bei einem zu großen Temperaturunterschied zwischen dem Kern des Bauteils und den rascher abkühlenden Randzonen entstehen in den letzteren sogenannte Schalen- oder Oberflächenrisse. Bei zu großem Temperaturunterschied zwischen einem alten und einem mit Verbund anbetonierten neuen Beton entstehen im letzteren beim Abkühlen Spaltrisse, siehe Abschnitt 5.2.7f.

Um die Temperaturerhöhung des Betons zu verringern, sollten bei **Massenbeton** insbesondere NW-Zemente nach Abschnitt 5.1.2.2e verwendet und der Zementgehalt möglichst gering gehalten werden.

Damit der für andere Eigenschaften notwendige Wasserzementwert nicht überschritten wird, wird vielfach ein Zuschlaggemisch mit einer Sieblinie zwischen A 63 und B 63 mit geringem Wasseranspruch verwendet. Durch Zugabe von VZ kann die Wärmeentwicklung zeitlich hinausgeschoben bzw. mit Traß, Flugasche u.ä. (statt eines Zementanteils, siehe Tabelle 5.10) gesenkt werden. Die Frischbetontemperatur sollte durch Kühlen des Zuschlags und des Zugabewassers oder erforderlichenfalls durch Zugabe von Eisschnee (statt eines Zugabewasseranteils) gering gehalten werden.

Durch Betonieren in kleineren Abschnitten oder durch im Beton verlegte Kühlrohre kann der Temperaturanstieg im erhärtenden Beton weiter vermindert werden. Zur Verhütung von Schalenrissen ist erst zu entschalen, wenn der Temperaturunterschied zwischen dem Kern und der Außenluft ≤20 K beträgt. Damit in den Randzonen zu den Temperaturspannungen nur geringe Schwindzugspannungen hinzukommen, sind die Bauteile noch möglichst lange durch Abdecken vor dem Austrocknen zu schützen, siehe Abschnitt 5.2.8a.

5.3.6 Sichtbeton

Sichtbeton als gestaltendes Element soll ein in der Planung vorgegebenes Aussehen haben. Wenn der Auftraggeber statt einer nur schalungsrohen Betonfläche eine besonders gestaltete Oberfläche wünscht, so muß er dies nach DIN 18331 in der Leistungsbeschreibung eindeutig angeben. Hinweise über Sichtbeton finden sich in den Merkblättern für die Ausschreibung, Herstellung und Abnahme von Beton mit gestalteten Ansichtsflächen bzw. für Sichtbetonflächen von Fertigteilen aus Beton und Stahlbeton.

a) Bei **Sichtbeton ohne spätere Bearbeitung** hängt die Farbe nicht nur von der Zementfarbe oder dem Zusatz von Farben (siehe 5.2.4.2) ab. Eine dunklere Farbe ergibt sich z. B. auch durch einen geringen Wasserzementwert, eine saugende Schalung und eine längere Nachbehandlung. Um vor allem eine gleiche Farbtönung, die erwartete geschlossene Oberfläche und fehlerfreie Kanten zu erhalten, muß auf folgendes geachtet werden:

- stets gleiche Mischungen,
- $w/z \leq 0{,}55$ bzw. $z \geq 300\,kg/m^3$,
- sauberer Zuschlag nahe der Sieblinie B,
- hoher Mehlkorngehalt nach Tabelle 5.12a,
- Konsistenz KP bis KR,
- gleichmäßiges Einbringen,
- vollständige Verdichtung,
- ausreichende Betondeckung des Betonstahls.

Sichtbeton entsteht als Spiegelbild der Schalung; ihr ist also besondere Sorgfalt zu widmen, siehe Abschnitt 5.2.7d. Sie muß in allen Teilen gleichmäßig beschaffen und mit Trennmittel behandelt sowie dicht sein.

Da durch unterschiedliche Einwirkungen von Niederschlags-, Nachbehandlungs- oder Tauwasser, z. B. unter Abdeckfolien, Verfärbungen auftreten (siehe b), muß auch auf ein gleichmäßiges Entschalen und eine allseitig gleiche Nachbehandlung geachtet werden.

Wegen nicht vermeidbarer Unterschiede der Ausgangsstoffe, der Fertigungsbedingungen und insbesondere der Witterungsverhältnisse lassen sich vor allem bei Ortbeton und bei glatten Flächen geringe Unterschiede der Oberfläche nicht immer vermeiden.

b) **Ausblühungen** entstehen, wenn Betonwasser oder von außen her eingedrungenes Wasser an der Betonoberfläche verdunstet und das gelöste Kalkhydrat des Zementsteins (siehe Abschnitt 5.1.2.1d) dort zurückbleibt, das sich dann bei Luftzutritt zu Calciumcarbonat umwandelt. Die Trocknungszone sollte daher nicht auf der Betonoberfläche, sondern unterhalb der Oberfläche liegen. Alle Sichtbetonflächen dürfen also erst nach einer kurzen Trokkenperiode mit Niederschlags- oder Tauwasser in Berührung kommen.

c) **Waschbeton** entsteht dadurch, daß durch besondere Anstriche oder Einlagen an den Schalflächen bzw. durch Besprühen der Betonoberfläche die Erhärtung des Zements verzögert und der Mörtel rechtzeitig abgewaschen wird. Als Zuschlaggemisch wird meist eine Ausfallkörnung verwendet. Die sichtbaren groben Körner sollten mindestens mit etwa ⅔ ihrer Oberfläche in den Zementmörtel eingebettet sein.

d) Besondere Sichtbetonflächen, insbesondere für Betonwerkstein nach Abschnitt 5.7.2c, erhält man vor allem durch mechanische Entfernung des Feinmörtels nach der Anfangserhärtung, z. B. durch Abspitzen, Sandstrahlen, Schleifen. Das Aussehen wird dann vor allem durch den Zuschlag bestimmt.

e) Durch wasserabweisende Imprägnierungen kann das Eindringen von Schmutzstoffen mit dem Niederschlagwasser in den Sichtbeton vermindert werden. Besondere optische Effekte erhält man außerdem mit farblosen oder farbigen Beschichtungen. Die Anstrichstoffe, z. B. Silikonharz- und Silikatfarben oder Acryldispersions- und Acrylharzfarben, müssen alkalibeständig sein, siehe Abschnitte 8.3.4a, b und 9.4. Wegen der Dauerhaltbarkeit müssen auch besondere Anforderungen an das Alter und die Austrocknung des Betons eingehalten werden. Zu beachten sind Merkblätter und Richtlinien für Anstriche, Beschichtungen, Schutzüberzuge auf Beton und Betonfertigteilen.

5.3.7 Korrosionsschutz des Betonstahls

Durch Rosten des Betonstahls wird nicht nur der tragende Stahlquerschnitt vermindert, sondern auch der überdeckende Beton abgesprengt. Um Korrosion zu verhindern, darf Beton keine korrosionsfördernden Stoffe, z. B. Chloride, enthalten. Außerdem darf die Karbonatisierung (Neutralisation des Calciumhydroxids im Zementstein durch Kohlendioxid aus der Luft, vgl. Abschnitt 5.1.1a) innerhalb der Gebrauchsdauer der Stahlbetonteile nicht bis zur Bewehrung vordringen und der Beton dadurch seine rostschützende Wirkung verlieren, siehe Abschnitt 5.1.2.1.

Der überdeckende Beton muß daher ausreichend dicht und dick sein. Die notwendige Dichtigkeit des Betons wird erreicht durch
- ausreichend hohen Zementgehalt,
- niedrigen *w/z*-Wert,
- vollständige Verdichtung und
- sorgfältige Nachbehandlung.

Ein hoher Zementgehalt ist sowohl für das Ausfüllen der Haufwerksporen als auch zur Bildung einer für den Korrosionsschutz ausreichenden Menge basischen Calciumhydroxids erforderlich. Die Mindestzementgehalte, bei Beton B II auch die höchstzulässigen Wasserzementwerte nach Tabelle 5.11a, müssen eingehalten werden.

Die **Betondeckung** min $c \geq 1{,}0$ bis 4,0 cm muß nach DIN 1045 je nach Umweltbedingung, Betonfestigkeitsklasse und Bauteilart eingehalten werden. Sie muß außerdem mindestens etwa so groß sein wie der Durchmesser des zu schützenden Betonstahls, siehe Bild 5.11.

Damit die o.g. Mindestmaße sicher eingehalten werden, ist bei Entwurf und Ausführung von bewehrtem Beton ein um 0,5 bis 1 cm größeres Nennmaß der Betondeckung (nom c) zugrunde zu legen.

5.3.8 Instandsetzen von Beton

Falls die Anforderungen unter 5.3.7 nicht erfüllt sind, kann es zu erheblichen Betonschäden infolge Stahlkorrosion kommen, die eine Instandsetzung erforderlich machen. Die Stahlkorrosion ist unter folgenden, gleichzeitig vorhandenen Bedingungen möglich:

a) **Sauerstoff-Korrosion** im karbonatisierten Beton (pH <9), wenn gleichzeitig Wasser und Sauerstoff bis zur Bewehrung eindringen können.

b) **Chlorid-Korrosion** ist auch im nicht karbonatisierten Beton möglich. Chloride, die vor allem durch Tausalze in den Beton gelangen, dringen örtlich in die Passivschicht des Stahls ein und können – wiederum bei gleichzeitiger Anwesenheit von Wasser und Sauerstoff – zur Lochfraßkorrosion führen. Dabei werden die Chloride nicht verbraucht, sondern wirken als Katalysator, siehe auch Abschnitt 6.1.4.

Es gibt keine scharfe Abtrennung zwischen chloridfreiem und chloridhaltigem Beton. Eine Cl-Menge von ca. 0,4% des Zementgewichts kann im Zementstein als sog. Friedelsches Salz gebunden werden und nimmt damit nicht an der Korrosion teil.

5.3.8.1 Instandsetzungsprinzipien

Nach der «Richtlinie für Schutz und Instandsetzung von Betonbauteilen» gibt es folgende

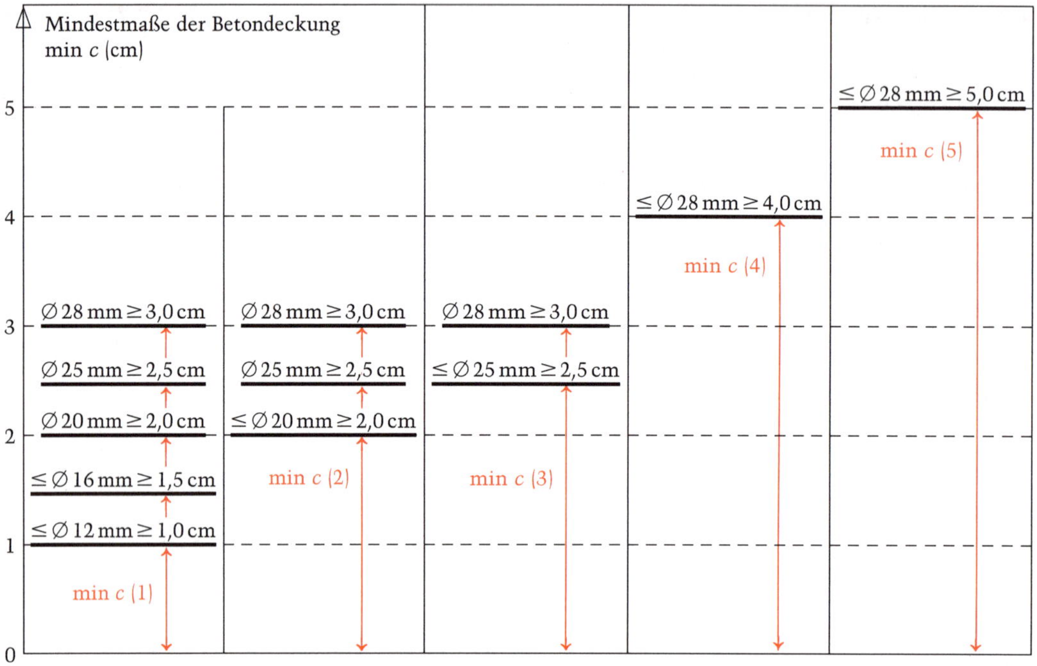

(1)	(2)	(3)	(4)	(5)
Geschlossene Räume, ständig trocken	Häufiger oder ständiger Zugang der Außenluft	Außenbauteile	Korrosionsfördernde Einflüsse: angreifende Gase, Tausalze, starker chem. Angriff	Wandkronen und Räumerlaufbahnen
Zunehmende Korrosionsgefahr →				
Betonfestigkeitsklasse		≥ B 25		≥ B 35

Bild 5.11 Mindestmaße der Betondeckung je nach Umweltbedingung (1) bis (5) und Stabdurchmesser (∅)

Grundsatzlösungen, um Korrosion zu vermeiden:

R: Realkalisierung, Korrosionsschutz durch Wiederherstellen des alkalischen Milieus.

W: Begrenzung des Wassergehalts im Beton. Die elektrolytische Leitfähigkeit wird so weit abgesenkt, daß die Korrosionsgeschwindigkeit sehr klein bleibt.

C: Coating = Beschichten der Bewehrung, so daß Wasser, Sauerstoff oder Chloride nicht an den Stahl gelangen können und der Stahl elektrolytisch isoliert ist.

K: Katodischer Korrosionsschutz durch Umpolen des elektrolytischen Vorgangs der Korrosion. Die Bewehrung wird durch Anwendung von Opfer- oder Inertanoden katodisch und damit nicht mehr als Anode abgetragen.

Eine Vermeidung der Korrosion durch Verhinderung des Sauerstoffzutritts ist theoretisch denkbar, aber baupraktisch nicht durchführbar.

5.3.8.2 Instandsetzungsmaterialien

Für die Durchführung der Betoninstandsetzung können folgende Materialien benutzt werden:

- Beton B II nach DIN 1045 für Dicken $d > 3$ cm oder Zementmörtel für $d > 2$ cm

- Spritzbeton nach DIN 18551,
- kunststoffmodifizierter Zementmörtel bzw. Zementbeton (PCC) oder als Spritzbeton (SPCC),
- Kunststoffmörtel bzw. Kunststoffbeton (PC), siehe Abschnitt 8.3.5.

Die in Instandsetzungssystemen angebotenen Materialien enthalten alle für eine Betonausbesserung erforderlichen Stoffe, z. B.

- **Haftbrücken,** EP-Harze bei trockenem Untergrund bzw. kunststoffmodifizierte Zementleime bei mattfeuchtem Untergrund,
- **Korrosionsschutzanstriche** auf dem Betonstahl aus EP-Harzen oder als kunststoffmodifizierter Zementleim,
- **Oberflächenschutzsysteme** als Imprägnierung mit 50 μm Dicke bis zu rd. 5 mm dikken Beschichtungen aus Reaktionsharzmörtel bzw. -beton.

Für alle Stoffe bestehen in der Richtlinie umfangreiche Anforderungen an die physikalischen, chemischen und mechanischen Eigenschaften der Ausgangsstoffe und an die Verträglichkeit der Schichten untereinander.

Rißüberbrückende Beschichtungen sind in Rißüberbrückungsklassen entsprechend den aufnehmbaren Rißbreitenänderungen von Δw = 0,05 mm bis zu 1,0 mm eingeteilt.

Für das **Füllen von Rissen** nach ZTV-RISS 93 ist folgendes Füllgut je nach Rißbreite w üblich:

- Epoxidharz (EP) für $w \geq 0{,}10$ mm,
- Polyurethan (PUR) für $w \geq 0{,}30$ mm,
- Zementleim (ZL) für $w \geq 1{,}5$ mm,
- Zementsuspension (ZS) für $w \geq 0{,}20$ mm.

Für die **Tränkung** mit EP ist ein niederviskoses, lang verarbeitbares Harz mit hohem kapillarem Steigvermögen erforderlich. Die Risse müssen mindestens 5 mm tief bzw. mit einer 15fachen Rißbreite verfüllt sein.

Bei der **Injektion** sind alle Füllmaterialien möglich, wobei

- die Rißbreite,
- die Rißbreitenänderung,
- der Feuchtezustand des Risses und
- die Art der Verfüllung (kraftschlüssig, dehnfähig, wasserdämmend)

für die Anwendung der verschiedenen Stoffe maßgebend sind.

Nach Abdämmen der Rißufer wird über geklebte Einfüllstutzen oder über Bohrpacker das Füllgut unter Beachtung der Entlüftung von unten nach oben fortschreitend in den Riß ohne Unterbrechung unter Druck eingepreßt.

Die exakte Rißfüllung kann nur durch entnommene Bohrkerne zuverlässig beurteilt werden. Die Ausführung der Injektion erfolgt jeweils nach den zugehörigen Injektionsverfahren durch besonders geschultes Personal.

5.3.9 Wiederverwendung von Beton

Aus ökologischen und ökonomischen Gründen wird zunehmend Abbruchbeton nach Zerteilen mit dem Felsmeißel, Stahlkugel, Brechzange o. ä. auf Transportgröße in Recycling-Anlagen weiter zerkleinert, wobei Stahlteile magnetisch entfernt werden. Von dem zerkleinerten Altbeton sollte nur der Betonsplitt für erneute Betonherstellung verwendet werden; Betonbrechsand würde den Zementleimbedarf sehr erhöhen. Bei der Herstellung von neuem Beton sollte der Betonsplitt vorgenäßt werden. Für gleiche Festigkeit ist der w/z-Wert kleiner zu wählen und/oder ein Fließmittel zuzusetzen. Die größeren Festigkeitsunterschiede von Gestein und Zementstein im Betonsplitt wirken sich auch auf die Eigenschaften des neuen Betons aus:

- Rohdichte und E-Modul werden kleiner,
- Wasseraufnahme und Verschleiß werden größer.

5.4 Leichtbeton

Die Rohdichte von Leichtbeton liegt zwischen rd. 0,3 und höchstens 2,0 kg/dm^3. Im Gegensatz zu Normalbeton wird Leichtbeton daher mit Poren im Zementstein (Mörtel-, Haufwerksporigkeit) oder im Zuschlag (Kornporigkeit) hergestellt. Je nach Rohdichte und Ausgangsstoffen wird die Wärmeleitfähigkeit vermindert; bei Ortbeton, Betonwaren und Fertigteilen ergeben sich wegen der geringeren Masse auch wesentliche technische und wirtschaftliche Vorteile. So wird Leichtbeton auch für tragende Stahlbetonbauteile wegen des niedrigeren Eigengewichts (ohne wärmedämmende Funktionen) hergestellt.

5.4.1 Technologie des Leichtbetons

Die verschiedenen Herstellungsverfahren unterscheiden sich hinsichtlich der Art und der Erzeugung der Poren.

5.4.1.1 Leichtbeton mit Kornporen und geschlossenem Gefüge

Leichtbeton mit geschlossenem Gefüge wird wie Normalbeton aus einem dichten Zementsteingefüge, jedoch mit porigen Zuschlägen hergestellt. Die meisten Angaben und Vorschriften für Normalbeton nach Abschnitt 5.2 und 5.3 haben daher auch für diesen Leichtbeton mit Kornporen Gültigkeit. Nach DIN 4219 wird Leichtbeton bzw. **Stahlleichtbeton** für tragende Bauteile nicht nur nach Festigkeitsklassen, sondern auch nach Rohdichteklassen eingeteilt, siehe Tabelle 5.17.

Mit einem Zementgehalt von mindestens 300 kg/m^3 darf dieser Leichtbeton schon ab LB 8 bewehrt werden, bei LB 8 und 10 jedoch nur bei Wänden und bis LB 15 nur bei vorwiegend ruhenden Lasten. Auch Leichtbeton B I muß aufgrund einer Eignungsprüfung hergestellt werden, siehe c.

Für Leichtbeton mit einer Rohdichte unter 0,80 kg/dm^3 und daher mit erhöhter Wärmedämmung werden besonders poröse Zuschläge verwendet, siehe f.

a) Es gibt zahlreiche Arten von **Leichtzuschlag,** die sich nicht nur in der stofflichen Zusammensetzung und Gewinnung unterscheiden, sondern auch in der Rohdichte, der Eigenfestigkeit, der Oberfläche und der Form der Körner. Eine Übersicht über die wichtigsten Arten gibt Tabelle 5.18.

Die mineralischen Leichtzuschläge für tragenden Leichtbeton müssen DIN 4226 T 2 entsprechen. Gegenüber Zuschlag für Normalbeton (siehe Abschnitt 5.2.2.1) sind einige Anforderungen geändert bzw. erweitert, z. B. hinsichtlich der Raumbeständigkeit und der erhöhten Gleichmäßigkeit (eG) von Schüttdichte ϱ_S, Kornrohdichte ϱ_R und Kornfestigkeit.

Naturbims entstand als vulkanische Auswurfmasse mit besonders feinzelligem Gefüge; durch «Waschen» des Grubenbimses sollen abschlämmbare Stoffe und dichte Körner entfernt werden.

Blähton und **Blähschiefer** werden aus Ton bzw. Tonschiefer hergestellt, die beim Brennen bei rd. 1100 bis 1200 °C durch Gasbildung aufblähen und dadurch porig werden; durch Sintern wird die Kornoberfläche weitgehend porenfrei. Blähton ist rundlich, Blähschiefer eckig. Bei einigen Verfahren sind die größeren Körner poröser als die kleineren Körner. Es kann jedoch durch Steuerung des Brennvorgangs auch gezielt eine bestimmte Porosität bzw. Kornrohdichte unabhängig von der Korn-

Tabelle 5.17 Festigkeitsklassen und Rohdichteklassen von Leichtbeton nach DIN 4219 (Prüfalter 28 Tage)

Betongruppe	Festigkeitsklasse	Nennfestigkeit β_{WN} N/mm^2	Serienfestigkeit β_{WS} N/mm^2
Leichtbeton **B I**[1])	LB 8	8	11
	LB 10	10	13
	LB 15	15	18
	LB 25	25	29
Leichtbeton **B II**	LB 35	35	39
	LB 45	45	49
	LB 55[2])	55	59

[1]) Stets mit Eignungsprüfung
[2]) Nur mit Zustimmung im Einzelfall oder Zulassung

Rohdichteklasse[3])	Trockenrohdichte bei 105 °C ϱ_d kg/dm^3	E-Modul E N/mm^2
1,0	0,81 ··· 1,00	5000
1,2	1,01 ··· 1,20	8000
1,4	1,21 ··· 1,40	11000
1,6	1,41 ··· 1,60	15000
1,8	1,61 ··· 1,80	19000
2,0	1,81 ··· 2,00	23000

[3]) Rechenwerte für die Wärmeleitfähigkeit siehe Tab. 1.5.

Tabelle 5.18 Leichtzuschläge, Arten und Korneigenschaften

Leichtzuschlagarten	Kornrohdichte kg/dm³	Kornfestigkeit	Erreichbare Betonfestigkeitsklasse
mineralisch-natürliche			
Naturbims	0,4 ··· 0,9	gering	LB 10
Schaumlava	0,7 ··· 1,5	mittel	LB 25
mineralisch-künstliche			
Blähton	0,6 ··· 1,6	gering bis hoch	LB 55
Blähschiefer	0,8 ··· 1,8	mittel bis hoch	LB 55
Hüttenbims	0,5 ··· 1,5	gering bis mittel	LB 25
Sinterbims	0,5 ··· 1,8	gering bis mittel	LB 25
Ziegelsplitt	1,2 ··· 1,8	mittel	LB 25
Blähglimmer	0,1 ··· 0,2	sehr gering	LB 5
Blähperlit	0,1 ··· 0,3	sehr gering	LB 5
organisch-natürliche			
Holzspäne, Holzwolle	0,4 ··· 0,6	gering	LB 5
organisch-künstliche			
Polystyrolschaumkugeln	0,04	sehr gering	LB 5

größe erreicht werden. Fabrikate: Berwilith, Leca, Liapor u. a.

Hüttenbims entsteht durch Aufschäumen der Hochofenschlackenschmelze (siehe Abschnitt 6.2) mit Wasser, **Sinterbims** durch thermische Behandlung von Flugasche, Müll- und Feuerungsschlacken u. a. Beide sind wegen der meist grobporigen Kornoberfläche und der oft ungünstigeren Kornform betontechnologisch weniger günstig, da sie für gleiche Festigkeit mehr Zementleim erfordern, was wiederum die Rohdichte des Betons erhöht.

Wegen der weiteren Leichtzuschläge nach Tabelle 5.18 mit geringerer Rohdichte und Kornfestigkeit siehe f.

Die **Kornfestigkeit** des Leichtzuschlags hängt vor allem von der Porosität und damit auch von der Kornrohdichte ab, außerdem vom Ausgangsstoff und vom Herstellungsverfahren, siehe Tabelle 5.18.

Da die Kornrohdichtebestimmung wegen des Wassersaugens der porösen Körner aufwendig ist, wird im Rahmen der Eigenüberwachung zur schnellen Kontrolle der Korngruppen über 4 mm bei jeder Lieferung auch die Schüttdichte nach Abschnitt 1.4.2.2d geprüft. Da größere Körner meist poröser und weniger fest sind, und dadurch die Betonfestigkeit und den Korrosionsschutz der Bewehrung verschlechtern, darf das Größtkorn höchstens 25 mm betragen; vor allem für höhere Festigkeitsklassen wird meist nur Leichtzuschlag bis 16 oder 8 mm Größtkorn verwendet.

Leichtsande 0/2 oder 0/4 mm bestehen in der Regel aus gebrochenen Körnern; bei Blähton und Blähschiefer werden sie durch Zerkleinern der Körner über 4 mm gewonnen. Da die gebrochenen Sandkörner weniger porig sind, ist ihre Kornrohdichte größer als die der Korngruppen über 4 mm. Beton mit diesen Sanden darf nur unter den Bedingungen von Beton B II hergestellt werden.

Aus Gründen der Verarbeitbarkeit sowie der Festigkeit wird Leichtbeton oft unter Zugabe von **Natursand** (Kornrohdichte i. a. 2,63 kg/dm³) hergestellt. Die Betonrohdichte wird dadurch erhöht, siehe Bild 5.12.

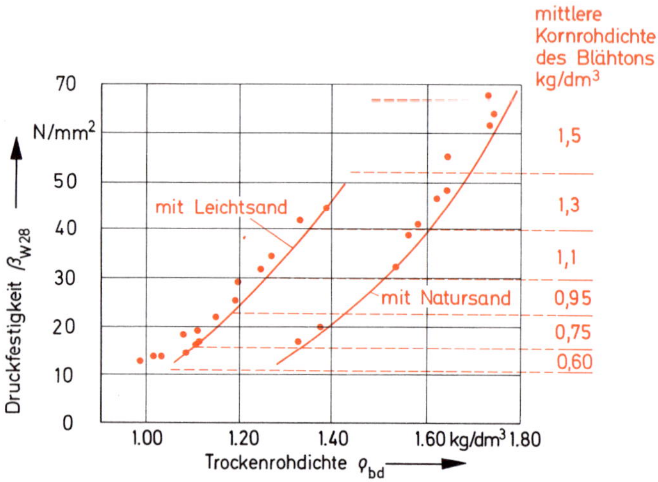

Bild 5.12
Beziehungen zwischen der Rohdichte und der Druckfestigkeit von Leichtbeton aus Blähton mit unterschiedlicher Kornrohdichte und aus Leichtsand oder Natursand

Für Leichtbeton mit geschlossenem Gefüge können die Zuschlaggemische wie für Normalbeton vor allem nach den Bildern 5.3a und b zusammengesetzt werden. Wegen der bei Leichtbeton in der Regel unterschiedlichen Kornrohdichte der großen und kleinen Körner und des Sandes beziehen sich die prozentualen Anteile auf das Stoffvolumen der Korngruppen, siehe Abschnitt 5.2.2.2a und Beispiel unter d.

b) Der für die Verarbeitung notwendige **Wassergehalt** des Leichtbetons ist meist größer als für Kiessandbeton nach Bild 5.6. Für die Konsistenzprüfung empfiehlt sich das Verdichtungsmaß; wegen der geringeren Masse des Leichtbetons fällt das Ausbreitmaß 2 bis 4 cm kleiner aus als bei Normalbeton, siehe Tabelle 5.9.

Bei der Zusammensetzung von Leichtbeton darf die **Kernfeuchte** der meist sehr saugfähigen Leichtzuschläge nicht vernachlässigt werden. Da Beton im Mittel etwa während einer halben Stunde gemischt und verarbeitet wird, wird die Kernfeuchte i. a. als Wasseraufnahme des getrockneten Leichtzuschlags nach 30 min angegeben.

Für Leichtbeton gilt wie bei Normalbeton:
Gesamtwassermenge = Wassergehalt + Kernfeuchte

Der **wirksame Wasserzementwert** errechnet sich also zu

$$\frac{w}{z} = \frac{\text{Gesamtwassermenge} - \text{Kernfeuchte}}{\text{Masse des Zements}}$$

c) Leichtbeton mit **geschlossenem Gefüge** besteht aus

- Mörtel (= Zement + Wasser + Sand ohne oder mit wenig Kornporen) und
- Leichtzuschlag mit Kornporen.

Die Festigkeit von Leichtbeton hängt hauptsächlich von der Kornfestigkeit des Leichtzuschlags ab, die in der Regel niedriger als die Zementsteinfestigkeit ist. Außerdem ist sie, wie bei Normalbeton, jedoch in geringerem Maß, auch von der Zementsteinfestigkeit abhängig und damit von w/z und Zementnormfestigkeit, sowie von Alter oder Reifegrad, siehe Abschnitte 5.2.5a und 5.2.8b. Sofern die Kornfestigkeit des Leichtzuschlags geringer ist als die Zementsteinfestigkeit, wird die Betonfestigkeit überwiegend durch den Leichtzuschlag bestimmt.

Bei der **Zusammensetzung von Leichtbetonmischungen** muß sowohl die erforderliche Festigkeit als auch eine bestimmte Rohdichte angestrebt werden, die wegen des Gewichts und der Wärmedämmung der Bauteile nicht überschritten werden darf. Für die Betonrohdichte sind vor allem die Kornrohdichte des Leichtzuschlags und sein Anteil in 1 m^3 Beton maßgebend, siehe auch Bild 5.12.

Leichtbeton kann daher nur aufgrund einer Eignungsprüfung hergestellt werden, evtl. anhand von Rezepten der Leichtzuschlaghersteller. Bei Stahlleichtbeton muß wegen des Korrosionsschutzes der Bewehrung der **Zementgehalt** mindestens 300 kg/m^3 betragen. Andererseits soll Leichtbeton nicht mehr als 450 kg Zement/m^3 enthalten, da sonst wegen des geringeren E-Moduls der Leichtzuschläge das Schwinden und wegen ihrer geringeren Masse auch die Aufheizung des Leichtbetons vergrößert würden, Abschnitt 5.4.2c.

Um sicher ein geschlossenes Betongefüge zu erhalten, ist eine bestimmte **Mörtelmenge** erforderlich. Je nach Größtkorn des Zuschlags und der beabsichtigten Verarbeitung werden nach Erfahrungen mindestens 500 bis 600 dm^3 Mörtel je m^3 Beton benötigt. Für den Leichtzuschlag über 4 mm verbleiben dann noch 500 bis 400 dm^3. Aus Verarbeitungsgründen sollen vor allem bei Sichtbeton außerdem die Richtwerte des Mehlkorngehaltes nach Tabelle 5.12a eingehalten werden.

d) Bei der **Vorausberechnung eines Leichtbetons** mit geschlossenem Gefüge werden aufgrund von Erfahrungswerten folgende Ansätze vorgeschlagen:

Zementgehalt z = 300 bis 450 i. a.	z = 350 kg/m^3
Wassergehalt (bei KP bis KR und Größtkorn 16 mm)	w = 180 l/m^3
Mörtelgehalt	m = 550 l/m^3
Luftporen (etwas höher als bei NB)	p = 2 Vol.-%

Beispiel: Mischungsentwurf für LB 25:
(siehe Tabelle 5.19)

Zur Verfügung stehen:

- CEM I 32,5 R mit ϱ = 3,1 kg/dm^3;
- Sand 0/2 mit Rohdichte ϱ_R = 2,63 kg/dm^3, Oberflächenfeuchte h = 6 M.-%; (alternativ Leichtsand 0/2 mit Rohdichte ϱ_R = 1,6 kg/dm^3);
- Blähton 8/16 mit ϱ_R = 1,10 kg/dm^3, Schüttdichte ϱ_S = 0,6 kg/dm^3, Kernfeuchte h = 16 M.-%.

Tabelle 5.19 Mischungsentwurf für LB 25

Stoff	Zusammensetzung je m^3 Masse kg	Dichte kg/dm^3	Volumen dm^3	Feuchtigkeit der Zuschläge M.-%	kg	Dosierung je m^3 kg	dm^3
Wasser	[180]	1,0	180		−37 ↑	143	
Zement	[350]	3,1	113			350	
Luftporen	([2] Vol.-%	–	20)			–	–
Zementleim	530	–	313				
Sand 0/2 mm (Leichtsand)	623 (379)	2,63 (1,6)	237 (237)	6	37	660	
Mörtel	1153		[550]			1153	
Blähton 8/16 mm	495	1,10	450	(16)	(79)	(574)	$\frac{495}{0,6}$ = 825*
	1648		1000		ϱ_{bh} =	1727	

* Geschüttetes Volumen des Blähtons 8/16 mm für volumetrische Zugabe.

In Tabelle 5.19 wird zunächst das Volumen des Zementleims vom Mörtelgehalt abgezogen und man erhält das Volumen des Sandes zu $550-313 = 237\,dm^3/m^3$. Der Blähtonanteil beträgt $1000-500 = 450\,dm^3/m^3$.

Das Zuschlaggemisch von $237 + 450 = 687\,dm^3/m^3$ besteht aus

$\frac{237}{687} \cdot 100\% = 34{,}5$ Vol.-% Sand 0/2 mm und

$\frac{450}{687} \cdot 100\% = 65{,}5$ Vol.-% Blähton 8/16 mm; es ist eine Ausfallkörnung.

Die Gesamtwassermenge $w = 259\,l/m^3$
setzt sich zusammen aus:

- Zugabewasser $w_1 = 143\,l$
- Oberflächenfeuchte des Sandes $w_2 = 37\,l$
- Kernfeuchte des Blähtons $w_3 = 79\,l$

Wirksamer Wasserzementwert:

- $\frac{w}{z} = \frac{143 + 37}{350} = 0{,}51$

Frischbetonrohdichte:

- $\varrho_{bh} = 1648 + 79 = 1727\ kg/m^3$

Die voraussichtliche Trockenrohdichte des Festbetons kann unter Berücksichtigung des im Zementstein gebundenen Wassers abgeschätzt werden zu

- $\varrho_{bd} = 1{,}2 \cdot z + m_{gd}$
  (m_{gd} = Trockenmasse der Zuschläge)
  $= 1{,}2 \cdot 350 + 623 + 495 = 1538\ kg/m^3 = \underline{1{,}54\ kg/dm^3}$

und würde der Rohdichteklasse 1,6 entsprechen. (Falls der Natursand 0/2 mm mit $\varrho_R = 2{,}63\ kg/dm^3$ durch Leichtsand mit $\varrho_R = 1{,}6\ kg/dm^3$ ausgewechselt wird, ergibt sich die Trockenrohdichte zu

- $\varrho_{bd} = 1{,}2 \cdot 350 + 237 \cdot 1{,}6 + 495 = 1294\ kg/m^3 = \underline{1{,}29\ kg/dm^3}$

entsprechend einer Rohdichteklasse 1,4).

Bei der Eignungsprüfung und später bei den Güteprüfungen sind neben der Konsistenz und der Druckfestigkeit vor allem die Frischbetonrohdichte und die Trockenrohdichte des Festbetons zu überprüfen, ob sie den Vorausberechnungen bzw. den für die Ausführung vorgesehenen Bedingungen entsprechen.

e) Wegen des großen Einflusses des Zuschlags auf die Leichtbetoneigenschaften erfordern die **Verarbeitung** und Nachbehandlung besondere Kenntnisse und Sorgfalt. Meist werden die Leichtzuschläge haldenfeucht angeliefert und verarbeitet. Bei längerer Verarbeitungszeit, z. B. für Transportbeton, ist ein gleichmäßiges Befeuchten des Zuschlags über 4 mm angezeigt, um Konsistenzänderungen durch Wasseraufnahme, die die Verarbeitung gefährden, zu vermindern.

Die Eigenfeuchte des Zuschlags ist mindestens arbeitstäglich zu prüfen. Zuschläge über 4 mm können auch nach Volumen abgemessen werden, weil Feuchtigkeitsschwankungen keine Auswirkung auf das Schüttvolumen haben. Nach Zugabe aller Stoffe ist Leichtbeton mindestens 1,5 min lang intensiv zu mischen; Betonzusatzmittel dürfen erst bei ausreichend feuchtem Zuschlag zugegeben werden, damit sie nicht von ihm aufgesaugt werden. Unmittelbar vor dem Einbau sollte die Konsistenz mindestens KP entsprechen. Bei einem längeren Zeitraum zwischen Mischen und Einbau muß sie wegen eines möglichen Nachsaugens des Leichtzuschlags weicher eingestellt werden. Leichtbeton kann auch nach Zugabe von BV und ST (siehe Tabelle 5.10) nicht immer störungsfrei gepumpt werden. Unter dem Pumpendruck wird weiteres Wasser in die Poren des Zuschlags gedrückt; der Beton wird wesentlich steifer.

Leichtbeton ist stets durch Rüttler mit möglichst hohen Schwingzahlen zu verdichten; wegen der geringeren Masse des Leichtbetons sollen die Tauchabstände von Innenrüttlern etwa nur dem 5fachen Durchmesser der Rüttelflasche entsprechen. Bei weichem Beton können leichtere Körner aufschwimmen oder der Mörtel aus Natursand sich unten absetzen.

Trotz des größeren inneren Wasservorrats bedarf Leichtbeton einer besonders sorgfältigen **Nachbehandlung.** Ein zu schnelles Austrocknen der Oberfläche verursacht ein großes Feuchtigkeitsgefälle zwischen innen und außen und kann daher zu Schwindrissen führen.

Wegen der geringeren Masse und Wärmeleitfähigkeit sind die Aufheizung und die Temperaturunterschiede in Bauteilen aus Leichtbeton größer als bei Normalbeton, siehe Abschnitt 5.3.5d. Bei niedriger Lufttemperatur sollten deshalb Leichtbetonbauteile mit wärmedämmenden Stoffen abgedeckt und möglichst spät ausgeschalt werden.

f) Für **besonders wärmedämmenden Leichtbeton** und Mörtel werden Blähglimmer (Vermiculit) und Blähperlit verwendet, die durch Erhitzen von Glimmer bzw. von wasserhaltigem, vulkanischem Glas bei 1000 bis 1200 °C entstehen. Wegen der geringen Kornfestigkeit (siehe Tabelle 5.18) muß schonend gemischt werden.

Ebenfalls für besonders wärmedämmenden Beton werden **organische** Leichtzuschläge nach Tabelle 5.18 verwendet. Die vorwiegend aus Nadelholz gewonnenen Sägespäne und Holzwolle müssen vor der Verarbeitung zu Beton mit Zement- oder Kalkschlämme oder Wasserglas «mineralisiert» werden, um vor allem zementschädliche Holzinhaltsstoffe unwirksam zu machen. Auch die durch Expandieren von **Polystyrol** erzeugten **Schaumstoffkugeln** (Styropor, EPS) etwa bis 4 mm Größe werden zur Verbesserung der Haftung mit dem späteren Zementstein mit einem Haftvermittler, meist einer Epoxidharzdispersion, vorgemischt.

Um das gewünschte geschlossene Gefüge zu erhalten, werden diesen Betonen meist Natursand 0/1 oder 0/2 mm oder andere mineralische Feinststoffe zugegeben. Die besondere Eigenschaft des Polystyrolschaumstoffs, nämlich kein Wasser aufzunehmen und auch eine geringe Wasserdampfdurchlässigkeit zu besitzen, überträgt sich auch auf diesen Beton. Er wird daher nicht nur im Hochbau verwendet, sondern auch für wärmedämmende Unterböden, z.B. in Ställen, sowie für Frostschutzschichten im Straßen- und Eisenbahnbau.

5.4.1.2 Leichtbeton mit Haufwerksporen, Einkornbeton

a) Dieser Beton wird nach DIN 4232 aus einer möglichst eng begrenzten Korngruppe über 4 mm, z.B. 8/16 mm, hergestellt, weshalb er auch als **«Einkornbeton»** bezeichnet wird. Er soll nur soviel Feinmörtel besitzen, daß die groben Körner gerade umhüllt werden und die Haufwerksporen zwischen den Körnern weitgehend erhalten bleiben, siehe Abschnitt 1.4.2.3b und Bild 1.2.

Der Feinmörtel sollte feuchtglänzend und zähklebrig sein, damit die Körner gut verkittet werden und beim Verdichten nur durch Stochern oder leichtes Stampfen ein gleichmäßiges Gefüge ohne örtliche Feinmörtelansammlungen entsteht.

b) Außer Zuschlägen mit dichtem Gefüge werden oft auch Leichtzuschläge nach Tabelle 5.18 über 4 mm verwendet. Dann entsteht ein **Leichtbeton mit Haufwerksporen und Kornporen.** Die in DIN 4232 für unbewehrte, tragende und aussteifende Wände angegebenen Festigkeitsklassen LB 2, LB 5 und LB 8 und Rohdichteklassen von 0,5 bis 2,0 lassen sich mit verschiedenen Zuschlagarten und Feinmörtelgehalten erreichen.

c) Zahlreiche Leichtbetonbaustoffe (siehe Abschnitte 5.7.4 und 5.7.6) werden mit weniger eng begrenzten Korngruppen sowie mit geringem Sandgehalt hergestellt, so daß der Haufwerksporengehalt vermindert wird. Man erhält dadurch eine höhere «Grünstandfestigkeit» für das sofortige Stapeln und später eine höhere Betonfestigkeit. Die gute Putzhaftung an dem offenporigen Beton bleibt erhalten.

5.4.1.3 Gas- und Schaumbeton

Diese beiden Leichtbetonarten werden auch mit dem Oberbegriff «Porenbeton» bezeichnet, weil durch Zusatz von gas- oder schaumbildenden Stoffen in einem flüssigen Mörtel Gas- oder Schaumporen bis höchstens 2 mm Größe erzeugt werden. (Die Bezeichnung «Beton» wurde hier entgegen den Definitionen im Kapitel 5 beibehalten).

a) Für **Gasbeton** wird meist Aluminiumpulver verwendet, durch das im alkalischen Mörtel aus Zement und/oder Weißkalk und feinkörnigen kieselsäurereichen Zuschlägen (z. B. Quarzmehl) Wasserstoffgasporen entstehen. Da Gasbeton bei der Erhärtung bei Normaltemperatur nur eine geringe Festigkeit und ein sehr großes Schwindmaß besitzt, wird er für Blöcke und Platten bei 180 bis 200 °C unter Dampfdruck von 8 bis 12 bar gehärtet, siehe Abschnitte 5.2.8e und 5.1.1.1a.

Nach dem Erstarren des Gasbetons werden größere Blöcke durch dünne Stahldrähte in die gewünschten Bauteile zerlegt, siehe Abschnitt 5.7.5. Durch die Dampfdruckhärtung verliert Gasbeton seine rostschützende alkalische Wirkung für Betonstahl, weshalb dieser durch vorheriges Tauchen in geeignete Rostschutzmassen gegen Korrosion geschützt werden muß, siehe DIN 4223. Fabrikate: Hebel, Ytong u. a.

b) Für normalerhärtenden **Schaumbeton** wird dem Zementmörtel aus Normal- und Leichtsand je nach Rohdichte eine bestimmte Schaummenge untergemischt, die in Schaumgeräten erzeugt wird; Anwendung bei gering beanspruchten Bauteilen, z. B. Ausgleichsschichten, Füllmaterial für große Hohlräume.

5.4.2 Eigenschaften des Leichtbetons

Je nach Herstellungsverfahren und Art des Leichtzuschlags besitzt der erhärtete Leichtbeton sehr unterschiedliche Eigenschaften.

a) **Rohdichte** und **Wärmeleitfähigkeit** sind besonders wichtige Leichtbetoneigenschaften. Die Wärmeleitfähigkeit hängt jedoch nicht nur von der Rohdichte, sondern auch von der stofflichen Beschaffenheit des Leichtbetons ab, siehe Tabelle 1.5 (insbesondere Fußnoten 1 und 3).

b) Als mittlere **Druckfestigkeit** genügt bei nichttragenden Bauteilen meist 2 N/mm², bei tragenden Baustoffen und Bauteilen nach Abschnitt 5.7.4 und 5.7.5 in der Regel mindestens 2,5 bis 15 N/mm². Für Leichtbeton und Stahlleichtbeton mit geschlossenem Gefüge sind die Festigkeitsklassen LB 8 bis LB 55 festgelegt worden, siehe Abschnitt 5.4.1.1 und Tabelle 5.17. Im Gegensatz zu Normalbeton ist bei Probekörpern aus Leichtbeton mit besonders saugenden Zuschlägen eine Wasseraufnahme während der vorgeschriebenen Feuchtlagerung zu verhindern; die Probekörper dürfen also nicht unter Wasser gelagert werden.

Allgemein gilt für alle Leichtbetonarten, daß mit zunehmender Porosität bzw. mit abnehmender Rohdichte die Festigkeit geringer wird. Für jede Art und Zusammensetzung von Leichtbeton besteht eine eigene Beziehung zwischen Rohdichte und Druckfestigkeit. Bei Leichtbeton mit Kornporen ist die maximal erreichbare Betondruckfestigkeit weitgehend durch die Kornfestigkeit des verwendeten Leichtzuschlags bedingt, siehe Abschnitt 5.4.1.1c.

Bild 5.12 zeigt wie für eine bestimmte Festigkeits- und Rohdichteklasse Blähtonsorten unterschiedlicher Kornrohdichte verwendet werden müssen, je nachdem, ob Leicht- oder Natursand benutzt wird.

Unter gleichen Bedingungen erhärtet Leichtbeton u. a. wegen der größeren Aufheizung meist rascher als Normalbeton. Sobald während der Erhärtung die Zementsteinfestigkeit die Kornfestigkeit des Leichtzuschlags überschreitet, nimmt die Betondruckfestigkeit kaum mehr zu. Bei dampfgehärtetem Gasbeton wird schon am Ende der Dampfdruckhärtung nahezu die Endfestigkeit erreicht.

c) Der **Elastizitätsmodul,** der mehr durch die Dichte als durch die Festigkeit eines Baustoffes bestimmt wird, liegt bei Leichtbeton in sehr weiten Grenzen. Je nach Rohdichte beträgt er z. B. bei dampfgehärtetem Gasbeton E = 1000 bis 3000 N/mm², bei Leicht- und Stahlleichtbeton nach DIN 4219 E = 5000 bis 23000 N/mm², siehe Tabelle 5.17.

Bei diesen Leichtbetonen sind **Kriechen** und **Schwinden** etwa gleich groß wie bei Normalbeton. Dagegen wird das Schwindmaß von anderen Leichtbetonen um so größer, je geringer die Kornfestigkeit des Leichtzuschlags (siehe Tabelle 5.18) bzw. je größer die Porosität des Schaumbetons ist.

Der Wärmedehnkoeffizient von Leichtbeton ist je nach Leichtbetonart in der Regel kleiner als bei Normalbeton ($\alpha_T = 0{,}005$ bis 0,01 mm/m · K).

d) Wegen des **Korrosionsschutzes der Bewehrung** muß Stahlleichtbeton nach DIN 4219 mindestens 300 kg Zement/m^3 enthalten. Je nach Größtkorn des Leichtzuschlags, der Betonfestigkeitsklasse, dem Stahldurchmesser und den Umweltbedingungen muß die Betondeckung der Bewehrung mindestens 1,5 bis 4,0 cm dick sein. Bei ungünstiger Umweltbedingung darf die größte Wassereindringtiefe in den Leichtbeton bei der Wasserdruckprüfung (siehe Abschnitt 5.3.3) höchstens 50 mm, bei sehr ungünstiger Umweltbedingung höchstens 30 mm betragen. Bei haufwerksporigem Leichtbeton und Gasbeton (siehe Abschnitt 5.4.1.3a) muß die Bewehrung mit Rostschutzmassen geschützt werden und die Betondekkung mindestens 2,0 cm bzw. 1,0 cm dick sein.

5.5 Schwerbeton

Die Betonrohdichte von Schwerbeton muß größer als 2,8 kg/dm^3 sein, siehe Einleitung zu Kapitel 5. Er wird daher teilweise oder ganz aus **Schwerzuschlag** mit einer Kornrohdichte von über 3,2 kg/dm^3 hergestellt, z. B. aus

Zuschlag	mit Rohdichte (kg/dm^3)
Baryt (Schwerspat)	4,0 … 4,4
Eisenerz (Ilmenit, Magnetit, Hämatit)	4,6 … 4,9
Stahlgranalien, Stahlsand	6,8 … 7,6

Außer für besonders schwere Maschinenfundamente oder Gegengewichte bei Kranen u. a. wird Schwerbeton vor allem als **Strahlenschutzbeton** angewandt, siehe Abschnitt 1.4.10b.

Die Abschwächung von Gamma- und Röntgenstrahlen steigt etwa proportional mit der Festbetonrohdichte. Für eine wirksame Neutronenabschwächung ist ein höherer Wassergehalt notwendig; sie kann außerdem durch borhaltige Stoffe noch erhöht werden. Der Wassergehalt des Betons, der zunächst aus dem vom Zementstein gebundenen Wasser besteht, läßt sich durch kristallwasserhaltige Zuschläge noch beträchtlich steigern, z. B. durch Limonit und Serpentin ($\varrho \approx 3{,}7$ bzw. 2,55 kg/dm^3, Kristallwassergehalt rd. 12 M.-%).

Die Technologie und die Eigenschaften von Schwerbeton entsprechen weitgehend denen von Normalbeton nach Abschnitt 5.2 und 5.3. Bei der Zusammensetzung von Schwerbeton ist vor allem die mindestens verlangte Festbetonrohdichte einzuhalten, siehe das Merkblatt für das Entwerfen, Herstellen und Prüfen von Betonen des bautechnischen Strahlenschutzes. Wegen der besonders großen Dichteunterschiede von Zementleim und Schwerzuschlag ist der Beton steif bis höchstens plastisch herzustellen oder als Ausgußbeton nach Abschnitt 5.2.7d einzubringen.

5.6 Mörtel

Im Gegensatz zu Beton wird Mörtel aus verschiedenen Bindemitteln ohne und mit feinkörnigerem Zuschlag bis höchstens 8 mm, meist bis 2 oder 4 mm Größtkorn hergestellt. Mörtel wird verwendet für Ausgleichsschichten, z. B. als Putz oder Estrich, oder als Füllmaterial, z. B. in Mauerfugen oder Spannkanälen, jeweils mit ganz bestimmten Funktionen.

5.6.1 Technologie des Mörtels

a) Die Wahl des **Bindemittels** (siehe Abschnitt 5.1) richtet sich nach der gewünschten Verarbeitbarkeit des frischen Mörtels und den besonderen Eigenschaften des erhärteten Mörtels. Die Mörtel werden meist nach dem Bindemittel benannt, z. B. Kalkzementmörtel, hochhydraulischer Kalkmörtel, Gipsmörtel. Baugipse und Anhydritbinder dürfen wegen der

Treibgefahr nicht zusammen mit hydraulischen Bindemitteln verarbeitet werden.
b) Geeignete **Zuschläge** können die Härte eines Mörtels erhöhen bzw. das Schwinden von austrocknendem Mörtel aus Baukalk und Zement beträchtlich vermindern. Verwendet werden Natursande oder durch Zerkleinerung von Gesteinen gewonnene Brechsande. Für wärmedämmende Mörtel werden Leichtzuschläge mit porigem Gefüge nach Abschnitt 5.4.1.1a und f verwendet.

Wesentlich ist, ob der Zuschlag im ungewaschenen Zustand zur Anwendung gelangt – dann enthält er oft noch zuviel schädliche Stoffe – oder im gewaschenen Zustand – dann ist er wegen fehlender ausgewaschener Feinstbestandteile für eine gute Verarbeitbarkeit oft zu «kurz».

Für die Beurteilung und Prüfung von **schädlichen Stoffen** gilt weitgehend das gleiche wie für Betonzuschlag, siehe Abschnitt 5.2.2.1. Für Mauermörtel darf der Gehalt an abschlämmbaren Stoffen im Zuschlag ≤8 M.-%, bei Putzmörtel ≤5 M.-% betragen. Der Gehalt an organischen Stoffen wird bei Sanden für die Mörtelgruppen II bis V sowie PIc (siehe Tabelle 5.20) dann als unbedenklich angesehen, wenn 24 Std. nach dem Aufschütteln in 3%iger Natronlauge diese Lösung höchstens gelb, bei Putzmörtel höchstens tiefgelb wird; andernfalls muß die Brauchbarkeit des Zuschlags für diese Mörtelgruppen durch eine Eignungsprüfung nachgewiesen werden. Braunkohle, Mergel, Tonknollen u.ä. wirken sich besonders ungünstig auf die Beständigkeit und Farbe von Putz- und Estrichmörtel aus.

Die **Kornzusammensetzung** und insbesondere das Größtkorn des Zuschlags müssen auf die jeweilige Verarbeitung und Schichtdicke des Mörtels abgestimmt werden. In jedem Fall soll der Zuschlag möglichst gemischtkörnig und hohlraumarm sein. Im Hinblick auf eine gute Verarbeitung sollen je nach Größtkorn möglichst etwa 15 bis 30 M.-% 0/0,25 mm enthalten sein.
c) Für besondere Fälle können durch **Zusatzmittel** und **Zusatzstoffe** bestimmte Mörteleigenschaften, wie Verarbeitbarkeit, Erstarren, Erhärten, Wasserundurchlässigkeit, Haftverbund zwischen Mörtel und Untergrund oder die Farbe des Mörtels, in ähnlicher Weise wie bei Beton verändert bzw. verbessert werden, siehe Abschnitt 5.2.4.
d) Die **Mörtelzusammensetzung** richtet sich auch nach der Herstellung: Bei **Baustellenmörteln,** die insgesamt auf der Baustelle hergestellt werden, wird der Mörtel meist ohne vorherige Eignungsprüfung entsprechend Tabelle 5.20 nach Volumen zusammengesetzt, wobei sich die vorgeschriebenen Raumteile auf lagerfeuchten Sand beziehen. Bei trockenem Sand ist das Mischungsverhältnis entsprechend fetter einzustellen, weil trockener Sand eine größere Schüttdichte ϱ_S hat als feuchter Sand.

Werkmörtel nach DIN 18557 werden dagegen in einem Werk aus Luftkalken oder/und hydraulischen Bindemitteln, Zuschlag und ggf. Zusätzen aufgrund einer Eignungsprüfung überwiegend nach der Masse der Stoffe zusammengesetzt und als Werk-**Trockenmörtel** in Säcken oder Silos oder, schon mit Wasser vorgemischt, als Werk-**Vormörtel** (nur mit Luft- und Wasserkalken) oder als Werk-**Frischmörtel** in geeigneten Fahrzeugen auf die Baustelle geliefert. Entsprechend der Kennzeichnung ist auf der Baustelle dem Trockenmörtel die angegebene Wassermenge bzw. dem Vormörtel die Menge des angegebenen zusätzlichen Bindemittels zuzumischen. Mit Werkmörteln ergeben sich gleichmäßigere Mörteleigenschaften, weil deren Zusammensetzung der Güteüberwachung unterliegt.

Durch intensive Maschinenmischung werden Verarbeitung und Festigkeit wesentlich verbessert, weshalb sie der Handmischung stets vorzuziehen ist. Der Mörtel soll die für die Verarbeitung notwendige Konsistenz aufweisen. Er muß vor Beginn des Erstarrens verarbeitet sein. Wie bei Beton führt auch bei Mörtel ein größerer Wasserbindemittelwert zu einer geringeren Festigkeit.
e) Überall, wo später eine gute **Haftung** des Mörtels am Untergrund verlangt wird, sollte der Untergrund eine gewisse Rauhigkeit und Saugfähigkeit besitzen. Sowohl bei nichtsaugendem oder wassersattem Untergrund als auch bei stark saugendem trockenen Untergrund wird die Haftung schlechter. Bei stark saugenden Flächen wird durch vorzeitigen

Tabelle 5.20 Mörtelgruppen, Mischungsverhältnis von Baustellenmörtel in Raumteilen (RT) und besondere Eigenschaften. Bei Werkmörteln wird das Mischungsverhältnis aufgrund von Eignungsprüfungen festgelegt.

Mörtelgruppe	Luftkalkhydrat, Kalkteig	Wasserkalkhydrat	hydraulischer Kalk	hochhydraulischer Kalk, Putz- und Mauerbinder	Zement	Stuck- oder Putzgips	Anhydritbinder	Sand (lagerfeucht)	Eigenschaften: Mittlere Druckfestigkeit nach 28 Tagen N/mm^2	Eigenschaften: Verhalten gegen Feuchtigkeitseinwirkung
ϱ_s[1])	0,5	0,5	0,8	1,0	1,2	0,9	1,0	1,3	–	–
Mauermörtel nach DIN 1053										
MG I	1	–	–	–	–	–	–	4	gering, keine Anforderung	–
	–	1	–	–	–	–	–	3		
	–	–	1	–	–	–	–	3		
	–	–	–	1	–	–	–	4,5		
MG II	1,5	–	–	–	1	–	–	8	≥2,5	–
	–	2	–	–	1	–	–	8		
	–	–	2	–	1	–	–	8		
	–	–	–	1	–	–	–	3		
MG IIa	–	1	–	–	1	–	–	6	≥5	–
	–	–	–	2	1	–	–	8		
MG III	–	–	–	–	1[2])	–	–	4	≥10	–
MG IIIa									≥20	
Putzmörtel nach DIN 18550										
P Ia	1[3])	–	–	–	–	–	–	3 ··· 4,5	gering, keine Anforderung	(wasserhemmend)[4])
P Ib	–	(1)	–	–	–	–	–	3 ··· 4,5		
P Ic	–	–	1	–	–	–	–	3 ··· 4	≥1,0	
P IIa	–	–	–	1	–	–	–	3 ··· 4	≥2,5	wasserhemmend[4])
P IIb	1,5 oder 2		–	–	1	–	–	9 ··· 11		(wasserabweisend)[4])
P IIIa	–	≤0,5	–	–	2	–	–	6 ··· 8	≥10	(wasserabweisend)[4])
P IIIb	–	–	–	–	1	–	–	3 ··· 4		
P IVa	–	–	–	–	–	1[2])	–	0	≥2,0	nicht für Feuchträume mit langzeitig einwirkender Feuchtigkeit
P IVb	–	–	–	–	–	1[2])	–	1 ··· 3		
P IVc	1		–	–	–	0,5 ··· 2	–	3 ··· 4		
P IVd	1		–	–	–	0,1 ··· 0,5	–	3 ··· 4	gering	
P Va	–	–	–	–	–	–	1	≤2,5	≥2,0	
P Vb	1 oder 1,5		–	–	–	–	3	12		

[1]) Richtwerte für die Schüttdichte ϱ_s der Stoffe in kg/dm^3, bei Kalkteig Rohdichte des Teiges 1,25 kg/dm^3.
[2]) Zur Verbesserung der Verarbeitbarkeit zusätzlich geringe Mengen von Luftkalk oder andere geeignete Zusätze.
[3]) Eine geringe Zementzugabe ist zulässig.
[4]) Siehe 1.4.3.5b. Zwischen Klammern nur mit geeignetem Zusatzmittel, mit geeigneter Beschichtung, siehe 8.3.5a, oder mit Eignungsnachweis.

Wasserentzug auch die Verarbeitung des Mörtels erschwert.

> Trockene Steine und Flächen aus porösen, saugenden Baustoffen müssen daher angenäßt werden und sollten vor dem Aufbringen des Mörtels mattfeucht sein.

Bindemittel mit großem Wasserrückhaltevermögen und entsprechend wirkende Zusatzmittel verbessern die Eigenschaften des Mörtels bei stark saugenden Flächen.

f) Die **Prüfung** des Mörtels erfolgt nach DIN 18555. Für die Bestimmung der Biegezug- und Druckfestigkeit werden i. a. Prismen 40 mm × 40 mm × 160 mm hergestellt und bis zur Prüfung wie bei der Normprüfung der jeweiligen Bindemittel gelagert.

5.6.2 Mauermörtel und Mauerwerk

Maßgebend ist DIN 1053, für die Prüfung von Mauerwerk DIN 18554.

a) Der **Mauermörtel** soll i. a. alle Fugen satt ausfüllen und durch ausreichende Festigkeit und gute Haftung einen günstigen Verbund der Wandbausteine gewährleisten. Für den Mörtel wird Sand 0/2 mm oder 0/4 mm verwendet. Das Mischungsverhältnis der Mörtelgruppen als Baustellenmörtel und die geforderten Druckfestigkeiten finden sich in Tabelle 5.20.

Für MG I, die nur bis zu 2 Vollgeschossen mit 24 cm Wanddicke zulässig ist, wurde wegen der geringen Festigkeit keine Forderung aufgestellt.

MG I, II und IIa dürfen nicht für Gewölbe verwendet werden. Bei Nässe und Kälte muß mindestens mit MG II gearbeitet und das gesamte Mauerwerk abgedeckt werden.

MG IIIa mit höherer Festigkeit, i. a. mit besserem Sand erreichbar, darf nur aufgrund einer Eignungsprüfung hergestellt und ebenso wie MG IIa und III für ingenieurmäßig bemessenes Mauerwerk verwendet werden.

Unterschiedliche Mörtel dürfen auf einer Baustelle nur gemeinsam verwendet werden, wenn es keine Verwechslungsmöglichkeit gibt.

b) **Mauerwerk** wird, je nach den statischen und bauphysikalischen Erfordernissen, aus verschiedenartigen künstlichen Wandbausteinen, seltener aus natürlichen Steinen, sowie aus Mauermörtel hergestellt. Wandbausteine und Mauermörtel besitzen z. T. sehr unterschiedliche Festigkeiten und Verformungsverhalten. Bei besonders nachgiebigem Mörtel entstehen in den Steinen erhebliche Zug- und Biegespannungen, wodurch auch in Steinen höherer Festigkeit vorzeitig Risse auftreten. Bei einer geringeren Mörtelfestigkeit kann daher eine hohe Steinfestigkeit nicht ausgenützt werden. Umgekehrt läßt sich bei geringer Steinfestigkeit die Mauerwerksfestigkeit durch eine größere Mörtelfestigkeit kaum erhöhen. Bei bekannter Stein- und Mörtelfestigkeit kann die Mauerwerksfestigkeit nach der Formel in DIN 18554

$$\beta_{MW} \approx 0{,}8 \cdot \beta_S{}^{0{,}7} \cdot \beta_M{}^{0{,}2}$$

abgeschätzt werden, wobei die Festigkeiten β in N/mm^2 einzusetzen sind.

> Die Druckfestigkeit des Mauerwerks ist geringer als die Steinfestigkeit; sie hängt vor allem von der Stein- **und** Mörtelfestigkeit ab. Steinfestigkeit β_S und Mörtelfestigkeit β_M sollen aufeinander abgestimmt werden ($\beta_M \approx 0{,}5 \ldots 0{,}8\ \beta_S$). Ein optimales Zusammenwirken von Stein und Mörtel wird erreicht durch einen guten Mauerwerksverband mit versetzten Stoß- und Längsfugen sowie durch gleichmäßig dikke Lagerfugen, was geringe Unterschiede in der Steinhöhe voraussetzt, siehe Abschnitt 1.4.1. Die Mauerwerksfestigkeit wird außerdem noch durch die Schlankheit der Wände oder Pfeiler beeinflußt.

Bei Nichtbeachtung der Formänderungen des Mauerwerks können Risse auftreten. Der Elastizitätsmodul von Mauerwerk liegt in weiten Grenzen, je nach Steinfestigkeitsklasse 2 bis 28 und MG II bis III zwischen E = 1500 und 10000 N/mm^2. Kriechmaß, Schwindmaß und Wärmedehnkoeffizient von Mauerwerk aus Ziegel und Klinker sind deutlich kleiner als bei Wandbausteinen mit mineralischen Bindemitteln. Ein «Mischmauerwerk» aus verschiedenartigen Wandbausteinen ist also auch in technischer Hinsicht bedenklich.

c) Mit **Leichtmauermörtel,** als Werkmörtel herzustellen, wird die Wärmeleitfähigkeit des Mauerwerks vermindert, siehe Tabelle 1.5, Fußnote 3. Ebenfalls eine geringere Wärmeleitfähigkeit und einen noch besseren Verbund der Steine ergibt das «Plansteinmauerwerk» aus Steinen mit Toleranzen von 1 mm, die lediglich mit Fugendünnmörtel versetzt werden. Ein «mörtelloses Mauerwerk» entsteht durch Aufeinandersetzen von besonders maßhaltigen Hohlsteinen, bei größeren Formaten auch Schalungssteine genannt. Jeweils nach einer bestimmten Höhe werden die durchgehenden Hohlräume mit weichem Normal- oder Leichtbeton verfüllt.

Mauerwerk aus Vormauersteinen und Klinkern benötigt keinen Außenputz, da diese Steine frostbeständig sind.

d) Besondere Sorgfalt erfordert das Erstellen von **Sichtmauerwerk.** Es sind besonders maßhaltige und rissefreie Steine notwendig, für Außenflächen Vormauersteine oder Klinker.

Bei **einschaligem Verblendmauerwerk** muß aus Gründen der Schlagregendichtigkeit jede Mauerschicht zwei Steinreihen besitzen, zwischen denen eine durchgehende, schichtweise versetzte und 20 mm dicke Längsfuge verläuft, die hohlraumfrei zu vermörteln ist. Der Mauermörtel ist außen beim Erstarren kräftig glattzustreichen (1 bis 2 mm hinter der Steinaußenkante) oder 1 bis 2 cm tief auszukratzen und mit besonderem Fugenmörtel kräftig auszufugen, siehe Abschnitt 5.6.4b.

Zweischaliges Verblendmauerwerk kann ohne oder mit Luftschicht bzw. Wärmedämmschicht hergestellt werden. Die Außenschale muß stets mindestens 115 mm dick sein. Beide Schalen sind je m^2 durch mindestens fünf Anker aus nichtrostendem Stahl zu verbinden.

Ohne Luftschicht soll die Fuge zwischen den beiden Schalen 20 mm weit sein und schichtweise, wie die Fugen der Außenschale, mit Mörtel der Gruppe II oder IIa satt verfüllt werden.

Mit Luftschicht soll der Abstand zwischen den beiden Schalen 60 mm betragen; beim Hochmauern darf in die Luftschicht kein Mörtel hinabfallen.

Zur Verhinderung von **Ausblühungen** sollen weder die Wandbausteine noch der Mörtel, insbesondere mit Zusatzmitteln, ausblühfähige Stoffe in unzulässiger Menge enthalten, siehe Abschnitt 1.4.7.3. Abgesehen von der Außenseite, muß jeglicher Zutritt von Wasser vermieden werden.

5.6.3 Putzmörtel

Putzmörtel nach DIN 18 550 dient dem Ausgleich, der bauphysikalischen Verbesserung und der besonderen Gestaltung von Wandflächen und Deckenunterflächen. Je nach dem verwendeten mineralischen Bindemittel wird er in die **Mörtelgruppen** P I bis P V nach Tabelle 5.20 eingeteilt (wegen Kunstharzputz siehe Abschnitt 8.3.5a).

Allgemein erwartete Eigenschaften sind gute Haftung, ausreichende Dicke und Härte, gleichmäßige Beschaffenheit und Farbe, ohne Flecken und Risse, meist auch eine ausreichende Wasserdampfdurchlässigkeit sowie ein erhöhter Feuerwiderstand der verputzten Bauteile.

a) Je nach Anwendung werden unterschiedliche Anforderungen gestellt:

Bei **Außenputz** witterungsbeständig, wasserdampfdurchlässig, je nach Schlagregenbeanspruchung wasserhemmend oder wasserabweisend (siehe Abschnitt 1.4.3.5b), als Träger organischer Beschichtungen oder bei stärkerer mechanischer Beanspruchung erhöhte Druckfestigkeit $\geq 2{,}5$ N/mm^2 bzw. bei Kellerwand- und Sockelaußenputz, auch wegen eines ausreichenden Frostwiderstandes, ≥ 10 N/mm^2.

Bei **Innenputz** als Träger von Anstrichen und Tapeten Druckfestigkeit ≥ 1 N/mm^2, erhöhter Abriebwiderstand in Treppenhäusern

u. ä., in Feuchträumen Beständigkeit gegen langandauernde Feuchtigkeit.

Die Vorbereitung des **Putzgrundes** umfaßt alle notwendigen Maßnahmen zur Verbesserung des Verbundes. Das **Putzsystem,** bestehend aus Putzgrund und einer oder mehrerer Putzlagen, muß die jeweiligen Anforderungen erfüllen. Putzgrund und Putzlagen sind so aufeinander anzustimmen, daß in den verschiedenen Berührungsflächen die möglichen Spannungen aufgenommen werden. Bei mehrlagigem Putz muß der Unterputz stets mindestens so fest und dicht sein wie der Oberputz. Bewährte Putzsysteme für bestimmte Anforderungen und Anwendungen finden sich in DIN 18550 T 1; für andere Systeme sind Eignungsprüfungen durchzuführen.

Die **Putzweise,** z. B. geriebener oder gefilzter Putz, Kellen-, Kratz-, Spritz- oder Waschputz, ist für die Oberflächenstruktur maßgebend.

b) Für die verschiedenen Mörtelgruppen ist in Tabelle 5.20 die Zusammensetzung als Baustellenmörtel angegeben, wobei auch Abschnitt 5.6.1c zu beachten ist; je nach Kornaufbau des Sandes und dem Mischverfahren ist der Sandanteil in den angegebenen Grenzen zu wählen. Als Sand wird für Unterputz 0/2 und 0/4 mm, bei Außenoberputz je nach Putzweise 0/4 bis 0/8 mm, bei Innenoberputz 0/1 und 0/2 mm verwendet, wegen einer guten Verarbeitbarkeit jeweils mit 30 bis 10 M.-% $<$ 0,25 mm. Mit Fasern kann die Rißempfindlichkeit vermindert, bei hydrophoben Zusatzmitteln die Haftung der nächstfolgenden Schicht verschlechtert werden. Vor allem sogenannte Edelputzmörtel, die eine weiße oder eingefärbte Oberfläche ergeben, werden als Werk-Trockenmörtel geliefert; diesen entsprechen auch Maschinen-, Haft- und Fertiggipsputz nach Tabelle 5.6 für die Mörtelgruppen P IV a und b.

Der **Putzgrund** muß mit großer Sorgfalt auf Putzfähigkeit geprüft werden. Lose Teile, Ausblühungen und Schälölreste sind zu entfernen. Für die Vorbehandlung des Putzgrundes ist vor allem seine Saugfähigkeit zu berücksichtigen, siehe Abschnitte 5.6.1e und 5.7.6. Wenn bei ungünstigen Verhältnissen eine Haftbrücke aus organischen Bindemitteln u. a. nicht ausreicht, ist ein **Spritzbewurf** aus mindestens gleichfestem Mörtel wie für die darauffolgende Putzschicht, bei Beton, Außenwandsockel u. ä. aus P III mit grobkörnigem Sand 0/4 oder 0/8 mm erforderlich, der nach dem Anwerfen nicht bearbeitet wird. Bei Mischmauerwerk (siehe Abschnitt 5.6.2b) und sehr saugendem Putzgrund, z. B. aus Ziegel, Kalksandsteinen und Gasbeton, ist nach Vornässen der Spritzbewurf vollflächig aufzubringen. Bei glattem und wenig saugendem Putzgrund (z. B. Beton, der nach dem Vornässen oberflächentrocken sein sollte), ist er nicht vollflächig, sondern warzenförmig aufzutragen. Durch Putzträger, z. B. Rippenstreckmetall, verzinktes Drahtgitter, Holzwolleleichtbau- oder Gipskartonputzträgerplatten, kann bei zweckentsprechender Befestigung die Putzhaftung sichergestellt bzw. ein ungeeigneter Putzgrund, z. B. aus Holz und Stahl, überbrückt werden. Zur Verminderung der Rißbildung, z. B. über Plattenstößen, ist eine Putzbewehrung aus Metall oder Fasern einzulegen.

Eine neue Putzlage darf erst aufgebracht werden, wenn die vorhergehende ausreichend fest ist – bei Spritzbewurf frühestens nach 12 Stunden – sowie erforderlichenfalls aufgerauht und angenäßt worden ist. Durch kräftiges Anwerfen von Hand oder maschinell und Verreiben werden die Haftung und Dichte des Putzmörtels verbessert. Über Dehnfugen und im Bereich größerer unvermeidbarer Bewegungen der Konstruktionen muß der Putz nach dem Aufbringen eingeschnitten werden. Die Putzflächen sind vor Schlagregen und Frost, bei den Mörtelgruppen P I bis III außerdem vor raschem Austrocknen zu schützen.

c) Inwieweit bestimmte Anforderungen nach a) an Außen- und Innenputzen von den Mörtelgruppen erfüllt werden, ist aus Tabelle 5.20 ersichtlich.

Für **Außenwandputz** eignen sich nur die Mörtelgruppen P I bis P III; bei Außenwänden aus Beton, bei Kellerwänden und Außensockeln nur P III.

Für Außendeckenputz sind P I bis P III ohne Einschränkung möglich, P IV nur bei feuchtigkeitsgeschützten Stellen.

Außenwandputz sollte im Mittel 20 mm, an einzelnen Stellen ≥15 mm dick sein, bei einlagigen wasserabweisenden Putzen aus Werkmörtel jeweils um 5 mm weniger. Der Putz muß jedoch so dick sein, daß zusätzliche Anforderungen, z. B. der Wärmedämmung und des Brandschutzes, erfüllt werden. Zu rauhe Wandputzflächen sind empfindlich gegen Verschmutzung und Frost; zu glatt geriebene Flächen neigen zu Schwindrissen. Sehr hohe Scherspannungen treten bei Sonnenbestrahlung in Putzen mit dunkler Oberfläche auf.

Für **Innenputz** an Wand und Decke werden alle Mörtelgruppen P I bis P V verwendet, in Feuchträumen (dazu zählen nicht häusliche Küchen und Bäder) nur die Gruppen P I bis P III. Bei Gipsbaustoffen als Putzgrund sind nur P IV und P V zulässig.

Innenputz wird im Mittel 15 mm dick ausgeführt, an einzelnen Stellen ≥10 mm, bei einlagigen Werk-Trockenmörteln jeweils um 5 mm weniger. Der Innenputz sollte besonders ebenflächig sein.

Zur Verbesserung der Schallabsorption kann er auch rauh gehalten werden. Eine beschleunigte Erhärtung ist bei Luftkalkmörteln durch höhere CO_2-Gehalte (Aufstellen von Propangasbrennern), bei Gipsputzen nur durch rascheres Austrocknen (Heizen und Lüften) möglich.

d) Die Wärmeleitfähigkeit von Putzen ist in Tabelle 1.5 angegeben. **Wärmedämmputz** wird aus Werkmörtel bis 8 cm Gesamtdicke hergestellt; je nach Zuschlag und Anwendung soll $\varrho = 0{,}15$ bis $0{,}60$ kg/dm^3 und die Druckfestigkeit $\geq 0{,}5$ N/mm^2, bei Oberputz $\geq 0{,}8$ bis 5 N/mm^2 betragen; letzterer muß als Außenputz den Mörtelgruppen P I und II vergleichbar und ggf. wasserabweisend sein.

Als **Brandschutzbekleidung** können Putze die Feuerwiderstandsdauer von Bauteilen nach DIN 4102 T 4 (siehe Abschnitt 1.4.7.7b) erhöhen, insbesondere wenn sie als P IVa und b sowie mit mineralischen Leichtzuschlägen nach Abschnitt 5.4.1.1f hergestellt werden.

5.6.4 Verlege- und Fugenmörtel

a) Der **Verlegemörtel** muß in der Lage sein, die Spannungen, die sich aus der mechanischen Beanspruchung der Platten und aus unterschiedlichen Längenänderungen von Plattenbelag und Untergrund ergeben, auf den Untergrund abzuleiten, ohne daß sich der Plattenbelag ablöst. Dazu muß der Verlegemörtel ausreichend fest sein und eine gute Haftung sowohl am Untergrund wie auch an der Rückseite der Platten erhalten. Wegen Fassadenbekleidungen siehe DIN 18515 (Platten über 0,1 m^2 Fläche müssen mit Trage- und Halteankern am Untergrund befestigt werden). Der Untergrund muß besonders sauber und stabil sein. Die unter Abschnitt 5.6.1e und 5.6.3b gemachten Ausführungen über das vorherige Annässen der Platten und bei Wandbelägen auch über die Vorbehandlung des Untergrunds sind sorgfältig zu beachten. Bei Wandflächen aus unterschiedlichen oder weniger festen Baustoffen sowie mit Maßabweichungen über 2,5 cm ist auf den Spritzbewurf zunächst ein Unterputz aus Mörtelgruppe P III mit tragfähiger Bewehrung aufzubringen. Der Verlegemörtel ist zur Verringerung der Schwindkräfte nicht zu fett aus 1 RT Zement und 4 bis 5 RT gemischtkörnigem Sand und in einer Dicke von 10 bis höchstens 20 mm Dicke herzustellen. Die Haftung der Platten kann bei Wandbelägen durch Schlämmen der Plattenrückfläche mit Zementleim, bei Bodenbelägen durch dünnes Pudern des Verlegemörtels mit Zement verbessert werden. In jedem Fall müssen die Platten durch kräftiges Aufklopfen eine vollflächige Verbindung mit dem Mörtel erhalten.

Keramische Platten nach Abschnitt 4.3.1 und 4.3.2 können auf ebenflächigem Untergrund auch mit hydraulisch erhärtendem Dünnbettmörtel sowie mit Dispersions- oder Epoxidharzklebstoffen (siehe Abschnitte 8.3.4c und 9.5a) im sogenannten **Dünnbettverfahren** nach DIN 18156 und 18157 aufgebracht werden. Der Untergrund kann aus bestimmten Putzen, Zementestrich, Mauerwerk, Beton und verschiedenen Bauplatten bestehen, wobei ggf. Vorbehandlungen notwendig sind. Nach einer evtl. erforderlichen Grundierung werden Mörtel oder Klebstoffe mit einer Kammspachtel auf den Untergrund (Floating) oder/und auf die Rückseite der Platten (Buttering) gleichmäßig dick aufgetragen und die Platten bei noch plastischer Konsistenz des Mörtels oder Klebstoffes angesetzt.

Wegen des Verlegens und Verfugens von Gipskartonplatten siehe Abschnitt 5.7.7.

b) Nach ausreichender Erhärtung des Verlegemörtels sind die Fugen mit einem geeigneten **Fugenmörtel,** meist Zementmörtel, zu füllen. Wenn eine gute wasserabweisende Wirkung verlangt wird, müssen die Fugen zum satten Verfüllen genügend weit sein, je nach Plattendicke und -länge mindestens 2 bis 10 mm. Um Schwindrisse zu vermeiden, muß der Mörtel gemagert werden, bei engen Fugen mit Quarzmehl, bei breiteren Fugen mit Sand. Wegen der Schlagregendichtheit sind bei Sichtmauerwerk (siehe Abschnitt 5.6.2d) und bei keramischen Spaltplatten (siehe Abschnitt 4.3.2) die Fugen mit besonderem Fugenmörtel, z. B. aus CEM I 32,5 R, 5 RT Sand 0/2 mm und 1 RT Traß, kräftig auszufugen; ähnlich wie bei Beton soll der Mehlkorngehalt (siehe Abschnitt 5.2.5d) in günstigen Bereichen liegen, bei Fugenmörtel etwa zwischen 600 bis 1200 kg/m^3. Der Fugenmörtel muß auch überall eine gute Haftung an den Steinen bzw. Platten besitzen, siehe Abschnitt 5.6.1e.

c) Größere Bodenflächen sind je nach Temperaturänderungen des Belages durch Dehnfugen zu unterteilen. Da die Beläge erst nach dem Erhärten von Verlege- und Fugenmörtel ihre volle Funktionsfähigkeit besitzen, sind sie genügend lange vor mechanischen Einwirkungen, vor Austrocknung sowie vor größeren Temperaturschwankungen zu schützen.

Auch vollflächig verlegte Balkon- und Terrassenbeläge sind nicht wasserdicht, weil wegen des Schwindens des Verlege- und Fugenmörtels und der Temperaturdehnungen des Belags Risse im Mörtel entstehen können. Deshalb ist unter den Belägen eine Abdichtung aus Bitumenbahnen o. ä. anzuordnen, die auch seitlich hochzuziehen ist; evtl. eingedrungenes Wasser ist durch ein Quergefälle möglichst rasch abzuführen.

d) **Zementmörtel** nach DIN 1045 für die Fugen von Fertigteilen und Zwischenbauteilen muß aus mindestens 400 kg Zement je m^3 und gemischtkörnigem, sauberen Sand 0/4 mm hergestellt werden oder bei der Prüfung von 100-mm-Würfeln im Alter von 28 Tagen eine Druckfestigkeit von mindestens 15 N/mm^2 besitzen.

5.6.5 Estrichmörtel

Nach DIN 18560 T 1 sind Estriche Bauteile auf einem tragenden Untergrund oder auf einer dazwischenliegenden Trenn- oder Dämmschicht. Sie können unmittelbar benutzt oder mit einem Belag versehen werden.

> Angestrebte Eigenschaften sind: Ebenheit, Druckfestigkeit, ohne Verbund auch Biegezugfestigkeit, Härte, geringe Längenänderungen, Eignung zur Aufnahme von Belägen oder, wenn unmittelbar benutzt, ggf. Verschleißwiderstand.

Estriche werden unter Verwendung von mineralischen Bindemitteln (Zement, Anhydritbinder, Magnesiabinder) oder Bitumen (siehe Abschnitt 7.3) und Zuschlag hergestellt. Außer diesen Baustellenestrichen gibt es auch Fertigteilestriche aus vorgefertigten, kraftschlüssig verbundenen Gipskartonplatten, siehe Abschnitt 5.7.7.

Die Estriche nach DIN 18560 sind in folgende Festigkeitsklassen eingeteilt:
ZE 12, 20, 30, 40 und 50 für Zementestriche,
ZE 55 und 65 für Hartstoffestriche,
AE 12, 20, 30 und 40 für Anhydritestriche,
ME 5, 7, 10, 20, 30, 40, 50 und 60 für Magnesiaestriche.

Die Dicke des Estrichs (d = 10–80 mm) bzw. der oberen Nutzschicht (d = 4–20 mm) von mehrschichtigen Estrichen ist auf die Estrichart und den jeweiligen Verwendungszweck abzustimmen; sie sollte auch mindestens dem 3fachen des Zuschlaggrößtkorns entsprechen. Die nach Norm geforderten Festigkeitsklassen

Tabelle 5.21a Festigkeitsklassen und Dicken von Estrichen

	Zementestrich ZE	Anhydritestrich AE	Magnesiaestrich ME	GE	Gußasphaltestrich (siehe Abschnitt 7.3.1)
Verbundestriche (V)					
Festigkeitsklassen	≥ E 20			1)	ohne Belag
	≥ E 12		≥ E 5		mit Belag
Dicke (mm)	≤ 50			≤ 40	einschichtige Ausführung
Estriche auf Trennschichten (T)					
Festigkeitsklassen	≥ E 20			1)	ohne Belag
	≥ E 20		≥ E 7		mit Belag
Dicke (mm)	≥ 35	≥ 30		≥ 20	
Schwimmende Estriche (auf Dämmschichten) **(S)**					
Festigkeitsklassen	≥ E 20		≥ E 7	1)	ohne/mit Belag Verkehrslasten ≤ 1,5 kN/m²
Dicke 2) (mm)	≥ 35			≥ 20	≤ 5 mm } Zusammendrückung der Dämmschicht
	≥ 40			–	5 bis 10 mm } Zusammendrückung der Dämmschicht

1) Härteklassen der Gußasphaltestriche siehe Abschnitt 7.3.1.
2) Dicke um 5 mm erhöhen bei mehr als 30 mm Dämmschichtdicke.

und Dicken sind in Tabelle 5.21a angegeben. Nach dem Verbund mit dem tragenden Untergrund werden unterschieden:

Verbundestriche (Kurzzeichen V) nach DIN 18 560 T 3 sind mit einem vollflächigen und kraftschlüssigen Verbund mit dem Untergrund herzustellen. Dieser muß dazu ausreichend fest, griffig, frei von Rissen und vor allem von losen Teilen, Mörtelresten, Öl u. a. sein.

Bei größeren Unebenheiten des Untergrundes oder bei aufliegenden Rohrleitungen u. a. ist ein Ausgleichsestrich in voller Höhe und mit gleicher Eignung wie der Untergrund erforderlich. Zur Verbesserung des Verbunds (siehe auch Abschnitt 5.6.1e) und vor allem bei ungenügender Griffigkeit sollte eine geeignete Haftbrücke aufgebracht werden, z. B. wird unmittelbar vor dem Aufbringen des Estrichs auf den mattfeuchten Untergrund ein fetter Mörtel als Haftbrücke, ggf. unter Zusatz einer geeigneten Kunststoffdispersion, kräftig eingekehrt. Außer den Bewegungsfugen über den Bauwerksfugen sind Schwindfugen nicht erforderlich, weil die Schwindspannungen des Estrichs durch die schubfeste Verbindung mit dem Untergrund von diesem aufgenommen werden.

Estriche auf Trennschichten (T) nach DIN 18 560 T 4 werden aus bautechnischen oder bauphysikalischen Gründen vom tragenden Untergrund durch eine dünne Zwischenlage getrennt. Diese, z. B. als PE-Folie mit ≥0,1 mm Dicke, ist zweilagig und möglichst glatt zu verlegen.

Schwimmende Estriche (S) nach DIN 18560 T 2 dienen als Tragschicht über Dämmstoffen, die vor dem Aufbringen des Estrichmörtels mit Folien u. ä. dicht abzudecken sind. Die Estriche müssen gegenüber der Beanspruchung durch Einzellasten (z. B. Möbel) eine ausreichende Biegetragfähigkeit besitzen. Je nach der Zusammendrückbarkeit der Dämmstoffe (siehe Abschnitt 9.1a und 8.3.2a) sind unterschiedliche Festigkeitsklassen und Estrichdicken vorgeschrieben, siehe Tabelle 5.21a.

Bei der Bestätigungsprüfung (s. Abschnitt 1.4) wird eine Biegezugfestigkeit $\geq 2{,}5$ N/mm^2 verlangt. Bei größerer Verkehrslast sowie bei Heizestrichen (mit Fußbodenheizung) sind größere Estrichdicken, z. T. auch höhere Festigkeitsklassen notwendig; bei Heizestrichen sind wegen der späteren höheren Temperaturen zusätzliche Anforderungen zu beachten.

Für die Estriche wird der Mörtel in der Regel steifplastisch hergestellt, durch Tatschen, Stampfen oder besser durch Rüttelbohlen verdichtet, mit Richtscheiten abgezogen und so geglättet, daß sich an der Oberfläche kein Wasser und Feinmörtel anreichern. Mit Fließmittel entsprechend Abschnitt 5.2.4.1 entsteht **Fließestrich,** der ohne Verdichten und Glätten lediglich abgezogen werden muß bzw. sich selbstnivellierend einstellt. Im Estrich sind über allen Fugen im Untergrund, bei den Estrichen T und S auch an den Rändern, Bewegungsfugen anzuordnen, die nach vorheriger Säuberung mit Fugendichtungsmassen oder Profilen zu schließen sind. Je nach Bindemittel darf der Estrich nicht vor 2 bis 3 Tagen begangen bzw. nicht vor 5 bis 7 Tagen höher belastet werden. Zur Verbesserung des Verschleißwiderstands oder zur Erleichterung der Pflege kann die Oberfläche von Nutzestrichen noch besonders mit Kunststoffen nach Abschnitt 8.3.4 imprägniert, versiegelt oder beschichtet bzw. bei Zementmörtel auch mit wäßrigen Fluatlösungen behandelt werden.

a) **Zementestriche** (ZE) müssen besonders sorgfältig hergestellt werden, um später Risse, Aufwölben und Absanden zu vermeiden.

Zur Verringerung des Schwindens (siehe auch Bild 5.10) und zur Erhöhung des Verschleißwiderstands ist außerdem noch folgendes zu beachten:

Begrenzter Zementgehalt, i. a. ≤ 400 kg/m^3. Bei $d \leq 40$ mm Zuschlag bis 8 mm Größtkorn, bei $d \geq 40$ mm Zuschlag bis 16 mm Größtkorn mit Sieblinien in der oberen Hälfte des günstigen Bereichs nach den Bildern 5.3a und b.

Zusätzlich zu den Bauwerksfugen ist der Zementestrich auf Trennschichten im Abstand von ≤ 6 m, schwimmender Estrich im Abstand von ≤ 8 m bzw. mit einer Feldgröße von ≤ 40 m^2 durch eingeschnittene Schwindfugen in möglichst quadratische Felder zu unterteilen.

Schutz vor Austrocknung wenigstens 3 Tage und danach vor Wärme und Zugluft wenigstens 1 Woche, siehe auch Abschnitt 5.2.8a.

An Estriche mit höheren mechanischen Beanspruchungen durch Verkehr und Gewerbebetrieb werden höhere Anforderungen gestellt, siehe Tabelle 5.21b und das AGI-Arbeitsblatt A 11.

Estriche im Freien sind wegen der erforderlichen Frost- und Tausalzbeständigkeit mit Luftporenbildnern für einen Luftgehalt von 4 bis 6% je nach Kornzusammensetzung herzustellen, siehe auch Abschnitt 5.3.4a und b. Um die notwendige Griffigkeit zu erhalten, ist die Oberfläche nach dem Glätten mit Besenstrich aufzurauhen. Wegen der größeren Temperaturänderungen im Freien sind Verbundestriche in Felder von höchstens 10 m^2, Estriche auf Trennschichten sogar in Felder von höchstens 4 m^2 aufzuteilen.

b) **Hartstoffestriche** (Zementestriche mit Zuschlag aus Hartstoffen) kommen zur Ausführung bei besonders stark befahrenen oder begangenen Verkehrsflächen oder gewerblich besonders durch Schleifen, Rollen und Schlagen beanspruchten Flächen. Nach DIN 18560 T 5 wird dabei nach schwerer (I), mittlerer (II) und leichter (III) Beanspruchung unterschieden, siehe auch Arbeitsblatt A 10 der AGI.

Tabelle 5.21b Anforderungen an Zementestriche im Industriebau und an Hartstoffestriche

Beanspruchung	Festigkeitsklasse	Biegezugfestigkeit Mittel N/mm²	Druckfestigkeit N/mm² Einzelwert	Druckfestigkeit N/mm² Mittel	Schleifverschleiß Mittel mm	$\left(\frac{cm^3}{50\,cm^2}\right)$
Industrieestriche (ohne Hartstoffschicht)						
leicht	ZE 30	≥5	≥30	≥35	≤3,0	(15)
mittel	ZE 40	≥6	≥40	≥45	≤2,4	(12)
schwer	ZE 50	≥7	≥50	≥55	≤1,8	(9)
Hartstoffestriche für leichte bis schwere Beanspruchung	ZE 65 A[1])	≥9	≥65	≥75	≤1,4	(7)
	ZE 55 M[1])	≥11	≥55	≥70	≤0,8	(4)
	ZE 65 KS[1])	≥9	≥65	≥75	≤0,4	(2)

[1]) A, M, KS ... Stoffgruppen nach b).

Hartstoffestriche werden i. a. aus CEM I 32,5 R oder 42,5 R und mit folgenden Hartstoffen nach DIN 1100 hergestellt:

- Stoffgruppe **A** (allgemein): Hartgesteine, dichte Schlacken
- Stoffgruppe **M**: Metallische Stoffe
- Stoffgruppe **KS**: Elektrokorund, Siliciumkarbid.

Angaben über die Festigkeitsklassen finden sich in Tabelle 5.21b. Auf den Untergrund aus mindestens B 25 kommt zunächst eine Übergangsschicht von $d \geq 25$ mm als Verbundestrich der Festigkeitsklasse ≥ZE 30 (auf Trenn- und Dämmschichten sind größere Dikken erforderlich). Darauf wird «frisch auf frisch» die Hartstoffschicht, die nach Angaben des Hartstoffherstellers zusammengesetzt wird, je nach Beanspruchungsgruppe und Hartstoffart in einer Dicke von 4 bis 15 mm aufgebracht. Die Nachbehandlung und die Fugen sind wie nach Abschnitt 5.6.5a auszuführen.

c) **Anhydritestriche** (AE) werden aus ≥450 kg Anhydritbinder AB 20 je m³ und meist Zuschlag bis 8 mm hergestellt. Sie benötigen im Gegensatz zu Zementestrich i. a. keine Schwindfugen und sollten wenigstens 2 Tage vor Wärme und Zugluft geschützt werden. Eine spätere dauernde Feuchtigkeitseinwirkung ist unzulässig. Weiteres siehe Abschnitte 5.1.4.1c und 5.1.4.3.

d) **Magnesiaestriche** (ME) werden aus Magnesiabinder und organischem Zuschlag, meist Nadelholzspänen (Steinholzestrich mit $\varrho \leq 1{,}6$ kg/dm³), oder/und mineralischem Zuschlag zusammengesetzt, siehe auch Abschnitt 5.1.5. Sie können daher in unterschiedlichen Rohdichte- und Härteklassen hergestellt werden, weshalb ihre Eigenschaften wie Fußwärme, Elastizität und Härte in weiten Grenzen variiert werden können. Sie können auch in gewerblich genutzten Räumen verwendet werden; nach DIN 18560 T 7 werden bei schwerer, mittlerer oder leichter Beanspruchung u. a. die Festigkeitsklassen ME 50, 40 und 30 verlangt. Als Verbundestrich kann Magnesiaestrich auch auf ausreichend biegesteifem Holzuntergrund aufgebracht werden. Bei dauernder Feuchtigkeitseinwirkung ist er ungeeignet. Auch muß er wegen des hohen Chloridgehalts von Stahlbetondecken durch eine Sperrschicht, z. B. ≥2 cm dicken Zementausgleichsestrich, getrennt werden, ist auf Spannbetondecken verboten und darf ungeschützte Metallteile nicht berühren. Da Magnesiamörtel schwinden kann, sind bei Estrichen T und S mindestens alle 8 m Schwindfugen anzuordnen. Nachbehandlung wie bei Anhydritestrich.

5.6.6 Einpreßmörtel

> Er dient dem satten Ausfüllen von Hohlräumen, bei Spannkanälen auch dem Rostschutz der Spannglieder sowie deren Verbund mit der Gesamtkonstruktion.

a) Nach DIN 4227 T 5 ist Einpreßmörtel für Spannkanäle aus rasch erhärtendem Portlandzement CEM I ≥32,5 R, Anmachwasser mit höchstens 600 mg Cl je dm^3 sowie einem Wasserzementwert von höchstens 0,44 herzustellen. Um das Wasserabsondern und dadurch verursachte Hohlräume möglichst gering zu halten oder zu vermeiden, wird in der Regel kein Zuschlag oder Zusatzstoff, sondern eine besondere **Einpreßhilfe** EH zugesetzt, siehe Tabelle 5.10 und Abschnitt 5.2.4.1. EH besteht vor allem aus Aluminiumpulver, das im Zementleim Wasserstoffgasporen erzeugt, ihn dadurch auftreibt und dem Wasserabsondern entgegenwirkt sowie später die Frostbeständigkeit verbessert. Gleichzeitig enthalten die Zusatzmittel eine verflüssigende Komponente, um auch das Fließvermögen zu verbessern. Durch Eignungsprüfungen ist festzustellen, daß die Anforderungen sicher eingehalten werden:

- Das **Fließvermögen** des Einpreßmörtels wird durch die Tauchzeit des Tauchkörpers in einem mit Mörtel gefüllten Standrohr (Ø 62 mm) gemessen.
  Die Tauchzeiten müssen
  sofort nach dem Mischen ≥30 s,
  nach 30 Minuten ≤80 s betragen.
- Die **Raumänderung** wird im Absetzversuch in 1-kg-Konservendosen durch die Änderung der 100-mm-Füllhöhe nach 24 Stunden gemessen. Bei der Eignungsprüfung darf kein Absetzen entstehen; bei der Güteprüfung während der Einpreßarbeiten ist geringes Quellen erwünscht, Absetzmaße bis maximal 2% sind zulässig.
- Die **Druckfestigkeit** der in den Konservendosen hergestellten Zylinder muß nach 28 Tagen $\beta_D \geq 27$ N/mm^2 (Einzelwert) bzw. ≥30 N/mm^2 (Mittelwert von drei Proben) betragen.

Einpreßmörtel muß mindestens 4 min lang in besonderen Mischgeräten gemischt und anschließend zügig innerhalb einer halben Stunde mit einer Pumpe vom tieferliegenden Ende aus in die Spannkanäle eingepreßt werden. Wegen der besonderen Bedeutung der Einpreßarbeiten für die Dauerhaftigkeit von Spannbetonbauteilen sind der Beginn der Arbeiten der bauüberwachenden Stelle mitzuteilen und der Ablauf der Einpreßarbeiten in einem Arbeitsprotokoll festzuhalten. Bei Bauwerkstemperaturen unter +5 °C darf nicht eingepreßt werden.

b) Lockergesteine und klüftiges Gestein können mit Injektionen aus geeigneten Zementsuspensionen und Zementmörteln verfestigt und abgedichtet werden, siehe das Merkblatt für Zementeinpressungen im Bergbau.

5.7 Geformte Baustoffe mit mineralischen Bindemitteln

Diese Baustoffe werden in Baustoffwerken hergestellt und nach der Erhärtung auf die Baustelle geliefert. Baustoffe mit kleineren und mittleren Maßen werden meist im Takt- oder Fließbandverfahren mit besonderen Maschinen geformt, verdichtet und anschließend gestapelt. Baustoffe, die ohne Schalung hergestellt oder unmittelbar nach der Verdichtung entschalt werden, müssen eine hohe «Grünstandfestigkeit» besitzen, siehe Abschnitt 5.2.7e.

Um die Baustoffe möglichst bald stapeln oder einbauen zu können bzw. bei Bauteilen mit großen Maßen die teuren Schalungen möglichst oft innerhalb eines bestimmten Zeitraumes benutzen zu können, wird die Erhärtung vor allem durch rascher erhärtende Bindemittel und/oder durch Wärme beschleunigt, siehe auch Abschnitt 5.2.8e. Zementgebundene Baustoffe mit dichtem Gefüge nach Abschnitt 5.7.2 und 5.7.3 werden im Hoch- und Tiefbau verwendet und müssen aus diesem Grund meist auch ein günstiges Verhalten gegenüber Wasser- und Frosteinwirkung besitzen. Alle übrigen Baustoffe, insbesondere jene aus Leichtbeton, Gasbeton, Holzwolle und Gips, werden in der Regel nur im Hochbau verwendet und müssen vor Durchfeuchtung geschützt bleiben.

Baustoffe aus Faserbeton, Gasbeton, Holzwolle und Gips lassen sich leichter durch Sägen, Bohren u. a. bearbeiten und können einfacher montiert werden als die übrigen Baustoffe mit gröberen mineralischen Zuschlägen.

5.7.1 Kalksandsteine, Hüttensteine

Kalksandsteine nach DIN 106 werden aus Weißfeinkalk und quarzreichem Sand zu Formlingen mit unterschiedlichen Formaten gepreßt und anschließend in Autoklaven unter Dampfdruck von rd. 16 bar (200 °C) gehärtet. Die Verfestigung erfolgt innerhalb von 4 bis 8 Stunden durch Bildung von Calciumsilikathydrat, siehe Abschnitt 5.1.1.1a. Die Kalksandsteine sind meist weiß, selten farbig. Die verschiedenen Steinarten und Eigenschaften sind in Tabelle 5.22 wiedergegeben. Bei Hohlblock- und Lochsteinen beträgt der Anteil an Löchern und Schlitzen über 15%, bei Block- und Vollsteinen bis höchstens 15%. Hohlblock-, Block- und Lochsteine haben, abgesehen von den durchgehenden Grifföffnungen, 5seitig geschlossene Flächen. Bild 5.12a zeigt einen Kalksandlochstein; Beispiel für Kurzzeichen: DIN 106 – KSL – 12 – 1,2 – 3 DF.

Tabelle 5.22 Kalksandsteine und Wandbausteine aus Leichtbeton

Steinart/Gestalt	Formate[1]) bzw. Maße mm	Festigkeits-klassen[2])	Markierung[2]) oder Anzahl der Nute	Rohdichte-klassen[3])
Kalksandsteine nach DIN 106				
		meist		
Hohlblockstein KSL Blockstein KS	≥8 DF (h >113 mm)	6 12	rot –	1,0 ··· 2,0
Lochstein KSL Vollstein KS	≤6 DF (h ≤113 mm) i. allg. DF ... 3 DF	20 28	gelb braun	
Hohlblocksteine Hbl aus Leichtbeton nach DIN 18151				
Mit einer Kammer (1 K) bis 6 Kammern (6 K)	≥8 DF l = 495, 370, 245 b = 175 ... 490[4]) h = 238, (175)	2 4 6 8	grün/ohne blau/1 rot/2 Stempelung[6])	0,5 ··· 1,4
Vollsteine V und Vollblöcke Vbl aus Leichtbeton nach DIN 18152				
(teilweise mit Grifföffnungen und Schlitzen)	bei V: DF ··· 10 DF bei Vbl[5]) ähnlich wie bei Hbl	2 4 6 8 12	(grün)/ohne blau/1 rot/2 Stempelung[6]) schwarz/3	0,5 ··· 2,0
Gasbeton-Blocksteine G und -Plansteine GP nach DIN 4165				
–	l = 240 bis 740[5]) b = 115 bis 365[5]) h = 115, 175, 240[5])	2 4 6 8	grün blau rot Stempelung[6])	0,4 und 0,5 0,6, 0,7, 0,8 0,7 und 0,8 0,7 bis 1,0

[1]) siehe Abschnitt 1.4.1b und Tabelle 1.3, Toleranz der Sollmaße ± 2 bis ± 4 mm.
[2]) siehe Tabelle 1.4 und dort Fußnote [2]).
[3]) siehe Abschnitt 1.4.2.2b, Wärmeleitfähigkeit des Mauerwerks siehe Tabelle 1.5.
[4]) Zusätzliche Angabe der Steinbreite, wenn unterschiedliche Breiten bei gleichen Format-Kurzzeichen möglich sind.
[5]) Längen bei Vbl um 5 mm größer, bei G mit Mörteltaschen oder mit Nut und Feder um 9 mm größer, bei GP Längen und Höhen um 9 oder 10 mm größer als die Normmaße nach 1.4.1b.
[6]) Aufstempelung der Festigkeitsklasse und Rohdichteklasse in schwarzer Farbe.

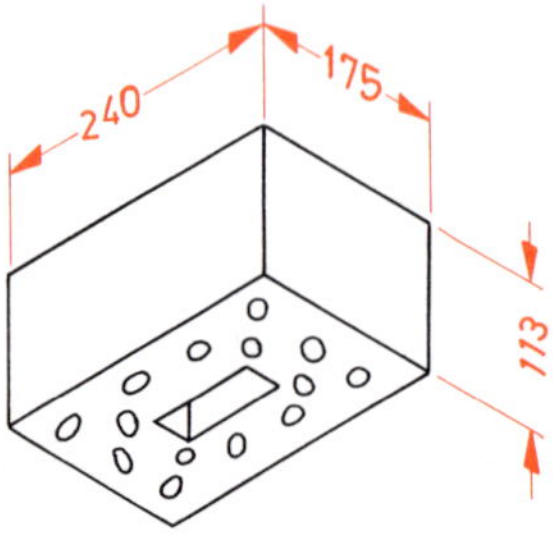

a) Kalksand-Lochstein
3 DF

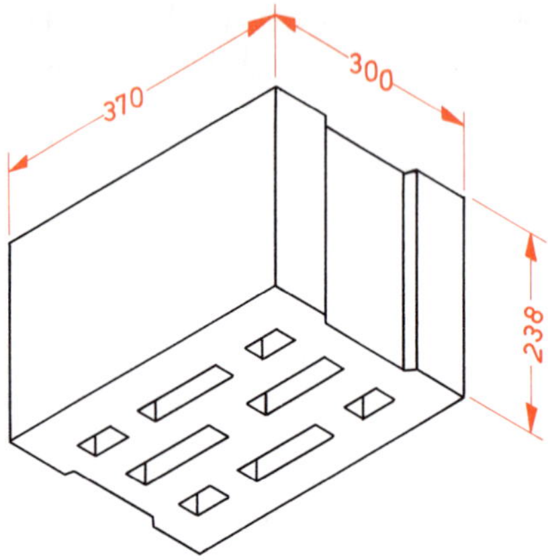

d) Dreikammer-Hohlblockstein
aus Leichtbeton 3 KHbl 15 DF

Abgesehen von der durchgehenden Grifföffnung bei a), sind die oberen Flächen geschlossen, das heißt ohne Löcher.

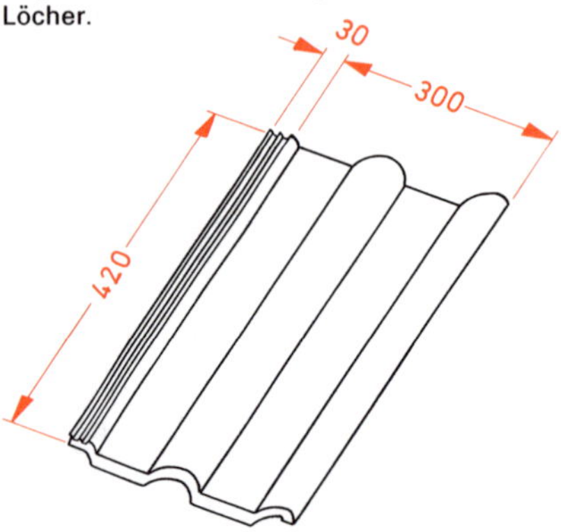

b) Betondachstein,
Frankfurter Pfanne

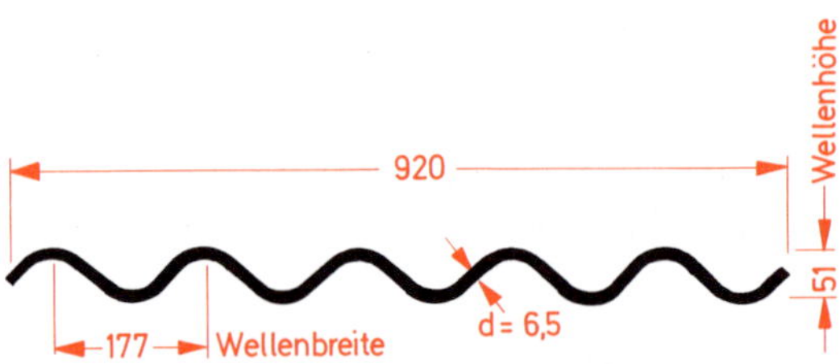

e) Faserzement-Wellplatte
Profil 177/51

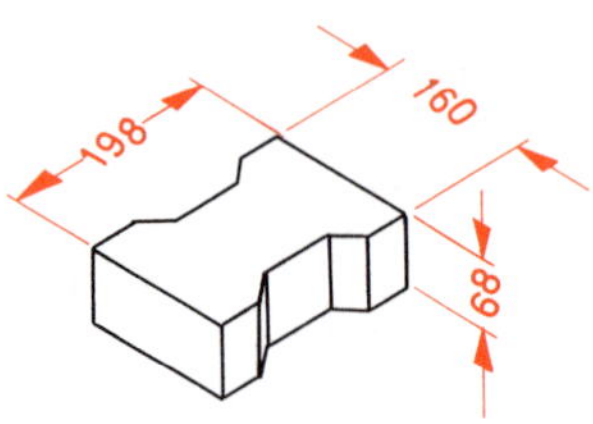

c) Pflasterstein aus Beton

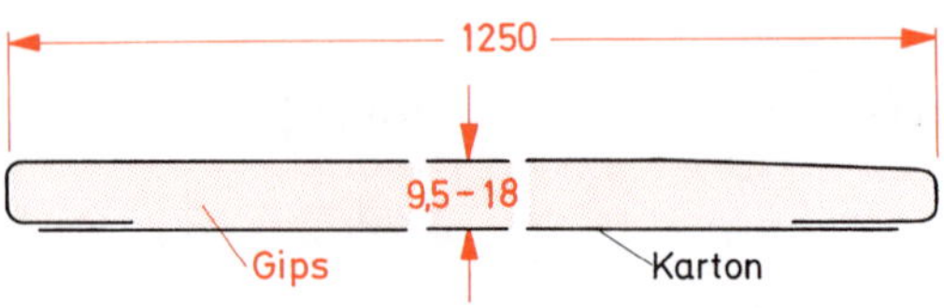

f) Gipskartonplatte, links mit voller Längskante, rechts mit abgeflachter Längskante zur Aufnahme einer Fugenverspachtelung

Bild 5.12 Beispiele von fertigen Baustoffen mit mineralischen Bindemitteln, Maße in mm

Vormauersteine (KS Vm) müssen mindestens der Festigkeitsklasse 12 entsprechen und frostbeständig sein; an Verblender (KS Vb) mit der Festigkeitsklasse ≥20 werden hohe Anforderungen an Maßhaltigkeit und Frostwiderstand gestellt.

Hüttensteine nach DIN 398 werden aus Hüttensand und Kalk oder Zement als Vollsteine HSV, Lochsteine HLS und Hohlblocksteine HHbl, hergestellt. Ihre Formate und Eigenschaften sind ähnlich wie die von Kalksandsteinen.

5.7.2 Betonwaren und Fertigteile aus Normalbeton

Einige Baustoffe werden sowohl aus Normalals auch aus Leichtbeton gefertigt, siehe Abschnitt 5.7.4.

a) **Hohlblocksteine Hbn aus Beton** nach DIN 18153 mit geschlossenem oder haufwerksporigem Gefüge sowie den Rohdichteklassen 1,2 bis 1,8 bzw. den Festigkeitsklassen 4, 6 und 12 können auch für Untergeschoßwände verwendet werden.

b) **Betondachsteine** nach DIN 1115 werden aus Zement, Sand und meist Farben in ähnlichen, zum Teil größeren Formaten als Dachziegel nach Abschnitt 4.2.2 hergestellt, siehe Bild 5.12b. Besonders günstige Eigenschaften sind ihre Maßhaltigkeit, Wasserundurchlässigkeit und Frostbeständigkeit.

c) **Betonwerksteinerzeugnisse** nach DIN 18500 werden vor allem als Fußboden- und Fassadenplatten sowie für Treppen verwendet; bei größeren Maßen werden sie als Stahlbetonfertigteile bewehrt. Betonwerkstein wird oft zweischichtig aus Vorsatzbeton (mit besonderen Zuschlägen und Farben) und Kernbeton hergestellt. Beide Betone sind hinsichtlich Zusammensetzung und Verarbeitung aufeinander abzustimmen und müssen untrennbar miteinander verbunden sein. Die Ansichtsflächen werden durch entsprechende Schalungen besonders gestaltet oder nachträglich bearbeitet, z. B. durch Waschen, Schleifen, Sandstrahlen, siehe Abschnitt 5.3.6c und d. Anforderungen siehe Tabelle 5.23.

d) **Gehwegplatten** nach DIN 485, **Bordsteine** nach DIN 483 sowie **Pflastersteine** nach DIN 18501, jeweils aus Beton, werden in verschiedenen Größen und Formen geliefert, Pflastersteine meist auch als Verbundsteine, siehe Bild 5.12c. Da Gehwegplatten auch für Flächen mit starkem Fußgängerverkehr und geringem Fahrverkehr verwendet werden, muß der Zuschlag aus hartem Gestein bestehen, bei zweischichtiger Herstellung mindestens im Vorsatzbeton. Anforderungen siehe Tabelle 5.23. Wegen des Frost- und Tausalzwiderstandes sollte der Wasserzementwert höchstens 0,40 betragen; infolge der sehr steifen Konsistenz bei der Herstellung entstehen mit LP-Mitteln nämlich kaum Luftporen. Entsprechend Abschnitt 5.3.4a und b muß der Zuschlag einen

Tabelle 5.23 Wichtige Eigenschaften von Betonwerkstein sowie von Gehwegplatten, Bordsteinen und Pflastersteinen aus Beton

Baustoffe	Druckfestigkeit[1]) N/mm²	Biegezugfestigkeit[1]) N/mm²	Schleifverschleiß mm $\left(\frac{cm^3}{50\,cm^2}\right)$	weitere Eigenschaften
Betonwerkstein	≥30	≥5	I[2]) ≤3,0 (15,0) II[2]) ≤5,2 (26,0)	Wasseraufnahme[3]) ≤15 Vol.-%
Gehwegplatten Bordsteine Pflastersteine	– – ≥60	} ≥6 –	} ≤3,0 (15,0) –	Widerstand gegen Frost- und Tausalzeinwirkung

[1]) Mittelwert
[2]) Härteklasse I und II
[3]) bei Betonwerksteinen, die im Freien verwendet werden.

hohen Frostwiderstand besitzen und der Mehlkorngehalt möglichst gering sein.

e) **Betonrohre** und Formstücke nach DIN 4032 werden mit Nennweiten von 100 bis 1500 mm und in unterschiedlichen Rohrformen hergestellt, nämlich kreisförmig (Kurzzeichen K), kreisförmig mit Fuß (KF) und eiförmig mit Fuß (EF). Für wandverstärkte Rohre (W) ist in der Regel kein statischer Nachweis erforderlich. Je nach Rohrform, Nennweite und Wanddicke wird eine Mindestscheiteldrucklast von 24 bis 220 kN/m verlangt, siehe auch Abschnitt 1.4.4.4d; die Festigkeitsklasse des Betons muß ≥B 45 sein. Die Rohre müssen unter 0,5 bar wasserdicht sein. Die Rohrenden werden mit Muffe (M) oder mit Falz (F) ausgeführt. Die Dichtung der Muffenverbindungen erfolgt meist mit gummielastischen Rollringdichtungen, die in der Regel von den Rohrherstellern mitzuliefern sind. Für Stahlbetonrohre gilt DIN 4035.

f) Darüber hinaus gibt es noch weitere geformte Baustoffe aus Normalbeton, z. B.

- Schächte nach DIN 4034,
- Abläufe nach DIN 4052,
- Betonmaste nach DIN 4228.

Für alle außerhalb besonderer Normen hergestellten Fertigteile aus Beton und Stahlbeton ist DIN 1045 maßgebend.

5.7.3 Faserbetonbaustoffe

Sie werden mit Fasern hoher Zugfestigkeit hergestellt, z. B. mit alkaliwiderstandsfähigen Glasfasern nach Abschnitt 4.5.6, Stahlfasern, siehe auch Abschnitt 5.2.7d, und besonders entwickelten Kunststoffasern. Für das Zusammenwirken mit dem Zementstein sind maßgebend ihre Durchmesser und Länge, die Haftung sowie E-Modul und Bruchdehnung. Durch die Fasern wird die Zug- und Biegezugfestigkeit sowie die Schlagbiegefestigkeit der Baustoffe wesentlich verbessert, so daß dünne Querschnitte möglich sind. Wegen der großen Oberfläche der Fasern erfordert dichter Faserbeton einen hohen Zementgehalt, wodurch zwar die Wasserdichtheit und Frostbeständigkeit, jedoch auch das Schwinden erhöht werden.

a) Die Faserzementbaustoffe werden heute nicht mehr mit **Asbest** hergestellt. Dieser wurde 1990 in der Liste der krebserzeugenden Gefahrstoffe in die höchste Gefährdungsgruppe als «gesundheitlich stark gefährdend» eingestuft. Bei eingebauten Asbestzementbauteilen könnte bei ungünstigen Verhältnissen Asbestfeinstaub durch Verwitterung, Verschleiß oder unsachgemäße Bearbeitung in die Luft gelangen; eingeatmete Asbestfasern können Lungenerkrankungen (z. B. Asbestose) hervorrufen. Abbruch und Sanierungsarbeiten an schwachgebundenen Asbestprodukten erfordern eine behördliche Zulassung und dürfen nur von sachkundigem Personal durchgeführt werden. (Die Herstellung und Verwendung von Spritzasbest ist bereits seit 1979 in Deutschland verboten.) Beim Entfernen, Beschichten und Entsorgen von Asbestbaustoffen sind Maßnahmen vorgeschrieben (Asbest-Richtlinien), um das Freisetzen des gesundheitsgefährdenden Feinstaubs zu vermeiden.

b) Die **Faserzementbaustoffe** bestehen im frischen Zustand aus vielen Schichten zementumhüllter Synthetik- oder Zellstoffasern, woraus maschinell ebene Platten und Tafeln, Wellplatten, Abflußrohre (DIN 19840), Druckrohre oder meist noch manuell Dachzubehörteile, Entlüftungsrohre, Wannen und Kästen gefertigt werden. Für die Anwendung im Hochbau als Dacheindeckung, Fensterbänke u. a. wird der Faserzement auch eingefärbt; Baustoffe für Bekleidungen werden auch beschichtet. Wellplatten werden als kurze ($l < 0{,}9$ m) oder als lange Wellplatten ($l > 0{,}9$ m) mit verschiedenen Profilen (Wellenlänge/Wellenhöhe in mm) geliefert, siehe Bild 5.12e. Je nach Faserrichtung und Verdichtung erhält man unterschiedliche Biegefestigkeiten; bei der Prüfung von Wellplatten sind aufnehmbare Biegemomente von 25 bis 55 Nm/m gefordert.

Fabrikate sind Eternit, Fulgurit, Toschi usw.

c) **Glasfaserbeton** (GFB) wird durch Einmischen, Einrieseln und Einlegen von rund 3 bis 15 Vol.-% Glasfasern unterschiedlicher Länge hergestellt. Je nach Fasergehalt und Herstellungsverfahren liegt die Biegefestigkeit zwischen 8 und 40 N/mm^2. Die Anwendungsmöglichkeiten von Glasfaserbeton sind ähnlich wie bei Faserzementbaustoffen und glasfaserverstärkten Kunststoffen.

5.7.4 Betonwaren und Fertigteile aus Leichtbeton

Im engeren Sinne zählen dazu alle Baustoffe, die überwiegend mit porigen, mineralischen Zuschlägen teils mit offenem Gefüge, d. h. mit Haufwerksporen nach Abschnitt 5.4.1.2b und c, teils als Fertigteile aus Leicht- und Stahlleichtbeton mit geschlossenem Gefüge nach Abschnitt 5.4.1.1a bis e hergestellt werden. (Baustoffe aus Gasbeton und aus Holzwolle werden in Abschnitt 5.7.5 und 5.7.6 beschrieben.)

a) Als Wandbausteine aus Leichtbeton werden vor allem **Hohlblocksteine** nach DIN 18151, siehe Bild 5.12 d, sowie **Vollsteine** und **Vollblöcke** nach DIN 18152 geliefert; Formate, Festigkeits- und Rohdichteklassen sind in Tabelle 5.22 angegeben. Die Hohlblöcke werden nach der Anzahl der Hohlkammerreihen in Richtung der Steinbreite (Wanddicke) als Einkammer-Hohlblock (1 K Hbl, nur bei b = 175 mm), Zweikammer-Hohlblock (2 K Hbl) usw. bis zu Sechskammer-Hohlblock (6 K Hbl, bei b = 365 und 490 mm) bezeichnet. Beispiel für Bezeichnung eines Dreikammer-Hohlblocks aus LB, Festigkeitsklasse 2, Rohdichteklasse 0,7, Format 20 DF:

Hohlblock DIN 18 151– 3 K Hbl 2–0,7–20 DF.

Außerdem gibt es für leichte Trennwände unbewehrte Wandbauplatten Wpl nach DIN 18162 und Hohlwandplatten Hpl nach DIN 18148. Wegen der Verarbeitung dürfen die Steine und Platten ein bestimmtes Gewicht nicht überschreiten. Durch Zugabe quarzitischer Zuschläge (Zusatzzeichen Q) wird die Wärmeleitfähigkeit größer, bei nur aus Naturbims (NB) oder/und Blähton (BT) hergestellten Vollblökken mit Schlitzen (Zusatzzeichen S-W) wird sie kleiner, siehe Tabelle 1.5, Fußnote 3.

b) **Formstücke für Hausschornsteine** aus Leichtbeton nach DIN 18150 dürfen wegen der erforderlichen Gasdichtheit keine zusammenhängenden Haufwerksporen aufweisen. Weitere Anforderungen sind u. a. glatte Innenflächen, Festigkeitsklassen FLB 4, 6, 8 und 12, Rohdichte $\leq$1,75 kg/dm^3, bei Zellformsteinen $\leq$1,85 kg/dm^3. Für größere Feuerstätten werden großformatige, bewehrte Formstücke geliefert. Für dreischalige Schornsteine aus Leichtbeton mit Schamotte-Innenschale gilt DIN 18147.

c) **Zwischenbauteile für Stahl- und Spannbetondecken** nach DIN 4158 werden aus Leichtbeton (Kurzzeichen LB) und Normalbeton (NB) in verschiedenartigen Formen hergestellt. Aus Sicherheitsgründen bei der Montage muß bei der Biegeprüfung die Bruchlast mindestens 3 kN betragen. Statisch mitwirkende Zwischenbauteile (M) für Rippendecken müssen darüber hinaus eine Druckfestigkeit von im Mittel mindestens 20 N/mm^2, bezogen auf den tragenden Querschnitt, besitzen; wegen einer guten Haftung mit dem Ortbeton muß die Oberfläche dieser Zwischenbauteile rauh sein.

d) **Stahlbetondielen** nach DIN 4028, die aus haufwerksporigem Leichtbeton als Voll- und Hohldielen hergestellt werden, besitzen meist Hohlräume in Längsrichtung; im Bereich der Bewehrung muß der Beton ein geschlossenes Gefüge haben, oder die Bewehrungsstäbe müssen durch Überzüge geschützt sein. Die Dielen werden vorwiegend für Dächer verwendet.

5.7.5 Gasbetonbaustoffe

Diese Baustoffe erhalten durch die Dampfdruckhärtung ihre besonderen Eigenschaften, siehe Abschnitt 5.4.1.3 und 5.4.2. Angaben über **Gasbeton-Blocksteine** und **-Plansteine** nach DIN 4165 finden sich in Tabelle 5.22. Unbewehrte **Gasbeton-Bauplatten** und -Planbauplatten nach DIN 4166 werden in den Rohdichteklassen 0,4 bis 1,0 geliefert. Planbauplatten und Plansteine werden zur dünnfugigen Verlegung mit Fugendünnmörtel auch mit um 9 oder 10 mm größeren Längen und Höhen geliefert, siehe Abschnitt 5.6.2c. **Bewehrte Bauteile aus Gasbeton** werden nach DIN 4223 in den Festigkeitsklassen GB 2,2, 3,3, 4,4 und 6,6 und den zugehörigen Rohdichteklassen 0,6, 0,7 und 0,8 des Gasbetons hergestellt und als Dach- und Deckenplatten sowie als großformatige horizontale und vertikale Wandplatten verwendet.

5.7.6 Holzwollebaustoffe

Sie werden nach Abschnitt 5.4.1.1f mit langfasriger Holzwolle so hergestellt, daß eine große Offenporigkeit nach Abschnitt 5.4.1.2 erhalten bleibt. In unverputztem Zustand besitzen die Baustoffe auch eine hohe schallschluckende Wirkung. Die Putzhaftung ist besonders gut; damit die Baustoffe beim Putzen jedoch nicht zu naß werden und übermäßig quellen, wird vor dem eigentlichen Putzauftrag ohne Vornässen ein Spritzbewurf nach Abschnitt 5.6.3b aufgebracht.

Für **Holzwolleleichtbauplatten** nach DIN 1101 werden Zement, Baugips und (bei Heraklith) Magnesiabinder als Bindemittel verwendet. Die Platten werden in den Maßen 2000 mm × 500 mm geliefert und entsprechend der Dicke (in mm) als L 15, 25, 35, 50, 75 und 100 bezeichnet. Die dünneren Platten haben eine größere Rohdichte und Wärmeleitfähigkeit als die dicken Platten. **Mehrschicht-Leichtbauplatten** nach DIN 1102 besitzen zusätzlich eine Schicht aus Schaumkunststoff und werden je nach Gesamtdicke (in mm) und der Anzahl der Schichten mit M 15/2, 25/2, 35/2, 25/3, 35/3, 50/3 und 75/3 bezeichnet. Für die vielseitige Verarbeitung ist DIN 1102 maßgebend.

Aus Holzwolle- und Holzspanbeton werden auch Schalungsteine (siehe Abschnitt 5.6.2c) sowie großformatige Baustoffe hergestellt. Fabrikate: Durisol, Isopan, Tempes u. a.

5.7.7 Gipsbaustoffe

Die Erhärtung dieser Baustoffe wird meist durch Verwendung eines rasch versteifenden Baugipses, z. B. Stuckgips, und durch künstliche Trocknung beschleunigt. Durch die Gipsbaustoffe als Brandschutzbekleidung kann auch der Feuerwiderstand der Bauteile erhöht werden, siehe Abschnitt 5.1.4.2.

Gipskartonplatten nach DIN 18 180 bestehen aus Gips mit festhaftendem Karton an den Flächen und Längskanten, siehe Bild 5.12f. Sie werden gliefert als Bauplatten GKB mit verschiedenen Längen, meist einer Breite von 1250 mm und einer Dicke von 9,5 mm, 12,5 mm, 15 mm und 18 mm für die Bekleidung von Wänden und Decken, für die Beplanung von Montagewänden und für Fertigteilestrich, außerdem als Feuerschutzplatten GKF und Putzträgerplatten GKP. Imprägnierte Platten GKBI und GKFI haben eine verzögerte Wasseraufnahme. **Gipskartonverbundplatten** nach DIN 18 184 bestehen aus Gipskarton-Bauplatten mit einer Dämmschicht, Gipsfaserplatten aus Gips und Cellulosefasern. Fabrikate: Rigips, Knauf u. a. Für die Verarbeitung sind DIN 18 181 und 18 183 zu beachten. Als Wandtrockenputz werden die Platten nur punkt- oder streifenförmig mit Ansetzgips an dem trockenen Untergrund befestigt, anschließend die Fugen mit Fugen- und Spachtelgips gefüllt bzw. verspachtelt, siehe Tabelle 5.6.

Als Wandbaustoffe dienen **Gipswandbauplatten** nach DIN 18 163; sie werden auch mit porenbildenden Zusätzen hergestellt. Zur Verkleidung von Decken sowie zur Schallschlukkung, Lüftung und Deckenheizung werden **Gipsdeckenplatten** nach DIN 18 169 verwendet.

6 Metalle

Die Weiterentwicklung auf dem Gebiet der metallischen Werkstoffe ist vor allem darauf gerichtet, die Festigkeiten zu steigern, auch um durch die dadurch mögliche Verringerung der Querschnitte die Masse der Bauteile zu vermindern, gleichzeitig jedoch eine gute Zähigkeit beizubehalten sowie die Schweißeignung und den Korrosionswiderstand der Werkstoffe zu verbessern.

6.1 Allgemeine Technologie und Eigenschaften

Die Metalle werden in der Regel aus geeigneten Erzen, in denen die Metalle meist an Sauerstoff gebunden sind, durch Erhitzen, teilweise auch durch Elektrolyse gewonnen; dabei wird das Erz von Fremdstoffen weitgehend gereinigt («raffiniert») und das Metalloxid reduziert.

> Die im Bauwesen verwendeten metallischen Werkstoffe sind meist **Legierungen;** durch bestimmte Legierungszusätze werden viele Eigenschaften des Reinmetalls deutlich verbessert, jedoch oft auf Kosten anderer Eigenschaften, z. B. die Festigkeit auf Kosten der Zähigkeit oder des Korrosionswiderstandes. Die mechanischen Eigenschaften der Metalle werden weiter beeinflußt durch den noch vorhandenen Gehalt an Verunreinigungen und vor allem dadurch, welches Gefüge je nach der mechanischen oder thermischen Behandlung während der Herstellung entsteht.

In Tabelle 6.1 sind die im Bauwesen verwendeten metallischen Werkstoffe und einige wichtige allgemeine Eigenschaften aufgeführt. Werkstoffe mit genau festgelegten Zusammensetzungen und Eigenschaften werden heute nach bestimmten Werkstoffnummern bestellt.

6.1.1 Metallgefüge, Einflüsse auf das Gefüge

a) Metalle bestehen in festem Zustand aus einer Vielzahl kleiner miteinander verbundener **Kristallite.** Innerhalb des Kristallgitters sind die Atome gesetzmäßig angeordnet, z. B. nach Bild 6.1.a **kubisch raumzentriert** (Atome in den Ecken und im Würfelmittelpunkt beim **α**- und **δ**-Eisen) oder nach Bild 6.1b **kubisch flächenzentriert** (Atome in den Ecken und den Mittelpunkten der Würfelflächen beim **γ**-Eisen).

Legierungen können gebildet werden als **Einlagerungs-Mischkristalle**, bei denen klei-

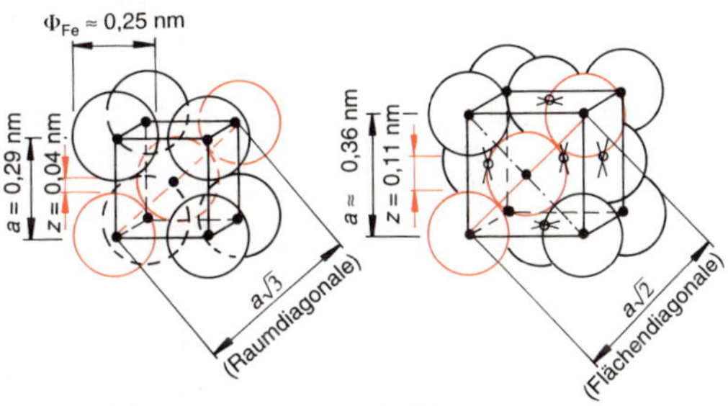

a) α-bzw.δ-Eisen (krz=kubisch raumzentriert) mit Gitterlänge $a \approx 0,29$ nm Zwischenraum $z \approx 0,04$ nm

b) γ-Eisen (kfz=kubisch flächenzentriert) mit Gitterlänge $a \approx 0,36$ nm Zwischenraum $z \approx 0,11$ nm

Bild 6.1 Kristallgitter des Eisens

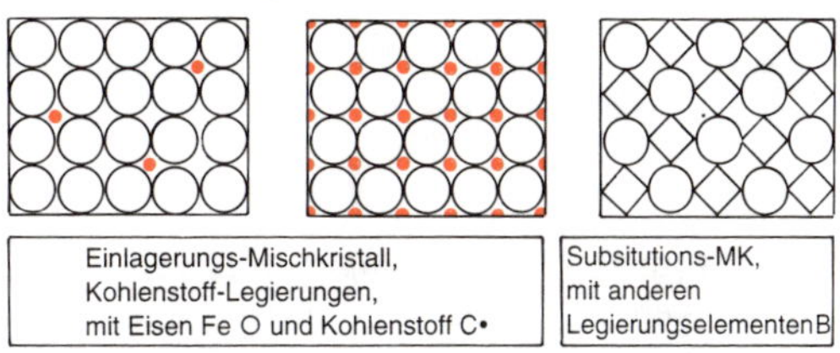

a) geringe Löslichkeit von C in Eisen Fe; α-Eisen ≤ 0,02%C, γ-Eisen ≤ 2,1%C

b) höhere Anteile C, z.B. Eisenkarbid (Zementit) Fe_3C mit 6,7%C

c) Atom A O, z.B.Fe, Atom B◇, z.B.Ni, Cr, Mo

Bild 6.2 Einlagerungs- und Substitutions-Mischkristalle

Tabelle 6.1 Wichtige Eigenschaften der metallischen Werkstoffe

Werkstoffe[1]) aus	Dichte g/cm³	Elastizitätsmodul N/mm²	Wärmedehnkoeffizient mm/mK	Farbe	Formbarkeit und Schweißeignung	Korrosion durch
Aluminium[2]) (Al)	2,7	70 000	0,023 bis 0,024	silberweiß	in der Regel gut verformbar, je nach Legierung[2] unter Schutzgas schweißgeeignet	Säuren, Rauchgase, Kalk- und Zementmörtel, Chloride
Zink (Zn)	7,15	100 000	0,029	bläulichweiß	spröde, bei 160 bis 150 °C formbar	Säuren, Rauchgase, Kalk- und Zementmörtel, Chloride, Tauwasser
Eisen[3]) (Fe)	7,2 bis 7,9	100 000 bis 210 000	0,010 bis 0,012	dunkel- bis weißgrau	Je nach Kohlenstoffgehalt und Vorbehandlung spröde bis zäh bzw. schweißgeeignet	Feuchtigkeit und Sauerstoff, Säuren, Gips, Chloride
Zinn (Sn)	7,3	55 000	0,020	glänzend weiß	sehr weich und dehnbar	Zerfall bei Kälte
Blei (Pb)	11,3	16 000	0,029	bläulichgrau	besonders weich und dehnbar, schweißgeeignet	Salpetersäure, organische Säuren, weiches und kohlensäurehaltiges Wasser, Kalk- und Zementmörtel
Kupfer (Cu)	8,9	100 000 bis 130 000	0,017	hellrot	sehr geschmeidig, schweißgeeignet	Ammoniak, Chloride

[1]) Reihenfolge in der elektrochemischen Spannungsreihe von Al (unedler) bis Cu (edler).
[2]) Besondere Eigenschaften des Aluminiums siehe Tabelle 6.7.
[3]) Die kleinen Werte gelten für gewöhnliches Gußeisen, die größeren Werte für Stahl, siehe auch Tabelle 6.2.

nere Atome auf Zwischengitterplätzen eingelagert werden, wobei der Zwischenraum z maßgebend ist. Bei Einlagerung des Kohlenstoffs C mit $D \approx 0{,}15$ nm (1 nm = 10^{-9} m = 10^{-6} mm) ist deshalb bei dem geringen $z \approx 0{,}04$ nm des α-Eisens nur eine Löslichkeit im **Ferrit** bis max. 0,02% · C (bei T = 723 °C) möglich, während im **Austenit** mit γ-Kristallen sich max. 2,1% · C (T = 1147 °C) einlagern können, siehe Bild 6.2a.

Wenn die C-Gehalte größer werden, bilden sich neben den beschriebenen Ferrit- oder Austenit-Körnern weitere Geflügelkörner (Kristallite) mit höheren C-Anteilen, z. B.

- **Eisenkarbid** (Zementit) Fe_3C mit 6,7% · C (Bild 6.2b)

- oder reines **Graphit** als kristalline Modifikation des Kohlenstoffs mit 100% · C in lamellarer oder kugeliger Form.
- **Perlit** mit 0,8% · C ist ein Gemisch aus Ferrit und Eisenkarbid, das bei langsamer Abkühlung des Austenit-Kristalls bei $T < 723$ °C entsteht, siehe Fe-C-Diagramm (Bild 6.3).

Bei einem **Substitutions-Mischkristall** nach Bild 6.2c werden Atome B eines Legierungselements anstelle der Grundatome A in das Kristallgitter eingebaut.

b) **Reine Metalle** erstarren bei einer bestimmten konstanten Temperatur. Die Legierungen erstarren zumeist bei geringeren Temperaturen und durchlaufen dabei einen Erstarrungsbereich, wobei noch unterschieden wird zwischen dem Beginn der Erstarrung (Liquiduslinie = untere Grenze der flüssigen Schmelze) und dem Ende der Erstarrung (Soliduslinie = obere Grenze des festen Zustands). In dem **Eisen-Kohlenstoff-Diagramm** nach Bild 6.3 für die im Bauwesen verwendeten Stähle sind dies die Linien A B C bzw. A H I E. Bei Temperaturen zwischen den beiden Linien befinden sich Mischkristalle in der Restschmelze, was einen teigigen Zustand zur Folge hat. Beim Abkühlen aus der Schmelze bleibt bei diesen Linien die Temperatur, ähnlich wie beim Siede- und Gefrierpunkt des Wassers, während einer bestimmten Zeit konstant. Dies gilt auch bei Veränderungen des Gitteraufbaus, z. B. bei der Linie G S E, bei der die γ-Mischkristalle in α-Mischkristalle umklappen. Es lassen sich in gleicher Weise für andere Legierungen entsprechende Zustandsschaubilder aufzeichnen, aus denen sich die Vorgänge beim stetigen Abkühlen aus einer Schmelze bis zur Raumtemperatur ablesen lassen.

c) Die **Legierungen** sind oft härter und spröder als die reinen Metalle; die Festigkeit ist dann größer, die Zähigkeit geringer. Wenn die Legierung von einer hohen Temperatur rasch abgeschreckt wird, z. B. in Wasser mit Raumtemperatur, unterbleibt die Ausscheidung von

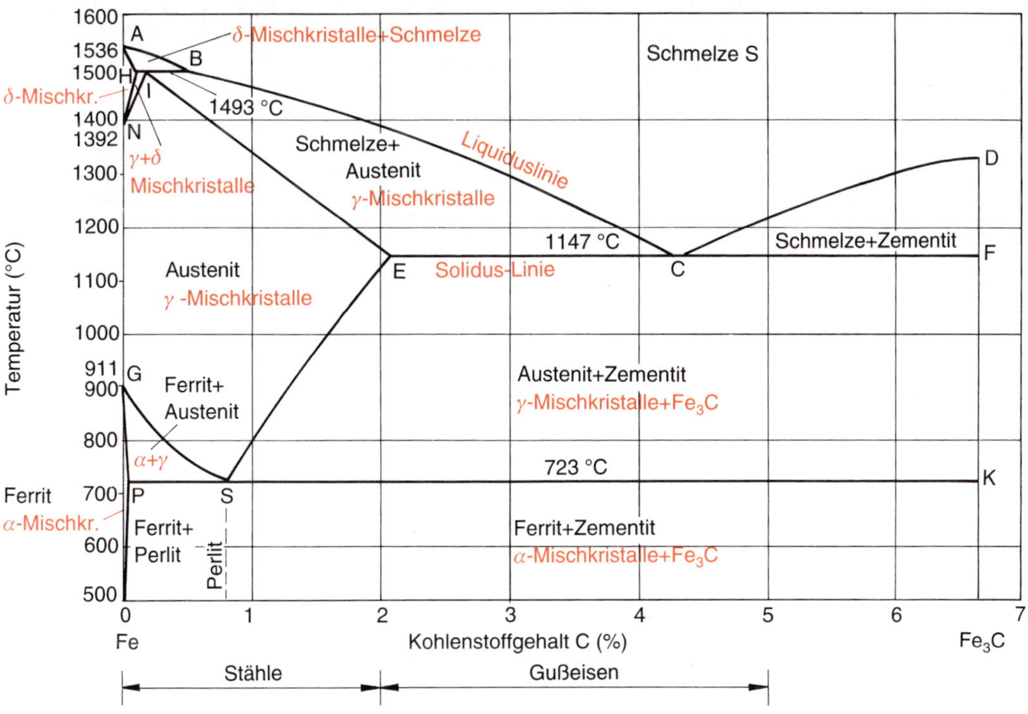

Bild 6.3 Eisen-Kohlenstoff-Diagramm

selbständigen Kristalliten der Legierungselemente.

> Durch das **Abschrecken** von Legierungen bilden sich übersättigte Mischkristalle, weil die C-Atome beim schnellen Abkühlen nicht diffundieren können. Durch die zwangsweise im krz-Gitter gelösten C-Atome entstehen innere Spannungen und meist ein besonders festes, hartes und sprödes Gefüge (Martensit).
> d) Bei plastischer Verformung im kalten Zustand, **Kaltverformung** genannt, werden die Kristallschichten gegenseitig verschoben; dies bewirkt ebenfalls eine größere Festigkeit bei erheblich vermindertem Formänderungsvermögen.

Belastet man z. B. einen naturharten Stahl, wie in Bild 6.4 links gezeigt, über den Fließbereich hinaus bis zum Punkt A, so bleibt nach der Entlastung eine beträchtliche Dehnung D-B. Der so kalt verformte Stahl mit der Spannungs-Dehnungs-Linie B–A–C (für den neuen etwas geringeren Querschnitt) weist wohl eine höhere Streckgrenze R_{eK} und Zugfestigkeit auf, jedoch auch eine geringere Bruchdehnung als der Stahl vor der Kaltverformung.

e) Vor allem bei abgeschreckten und kaltverformten Werkstoffen kommt es bei Raumtemperatur oder beschleunigt bei Temperaturen von 100 bis 300 °C durch Rekristallisation zu Gefügevergröberungen, auch als **Alterung** bezeichnet, wodurch Festigkeit und Härte zunehmen, die Zähigkeit jedoch bis zur Sprödbrüchigkeit abnehmen kann. Durch **Wärmebehandlung** bei genügend hohen Temperaturen wird das Metallgefüge wieder völlig neu gebildet, so wie es ursprünglich vor dem Abschrecken bzw. vor der Kaltverformung vorhanden war; Eigenspannungen, z. B. durch Schweißen, werden abgebaut. Unerwünscht sind zu grobe Kristallite, z. B. durch Überhitzung bei Schweißnähten, weil dadurch die Zähigkeit abnimmt.

6.1.2 Formgebung und Metallverbindungen

a) Je nach ihrer Zusammensetzung und je nach den gewünschten Baustoffen erfolgt die **Formgebung** metallischer Werkstoffe

- durch Gießen in flüssigem Zustand in Formen aus Sand oder Metall,
- durch Walzen, Pressen und Ziehen in warmem Zustand oder

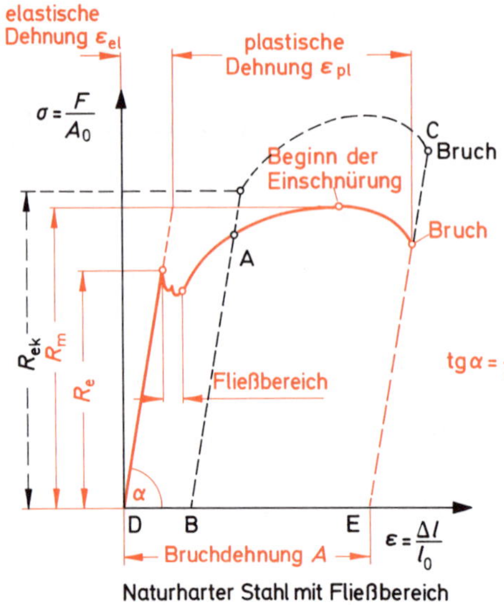

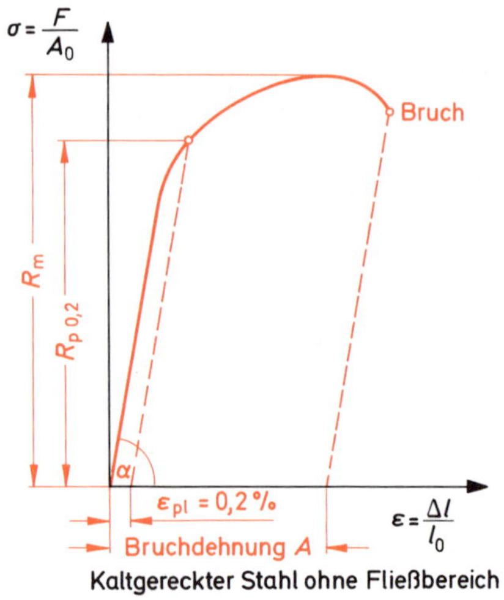

Bild 6.4 Spannungs-Dehnung-Diagramme für Stähle [2], wegen der Linie B–A–C siehe 6.1.1d

- durch Walzen, Ziehen, Pressen u. a. in kaltem Zustand.

Spröde Werkstoffe, z. B. Gußeisen, können nur durch Gießen ihre Form erhalten.

b) Außer durch Schrauben, Nieten und Kleben (siehe Abschnitt 8.3.4c) können die Metalle auch durch Schweißen und Löten verbunden werden, siehe DIN 1910 und 8505.

Es wird dabei unterschieden zwischen **Schmelzschweißen** in der Regel mit Zusatzwerkstoffen in Form von Elektroden aus dem gleichen oder einem besseren Metall als der Grundwerkstoff (Erwärmung bis oberhalb der Liquiduslinie),
Preßschweißen nur unter Druck (örtliches Erwärmen bis zur Soliduslinie) und
Löten mit einem anderen metallischen Werkstoff, dessen Schmelztemperatur unter der des Grundwerkstoffes liegt.

Durch das Schweißen ist eine Verbindungstechnik entstanden, die in statischer, konstruktiver und gestalterischer Hinsicht im Metallbau ganz neue Entwicklungen ausgelöst hat. Der zu verbindende Grundwerkstoff muß eine garantierte Schweißeignung aufweisen. Zu bevorzugen sind schonende Schweißverfahren, z. B. mit Schutzgas; auch durch Vorwärmen, langsames Abkühlen der Schweißung u. a. können schädliche Gefügeänderungen vermieden werden.

6.1.3 Mechanische Eigenschaften

a) Für die Anwendung der Metalle müssen insbesondere ihre Festigkeiten und ihr Formänderungsverhalten bekannt sein. Die Einteilung in Festigkeitsklassen bezieht sich auf die **Zugfestigkeit** R_m[1]) (β_z), in N/mm², die beim Zugversuch (siehe Abschnitt 1.4.4.2) mindestens erreicht werden muß.

[1]) nach EN 10 002, zwischen Klammern frühere Bezeichnung.

Für die weitere Beurteilung dient das Verformungsverhalten; in Bild 6.4 sind zwei unterschiedliche **Spannungs-Dehnungs-Diagramme** aufgezeichnet. Im Anschluß an die elastischen Dehnungen kommt es bei den nicht ausgesprochen spröden Metallen durch Verformungen und Verschiebungen der Kristalle zu plastischen Dehnungen.

Bei naturharten Stählen ist ein deutlicher Fließbereich erkennbar, siehe Bild 6.4 links; die dazugehörige Spannung heißt **Streckgrenze** R_e[1])(β_S). Bei den meisten anderen Werkstoffen, wie z. B. bei einem kaltgereckten Stahl in Bild 6.4 rechts, ist kein ausgeprägtes Fließen mehr erkennbar; als Streckgrenze gilt dann die Spannung $R_{p0,2}$[1]) ($\beta_{0,2}$), unter der eine plastische Dehnung von 0,2% verbleibt. Die Streckgrenze dient der Festlegung von zulässigen Spannungen.

Bei weiterer Belastung bis zur Höchstspannung R_m[1]) (β_Z) und der anschließend wegen der Einschnürung abfallenden Bruchlast nimmt die plastische Dehnung weiter zu.

b) Die **Bruchdehnung** A[1]) (δ) einer Meßstrecke (siehe Abschnitt 1.4.6.1b) und die Einschnürung im Bereich der Bruchstelle kennzeichnen die Zähigkeit und Formbarkeit der Metalle. Auch am Bruchbild ist deutlich erkennbar, ob das Metall zäh oder spröde ist.

Bei den durch Belastung bis zum Bruch ausgelösten **Gewaltbrüchen** wird je nach Verformungsverhalten zwischen

- Verformungsbruch mit großer Bruchdehnung und Brucheinschnürung und
- Spröd- oder Trennbruch ohne plastische Verformung

unterschieden, siehe Bild 6.5a und b.

Zähe Werkstoffe sind von Vorteil, weil nur sie sich ohne Bruch kalt verformen lassen. Bei örtlichen Überbeanspruchungen kommt es infolge Fließens an den Spannungsspitzen zu ei-

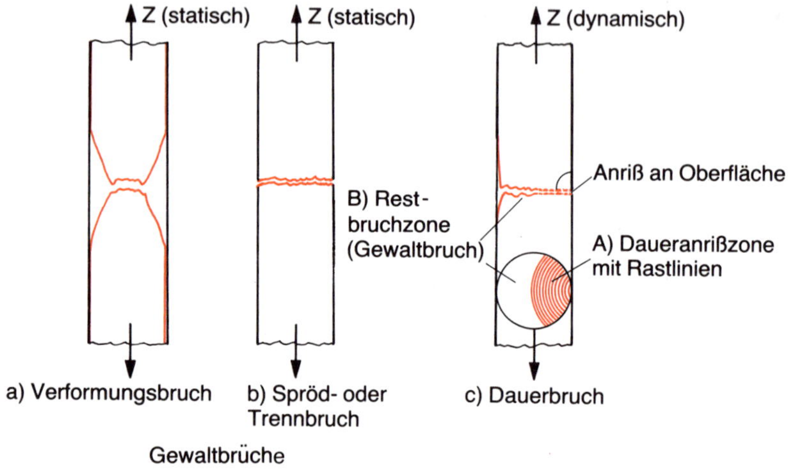

Bild 6.5
Typische Bruchformen von Metallen

nem Spannungsausgleich, z. B. bei einem durchlaufenden Träger über einer Innenstütze oder an der Lochwand einer Schrauben- oder Nietbohrung. Bei Überlastungen tritt kein plötzlicher Bruch ein, sondern es entsteht eine oft frühzeitig erkennbare Verformung, mit der eine meist günstige Verlagerung der Schnittkräfte einhergeht.

c) Die Festigkeit von Metallen ist bei **häufig wiederholten Lastwechseln** geringer als bei einmaliger Belastung, da sich an örtlichen Inhomogenitäten oder Versprödungen ein Anriß bilden kann (auch wenn berechnete mittlere Dehnungen noch im elastischen Bereich liegen), der nach weiteren Lastwechseln fortschreitet und schließlich zum Bruch führt, siehe auch Abschnitt 1.4.4. Beim **Dauerbruch** nach Bild 6.5.c sind als charakteristische Merkmale eine relativ glatte Daueranrißzone A, die rechtwinklig zur Normalspannung verläuft und Rastlinien entsprechend dem Rißfortschritt zeigt, und die durch den Gewaltbruch entstandene rauhe, zerklüftete Restbruchzone B zu erkennen.

6.1.4 Korrosion und Korrosionsschutz

a) Die metallischen Werkstoffe besitzen einen unterschiedlichen Widerstand gegen Korrosion, siehe Tabelle 6.1. Allgemein haben sie das Bestreben, sich wieder in den energieärmeren Zustand, d.h. in den Verbindungszustand, zurückzuverwandeln. Es finden dabei chemische und vor allem elektrochemische Reaktionen statt, die sich in Gegenwart von korrosionsfördernden Stoffen, z. B. Chloriden und Sulfaten bei Eisenwerkstoffen, erheblich verstärken können. Die weitaus wichtigste Korrosionsform ist die elektrochemische Korrosion. Dazu kommt es, wenn z. B. zwischen unterschiedlich edlen Metallen in Gegenwart von Feuchtigkeit (Elektrolyt) eine Potentialdifferenz entsteht, d.h. wenn sich ein galvanisches Element bildet. Bei Berührung beider Metalle gleicht sich die Potentialdifferenz aus, indem ein elektrischer Strom fließt. Dabei wird das unedlere Metall (Anode) abgebaut. Ähnliche galvanische Elemente, sogenannte Lokalelemente, können aber auch an der Oberfläche ein und desselben Metalls infolge von Unterschieden des Gefüges und der Zusammensetzung auftreten. Bei Anwesenheit von Luftsauerstoff ist die Potentialdifferenz sehr viel größer als bei seiner Abwesenheit. Wegen des dadurch bedingten sehr viel größeren Stromflusses entstehen also in Gegenwart von Luftsauerstoff in der Zeiteinheit sehr viel mehr Korrosionsprodukte. Die Wirkung des Sauerstoffes ist jedoch sehr unterschiedlich. Dort, wo die Korrosionsprodukte in der Art des üblichen Rostes locker und porös sind, wirkt der Sauerstoff korrosionsfördernd. Er wirkt jedoch korrosionshemmend oder passivierend, wenn das anfänglich entstehende Korrosionsprodukt einen festhaftenden dichten Überzug bildet, der das darunter liegende Metall vor weiterer Korrosion schützt. Passivierbar sind vor allem Chrom und Nickel mit dünnen, oft sogar unsichtbaren Überzügen oder Aluminium und Zink mit gut sichtbaren Überzügen, siehe Abschnitt 6.3, desgleichen mit Chrom und Nickel legierte Stahlsorten, siehe Abschnitt 6.2.3.2a.

Die Korrosion tritt vor allem in folgenden Erscheinungsformen auf:

Flächenkorrosion bei gleichmäßigem Angriff, dabei gleichmäßige Abtragung über die ganze Oberfläche.

Punktkorrosion oder **Lochfraß** bei örtlichem Angriff, meist weiter in die Tiefe wirkend.

Interkristalline Korrosion durch Lokalelemente aus unterschiedlich zusammengesetzten Kristalliten, ebenfalls in die Tiefe wirkend.

Spannungsrißkorrosion bei gleichzeitiger Einwirkung von aggressiven Stoffen und hoher Zugspannung, wie sie insbesondere in Spannstählen herrscht; dadurch interkristallines Aufreißen.

Kontaktkorrosion durch elektrisch leitende Berührung von zwei verschiedenen Metallen; bei Feuchtigkeit wird das in der elektrochemischen Spannungsreihe (siehe Tabelle 6.1) niederere (unedlere) Metall durch Elektrolyse angegriffen.

Bei Punktkorrosion, interkristalliner Korrosion und Spannungsrißkorrosion kommt es wegen der Kerbwirkung der Korrosion unter der Zugspannung meist zu gefährlichen plötzlichen Brüchen ohne nennenswerte Verformung.

b) Der Korrosion der Metalle kann auf folgende Weise begegnet werden:

Durch **aktiven Korrosionsschutz:** Es werden Werkstoffe ausgewählt, die allgemein oder gegen bestimmte aggressive Einwirkungen beständig sind. Die Konstruktionen sollen glatte und geneigte Flächen besitzen sowie zur Vermeidung von Tauwasser genügend wärmeisoliert und belüftet sein.

Durch **passiven Korrosionsschutz:** Nach entsprechender Vorbehandlung der zu schützenden Oberflächen werden geeignete Überzüge (metallisch) oder Beschichtungen aufgebracht. Für ihre Schutzwirkung sind eine allseitig gute Haftung und Porenfreiheit sowie eine ausreichende Dicke entscheidend; die Anforderungen richten sich nach den Umweltbedingungen und der Zugänglichkeit der Bauteile nach dem Einbau. Gegen Kontaktkorrosion müssen unterschiedliche Metalle durch schlecht leitende Stoffe, wie Bitumen- oder Kunststoffbeschichtungen, Abstandhalter aus Gummi oder Kunststoffen, voneinander galvanisch getrennt werden. Nässe, die diese Stoffe überbrücken kann, ist fernzuhalten.

Eine weitere Möglichkeit ist der **katodische Korrosionsschutz.** Er kommt dadurch zustande, daß an das zu schützende Metallteil ein unedleres Metall als «Opferanode» elektrisch leitend angeschlossen wird. Das unedlere Metall wird dabei abgebaut. Dieser Schutz ist nur in einer elektrisch leitenden Umgebung möglich, z. B. bei hoher Feuchtigkeit.

6.2 Eisen und Stahl

Die Eisenerze werden zum überwiegenden Teil noch im Hochofen unter Zugabe von Koks und von Kalkstein bei 1600 bis 2000 °C geschmolzen. Neuerdings werden besonders hochwertige Erze zu kleinen Kugeln (Pellets) geröstet und dann auch mit Erdgas bei rd. 1000 °C zu mind. 90%igem Eisenschwamm reduziert. Die große Masse der mineralischen Verunreinigungen wird im Hochofen als flüssige Hochofenschlacke ausgeschieden, die zumeist nach entsprechender Behandlung als Straßenbaustoffe, als Hüttensand für Zement, als dichter oder poriger Zuschlag für Beton, Mörtel und Bausteine sowie als Hüttenwolle für Dämmstoffe verwendet wird.

Bild 6.6 zeigt eine Übersicht über die Produktion von Gußeisen und Stahl, Tabelle 6.2 die Unterschiede von Gußeisen und Stahl hinsichtlich Zusammensetzung, Herstellung, Eigenschaften und Anwendung.

Als **Roheisen** bezeichnet man Eisen-Kohlenstoff-Legierungen mit Kohlenstoffgehalt

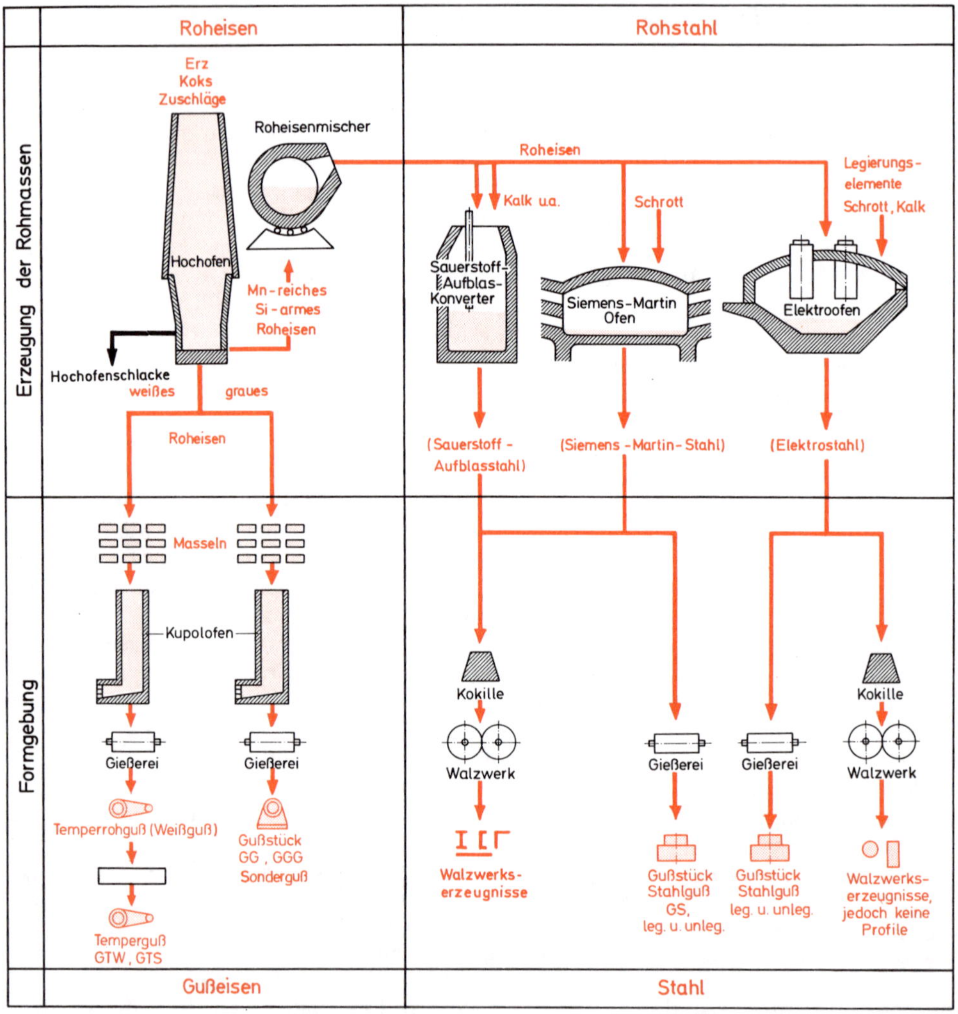

Bild 6.6 Produktion von Gußeisen und Stahl [7]

>2 M-%. Der Kohlenstoff (C) ist das wichtigste Legierungselement in den Eisenwerkstoffen; andere Legierungselemente lassen sich nach EN 10001 auf folgende Gehalte begrenzen:

Mangan (Mn)	≤30%
Silicium (Si)	≤8%
Phosphor (P)	≤3%
Chrom (Cr)	≤10%
Summe anderer Elemente	≤10%

Entsprechend der chemischen Zusammensetzung wird **unlegiertes Roheisen** als Stahl-Roheisen bzw. Gießerei-Roheisen mit begrenzten Gehalten an C, Si, Mn, P, S oder **legiertes Roheisen** mit Mn-Gehalt >6 bis 30% unterschieden.

Roheisen ist wegen seines hohen Gehalts an Kohlenstoff, Phosphor und Schwefel nicht direkt verwendbar. Durch Umschmelzen und Reduktion der unerwünschten Begleitelemente werden die erforderlichen Eigenschaften erreicht.

Tabelle 6.2 Vergleich Gußeisen und Stahl

	Gußeisen	Stahl (im Bauwesen)
Kohlenstoffgehalt, %	2 bis 5	i. a. bis 0,6, Spannstähle bis 0,9, schweißgeeignete Stähle bis 0,22
Herstellung durch	Gießen	Walzen, Schmieden, Kaltverformung, selten durch Gießen
Eigenschaften:	spröde bis zäh, nur begrenzt schmied- und schweißgeeignet	zäh, schmied- und zumeist schweißgeeignet, kaltverformbar
Elastizitätsmodul, N/mm^2	100 000 bis 180 000	210 000
Korrosionswiderstand	größer	i. a. geringer
Anwendung:	Kanalgußwaren, Abfluß- und Druckrohre, sanitäre Installationen, Heizkörper und Heizkessel, Lager, Tübbings	Baustähle, Betonstähle, Spannstähle, Edelstähle, Fassadenelemente, Trapezbleche, Rohre

6.2.1 Gußeisen

Die Baustoffe werden aus erhitztem Roheisen, das meist noch bestimmte Zusätze erhält, durch Gießen in Formen hergestellt. Gußeisen wird vor allem nach der Farbe der Bruchflächen unterschieden.

a) Bei **grauem Gußeisen** begünstigt ein höherer Siliciumgehalt (0,5–3%) die Graphitausscheidungen. Dadurch entstehen:

- **Lamellengraphit,** dessen schichtenartige Graphitausscheidungen wie innere Kerben wirken und Festigkeiten und Verformungsfähigkeit begrenzen; Festigkeitsklassen nach DIN 1961 GG-1 bis GG-35 (entsprechend der Mindestzugfestigkeit in 1/10 N/mm^2),
- **Kugelgraphit** (Sphäroguß) mit Graphitausscheidungen in Kugelform, der durch Zusatz geringer Mengen Magnesium in der Schmelze erhalten wird. Dies ergibt geringere Störungen im Gefüge und damit höhere Zugfestigkeiten und Bruchdehnungen (duktiles Gußeisen); Festigkeitsklassen nach DIN 1693 GGG-40 bis GGG-80;

b) **weißes Gußeisen** enthält keinen freien Graphit, sondern nur in Eisenkarbid (Zementit) oder Perlit gebundenen Kohlenstoff. Daraus wird **Temperguß** nach DIN 1692 hergestellt. Je nach weiterer Glühbehandlung des Temperrohgusses erhält man nicht entkohlend geglühten schwarzen Temperguß (GTS) oder entkohlend geglühten weißen Temperguß (GTW).

c) Der Korrosionswiderstand des Gußeisens ist größer als von unlegiertem Stahl; durch Zusatz von 20 bis 30% Nickel kann er noch weiter verbessert werden (Ni-Resist-Gußeisen). Gußeisen eignet sich wegen der leichteren Formgebung durch Gießen besonders für Baustoffe und Bauelemente mit komplizierten Formen, außerdem mehr für hohe Druck- und höchstens mittlere Biegebeanspruchung, siehe Tabelle 6.2.

6.2.2 Technologie des Stahls

a) Zur **Herstellung von Stahl** wird weißes Roheisen verwendet. Der noch zu große Gehalt des Roheisens an Kohlenstoff wie auch an anderen unerwünschten «Eisenbegleitern», vor allem an Phosphor und Schwefel, wird durch das sogenannte **«Frischen»** nach bestimmten Verfahren vermindert, siehe auch Bild 6.6. Gleichzeitig wird durch Zugabe von Schrott oder/und Legierungselementen u. a. die Zusammensetzung verbessert.

Durch Zugabe von Kalk wird z. B. Phosphor an eine kalkhaltige Schlacke gebunden.

Beim **Sauerstoffaufblasverfahren** (Stahlbezeichnung Y), das heute vor allem angewandt wird, wird reiner Sauerstoff mit einer wassergekühlten Lanze direkt auf die Schmelze in einem birnenförmigen Konverter aufgeblasen.

(Beim Thomas-Verfahren, das nicht mehr angewandt wird, wurde erhitzte Luft durch die Schmelze hindurchgeblasen. Von Nachteil war, daß der von der Schmelze aus der durchgeblasenen Luft aufgenommene Stickstoff die mechanischen Stahleigenschaften verschlechterte, siehe c und d.)

Bei dem nur noch wenig angewandten **Siemens-Martin-Verfahren** (Stahlbezeichnung M) wirkt ein erhitztes Gas-Luft-Gemisch in einem großen Ofen ebenfalls auf die Oberfläche der Schmelze ein.

Beim **Elektro-Verfahren** (Stahlbezeichnung E) wird die Hitze, die für die Oxidation der zu entfernenden Stoffe notwendig ist, durch einen elektrischen Lichtbogen zwischen Elektrodenspitzen und der Schmelze erreicht.

Beim **Klöckner-Stahlerzeugungsverfahren** (KS) werden feste Eisenstoffe durch von unten eingeblasenes Erdgas oder Öl und Sauerstoff in eine erste Schmelzphase und nach weiterer Zugabe von Feinkoks oder -kohle und Sauerstoff in die endgültige Schmelzphase gebracht.

Zur weiteren Verbesserung wird in zunehmendem Maße in einer Vakuumkammer der Sauerstoff- und Wasserstoffgehalt des flüssigen Stahles erniedrigt.

b) Auch das Verhalten der Stahlschmelze beim **Vergießen** in den Kokillen zu Blöcken oder in Rohren zu Strängen wirkt sich auf die spätere Stahlqualität aus:

> Statt eines
> **unberuhigt erstarrenden Stahls** (Kurzzeichen U bzw. FU[1])), infolge von im Stahl noch vorhandenen Gasen und mit möglichen Seigerungen im Blockinnern, erhält man durch feste Bindung der Gase an Silicium einen
> **beruhigten Stahl** (R bzw. FN[1]))
> bzw. zusätzlich durch Bindung des Stickstoffs an Aluminium einen
> **besonders beruhigten Stahl** (RR bzw. FF[1])).

[1]) Neue Bezeichnungen nach EN 10025.

c) Die **Formgebung** durch Gießen als Stahlguß (GS) wird für Baustoffe kaum mehr angewandt. In der Regel werden die Blöcke im warmen Zustand bei rd. 1000 bis 1300 °C durch Walzen zu den verschiedenen Stahlprofilen geformt. Sie werden dabei jeweils durch zwei gegenüberliegende Walzen mit veränderter Einstellung so lange durchgeknetet, bis das endgültige Profil erreicht ist, siehe Bild 6.6.

> Warmgewalzte Erzeugnisse werden nach langsamer Abkühlung keiner weiteren Behandlung unterzogen; diese Stähle werden auch als **naturhart** bezeichnet.
>
> Die warmgewalzten Erzeugnisse können zusätzlich noch durch **Kaltverformung**, z. B. durch Ziehen und Kaltwalzen, weiterverarbeitet werden. Dadurch wird vor allem die Festigkeit erhöht. Wegen der Vorwegnahme eines Teils der Verformung werden aber die noch verbleibende Dehnbarkeit und damit die Zähigkeit deutlich geringer, siehe Abschnitt 6.1.1d und Bild 6.4.

Begünstigt durch freien Stickstoffgehalt im kaltverformten Stahl kommt es bei Raumtemperatur nach und nach zu einer Alterung, die mit größerer Sprödigkeit verbunden ist, siehe Abschnitt 6.1.1e.

d) Das **Eisen-Kohlenstoff-Diagramm** in Bild 6.3 zeigt die Zustandsformen und die Gefügeausbildung des Stahls in Abhängigkeit von Temperatur und Kohlenstoffgehalt. Nach der Formgebung im warmen Zustand bilden sich die γ-Mischkristalle (Austenit), die beim langsamen Abkühlen unter die Linien GS bis PS in die kleineren α-Mischkristalle umklappen, siehe Bild 6.1 und Abschnitt 6.1.1a und b; die Fe- und C-Atome nehmen dabei einen Stellungswechsel vor. Bei 0,8% C bestehen die α-Mischkristalle nur aus Perlit; in alle Kristalle aus weichem, zähem Ferrit sind dabei laminar 13% hartes, sprödes Zementit (Fe_3C mit 6,7% C) eingelagert. Unter 0,8% C besteht das Gefüge aus Ferrit und Perlit, über 0,8% aus Perlit und Zementit. Mit steigendem C-Gehalt nehmen also die Härte und Festigkeit des Stahls zu, zusammen mit höheren Gehalten an

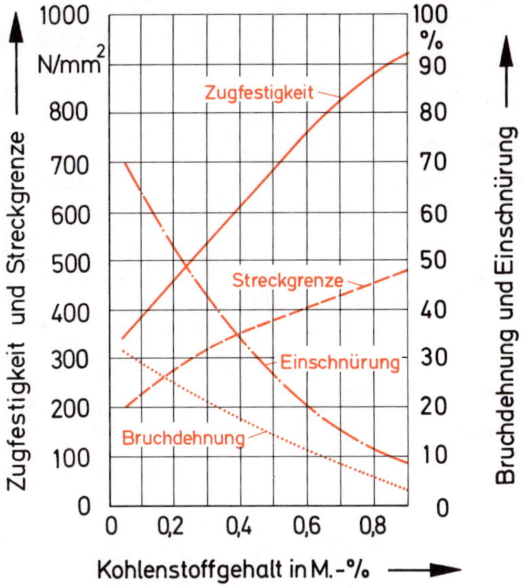

Bild 6.7 Einfluß des Kohlenstoffgehalts auf die mechanischen Eigenschaften des Stahls

P, S und N die Zähigkeit und Schweißeignung jedoch ab, siehe Bild 6.7. Durch Zusatz von Mn, Cr, Ni u.a. werden Zähigkeit und Schweißeignung verbessert.

e) Auch durch eine besondere **Wärmebehandlung** können bestimmte Stahleigenschaften verändert werden.

Durch **Spannungsarmglühen** (Kurzzeichen S) bei 500 bis höchstens 650 °C unterhalb der Linie PS und nachfolgendem langsamen Abkühlen werden lediglich innere Spannungen, z. B. nach dem Schweißen, abgebaut.

Normalglühen (Kurzzeichen N) oberhalb der Linie GS in Bild 6.3 mit langsamem Abkühlen verursacht ein gleichmäßiges, feinkörniges Gefüge und beseitigt die bei der Wärmeeinwirkung oder Kaltformgebung entstandenen Gefügebeeinflussungen, siehe Abschnitt 6.1.1e.

Wird Stahl mit mindestens 0,2% C aus einem Temperaturbereich oberhalb der Linie GS in Wasser oder Öl rasch abgeschreckt, verbleiben die Kohlenstoffatome in ihrer Lage im Raumgitter, und es unterbleibt die Umwandlung zu Perlit und Ferrit. Bei diesem **Härten** kommt es zu hohen Gitterspannungen und zu einem nadeligen Gefüge (Martensit), wodurch Härte und Festigkeit sich sehr erhöhen, gleichzeitig aber die Zähigkeit ganz oder überwiegend verlorengeht, siehe Abschnitt 6.1.1c.

Bei anschließendem **Anlassen** oder **Vergüten** (Kurzzeichen V) wird gehärteter Stahl wiederum auf 100 bis 300 °C erwärmt und langsam abgekühlt, wobei die C-Atome aus ihrer Zwangslage befreit werden. Bei etwas verminderter Härte und Festigkeit gegenüber dem gehärteten Stahl wird dadurch die Zähigkeit wieder verbessert.

f) Das **Schweißen** von Stahl erfolgt nach Tabelle 6.3 auf vielerlei Weise, siehe auch Abschnitt 6.1.2. Darüber hinaus werden das Thermitschweißen und viele Sonderverfahren angewandt.

Im besonderen ist auf die Schweißeignung des Stahls zu achten, die bei Kohlenstoffgehalten über 0,2% nicht ohne weiteres gewährleistet ist. Die Schweißverbindung ist i.a. hinsichtlich der Festigkeit dem Grundmaterial überlegen. In der Schweißnaht und im anliegenden Grundwerkstoff herrschen jedoch sehr verschiedene Temperaturen, so daß sich beim Abkühlen ein unterschiedliches Kristallgefüge ausbildet und die Verkürzung (Schrumpfen) der Schweißnaht behindert wird. Es sind also in der Schweißnaht und im anliegenden Bauteil erhebliche räumliche Eigenspannungen möglich.

Bei Stählen hoher Schweißempfindlichkeit bzw. bei falsch gewählter Schweißelektrode kann es vor allem bei kaltem Grundwerkstoff, bei dicken Querschnitten und rascher Abkühlung in der Schweißnaht zu sprödem Martensitgefüge und zu Rissen kommen.

Außer von der Schweißeignung des Stahls und dem möglichen Schweißverfahren hängt

Tabelle 6.3 Schweißverfahren für Stahl

Schweißvorgang	Wärmequelle	Verfahren (Kurzzeichen), bevorzugte Anwendung
Schmelzschweißen, meist mit Schweißelektroden als Zusatzmaterial	Lichtbogen	Metall-Lichtbogenschweißen (E), Metall-Schutzgasschweißen mit aktivem oder inertem Schutzgas (MAG, MIG), MIG bei hochlegierten Stählen Wolfram-Inertgasschweißen (WIG), für dünne Bauteile und nichtrostende Stähle
	Gas-O_2-Flamme	Gasschmelzschweißen (G), z. B. im Rohrleitungsbau
Preßschweißen	elektrische Widerstandswärme	Abbrennstumpfschweißen (RA) Punktschweißen (RP), bei Betonstahlmatten
	Gas-O_2-Flamme	Gaspreßschweißen (GP)

die Schweißbarkeit des Bauteils auch von der Konstruktion und der Beanspruchung (z. B. dynamische) ab, siehe DIN 8528. Das Schweißen erfordert besondere Kenntnisse und Sorgfalt und darf nur unter Aufsicht eines Schweißfachmanns bzw. Schweißfachingenieurs von geprüften Schweißern und zugelassenen Betrieben vorgenommen werden, siehe DIN 8560 und DIN 18880 T 7. Um Gesundheitsschäden beim Schweißen zu vermeiden, ist die Unfallverhütungsvorschrift VGB 15 sorgfältig zu beachten.

6.2.3 Stahlarten und ihre Eigenschaften

a) Wie unter Abschnitt 6.2.2c, d und e beschrieben, erhöhen sich mit steigendem Kohlenstoffgehalt, durch Kaltverformung oder durch Vergüten die Streckgrenze und die Zugfestigkeit, jedoch auf Kosten der Zähigkeit, siehe auch Abschnitt 6.1.3 und Bilder 6.4 und 6.7.

b) Als Maß für das Formänderungsvermögen werden Mindestwerte für die Bruchdehnung verlangt, siehe Abschnitt 6.1.3b; außerdem müssen sich Proben aus bestimmten Stählen beim einfachen **Faltversuch** um einen Dorn von festgelegtem Durchmesser bis 180 ° ohne Risse und Bruch biegen lassen.

c) Bei dynamisch beanspruchten Konstruktionen ist die **Dauerschwingfestigkeit** zu beachten, siehe Abschnitt 6.1.3c. Sie wird in Dauerschwingversuchen ermittelt, bei denen gleichartige Proben mit gleicher Mittelspannung σ_m, aber verschiedenen Spannungsausschlägen $\pm\ \sigma_a$ jeweils bis zum Bruch geprüft und ihre ertragenen Lastspielzahlen N ermittelt werden. Die im **Wöhler-Diagramm** (Bild 6.8a) dargestellten Ergebnisse zeigen stetig abfallende «Wöhlerkurven» im Bereich der Zeitfestigkeit (gebrochene Proben), die nach etwa $2 \cdot 10^6$ Lastspielen in einen waagrechten Verlauf (nicht gebrochene Proben) übergehen und die Dauerfestigkeit

$\sigma_D = \sigma_m \pm \sigma_a$ ergeben.

Bild 6.8a zeigt am Beispiel von gerippten Betonstählen den Einfluß von Kerben (z. B. durch Einbetonieren, Kaltverformung und Schweißstelle), die die Zeit- und Dauerfestigkeiten vermindern. Im Wöhlerschaubild kann nur das Dauerschwingverhalten für eine, in der Versuchsreihe benutzte Mittelspannung abgelesen werden. Aus mehreren Wöhlerkurven erhält man das **Dauerfestigkeitsschaubild nach Smith**, in dem der Verlauf von Oberspannung σ_o und Unterspannung σ_u über der Mittelspan-

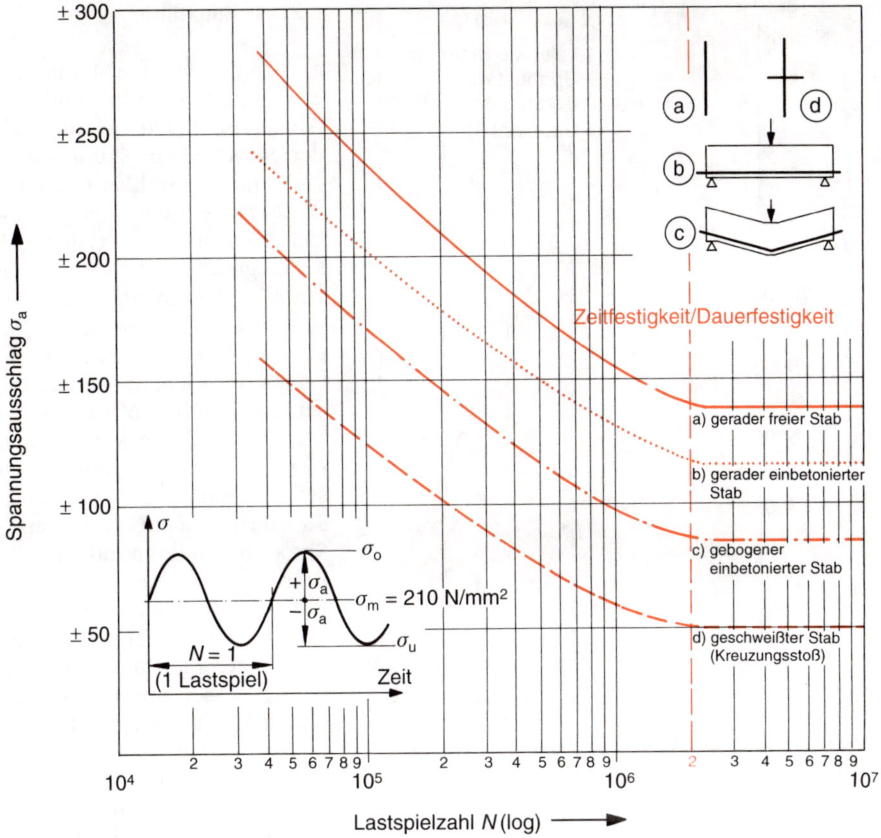

Bild 6.8a Wöhler-Kurven für Betonstahl

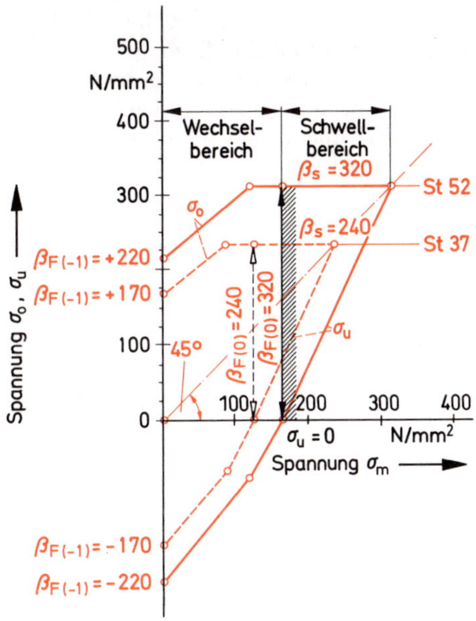

Bild 6.8b Dauerschwingfestigkeit von S 235 (St 37) und S 355 (St 52) – Schaubild nach SMITH

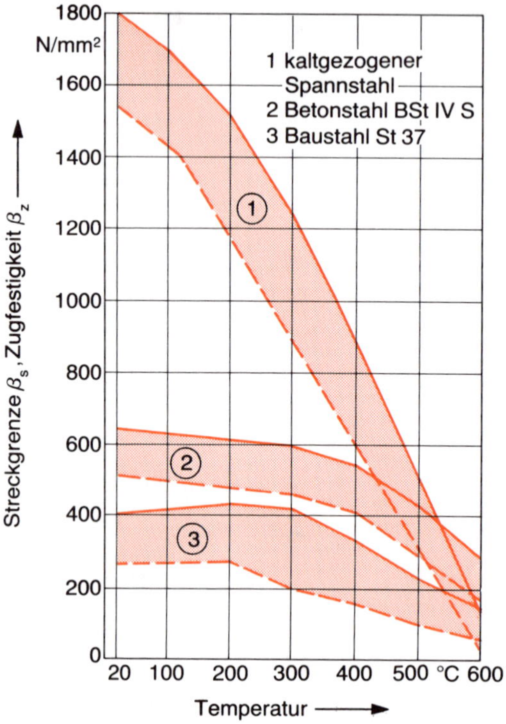

Bild 6.9 Einfluß der Stahltemperatur auf Festigkeiten

nung σ_m aufgetragen ist, siehe Bild 6.8b. Die Oberspannung ist durch die Streckgrenze begrenzt, da sich sonst zunehmende plastische Verformungen ergeben würden.

d) Bei **Temperaturen** über 200 bis 500 °C nimmt die Festigkeit von Stahl allgemein ab bzw. verlieren kaltverformte und vergütete Stähle ihre höhere Festigkeit, siehe Bild 6.9. In den Konstruktionen muß daher Stahl, je nach der Forderung des Feuerwiderstandes, durch Bekleidungen vor schädlichen hohen Temperaturen geschützt werden, z. B. siehe Abschnitte 5.6.3d und 5.7.7, bei Baustählen auch durch Feuerschutzanstriche, siehe Abschnitte 3.3.4.4 und 9.4c.

6.2.3.1 Baustähle

a) Es kommen meist nur naturharte Stähle, also ohne Kaltverformung und Vergütung, zur Anwendung. Die wichtigsten Eigenschaften der vor allem im Stahlhoch- und Brückenbau verwendeten **Stahlsorten** nach EN 10025 sind in Tabelle 6.4 wiedergegeben. Die Festigkeitsklassen entsprechen dem Mindestwert der Streckgrenze in N/mm² für Dicken ≤ 16 mm. Bei allen Sorten sind auch die Gehalte an P, S und N begrenzt. Bei S355 (St 52) werden die günstigen Festigkeitswerte nicht durch einen höheren C-Gehalt, sondern durch geringe Zusätze von Si und Mn erreicht.

Die Stahlsorten werden nach ihrer Schweißeignung und den Anforderungen an die Kerbschlagarbeit in **Gütegruppen** unterteilt, siehe Tabelle 6.4. Zum Nachweis der Kerb- und Sprödbruchunempfindlichkeit für dynamisch beanspruchte, geschweißte Konstruktionen wird eine **Kerbschlagarbeit** von mind. 27 J bei verschiedenen Temperaturen von 20 °C bis −20 °C gefordert. Dazu werden bestimmte gekerbte Proben mit 10×10 mm Querschnitt in einem Pendelschlagwerk geprüft.

Die **Schweißeignung** der Grundstähle BS (Stahlsorten S 185, E 295, E 355 und E 360) ohne Anforderungen an die chemische Zusammensetzung ist nicht gesichert. Die anderen Stähle BS und die Qualitätsstähle QS sind aufgrund ihrer begrenzten C-Gehalte bzw. des Kohlenstoffäquivalents CEV zum Schweißen nach allen Verfahren geeignet, wobei sich die Schweißeignung von der Gütegruppe JR bis zur Gütegruppe K2 verbessert.

Neben den in Tabelle 6.4 angegebenen Bezeichnungen der Stahlsorten und Gütegruppen gibt es nach DIN EN 10027-T2 auch die Bezeichnung nach Werkstoffnummern, die nach folgendem Schema erfolgt:

1. XX XX(XX)

- → Zählnummer
- → Stahlgruppennummer nach DIN EN 10027-T2, Tab. 1
- → Werkstoffgruppennummer 1 = Stahl.

Tabelle 6.4 Baustahlsorten und wichtige Eigenschaften (für Nenndicke t) nach EN 10025

1	2	3	4	5	6	7	8	9	10	11
DIN 17100 (alte Bezeichnung)	Stahlsorten	Gütegruppen	Stahlart	C-Gehalt (M.-%)	CEV (%)	Festigkeiten (N/mm²) R_{eH} (t≤16 mm)	R_m (t=100–3 mm)	Bruchdehnung A % (t=3–40 mm)	Kerbschlag- Temp. *T* (°C)	Arbeit (J)
St 33	**S 185**	–	BS	–	–	185	290 … 510	18	–	
St 37-2	**S 235**	JR, JRG1, JRG2	BS	0,17	0,35	235	340 … 470	26	20	27
St 37-3		J0	QS						0	
St 37-3		J2G3, J2G4	QS						–20	
St 44-2	**S 275**	JR	BS	0,21	0,40	275	410 … 560	22	20	27
St 44-3		J0	QS	0,18					0	
St 44-3		J2G3, J2G4	QS						–20	
–	**S 355**	JR	BS	0,24	0,45	355	490 … 630	22	20	27
St 52-3		J0	QS	0,20					0	
St 52-3		J2G3, J2G4	QS						–20	
–		K2G3, K2G4	QS						–20	40
St 50-2	**E 295**	–	BS	–	–	295	470 … 610	20	–	–
St 60-2	**E 335**	–	BS	–	–	335	570 … 710	16	–	–
St 70-2	**E 360**	–	BS	–	–	360	670 … 830	11	–	–

Spalte 3: JR, JO, J2 K2 für Kerbschlagarbeit nach Spalte 10 und 11; Desoxidationsart G1 .... unberuhigt (FU)
G2 .... beruhigt (FN)
G3, G4 ... vollberuhigt (FF)

Spalte 5: Höchstwerte nach der Schmelzanalyse; nach der Stückanalyse sind um 0,02 bis 0,04 höhere Werte zulässig

Spalte 6: Kohlenstoffäquivalent CEV = C + Mn/6 + (Cr+Mo+V)/5 + (Ni+Cu)/15 (für t ≤ 40 mm)

Die **Stahlgruppennummer** ist z. B.

00 für die Grundstähle BS

01 für allg. Baustähle mit Rm < 500 N/mm², also für alle Qualitätsstähle QS der Sorte S 235 und S 275

05 für Stähle mit Rm > 500 und < 700 N/mm², also für die Qualitätsstähle QS der Sorte S 355.

Die **Zählnummer** ist z. Zt. eine zweistellige Zahl. Falls Bedarf entsteht, sind dafür später vierstellige Zahlen vorgesehen.

Bei den **Feinkornbaustählen** nach EN 10 113 sind Stahlsorten S 275 bis S 460 mit weiterer Kurzbezeichnung des Lieferzustandes unterteilt:

– N für normalgeglühte/normalisierend gewalzte,
– M für thermomechanisch gewalzte Stähle.

In der Gütegruppe sind Mindestwerte der Kerbschlagarbeit festgelegt bei Temperaturen bis –20 °C ohne weitere Bezeichnung, bei Temperaturen bis –50 °C mit dem Kennbuchstaben L. Beispiel: Stahl EN 10 113–3 – S 355 ML.

b) Die Lieferformen der Baustähle sind (siehe Bild 6.10)

- **Flachzeug,** vor allem Feinbleche mit < 3,0 mm Dicke, Mittelbleche mit 3,0 bis 4,75 mm Dicke und Grobbleche mit > 4,75 mm Dicke sowie Breitflachstahl mit *b* = 150 bis 1250 mm und *d* = 5 bis 60 mm,
- **Stabstahl** mit < 80 mm Höhe bzw. **Formstahl** mit ≥ 80 mm Höhe, z. B. Doppel-T-Träger I (schmal), IPE (mittelbreit) sowie IPBl, IPB und IPBv (breit, in leichter, normaler und verstärkter Ausführung), U- und Winkelstahl,

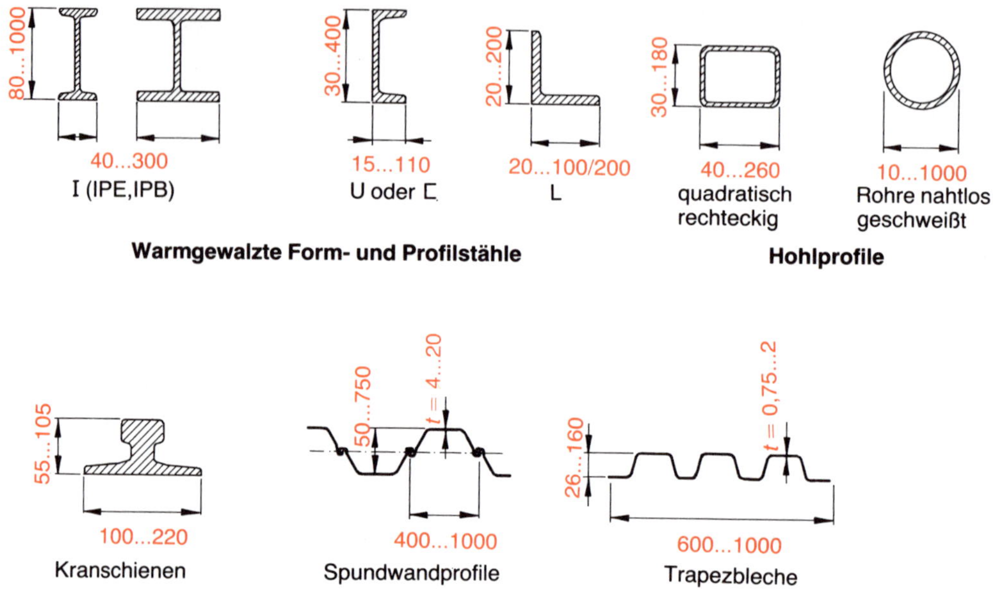

Bild 6.10 Lieferformen von Baustählen (Abmessungen in mm; Beispiele)

- **Hohlprofile,** z. B. Quadrat- und Rechteckhohlprofile, Stahlrohre, nahtlos oder geschweißt, ohne und mit Gewinde, und
- **Sonderprofile,** z. B. Kranschienen, Spundwandprofile,
- durch zusätzliche **Kaltverformung** erzeugte Kaltprofile (meist feuerverzinkt oder kunststoffbeschichtet), z. B. Bandstahlleichtprofile, Trapezbleche, Wabenträger, Stahlfensterprofile, Stahlzargen, Rippenstreckmetall (siehe Abschnitt 5.6.3b).

Niete und Schrauben werden aus verformungsfähigeren weicheren Stählen hergestellt als die eigentlichen Konstruktionsteile.

Neben den Stählen für den Stahlbau (S) bestehen je nach Verwendungszweck weitere Kennbuchstaben, z. B. P für Druckbehälter, L für Rohrleitungen, E für Maschinenbau, B für Betonstähle und Y für Spannstähle.

c) Baustähle sind gegen **Korrosion** in der Regel durch aufgebrachte Überzüge oder/und Beschichtungen zu schützen, vergleiche auch Abschnitt 6.1.4b und DIN 55 928. Vor dem Aufbringen des Korrosionsschutzes sind die Oberflächen von Rost, Fett, Öl, lockeren Teilen und auch von festhaftendem Zunder zu befreien, z. B. durch Sandstrahlen. Je nach Anforderungen können verschiedene Norm-Reinheitsgrade der Oberflächen vereinbart werden.

Als metallischer Überzug eignet sich insbesondere die **Feuerverzinkung;** durch Eintauchen der Stahlteile in ein Zinkschmelzbad von 450 °C entstehen, je nach Tauchzeit sowie C- und Si-Gehalt, glänzende bis matte Schichten von 50 bis rd. 150 µm Dicke aus Reinzink und/oder Eisen-Zink-Legierung. Die Feuerverzinkung ist heute auch bei großen Konstruktionsteilen möglich und kann auf längere Sicht eine wirtschaftliche Lösung darstellen.

Nichtmetallische Anstrichstoffe bestehen aus Bindemitteln (z. B. Öle, Kunststoffe, bituminöse Stoffe) und Pigmenten (z. B. Bleimennige, Bleiweiß) in Kombination mit Füllstoffen. Grund- und Deckbeschichtungen werden in jeweils einer oder mehreren Schichten aufgebracht, vgl. Abschn. 7.4.1, 8.3.4b und 9.4.

6.2.3.2 Stähle mit hohem Korrosionswiderstand

a) **Nichtrostende Stähle,** zur Gruppe der legierten Edelstähle gehörend, bedürfen bei blanker Oberfläche keines Korrosionsschutzes und keiner Wartung. Sie enthalten mindestens 10,5% Chrom und werden nach ihrem Nickelgehalt <2,5% oder ≥2,5% in zwei Untergruppen unterteilt. Die Sorte X5 CrNi 18 9–E225 enthält z. B. 0,05% C, 18% Cr und 9% Ni. Bei hochlegierten Stählen wandeln sich γ-Mischkristalle beim Abkühlen nicht in α-Mischkristalle um; sie bleiben austenitisch, siehe Abschnitt 6.2.2d. Nichtrostende Stähle werden verwendet für Fassaden, Fenster und andere Bauteile mit mehr dekorativem Charakter sowie mit besonderer Zulassung für Verankerungen von Fassadenverkleidungen, für Verbindungen von Stahlbetonfertigteilen und für Behälter. Schweißen mit E-, MAG-, MIG- und WIG-Verfahren, siehe Tabelle 6.3.

Wegen der Gefahr von interkristalliner Spannungsrißkorrosion dürfen bestimmte nichtrostende Stähle nicht in chlorhaltiger Atmosphäre, z. B. in Schwimmbädern, verwendet werden.

b) **Wetterfeste Baustähle** nach EN 10 155 (früher als WT-Stähle bezeichnet) mit Legierungszusätzen von P, Cu, Cr, Ni, Mo usw. weisen im Vergleich zu unlegierten Stählen einen erhöhten Widerstand gegen atmosphärische Korrosion auf, da sich auf ihrer Oberfläche schützende Oxidschichten bilden. Sie werden als Stahlsorte S 235 und S 355 (siehe Tabelle 6.4) und den Gütegruppen J0, J2 und K2, evtl. G1 bzw. G2, unterteilt. Als letzter Buchstabe wird W für Wetterfestigkeit, bei S 355 evtl. noch P für höheren Phosphorgehalt angegeben.

Das Schweißen der wetterfesten Stähle erfordert auch, daß das Schweißgut selbst wetterfest ist und daß bereits gebildete Deckschichten im Abstand von rd. 20 mm von der Schweißkante entfernt werden. Auch bei Verbindungen durch Nieten und Schrauben sollten Vorsichtsmaßnahmen an diesen getroffen werden, um Korrosion zu vermeiden.

Beispiel: Stahl EN 10 155 – S 355 J0W.

6.2.3.3 Betonstähle

Damit in Betonkonstruktionen größere Druckkräfte und vor allem Zugkräfte aufgenommen werden können, werden Stahlstäbe einbetoniert. Es wird damit ein Verbundquerschnitt geschaffen. Für Betonstahl als «schlaffe», nicht vorgespannte Bewehrung sind DIN 488 und 1045 maßgebend. Wichtige Eigenschaften der verschiedenen Betonstahlsorten sind in Tabelle 6.5 angegeben. In geringem Umfang wird auch glatter Betonstahl BSt 220 (Kurzzeichen I) aus S 235 (St 37-2) (siehe Tabelle 6.4) mit d = 8 bis 28 mm verwendet.

Tabelle 6.5 Betonstahlsorten und wichtige Eigenschaften

Kurzname Kurzzeichen	BSt 420 S III S	BSt 500 S IV S	BSt 500 M IV M	BSt 500 G, P IV G, P
Erzeugnisform	**Betonstabstahl**		**Betonstahlmatte**	**Bewehrungsdraht**
C-Gehalt der Schmelze, M.-%	≤0,22		≤0,15	
Nenndurchmesser d_s, mm	6 bis 28		4 bis 12	
Streckgrenze, N/mm^2	≥420	≥500		
Zugfestigkeit, N/mm^2	≥500	≥550		
Bruchdehnung, %	≥10		≥8	
Eignung für Schweißverfahren, siehe Tabelle 6.3	E, MAG, GP, RA, RP		E, MAG, RP	

a) Betonstahl BSt wird nach **Festigkeitsklasse** und **Erzeugnisform** oder **Oberflächengestaltung** eingeteilt in

– BSt 420 mit Kurzzeichen III nur als Stabstahl (S) und
– BSt 500 mit Kurzzeichen IV als Stabstahl (S), Stahlmatte (M) und Bewehrungsdraht mit glatter (G) oder profilierter (P) Oberfläche. Wegen des begrenzten Gehalts an C, P, S und N sind alle Sorten schweißgeeignet.

Die **Betonstabstähle** werden als gerippte Einzelstäbe mit d = 6 bis 28 mm geliefert. Die Festigkeit wird erreicht nur durch Legierungszusätze (naturharter Stahl), durch Kaltverformung (Verwinden oder Recken) oder durch Vergüten, siehe Abschnitt 6.2.2c und e sowie Bild 6.4. Die beiden Sorten unterscheiden sich auch durch die Anordnung der Rippen, siehe Bild 6.11.

Die **Betonstahlmatten** sind werkmäßig vorgefertigte Bewehrungen aus sich kreuzenden Stäben (d = 4 bis 12 mm), die durch Punktschweißen RP scherfest miteinander verbunden sind. Die gerippten Stäbe (siehe Bild 6.11) erhalten ihre größere Festigkeit durch starke Kaltverformung (Ziehen und/oder Kaltwalzen), wodurch die Verformungsfähigkeit abnimmt. Betonstahlmatten werden als Lagermatten mit den Abmessungen 2,15 m × 5,0 oder 6,0 m oder als Listen- oder Zeichnungsmatten auf besondere Bestellung gefertigt.

Bewehrungsdraht wird mit glatter oder profilierter Oberfläche (Kurzzeichen IV G oder IV P, siehe auch Bild 6.11) ebenfalls durch Kaltverformung und mit d = 4 bis 12 mm hergestellt, auf Ringen geliefert und nur als Grundmaterial für werkmäßig hergestellte Matten verwendet, z. B. für Stahlbetonrohre und Gasbetonplatten.

b) Der bei glatten Stählen mäßige Verbund mit dem Beton wird bei profilierten Stählen und noch mehr bei Rippenstählen durch die Längsrippen und vor allem die Schrägrippen wegen des dadurch erhöhten Scherwiderstandes wesentlich verbessert. Dies ermöglicht einfachere Verankerungen (z. B. ohne Endhaken) und vermindert die Rißbreiten im Zugbereich der Bauteile, was sich auch auf den Korrosionsschutz des Stahles günstig auswirkt. Bei Betonstahlmatten wird der Verbund mit dem Beton auch durch die angeschweißten Querstäbe erhöht.

Bei gerippten und profilierten Stählen errechnen sich aus der Masse m und Länge l der Nenndurchmesser zu d (mm) = $12{,}74\sqrt{m/l}$ und der Querschnitt zu A (mm^2) = $127{,}4 \cdot m/l$ (m/l in kg/m oder g/mm).

Gerripptes oder profiliertes Material ist durch Anordnung von besonderen Rippen bzw. Profilteilen so zu kennzeichnen, daß daraus

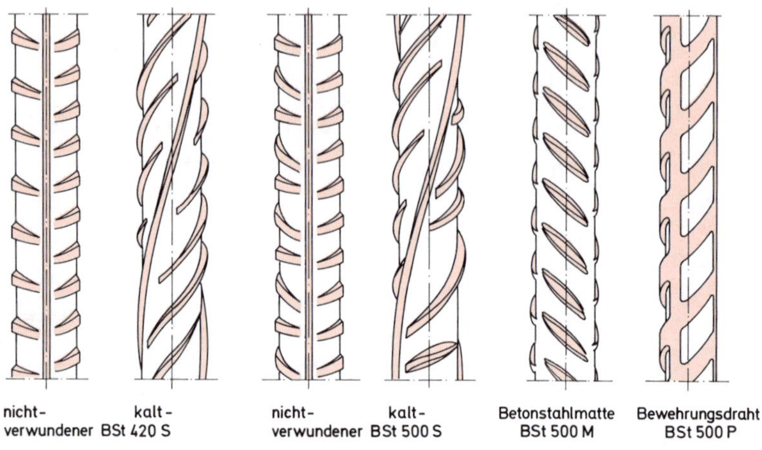

Bild 6.11 Oberflächengestaltung der Betonstähle

die Nummern von Herstelland und -werk ersichtlich sind, Matten und Draht außerdem mit bestimmten Angaben auf Anhängern.

c) Neben den beim Kurzzeit-Zugversuch geprüften Anforderungen nach Tabelle 6.5 werden auch Mindestwerte für die Dauerschwingfestigkeit verlangt, die für dynamisch beanspruchte Konstruktionen wichtig ist; die Prüfung erfolgt an geraden und gebogenen Stäben bzw. an Mattenstäben mit Schweißstelle, siehe Bild 6.8a. Bei Stabstählen ist außerdem statt des Faltversuchs zum Nachweis einer ausreichenden Formbarkeit und Alterungsunempfindlichkeit der Rückbiegeversuch durchzuführen; dabei muß sich eine um 90 ° gebogene Probe nach künstlicher halbstündiger Alterung bei 250 °C und anschließender Abkühlung ohne Risse und Bruch um mindestens 20 ° zurückbiegen lassen. Bei Mattenstäben muß bei der Schweißstelle der Faltversuch bis ≥ 60 ° ohne Risse und Bruch möglich sein bzw. eine Mindestknotenscherkraft erreicht werden.

d) Für die Ausführung von Schweißverbindungen mit den in Tabelle 6.5 angegebenen Schweißverfahren ist DIN 4099 zu beachten.

e) Wegen des Korrosionsschutzes durch den Beton siehe Abschnitte 5.3.7 und 5.4.2d. Ein zusätzlicher Korrosionsschutz ist auch durch vorherige Feuerverzinkung oder Beschichtung möglich, siehe Abschnitt 6.2.31c.

6.2.3.4 Spannstähle

Für Spannbeton sind Stähle besonders hoher Festigkeit notwendig. Je nach Zusammensetzung – z. B. beträgt der C-Gehalt 0,4 bis 0,9 M.-% – und Nenndurchmesser werden Spannstähle in unterschiedlicher Weise hergestellt und nach ihrer Mindeststreckgrenze und Mindestzugfestigkeit in verschiedene Festigkeitsklassen eingeteilt, siehe Tabelle 6.6.

Die **naturharten Spannstähle** mit großen Durchmessern bis 36 mm werden warmgewalzt und zur Verbesserung ihrer Eigenschaften gereckt und angelassen. Die Verankerung erfolgt meist durch aufgerollte Gewinde an den Stabenden oder durch durchgehend aufgewalzte Gewinderippen in Verbindung mit zugehörigen Schraubenmuttern und Ankerplatten.

Die **vergüteten Spanndrähte** erhalten ihre Festigkeit durch eine Wärmebehandlung, die im wesentlichen aus Härten und Anlassen besteht. Die Drähte laufen bei etwa 850 °C durch elektrisch- oder gasbeheizte Durchlauföfen, werden in Öl abgeschreckt und dadurch gehärtet und anschließend im Bleibad bei rd. 450 °C angelassen.

Die **kaltgezogenen Spanndrähte** werden vom erkalteten Walzdraht in mehreren Stufen durch Ziehdüsen aus Hartmetall gezogen und dadurch verfestigt. Zwischen den Ziehvorgän-

Tabelle 6.6 Spannstähle (mit bauaufsichtlicher Zulassung)

	Stäbe	Drähte		Litzen
	naturhart	vergütet	kaltgezogen	
Festigkeitsklassen $\beta_{0,2}/\beta_z$ (N/mm^2)	835/1030 1080/1230	1420/1570	1375/1570 1470/1670 1570/1770	1570/1770
Durchmesser (mm)	26 ··· 36	5,2 ··· 14	5 ··· 12,2	9,3 ··· 18,3
Form Oberfläche	rund glatt oder Gewinderippen	rund glatt oder gerippt	rund glatt oder profiliert	7drähtig glatt, verwunden
Verankerung	aufgerollte Gewinde, Schraubenmuttern	Keile, Reibung, Haftung	aufgestauchte Köpfe, Keile, Wellung der Drahtenden	

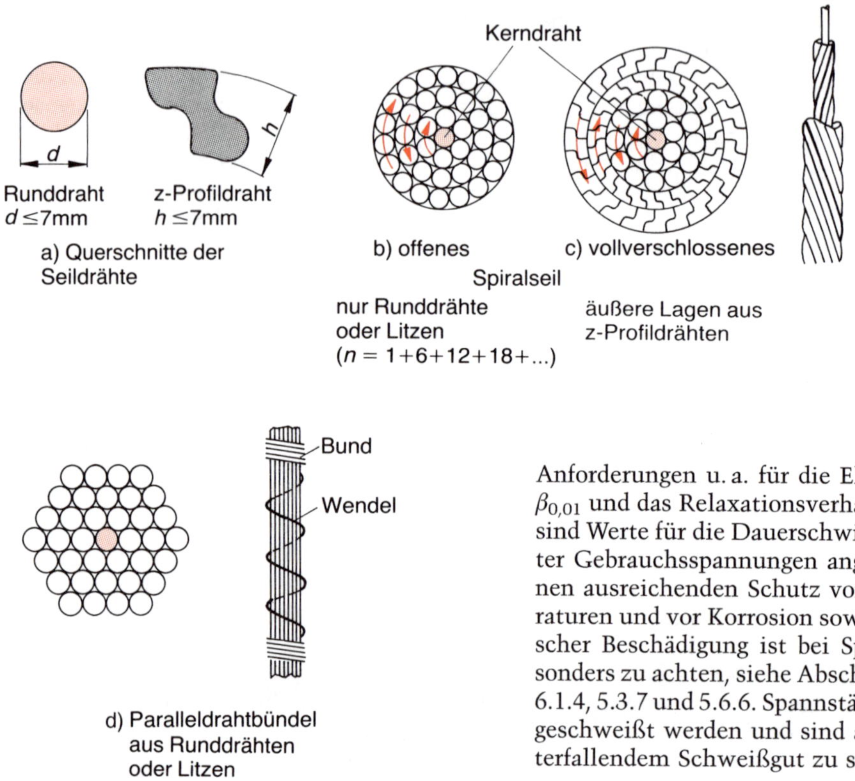

Bild 6.12 Aufbau von verschiedenen Drahtseilen

gen wird der Draht wärmebehandelt und schnell abgekühlt (patentiert).

Spanndrahtlitzen (7drähtig) bestehen aus glatten kaltgezogenen Drähten, wobei sechs außenliegende Drähte um einen geraden Kerndraht verseilt sind. Nach dem Verseilen werden die Litzen angelassen. Bei der ersten Belastung lagern sich die Außendrähte enger aneinander; dabei darf die bleibende Dehnung, der sog. «Seilreck», höchstens 0,01% betragen. Wegen der schräg zur Achsrichtung verlaufenden Außendrähte beträgt der Elastizitätsmodul von Litzen E = 195000 N/mm² gegenüber E = 205000 N/mm² bei Einzelstäben. Für alle Spannstähle ist eine Mindestbruchdehnung von 6% gefordert.

Um die Spannkraftverluste in den Konstruktionen möglichst gering zu halten, bestehen Anforderungen u. a. für die Elastizitätsgrenze $\beta_{0,01}$ und das Relaxationsverhalten; außerdem sind Werte für die Dauerschwingfestigkeit unter Gebrauchsspannungen angegeben. Auf einen ausreichenden Schutz vor hohen Temperaturen und vor Korrosion sowie vor mechanischer Beschädigung ist bei Spannstählen besonders zu achten, siehe Abschnitte 6.2.3 bzw. 6.1.4, 5.3.7 und 5.6.6. Spannstähle dürfen nicht geschweißt werden und sind auch vor herunterfallendem Schweißgut zu schützen.

6.2.3.5 Drahtseile

Aus hochfesten Seildrähten (kaltgezogen, patentiert) mit Kreis- oder Z-Querschnitt nach Bild 6.12a werden durch Verseilen (werkmäßig) oder Bündeln (auch auf Baustellen) Zugglieder mit hoher Tragfähigkeit hergestellt, z. B. Förderseile, Abspannseile (Pardunen), Kabel für Hänge- und Schrägseilbrücken, Leichttragwerke (Zeltbauten) u. a.

Je nach Drahtgeometrie werden folgende Seiltypen unterschieden:

- **Spiralseile** mit einer oder mehreren Lagen von Drähten, die um einen geraden Kerndraht lagenweise rechts- und linksgängig geschlagen werden. Bei Anordnung von nur runden Einzeldrähten oder Litzen entstehen nach Bild 6.12b offene, bei abschließenden Lagen aus ineinandergreifenden Z-Profildrähten nach Bild 6.12c vollverschlossene Spiralseile.

- **Paralleldrahtbündel** aus parallel geführten Runddrähten oder Litzen, die kontinuierlich durch eine Wendel oder in Abständen gebündelt werden, siehe Bild 6.12d.

Die hochfesten Stahldrähte sind gegenüber mechanischen und chemischen Angriffen empfindlich, außerdem bieten vor allem die offenen Seile große Korrosionsangriffsflächen; deshalb ist ein permanenter Korrosionsschutz durch metallische Überzüge (z.B. durch Verzinken) und Beschichtung oder Ummantelung mit Kunststoffen erforderlich. In brandgefährdeten bodennahen Bereichen ist ein Feuerschutzmantel vorzusehen, da Dehnsteifigkeit und Festigkeit der kaltverformten Stahldrähte mit höheren Temperaturen rasch abnehmen, siehe Bild 6.9.

Die Tragfähigkeit der Seile ist nur bei den Paralleldrahtbündeln gleich der Summe der Tragfähigkeiten der einzelnen Drähte; bei den Spiralseilen mit verwundenen Drähten sind je nach Anzahl der Drahtlagen Verseilverluste von 8 bis 18% (5 Lagen) anzunehmen. Ebenso vermindert sich der Elastizitätsmodul von $E = 200000\ N/mm^2$ bei Paralleldrahtbündeln auf $E = 90000$ bis $160000\ N/mm^2$ bei den Spiralseilen.

6.3 Nichteisenmetalle

> Im Vergleich zu den Eisenwerkstoffen besitzen nach Tabelle 6.1 die NE-Metalle meist eine bessere Formbarkeit, erfahren aber im eingebauten Zustand größere Formänderungen. Dies muß bei den Konstruktionen berücksichtigt werden.

Wegen des geringeren Elastizitätsmoduls sollten tragende Teile, z.B. aus Aluminium, mit möglichst großem Trägheits- und Widerstandsmoment konstruiert werden, um die Durchbiegung zu verringern. Wegen der größeren Wärmedehnkoeffizienten erfordern längere Bauteile aus NE-Metallen im Freien bewegliche Befestigungen und Verbindungen. Andererseits wirkt sich das hohe Reflexionsvermögen der hellen NE-Metalle gegen Sonnen- und Wärmestrahlen bauphysikalisch günstig aus.

Die Korrosionsbeständigkeit ist im allgemeinen deutlich besser als bei Eisen und Stahl, weil sich an der Oberfläche der NE-Metalle bei Lufteinwirkung eine schützende dichte und feste Oxid- und Carbonatschicht bildet; die Kombination von NE-Metallen miteinander oder mit Stahl ist nur bei Trennung durch nichtleitende Stoffe möglich, siehe Abschnitt 6.1.4.

Außer den im folgenden beschriebenen Metallen werden im Bauwesen selten Magnesium (nur als Legierung) und Zinn als Korrosionsschutz für Eisen (Weißblech) oder für Bleirohre benutzt.

6.3.1 Aluminium

Von den NE-Metallen haben die Aluminiumwerkstoffe wegen der geringen Dichte von $2{,}7\ g/cm^3$, der guten Festigkeit der Legierungen sowie der vielfältigen und dekorativen Oberflächenveredlungsmöglichkeiten im Bauwesen die größte Bedeutung erlangt.

6.3.1.1 Technologie des Aluminiums

a) Aus Bauxit wird zunächst durch Aufschluß mit Natronlauge Tonerde Al_2O_3 als Zwischenprodukt und dann in einer Schmelze aus Kryolith (Na_3AlF_6) in großen Elektrolyseöfen bei hohem Stromaufwand das reine Aluminium gewonnen. Durch Zusatz von Mn, Mg, Si, Zn und Cu als Legierungselemente werden meist noch in der Aluminiumhütte selbst Legierungen mit höherer Festigkeit hergestellt.

b) Eine **Festigkeitssteigerung** ist außerdem möglich durch folgende Behandlungen, siehe auch Abschnitt 6.1.1c bis e:

Bei Reinaluminium und den sogenannten nicht aushärtbaren Legierungen mit Mn oder/und Mg nur durch **Kaltverformung,** z.B. Walzen.

Bei den sogenannten aushärtbaren Legierungen, z.B. mit Mg und Si oder Mg und Zn als Legierungselemente, auch durch nachträgliche **Wärmebehandlung.**

Das Aushärten geschieht durch Glühen, Abschrecken und Auslagern während 1 bis 2 Tagen. Von Kaltaushärtung (ka) spricht man beim Auslagern unter Raumtemperatur. Die Warmaushärtung (wa) wird bei Temperaturen um 150 °C ausgeführt und ergibt bei gleicher Legierungszusammensetzung noch bessere Festigkeitswerte als bei Kaltaushärtung.

c) Die **Formgebung** des erschmolzenen und legierten Materials erfolgt in den weiterverarbeitenden Betrieben bei den

- Knetlegierungen durch Walzen, Strangpressen, Ziehen oder Schmieden zu Halbzeug, bei den
- Gußlegierungen durch Gießen nach verschiedenen Verfahren zu Formgußstücken, siehe Abschnitt 6.1.2.

d) Bei Aluminium werden trotz bestimmter Einschränkungen auch im Ingenieurbau, Kranbau und Behälterbau immer mehr Schweißkonstruktionen bevorzugt. Die **Schweißverfahren** E und G nach Tabelle 6.3 sind auch bei zusätzlicher Verwendung eines Fließmittels nur beschränkt anwendbar, insbesondere weil damit bei den hohen Schmelztemperaturen die Aluminiumoberfläche oxidiert. Es eignen sich vor allem, mit Argon als Schutzgas, die Verfahren MIG und WIG nach Tabelle 6.3, wobei die schädliche Oxidschicht abgebaut wird, und zwar MIG mehr für dickere, WIG mehr für dünnere Querschnitte. Vor allem bei ausgehärteten Legierungen ist an den Schweißnähten ein beträchtlicher Festigkeitsverlust unvermeidlich, der nur durch nochmalige Kalt- oder Warmauslagerung ausgeglichen werden kann, bei Kehlnahtverbindungen z. T. auch durch Schweißzusatzwerkstoffe. Bei kaltverformten Werkstoffen geht im Bereich der Schweißnaht die Festigkeit auf den weichen Ausgangszustand zurück.

6.3.1.2 Aluminiumwerkstoffe, Eigenschaften und Oberflächenbehandlung

Die wichtigsten, im Bauwesen verwendeten Werkstoffe finden sich in Tabelle 6.7. Bei den genormten Kurzzeichen bedeuten die Zahlen

Tabelle 6.7 Aluminiumwerkstoffe für das Bauwesen

Bezeichnung (Zustand, Festigkeitsklasse)	Anwendung	
1. **Reinaluminium** (DIN 1712)		
Al 99,5 ··· Al 99,98 (W 7 ··· F 13)	Bedachungen, Wandbekleidung, Abdichtungsfolien bzw. -bänder	
2. **Nicht aushärtbare Legierungen** (DIN 1725 T 1)		
AlMn (W 9 ··· F 19) AlMnMg (W 16 ··· G 26)	Bedachungen, Rinnen und Rohre, Fassadenbekleidungen	
AlMg 1 (W 10 ··· F 21) AlMg 2 Mn 0,8 (W 18 ··· F 25) AlMg 3 (W 18 ··· F 25) AlMg 4,5 Mn (F 27 ··· G 31)	Fenster, Bekleidungen u. a.	Bleche (außer AlMgSi 0,5), Profile und Rohre für tragende Bauteile nach DIN 4113
3. **Aushärtbare Legierungen** (DIN 1725 T 1)		
AlMgSi 0,5 (F 13 ··· F 25) AlMgSi 1 (F 21 ··· F 32) AlZn 4,5 Mg 1 (F 34 und F 35)	Fenster, Türen u. a.	
4. **Gußlegierungen** (DIN 1725 T 2)		
G-AlSi 12 (F 16 ··· F 21) G-AlMg (F 14 ··· F 19) G-AlMg 3 (F 16 ··· F 22) G-AlMg 5 (F 16 ··· F 20)	Baubeschläge, Fassadenelemente, Kunstguß	

hinter den Legierungselementen deren mittleren Gehalt in Prozent. Anstelle des Kurzzeichens F für die Festigkeitsklasse (entsprechend der Mindestzugfestigkeit in etwa 1/10 N/mm^2) bedeuten W weich und G rückgeglüht nach vorausgegangener Kaltverfestigung. Bei Gußstücken bezeichnen GK Kokillenguß, GD Druckguß und GC Strangguß. Für Bleche und Bänder mit $d > 0{,}35$ mm gilt u. a. DIN 1745, für Strangpreßprofile DIN 1748, für Rohre 1746 und für Aluminiumkonstruktionen DIN 4113.

a) Die **Eigenschaften** der Aluminiumwerkstoffe und damit auch ihre Anwendung im Bauwesen hängen vor allem von den Legierungselementen ab:

Mit Mn, steigenden Gehalten an Mg und Si und vor allem mit Zn nimmt die Festigkeit zu, wobei jedoch die besonders mit Mn sonst gute Formbarkeit abnimmt. Hinsichtlich der zulässigen Spannungen entsprechen die Festigkeitsklassen ≥ 32 einem Stahl S 235 (St 37). Obwohl Legierungen mit Cu noch höhere Festigkeiten ergeben, werden sie wegen ihrer Korrosions- und Schweißempfindlichkeit i. a. nur für Schrauben verwendet. Falls die Festigkeit ausreicht, sollten vor allem wegen der leichteren Formbarkeit die nicht aushärtbaren Werkstoffe bevorzugt werden.

Mit größerer Reinheit sowie mit Mn und Mg wird die i. a. gute Korrosionsbeständigkeit, auch in Industrie- und Seeluft, noch erhöht, mit Zn vermindert. Mit Si und vor allem mit Zn verbessert sich die Schweißeignung.

b) Die verschiedenen Möglichkeiten einer nachträglichen **Oberflächenbehandlung** des Aluminiums werden vor allem für zusätzliche dekorative Effekte angewandt, außerdem zur Verbesserung des Korrosions- und Verschleißwiderstandes.

Die **anodische Oxidation** (Eloxierung) findet Anwendung bei Fassadenverkleidungen, Fenstern, Türen und anderen Bauelementen. Die im «Eloxal-Bad» sich bildende Oxidschicht ist hart und chemisch sehr beständig und läßt sich in vielen Farbtönen einfärben; Schichtdicke bei Außenbauteilen ≥ 20 bis 30 μm, siehe auch DIN 17611. Bei besonderen Ansprüchen an dekoratives Aussehen muß das Halbzeug in «Eloxalqualität» bestellt werden; geeignet dafür sind Al 99,5 ... 99,98 sowie die AlMg- und AlMgSi-Legierungen.

Auch durch **chemische Oxidation** (Chromatieren und Phosphatieren) wird die Oberfläche i. a. widerstandsfähiger. Auf diese Weise entstandene Passivierungsschichten sind auch erforderlich für **nichtmetallische Beschichtungen** aus Kunststoffdispersions- und -lackfarben (ohne Pb- und Cu-Pigmente) oder aus Emaille, siehe auch Abschnitte 6.1.4b und 9.4.

c) Unbehandelte und auch anodisierte Bauteile müssen durch isolierende Anstriche oder Schutzfilme vor einer Berührung mit Beton, Zement- und Kalkmörtel geschützt werden.

6.3.2 Zink

Zinkblech von 0,6 bis 1,0 mm Dicke wird vor allem für Dächer, Dachrinnen und Regenfallrohre verwendet. Es wird heute, wegen der höheren Dauerstandsfestigkeit und insbesondere wegen des geringeren Wärmedehnkoeffizienten von 0,020 mm/m · K, nur noch aus Titanzink hergestellt. Von den in Tabelle 6.1 genannten Eigenschaften ist auch die Empfindlichkeit gegen Tauwasser zu beachten. Von wachsender Bedeutung ist Zink auch für den Korrosionsschutz von Stahl, siehe Abschnitt 6.2.3.1c. Vor dem Aufbringen von Anstrichen müssen Zinkblech oder verzinkte Oberflächen mechanisch aufgerauht oder chemisch entfettet werden.

6.3.3 Blei

Wegen der leichten Formbarkeit wird Blei als Blech u. a. für die Einfassung von Schornsteinen oder das Auslegen von Kehlen, als bituminiertes Band für Abdichtungen sowie für Rohre verwandt, weiter für Dichtungsringe oder als Bleiwolle zum Ausstemmen von Fugen. Wegen der hohen Dichte eignet sich Blei in besonderer Weise für Bauteile für den Strahlenschutz, siehe Abschnitt 1.4.10. Durch Zusatz von Antimon können Härte und Festigkeit von Blei deutlich erhöht werden. Bei aggressiven Wässern (siehe Tabelle 6.1) sind «Mantelrohre» mit einem inneren 0,5 bis 1 mm dicken

Zinnrohr oder -belag zu verwenden. Vor der Berührung mit Kalk- und Zementmörtel sowie mit Beton müssen Baustoffe aus Blei geschützt werden, z.B. durch bituminöse Beschichtungen.

6.3.4 Kupfer

Außer der ebenfalls guten Formbarkeit zeichnet sich Kupfer durch eine weitgehende Beständigkeit aus und ergibt daher eine besonders lange Dauerhaftigkeit der Bauteile, siehe Tabelle 6.1. Unter der atmosphärischen Einwirkung überzieht sich die Oberfläche mit einer schützenden Schicht vor allem aus Kupferhydroxidcarbonat (Patina). Als Blech von 0,5 bis 1 mm Dicke wird es ebenfalls für Dächer samt Rinnen und Rohren verwendet, als Band von 0,1 bis 0,2 mm Dicke für bituminöse Abdichtungen und als Rohre für Hausinstallationsleitungen.

Von Bedeutung für das Bauwesen sind auch die Kupfer-Zink-Legierungen (Messing) zur Herstellung von Armaturen u. a. und die Kupfer-Zinn-Legierungen (Bronze).

7 Baustoffe aus Bitumen und Steinkohlenteerpech

Diese Baustoffe, die auch in vielen Vorschriften noch als bituminöse Baustoffe bezeichnet werden, enthalten Bitumen oder Steinkohlenteerpech als maßgebliche Bindemittel.

Die bituminösen Baustoffe besitzen allgemein folgende charakteristische Eigenschaften:

- gute Klebefähigkeit,
- Thermoplastizität, d. h., die Baustoffe sind bei höheren Temperaturen plastisch bis flüssig, bei niederen Temperaturen elastisch, und zwar hart bis spröde,
- hohes Relaxationsvermögen,
- Unlöslichkeit in Wasser,
- hohe Wasserundurchlässigkeit,
- Beständigkeit gegenüber den meisten Chemikalien.

Die plastischen Formänderungen hängen in hohem Maße auch von der Dauer und Größe der Krafteinwirkung ab, siehe Abschnitt 1.4.6.1c. Die bituminösen Bindemittel sind je nach der Höhe ihres Flammpunktes entflammbar.

Gemische aus Bitumen und Mineralstoffen heißen **Asphalt.** Asphalt, dessen Mineralstoffe nur aus Gesteinsmehl oder/und Sand bis 2 mm bestehen, wird auch als Mastix bezeichnet.

Wegen der besonderen Eigenschaften finden die bituminösen Baustoffe vor allem Verwendung im Straßen- und Wasserbau sowie für Estriche, Beschichtungen, Spachtel- oder Fugenvergußmassen und Dichtungsbahnen.

Für die Beschaffenheit der Bindemittel sind DIN 1995 und 52001 bis 52045, für die Prüfung von bituminösen Massen DIN 1966 maßgebend.

7.1 Technologie, Arten und Eigenschaften der Ausgangsstoffe

Für die unterschiedlichen Anwendungsgebiete gibt es zahlreiche Bindemittel auf Bitumen- und Steinkohlenteerpechbasis sowie Naturasphalte. Die Bindemittel bestehen aus einer Vielzahl von Kohlenwasserstoffen mit unterschiedlichem molekularem Aufbau. Bestimmte Kohlenwasserstoffgruppen können je nach dem Temperaturbereich ihrer Siedepunkte durch Destillation voneinander getrennt werden; durch bestimmte Kombinationen, Behandlungsweisen oder Zusätze erhält man Bindemittel mit unterschiedlichen Eigenschaften.

Bitumen und Steinkohlenteerpech unterscheiden sich nicht nur hinsichtlich ihrer Gewinnung, sondern auch in manchen ihrer Eigenschaften, siehe Tabelle 7.1. Je nach der späteren Verarbeitung ist ein bestimmter Flüssigkeitsgrad der Bindemittel notwendig, der auch als Zähflüssigkeit oder **Viskosität,** d. i. der Widerstand gegen Fließen, bezeichnet wird.

Die zur Verarbeitung notwendige Viskosität läßt sich auf zweierlei Weise erreichen:
a) Bitumen und Steinkohlenteerpech sind ohne bestimmte Zusätze nur bei **hohen Temperaturen** verarbeitbar, was bei feuchter und kalter Witterung Schwierigkeiten bereiten kann. Sie erreichen aber nach dem Abkühlen sofort ihre Eigenschaften für den Dauergebrauch.
b) Durch Zusätze von Ölen oder Lösungsmitteln oder durch Emulgieren in Wasser lassen sich die Bindemittel auch bei **niederer Temperatur** verarbeiten. Sie erreichen ihre endgültigen Eigenschaften aber erst nach Verflüchtigung der zugesetzten Stoffe oder durch Brechen der Emulsion.

Tabelle 7.1 **Bindemittel aus Bitumen und Steinkohlenteerpech**

Grundstoff Destillationsprodukt aus	Bitumen Erdöl	Steinkohlenteerpech Steinkohlenrohteer
Allgemeine Eigenschaften und Merkmale		
Dichte (bei 25 °C), g/cm³	1,01 ··· 1,07	1,12 ··· 1,20
Geruch beim Erhitzen	milde	stechend
Beständigkeit		
gegen Licht und feuchte Luft	mittel	i. a. gering
gegen Lösungsmittel u. ä.	gering	mittel bis gut
gegen Bakterien und Wurzeln	gering	gut
Biologisch und physiologisch	unschädlich	schädlich
Bindemittelarten für heiße Verarbeitung		
(Höchsttemperatur bei Walzasphalt 190 °C, Gußasphalt 250 °C, mit Straßenpechen rd. 130 °C)	Straßenbaubitumen[1]) B 200, B 80, B 65, B 45, B 25	Straßenpeche[1]),[3]) T 40/70, T 80/125, T 140/240, T 250/500
	Hochvakuumbitumen HVB 85/95, HVB 95/105, HVB 130/140	Hochviskose Straßenpeche[3]) HT 49/51, HT 51/53, HT 53/55
	Oxidationsbitumen 75/30, 85/25, 85/40, 100/25, 100/40, 115/15 und Hartbitumen 135/10	Alterungsbeständige Straßenpeche[3]) AT 80/125, AT 140/240, AT 250/500
	Fluxbitumen[2]) FB 500	Steinkohlenteer-Spezialpeche
(Gemische)	Pechbitumen TB 80, TB 65	Bitumenpeche[3]) BT 40/70, BT 80/125, BT 140/240, BT 250/500
	Bitumenpeche[3]) VT 80/125, VT 250/500	
(mit Kunststoffen)	Polymerbitumen PmB	Polymer-Steinkohlenteer-Spezialpeche
für kalte Verarbeitung	Kaltbitumen, Bitumenlösungen, Bitumenanstrichmittel, Bitumenemulsionen U 60, U 70, U 60 K, M 65 K, U 70 K, Haftkleber u. a.	Kaltpechlösungen, Pechemulsionen, Pechsuspensionen

[1]) Nach DIN 1995.
[2]) für Warmeinbau ab 30 °C.
[3]) Die Zahlen bedeuten die Spanne der Ausflußzeit bzw. bei HT der Ausflußtemperatur TGA.

7.1.1 Bitumen

Es wird gewonnen als Rückstand bei der **Destillation von Erdöl.** Je nach Vorgehen bei der Herstellung erhält man Bitumenarten mit unterschiedlicher Härte und Viskosität.

Die Bitumenarten werden nach folgenden Verfahren geprüft:

Penetration oder Eindringtiefe einer Nadel von 100 g bei 25 °C während 5 s, angegeben in 0,1 mm; siehe Bild 7.1.

Erweichungspunkt Ring und Kugel (EP R u K) in °C, bei der eine Kugel (K) durch einen mit Bitumen gefüllten Ring (R) hindurchrutscht; siehe Bild 7.2. Diese Temperatur entspricht der Grenze zwischen dem zähplastischen und weichplastischen Bereich.

Brechpunkt nach Fraass (BPFr) ist die Temperatur in °C, bei der eine auf ein Stahlblech aufgeschmolzene Bitumenschicht bei vorgeschriebener Abkühlungsgeschwindigkeit bei Biegebeanspruchung reißt. Diese Temperatur entspricht der Grenze zwischen dem plastischen und spröden Bereich.

Je weicher ein Bitumen ist, um so größer ist also die Penetration und um so niedriger liegen in der Regel Erweichungspunkt und Brechpunkt. Die Temperaturspanne zwischen Erweichungspunkt und Brechpunkt wird als **Plastizitätsspanne** bezeichnet.

Die verschiedenen Bitumenarten sind in Tabelle 7.1 angegeben; im einzelnen unterscheiden sie sich wie folgt:

a) Je nach Abdestillierung von öligen Bestandteilen erhält man weiche bis mittelharte **Destillations-** bzw. **Straßenbaubitumen** B 200 bis B 25, die vor allem im Straßenbau verwendet werden. Die Zahl gibt die mittlere Penetration an; sie liegt z.B. beim weichsten Bitumen B 200 zwischen 160 und 210 × 0,1 mm. Die Plastizitätsspanne beträgt bei Straßenbaubitumen 50 bis 70 K.

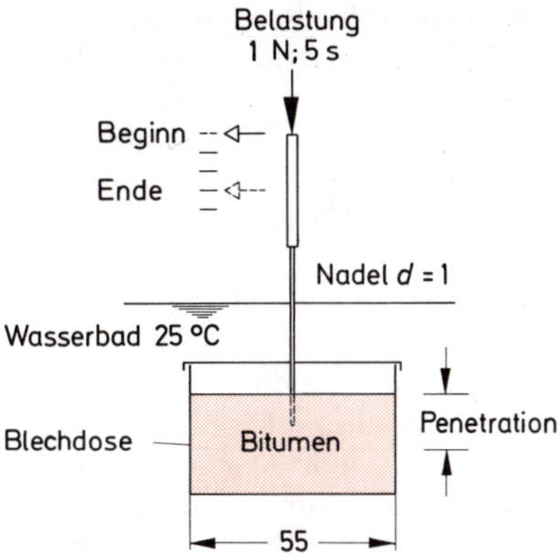

Bild 7.1 Prüfung der Penetration [8], Maße in mm

b) Durch weitere Destillation unter Vakuum können noch hochsiedende Öle entzogen werden, und man erhält die härteren **Hochvakuumbitumen** HVB 85/95 bis 130/140. Die Zahlen bedeuten die Temperatur-Grenzen für EP R u K. Anwendung bei Gußasphaltestrichen und Asphaltplatten, siehe Abschnitt 7.3.

c) Beim Durchblasen von Luft durch geschmolzenes, weiches Bitumen werden die Grundstoffe durch Oxidation so verändert, daß das **Oxidationsbitumen** eine größere Plastizitätsspanne von 100 K und mehr und ein gummielastisches Verhalten erhält. Die Zahlen 85/25 bedeuten einen mittleren EP R u K von 85 °C und eine mittlere Penetration von 25 × 0,1 mm. Anwendung bei Abdichtungen nach Abschnitt 7.4.

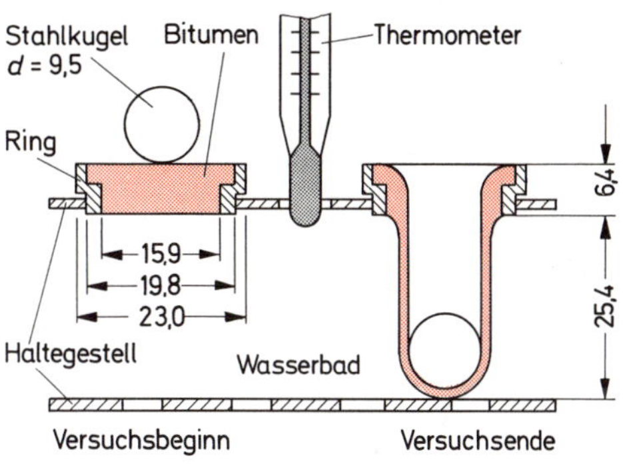

Bild 7.2 Prüfung des Erweichungspunktes Ring und Kugel [8], Maße in mm

d) Bei **Fluxbitumen** FB (bisher Verschnittbitumen) wird die Viskosität von weichem Bitumen durch «Verschnitt» mit geeigneten Mineral- und Teerölen noch weiter herabgesetzt und dadurch die Verarbeitung erleichtert. Die Prüfung erfolgt wie bei Straßenpechen, siehe Abschnitt 7.1.2.

e) **Polymerbitumen** (PmB) sind Gemische oder Reaktionsprodukte von Bitumen und Polymeren; sie sind wärmestandfester und kälteflexibler als nicht modifiziertes Bitumen. Anwendung bei Bahnen, siehe Abschnitt 7.4.2.

f) Bei **Kaltbitumen** wird durch Zusatz von 10 bis 60% Lösungsmittel die Viskosität so stark vermindert, daß es bei normalen Temperaturen verarbeitet werden kann. Wegen der Gesundheitsgefährdung und der leichten Brennbarkeit des verdunstenden Lösungsmittels müssen besondere Vorsichtsmaßnahmen eingehalten werden und der Arbeitsplatz gut belüftet sein, siehe Abschnitt 1.4.10a. Wie bei Fluxbitumen sollten die zu benetzenden Oberflächen trocken sein; zur Verbesserung werden noch Haftmittel zugegeben.

g) Bei **Bitumenemulsionen** wird die Viskositätsverminderung durch Emulgieren in Wasser erreicht; in der Tabelle 7.1 bedeutet die Zahl den Bitumengehalt in %. Im Gegensatz zu den anionischen Emulsionen sind die kationischen Emulsionen K bei allen, also auch basischen Gesteinen sowie auch bei ungünstigen Witterungsverhältnissen geeignet. Die Emulsionen werden weiter nach ihrem Brechverhalten wie folgt eingeteilt:

Stabile Emulsionen S brechen erst durch Verdunsten des Wassers und können daher mit allen Mineralstoffen vermischt werden.

Unstabile Emulsionen U zerfallen beim Berühren mit Gestein zu Emulsionswasser und Bitumen und bilden dabei einen zusammenhängenden Bitumenfilm; sie eignen sich daher nur zum Spritzen.

Durch Zusätze können jedoch verlängerte Verarbeitungszeiten erreicht werden, was in den Bezeichnungen H (halbstabil), M (für Mischen geeignet) zum Ausdruck kommt; V bedeutet viskose Einstellung. Wegen des Entmischens ist die Lagerfähigkeit der Emulsionen begrenzt. Frostbeständige Emulsionen F können in Fässern auch im Winter gelagert werden.

7.1.2 Steinkohlenteerpech

Im Vergleich zu Bitumen ist die Produktion und Anwendung von Steinkohlenteerpech auch wegen seiner gesundheitsschädlichen Wirkung sehr zurückgegangen. Aus dem bei der **Verkokung der Steinkohle** anfallenden Rohteer werden bei weiterer stufenweiser Destillation außer Benzol die verschiedenen Teeröle sowie Teerpech gewonnen. Aus Steinkohlenteerpech werden durch geeignete Komponenten bzw. durch chemische und physikalische Veränderungen Bindemittel für verschiedene Anwendungszwecke hergestellt; dabei wird vor allem die Viskosität herabgesetzt. Diese wird bei Straßenpechen mit dem Straßenteerviskosimeter nach Bild 7.3 geprüft, und zwar

bei weichen Straßenpechen als **Ausflußzeit** in s von 50 cm^3 Pech bei konstanter Temperatur, in der Regel 30 °C, oder

bei zähen Straßenpechen als **Ausflußtemperatur** TGA (Äquiviskositätstemperatur) für 50 cm^3 Pech in 50 s.

Die verschiedenen Pecharten finden sich ebenfalls in Tabelle 7.1. Die Zahlen bedeuten die festgelegten Grenzen für die Ausflußzeit bei 30 °C bzw. für die Ausflußtemperatur.

a) Im Vergleich zu den **Straßenpechen** T (bisher Straßenteere) nach DIN 1995 werden durch Modifizierung bzw. durch Erhöhung des Gehaltes an kaum mehr verdunstendem Anthracenöl II bei den hochviskosen und alterungsbeständigen Straßenpechen HT und AT die Alterung und die Sprödigkeit wesentlich vermindert.

b) Durch Zusatz von Bitumen, und zwar jeweils B 45, wird die geringere Plastizitätsspanne des Peches erhöht. Es werden folgende Gemische hergestellt:

Bitumenpeche BT mit 15% Bitumen bzw. VT mit 35% bis 45% Bitumen, außerdem **Pechbitumen** (bisher Teerbitumen) TB 80 und 65 mit 70% Bitumen.

c) Für Abdichtungen (siehe Abschnitt 7.4) und für Sonderfälle werden **präparierte Peche** geliefert, d. s. Lösungen mit nieder- oder höhersiedenden unterschiedlichen Lösungsmitteln und/oder Ölen, sowie andere Steinkohlenteer-Spezialpeche, deren Plastizitätsspanne eben-

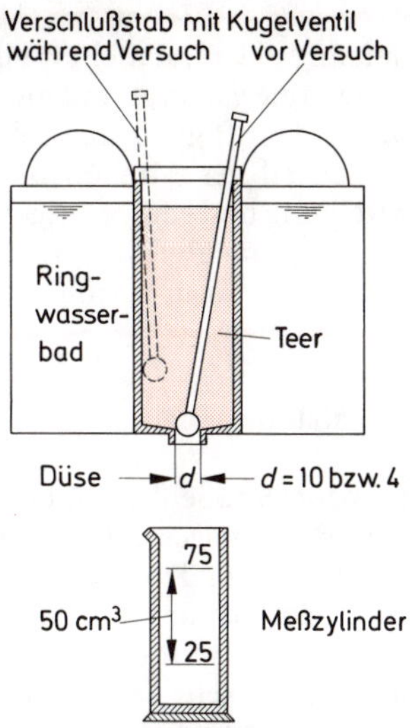

Bild 7.3 Prüfung der Viskosität im Straßenteerviskosimeter [8], Maße in mm

falls durch Oxidation erweitert wurde, jeweils ohne und mit Füllstoffen. Auch mit Kunststoffen, z. B. PVC oder EP, modifizierte Polymer-Steinkohlenteer-Spezialpeche besitzen verbesserte Eigenschaften. Ihre Viskosität wird durch EP R u K gekennzeichnet.

d) Für die kalte Verarbeitung werden, in ähnlicher Weise wie bei Bitumen, durch Zusatz von Lösungsmitteln **Kaltpechlösungen** vorwiegend für den Straßenbau, durch Emulgieren mit Wasser **Pechemulsionen** und **Pechsuspensionen** vorwiegend für Anstrich- und Beschichtungsmittel hergestellt.

7.1.3 Naturasphalte

Von praktischer Bedeutung ist der **Trinidad-Asphalt,** der auf der Insel Trinidad gewonnen und nach Reinigung als Trinidad-Epuré versandt wird. Er enthält neben 53 bis 55% Bitumen feinste Mineralstoffe und Asche als Füller, wodurch der Erweichungspunkt deutlich erhöht wird, siehe auch Abschnitt 7.2.1b.

7.2 Mischgut für den Straßenbau

Bituminöse Massen werden zum überwiegenden Teil für den Oberbau von Fahrbahnen verwendet. Auch der bei Dämmen notwendige Unterbau und der Untergrund können durch Zumischen von bituminösen Bindemitteln eine zusätzliche Verfestigung erfahren.

Nach der Verkehrsbelastung VB werden die Straßen in die Bauklassen SV (VB > 3200), I (VB = 1800–3200) bis VI (VB < 10) eingeteilt. Die Verkehrsbelastungszahl VB ergibt sich aus der täglichen Verkehrsstärke des Schwerverkehrs, seiner geschätzten jährlichen Änderung sowie der Anzahl, der Breite und der Steigung der Fahrstreifen.

Der **Oberbau** einer Straße besteht aus verschiedenen Schichten, nämlich (von unten nach oben) den

- Tragschichten,
- Binderschichten und
- Deckschichten oder Verschleißschichten.

Die Schichten erfahren vor allem durch den Verkehr teilweise unterschiedliche Beanspruchungen.

> Allgemein werden von den verschiedenen Schichten ein hoher Widerstand und eine gute Formbeständigkeit bei der Einwirkung von Kräften, auch **Stabilität** genannt, verlangt.

Diese wird bei der Marshall-Prüfung nach Bild 7.4 durch einen Druckversuch an einer zylindrischen Probe von 101,6 mm Durchmesser und 63,5 mm Länge festgestellt; die Probe wird unmittelbar vor der Prüfung 30 min lang unter Wasser von 60 °C gelagert. Neben der Höchstlast wird auch der Fließwert als Zusammendrückung unter der Höchstlast gemessen, siehe DIN 1996 T 11.

Die Stabilität von Gußasphalt wird nach DIN 1996 T 13 durch Stempeldruck auf eine verdichtete Probe bei 40 °C während 30 bzw. 60 min bzw. 5 Stunden nach Bild 7.5 geprüft.

Weiter ist eine hohe Beständigkeit gegen Witterungseinflüsse notwendig. Vor allem die Deckschichten sollen so dicht sein, daß möglichst kein Wasser und kein Staub eindringen

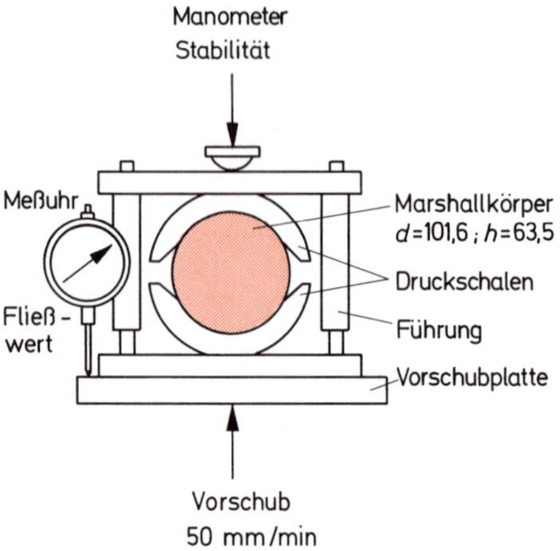

Bild 7.4 Marshall-Prüfung [8]

können. Aus diesem Grund kommt den Prüfungen von Proben aus dem verdichteten Mischgut auf Dichte, Hohlraumgehalt und Wasseraufnahme eine besondere Bedeutung zu, siehe DIN 1996 T 7 und 8. Wegen der Verkehrssicherheit sollen die Deckschichten außerdem eine ausreichende Griffigkeit und Helligkeit besitzen.

Die verschiedenen Eigenschaften hängen nicht nur von der Art und der Menge des Bindemittels, sondern auch von der Art und den Eigenschaften der Mineralstoffe und der Zusammensetzung der Gemische ab.

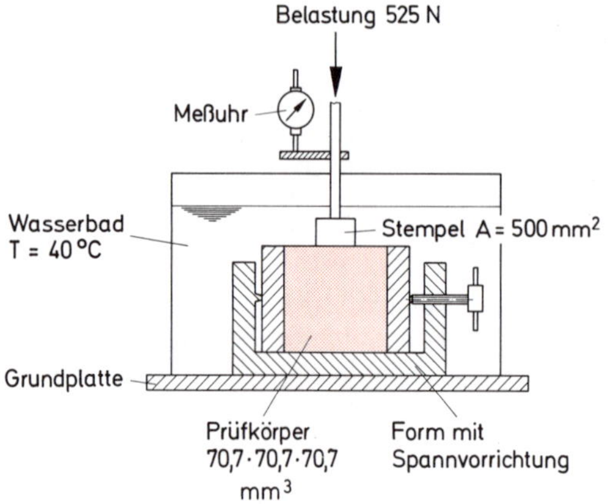

Bild 7.5 Eindruckprüfung von Gußasphalt [8]

Das Bindemittel ist i. a. mehr für die Dichtigkeit, die Mineralstoffe sind mehr für die Stabilität und Griffigkeit maßgebend. Der Stabilitätsanteil des Mineralstoffgerüstes infolge Reibung und gegenseitiger Kornabstützung sollte möglichst groß sein, weil er von der Temperatur unabhängig ist.

7.2.1 Mineralstoffe

a) Sie sind beim Straßenbau besonders hohen Beanspruchungen ausgesetzt, und zwar schon vor dem Einbau beim Trocknen durch das Erhitzen und während des Einbaus durch das Walzen. Allgemein muß das Gestein frostbeständig und sauber sein und auch bei Wassereinwirkung eine dauerhafte gute Verbindung mit dem Bindemittel behalten. Bei der Schlagprüfung von Splitt (siehe Abschnitt 2.2) darf der Zertrümmerungswert je nach Art der Schicht bzw. je nach Bauklasse bestimmte höchstzulässige Werte nicht überschreiten. Mit mittel- bis grobkristallinem und daher weniger polierfähigem Gestein verbessert sich die Griffigkeit, mit hellem Gestein oder mit besonderen synthetischen hellen Mineralien die Helligkeit von Deckschichten.

Außer zerkleinertem Naturstein (siehe Abschnitt 2.3.2) werden auch Natursand, Kies, Kiessplitt oder geeignete Schlacken verwendet. Nach den Technischen Lieferbedingungen für Mineralstoffe im Straßenbau (TL Min) sind in der Regel folgende **Lieferkörnungen** zu verwenden:

Ungebrochen: Natursand 0/2 mm und Kies 2/4, 4/8, 8/16, 16/32 und 32/63 mm nach DIN 4226 T 1, siehe auch Abschnitt 5.2.2.

Gebrochen: Brechsand-Splitt-Gemisch 0/5 mm und Splitt 5/11, 11/22, 22/32 und 32/45 mm,
Edelbrechsand 0/2 mm und Edelsplitt 2/5, 5/8, 8/11, 11/16 und 16/22 mm,
Gesteinsmehl 0/0,09 mm.

Wegen der geforderten Gleichmäßigkeit dürfen bestimmte Gehalte an Unter- und Überkorn nicht überschritten werden. Bei Splitt und Edelsplitt müssen mindestens 90 M.-% der Körner bruchflächig sein, d. h., mind.

90% der Kornoberfläche muß aus einer Bruchfläche bestehen. Im Vergleich zu Rundkorn wird mit gebrochenen Mineralstoffen die Verdichtungswilligkeit beim Einbau vermindert bzw. der Bindemittelanspruch erhöht. Bei gleichem Bindemittelgehalt werden jedoch, bedingt durch den größeren Winkel der inneren Reibung, die Stabilität sowie die Griffigkeit deutlich verbessert. Weiter darf der Anteil an Körnern mit ungünstiger Kornform, deren Verhältnis Länge zu Dicke größer als 3 : 1 ist, bei Edelsplitt zwischen 5 und 22 mm höchstens 20 M.-%, bei einfachem Splitt höchstens 50 M.-% betragen. Durch diese Forderung werden vor allem die Lagerungsdichte des Mineralstoffgefüges und der Schlagwiderstand verbessert.

Die ausreichende und gleichbleibende Qualität der Mineralstoffe für den Straßenbau muß nach den Richtlinien für die Güteüberwachung (RG Min) laufend nachgewiesen werden, siehe auch Abschnitt 2.3.2. Die Lieferkörnungen sind entsprechend den jeweiligen Erfordernissen und Vorschriften für die bituminösen Gemische meist korngestuft, d. h. nach stetig verlaufenden Sieblinien, zusammenzusetzen, womit sich das Mischgut leichter verarbeiten läßt und auch unter schweren Belastungen weniger zu Kornzerkleinerungen und Nachverdichtung neigt.

b) Die Eigenschaften der Gemische werden weiter in besonderer Weise durch die feinsten Stoffe beeinflußt, meist Gesteinsmehle < 0,09 mm, auch **Füller** genannt.

> Je nach Art und Menge des Füllers werden die Viskosität des Bindemittel-Füllergemisches erhöht und seine Plastizitätsspanne etwas erweitert bzw. die thermische Stabilität der Gemische beträchtlich vergrößert.

Die Füller dürfen keine quellfähigen oder organischen Bestandteile enthalten. Auch sie sollten möglichst korngestuft sein und müssen also i.a. künstlich aufbereitet werden. Einkörnige Füller, wie Abfallstaube und abgesaugte oder windgesichtete Mehle, machen die Gemische schwerer verarbeitbar und erhöhen den Bindemittelbedarf zur Erzielung einer bestimmten Eigenschaft im Vergleich zu korngestuften Füllern.

7.2.2 Einbauweisen

Je nach Bindemittelsorte und Einbauverfahren werden die Gemische
meist im **Heißeinbau** (Temperatur bei Bitumen ≥ 120 °C, bei Straßenpech ≥ 90 °C),
selten im **Warmeinbau** (Temperatur ≥ 30 °C) oder
im **Kalteinbau** (Temperatur ≥ etwa +5 °C) eingebracht.

Nach der Mischgutzusammensetzung und dem Einbauverfahren werden unterschieden:

a) **Betonbauweisen:** Wegen des gemischtkörnigen Aufbaus der Mineralstoffe entsteht ein hohlraumarmes Gefüge.

> Das Mischgut muß durch Walzen in eine möglichst dichte Lagerung gebracht werden, weshalb man auch von **Walzasphalt** spricht. Der Bindemittelgehalt darf nur so hoch sein, daß auch bei starker Verdichtung beim Einbau und durch den Verkehr ein geringer Hohlraumanteil und damit die gegenseitige Kornabstützung erhalten bleibt.

Die Makadambauweise mit ziemlich hohlraumreichen Splitt- und Schottergemischen wird kaum mehr angewandt.

b) **Gußasphaltbauweisen:** Die zähflüssigen Massen aus Bitumen und abgestuften Mineralstoffen bis 8 oder 11 mm Größtkorn werden mit 200 bis 250 °C eingebracht und meist nur verteilt. Dazu ist ein geringer Bindemittelüberschuß notwendig, der erst das «Gießen» des Asphalts erlaubt. Nach dem Abkühlen bleibt ein weitgehend hohlraumfreies Gefüge zurück.

Wegen Gußasphalt im Hochbau siehe Abschnitt 7.3.1.

Die für hohe Verkehrsbelastung notwendige **Standfestigkeit** des Gußasphalts wird jedoch nur erreicht, wenn der bituminöse Mörtel eine ausreichende Steifigkeit besitzt. Dies wird durch eine hohe Füllermenge (20 bis 30 M.-%) und ein vergleichsweise hartes Straßenbaubitumen (B 45) erreicht.

Bei nicht ausreichender Standfestigkeit kann es zu plastischen Verformungen («Schieben») des Belags und zu Wellenbildungen der Oberfläche kommen.

7.2.3 Zusammensetzung und Eigenschaften der verschiedenen Schichten

Maßgebend sind vor allem die zusätzlichen Technischen Vorschriften und Richtlinien für den Bau bituminöser Fahrbahndecken (ZTVbit-StB) und für bituminöse Tragschichten (ZTVT-StB). Angaben für die wichtigsten Schichten finden sich in Tabelle 7.2.

Das Größtkorn der Mineralstoffe richtet sich vor allem nach der Verarbeitung und der erforderlichen Konstruktionsdicke. Feinkörnige Gemische werden nur bei dünneren Schichten angewandt und wenn eine besonders gute Verarbeitung erwünscht ist. Es können Natur- oder Brechsande oder beide verwendet werden; dabei ist zu beachten, daß Natursand sich in gewissen Grenzen ungünstig auf eine ausreichende Stabilität, bei Deckschichten auch auf die Griffigkeit auswirkt, Brechsand allein dagegen nachteilig auf die Verarbeitbarkeit. In den obengenannten Vorschriften sind jeweils besonders geeignete Sieblinienbereiche angegeben.

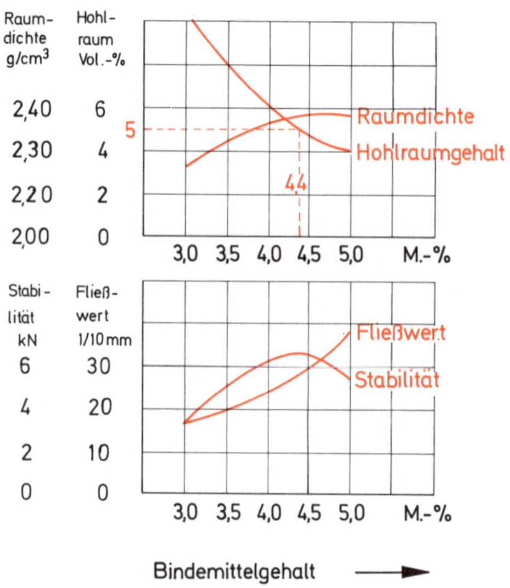

Bild 7.6 Auswertung einer Eignungsprüfung für eine Tragschicht

Vor der Bauausführung sind die Eignung der Ausgangsstoffe, eine günstige Sieblinie sowie der erforderliche Bindemittelgehalt durch eine Eignungsprüfung festzustellen, um bei der Bauausführung sicher die Anforderungen an die Gemische für die verschiedenen Schichten zu erreichen. Das entscheidende Maß für den Bindemittelgehalt ist der bei den unterschiedlichen Einbauweisen und Schichten vorgeschriebene und anzustrebende Hohlraumgehalt des normgemäß verdichteten Mischgutes. Bild 7.6 zeigt die Beziehungen zwischen den verschiedenen Eigenschaften bei der Eignungsprüfung für eine Tragschicht (Mischgut-Typ B) mit unterschiedlichen Bindemittelgehalten. Mit einem Bindemittelgehalt von 4,4 M.-% erhält man für diese Tragschicht einen nach Tabelle 7.2 günstigen Hohlraumgehalt von 5 Vol.-% sowie günstige Werte für Stabilität und Fließwert.

a) Die **Tragschichten** sollen die Verkehrslasten auf den Untergrund oder Unterbau ohne Zerstörung und ohne unzulässige Verformung weiterleiten. Die Schichtdicke richtet sich vor allem nach der Verkehrsklasse und hängt auch vom Größtkorndurchmesser ab. Bei einem Gehalt von über 60% gebrochenem Korn über 2 mm und einem Verhältnis von Brechsand zu Natursand von mind. 1:1 kann im Vergleich zu Gemischen nur aus Rundkorn, wegen des größeren Winkels der inneren Reibung, eine größere Standfestigkeit erreicht werden.

b) Die **Binderschichten** sollen den Übergang von den grobkörnigen Tragschichten zu den feinkörnigeren Deckschichten herstellen. Als Mineralstoff über 2 mm kommt nur Edelsplitt in Frage.

Tabelle 7.2 Zusammensetzung und Eigenschaften von Trag-, Binder- und Deckschichten

Bezeichnung des Mischgutes	Mineralgemisch	Mineralstoffe >2 mm	Mineralstoffe <0,09 mm (Füller)	Bindemittel	Bindemittelgehalt	Hohlraumgehalt[1])	Stabilität	Fließwert
	mm	M.-%	M.-%		M.-%	Vol.-%	kN	1/10 mm
Tragschichten								
Typ A	0/32, 0/22, 0/16, 0/8	0···35	6···20	B 45, B 65, B 80, HT 51/53[2])	mind. 4,3	2···14	bei Bauklasse V ≥2 kN, bei I–IV ≥3 kN	10···40
Typ B	0/32, 0/22, 0/16	35···60	4···12		mind. 3,7	2···10		
Typ C		60···80	2···10		mind. 3,4	2···10		
Binderschichten							(Richtwerte)[4])	
Asphaltbinder[3])	0/22	65···80	3···9	B 65, B 80, TB 65, TB 80	3,8···5,5	4···8	(≥5)	(≤50)
	0/16	60···75			4,0···6,0	3···7		
	0/11	50···70			4,5···6,5			
Deckschichten								
Asphaltbeton[3])	0/16 S[5])	55···65	6···10	B 65, TB 65	5,2···6,5	3···5	keine Anforderungen	
	0/11 S[5])	50···60			5,9···7,2			
	0/11	40···60	7···13	B 80, TB 80	6,2···7,5	2···4		
	0/8	35···60			6,4···7,7			
	0/5	30···50	8···15		6,8···8,0			
Splittmastix	0/11 S[5])	70···80	8···13	B 65	6,0···7,5 mit 0,3···1,5 M.-% stabilisierenden Zusätzen	2···4		
	0/8 S[5])							
	0/8			B 80				
	0/5	60···70						
Gußasphalt	0/11 S[5])	45···55	20···30	B 45	6,5···8,0	–	(Stempeleindringtiefe) (1,0···3,5 mm)	
	0/11							
	0/8	40···50	22···32		6,8···8,0		(1,0···5,0 mm)	
	0/5	35···45	24···34		7,0···8,5			

[1]) des Marshallkörpers.
[2]) bei Mischgut B und C: HT 53/55.
[3]) bei Verwendung von Straßenpech (Teer) statt Bitumen Teerasphaltbinder bzw. -beton (noch alte Bezeichnungen).
[4]) ohne besondere Anforderungen.
[5]) Für erhöhte Standfestigkeit, vorausgesetzt, daß auch die Binder- und eine bituminöse Tragschicht ausreichend dick sind.

c) Die **Deckschichten** müssen je nach Verkehrsbeanspruchung auch den notwendigen Verschleißwiderstand und eine gute Griffigkeit besitzen. Es dürfen nur Edelsplitte verwendet werden. Der Hohlraumgehalt nach Marshall muß mindestens 2 bis 3 Vol.-% (bei sehr starker Verkehrsbelastung) betragen. Unter Berücksichtigung des Verdichtungsgrads stellen sich dann an der fertig verdichteten Schicht Hohlraumgehalte von 2 bis 6 Vol.-% ein. Hohlraumgehalte unter 2 Vol.-% sind zu vermeiden, da sonst keine ausreichende Standfestigkeit mehr gegeben ist und Spurbildungen entstehen können. Durch einen maßvollen Mörtelgehalt wird eine «Überfettung» weitgehend vermieden und auch eine noch annehmbare Anfangsgriffigkeit erzielt.

Für die Deckschichten der Bauklassen I bis III eignet sich vor allem auch **Gußasphalt.** Bei Verwendung von Vibrationsbohlen kann der

Splittgehalt bis 55% gesteigert werden. Der Gehalt an Füller und seine Beschaffenheit sowie ggf. die Zugabe von Naturasphalt wirken sich in besonderer Weise auf die Verarbeitbarkeit und die Eigenschaften des Gußasphaltes aus. Bei Stopp- und Haltestellen mit besonders großen Schubkräften wird hartes Bitumen bevorzugt, z. B. B 25. Die zulässigen Werte für die Eindringtiefe beim Eindruckversuch wurden so gewählt, daß der Deckenbelag einerseits nicht zu spröde, andererseits ausreichend verformungssicher ist.

Asphaltmastixdeckschichten bestehen aus Asphaltmastix und eingestreutem Splitt. Asphaltmastix ist eine dichte bituminöse Masse aus Sand, Füller und Straßenbaubitumen, meist B 65 oder B 80, mit Zugabe von Naturasphalt. Die Masse ist im heißen Zustand gieß- und streichbar; beim Einbau wird Splitt aufgestreut und eingedrückt.

Vor allem für die Instandsetzung von Deckschichten werden Asphalt- oder Teerasphaltbeton im Warmeinbau (mit ≥ 30 °C) mit dafür geeigneten Bindemitteln angewandt.

d) Bei geringerer Beanspruchung werden **Tragdeckschichten** bis 7 cm Dicke aus einem Mineralstoffgemisch 0/16 mm mit 50 bis 70% > 2 mm sowie B 80, B 200 oder TB 80, eingebaut; sie erfüllen gleichzeitig die Funktion einer Deckschicht und einer Tragschicht.

Oberflächenschutzschichten werden entweder durch Oberflächenbehandlungen (Aufspritzen von Bindemittel, Abstreuen mit Edelsplitt sowie Walzen) oder durch Aufbringen von bituminösen Schlämmen hergestellt.

7.2.4 Wiederverwendung von Asphalt

Aus ökologischen und ökonomischen Gründen wird zunehmend das bei der Instandsetzung und Erneuerung von Straßen anfallende Asphaltmaterial wiederverwendet. Dies kann durch Zugabe des kalt oder warm abgefrästen oder aufgebrochenen Asphalts zu neuem Mischgut in den Mischanlagen erfolgen oder durch Rückformen der Fahrbahnoberfläche auf der Baustelle («in situ») mit oder ohne Zugabe von Bitumen und/oder Mineralstoffen.

7.3 Bituminöse Beläge im Hochbau

Von Vorteil sind die geringe Wärmeleitfähigkeit und eine gewisse schalldämmende Wirkung dieser Beläge; sie müssen einen ausreichenden Widerstand gegenüber stempelförmigen Belastungen haben.

Estriche sind je nach den mechanischen und thermischen Beanspruchungen im Hoch- oder Industriebau zusammenzusetzen. Sie bringen keine Feuchtigkeit in den Bau und wirken als Feuchtigkeitssperre. Nach dem Abkühlen sind die Estriche sofort gebrauchsfähig; eine Nachbehandlung ist nicht erforderlich.

7.3.1 Gußasphaltestrich

Maßgebend ist DIN 18560; nach T 1 sind entsprechend der höchstzulässigen Eindringtiefe von 1,0, 1,5, 4,0 und 10,0 mm die **Härteklassen** GE 10, 15, 40 und 100 vorgesehen. Die Prüfung erfolgt nach DIN 1996 T 13 wie nach Bild 7.5, jedoch nur mit 1 cm^2 Stempelfläche und bei 22 °C während 5 Stunden. Bei zusätzlicher Prüfung von GE 10 und 15 bei 40 °C darf die Eindringtiefe höchstens 4,0 bzw. 6,0 mm betragen.

Für die Wahl des Bindemittels ist es auch entscheidend, ob der zu erwartende Temperaturunterschied nur gering (z. B. innerhalb des Gebäudes) oder groß (z. B. außerhalb des Gebäudes) ist. Der Füller soll mindestens 80% $\leq 0{,}09$ mm enthalten. Das Mischgut ist nach festgelegten Rezepturen in stationären Mischanlagen oder Rührwerkskochern herzustellen und mit 210 bis 250 °C einzubauen. Die noch heißen Beläge sind mit Sand abzureiben; sie verkürzen sich beim Abkühlen.

a) Für **Gußasphaltestriche innerhalb von Gebäuden** werden nach DIN 18560 T 2 bis 4 unterschieden (siehe auch Abschnitt 5.6.5):

Schwimmende Estriche (Kurzzeichen S) nur auf Dämmstoffen mit ≤ 5 mm Zusammendrükkung und mit ≥ 20 mm Estrichdicke bei $\leq 1{,}5$ kN/m^2 Verkehrsbelastung; Härteklasse GE 10.

Verbundestriche (V) nur auf geeigneten bituminösem Untergrund, auf Beton- oder Stahlflächen; Estrichdicke ≤ 40 mm, Härteklasse GE 15 für beheizte, GE 40 für unbeheizte und GE 100 für kalte Räume.

Estriche auf Trennschichten (T) mit 20 bis 40 mm Dicke, Härteklassen wie bei Verbundestrichen.

Das Mischgut wird für eine gute Verarbeitbarkeit mit gemischtkörnigem Natursand 0/4 mm und ≤ 30 M.-% Füller sowie je nach Estrichdicke und -beanspruchung z.T. mit 25 bis 50% Splitt 5/11 mm hergestellt. Der Bindemittelgehalt liegt in der Regel zwischen 8 und 10 M.-%. Wegen des erforderlichen Eindruckwiderstandes wird Hochvakuumbitumen verwendet, zumeist HVB 85/95, für unbeheizte Hallen B 25.

b) **Gußasphaltbeläge außerhalb von Gebäuden** sollen möglichst im Kornbereich bis 8 mm mit einem niedrigen Bindemittelgehalt (8 bis 9 M.-%) hergestellt werden. Wegen der größeren Temperaturunterschiede werden weichere Bindemittel bzw. die Härteklasse GE 40 verwendet. Empfohlen werden:

	Bitumen	Eindringtiefe
bei Terrassen	B 25	2 ··· 3 mm
bei Hofkellerdecken	B 25, B 45	3 ··· 5 mm
bei Parkflächen	B 25, B 45	1 ··· 2 mm

Da die Beläge bei unterschiedlichen Temperaturen erhebliche Längenänderungen erfahren, muß darunter eine Dichtungsschicht eingebaut werden. Eine Aufteilung des Belages in Felder ist zu prüfen.

7.3.2 Asphaltplatten

Asphaltplatten werden aus Naturasphaltrohmehl oder aus Bitumen und zerkleinertem Naturstein in warmem Zustand unter hohem Druck hergestellt. Sie können auch farbig oder als Terrazzo-Asphaltplatten mit einer aufgepreßten Betonwerksteinschicht geliefert werden. Bei säurefesten Asphaltplatten werden säurefeste Mineralstoffe verwendet. Enthalten die Platten als Bindemittel Steinkohlenteerpech, so sind sie auch gegen Mineralöle beständig. Nur besonders gekennzeichnete Platten dürfen im Freien verlegt werden. Asphaltplattenbeläge dürfen keine größere Erwärmung erfahren, z. B. über 50 °C. Wegen der Verlegung siehe Abschnitt 5.6.4, DIN 18354 und Arbeitsblatt A 60 der AGI.

7.4 Bituminöse Stoffe der Abdichtungen

Nach DIN 18195 sind für Abdichtungen zahlreiche Stoffe auf Bitumenbasis vorgesehen. Stoffe auf Steinkohlenteerpechbasis werden nur noch in einigen Sonderfällen angewandt (z. B. entsteht damit eine größere Resistenz gegen Pflanzen und Wurzeln), jedoch nie gleichzeitig mit Stoffen auf Bitumenbasis.

> Die Dichtungs- und Klebfunktion wird durch die bituminösen Bindemittel erreicht. Der Erweichungspunkt R u K des Bindemittels sollte 30 °C über der bei der Dichtung erwarteten höchsten Temperatur liegen, damit die Dichtungen bei höheren Temperaturen nicht ins Fließen kommen, bei den niedrigsten Temperaturen aber auch nicht verspröden.

7.4.1 Anstrichstoffe

Für eine sichere Verbindung mit dem Bauteil ist in der Regel ein kaltflüssiger **Voranstrich** mit geringem Bindemittelgehalt und mit Haftmittelzusatz erforderlich. Kaltbitumen eignen sich nur bei trockenem Untergrund, stabile Bitumenemulsionen auch bei feuchtem Untergrund.

Der eigentliche **Dichtungsanstrich** gegen Feuchtigkeit wird als Deckaufstrich aus Bitumen B 45 und B 25 mit EP R u K ≥ 50 °C oder aus allen Oxidationsbitumen mit EP R u K ≥ 80 °C heiß in mind. 2 Schichten aufgebracht oder kalt als bindemittelreichere Bitumenlösung oder -emulsion in mind. 3 Schichten.

Durch Füller, auch als Mineralfasern, mit einem Anteil bis zu 50% kann die Temperaturabhängigkeit vermindert werden und die Stabilität verbessert werden. Mit noch größeren Füllergehalten entstehen **Spachtelmassen.**

Zum Korrosionsschutz von Baustoffen aus Gußeisen und Bauteilen aus Stahl dienen Lösungen und Emulsionen auf Bitumen- oder Steinkohlenteerpechbasis.

7.4.2 Bitumenbahnen

Bei Verformungen des Bauwerkes muß die Abdichtung gegen Verletzungen durch Einlagen gesichert werden, die bei größeren Kräften eine entsprechende höhere Zugfestigkeit besitzen müssen. Bei dauernder Feuchtigkeitseinwirkung sind mineralische oder metallische Einlagen beständiger.

Als **Trägereinlagen** werden benutzt:
- Rohfilzbahnen, z. B. mit 500 g/m^2 Flächengewicht (Bahnkurzzeichen R 500, siehe Abschnitt 9.3b),
- Jutegewebe mit 300 g/m^2 (J 300),
- Glasvlies, z. B. mit 1100 g/m^2 (V11),
- Glasgewebe, z. B. mit 200 g/m^2 (G 200),
- Polyestervlies mit 200 g/m^2 (PV 200),
- Reinaluminium- oder Kupferband von 0,2 oder 0,1 mm geprägt oder glatt (z. B. Al 0,2 geprägt),
- Polyethylenterephthalatfolie (PETP 0,03).

Rohfilz sowie Gewebe und Vliese werden zunächst mit weichem Bitumen getränkt. Für die beidseitige Beschichtung wie auch für die **Klebmassen** werden Oxidations- und Polymerbitumen verwendet.

Maßgebend für die dichtende Wirkung ist die Menge der aufgebrachten Tränk- und Deckmassen bzw. die Gesamtdicke der Bahnen.

Bei den **Schweißbahnen** ist die Deckmasse so bemessen, daß diese Bahnen lediglich durch Schmelzen der Deckschicht nach dem Flammschmelzkleb-(FSK-)-Verfahren, z. B. mit Propangasbrennern, verklebt werden können, also ohne zusätzliche Klebmassen wie bei anderen Bahnen. Mit Ausnahme der nackten Bahnen erhalten alle Bahnen eine beidseitige mineralische Bestreuung aus Feinsand, um in den Rollen ein Zusammenkleben zu vermeiden bzw. nach dem Verlegen an der Oberfläche die Wärmestandsfähigkeit zu verbessern.

Je nach Beschichtung, Gehalt an Tränk- oder/und Deckmasse, Verlegung und Anwendung werden folgende **Bitumenbahnen** unterschieden:
- nackte Bitumenbahnen R 500 N und R 333 N (DIN 52 129),
- Bitumendichtungsbahnen R 500 D, J 300 D, G 220 D, Al 0,2 D, Cu 0,1 D und PETP 0,03 D (DIN 18 190),
- Bitumendachbahnen R 500 und R 333 (DIN 52 128), V 11 und V 13 (DIN 52 143),
- Bitumen- und Polymerbitumendachdichtungsbahnen J 300 DD, G 200 DD, J 300 PY DD, G 200 PY DD und PV 200 PY DD (DIN 52 130),
- Bitumen- und Polymerbitumenschweißbahnen (mit 4 oder 5 mm Dicke) J 300 S 4 und 5, G 200 S 4 und 5, V 60 S 4, J 300 PY S 5, G 200 PY S 5 und PV 200 PY S 5 (DIN 52 131). Gemäß DIN 18 195 (siehe auch Abschnitt 1.4.3.5a) werden neben Kunststoffbahnen nach Abschnitt 8.3.2c verwendet für **Abdichtungen:**

- gegen Boden- und aufsteigende Feuchtigkeit meist Bitumendachbahnen,
- gegen nichtdrückendes Wasser alle Bitumenbahnen, gegen drückendes Wasser von außen vor allem nackte Bitumenbahnen und
- für Dachabdichtungen je nach Dachneigung Bitumendach- und -dachdichtungsbahnen sowie Schweißbahnen für Balkon- und Terrassenabdichtungen.

Je nach Art der Abdichtung bzw. der Bahnen sowie je nach Dachneigung sind eine oder mehrere Lagen anzuordnen und bestimmte Zusatzforderungen einzuhalten. Die Bitumenbahnen werden nach DIN 52 123 vor allem auf Wasserundurchlässigkeit, Bruchwiderstand, Dehnung, Biegewiderstand und Wärmebeständigkeit geprüft.

7.4.3 Fugenvergußmassen

Diese enthalten als Bindemittel Oxidationsbitumen oder, für eine bessere Beständigkeit gegen Wurzeln oder Mineralöle, Steinkohlenteer-Spezialpech. Je nach Verwendungszweck werden noch Füller sowie Kunststoffe, Gummi und Fasern zugegeben. Die Massen müssen nach dem Erhitzen gut vergießbar sein. Einerseits sollen sie bei tiefen Temperaturen genügend dehnbar sein und an den Fugenflanken nicht abreißen (evtl. ist ein Voranstich erforderlich), andererseits bei hohen Temperaturen genügend standfest sein, siehe auch Abschnitt 9.5b.

8 Kunststoffe

Kunststoffe, heute z. T. auch **Polymer-Werkstoffe** genannt, sind – wie Holz- und Holzwerkstoffe – ebenfalls makromolekulare organische Baustoffe. Durch chemische Synthese werden die **synthetischen Kunststoffe** gezielt aus einfachen Rohstoffen hergestellt, wobei die Vielgestaltigkeit sich vor allem durch die vielfältigen Kombinationen der vierwertigen Kohlenstoffatome unter sich und mit den Atomen anderer Elemente ergibt. Die Herstellung kann so auf bestimmte Verarbeitungs- und Gebrauchseigenschaften abgestimmt werden. Zu den Kunststoffen zählen auch **umgewandelte Naturstoffe,** z. B. aus Kautschuk oder Cellulose; im Bauwesen finden diese nur noch selten Anwendung. Für die mechanischen Eigenschaften der Kunststoffe und damit für ihre Standsicherheit gelten meist andere Gesetzmäßigkeiten als für traditionelle Baustoffe. Bei Kunststoffen ist besonders das Langzeit- und Temperaturverhalten wichtig. Für tragende Bauteile eignen sich bedingt Kunststoffe mit Faserverstärkung.

Die Kunststoffe erlauben vielfältige Fertigungstechniken, Anwendungen und auch gestalterische Möglichkeiten. Es kommen ihnen dabei zugute vor allem

- die einfache Formgebung,
- die geringe Dichte und Wasseraufnahme,
- das einstellbare elastische bis plastische Verhalten,
- die weitgehende chemische Beständigkeit und
- die gute Wärmedämmung.

Die Anwendung der Kunststoffe ist aber dadurch begrenzt, daß das mechanische Verhalten dieser mehr oder weniger hochviskosen Baustoffe von der Größe und Dauer der aufgebrachten Kräfte sowie auch von der Temperatur und von der Witterung abhängt und sie als organische Baustoffe fast ausnahmslos brennbar sind oder sich bei hohen Temperaturen zersetzen.

8.1 Technologie und Kunststoffarten

Die kohlenstoffhaltigen Ausgangsprodukte werden überwiegend aus Erdöl, Erdgas und Kohle gewonnen; es sind niedermolekulare Stoffe, die meist als Monomere bezeichnet werden. Außerdem liefern Wasser, Luft, Kochsalz u. a. weitere zum Aufbau der Kunststoffe notwendige Elemente, wie Wasserstoff, Sauerstoff, Stickstoff, Chlor u. a. Für die halborganischen Silikone kommt zusätzlich noch Silizium hinzu. Die niedermolekularen Ausgangsprodukte werden durch Synthese zu hochmolekularen Stoffen verkettet. Die Synthese erfolgt meist unter Wärmezufuhr, unter erhöhtem Druck, durch andere Energieanstöße oder durch Initiatoren.

Für die Verkettung gibt es je nach Art der Grundbaustoffe verschiedene Verfahren der Makromolekülbildung:

Polymerisation:
Monomere (meist gleicher Art) + Initiator → Polymer + Wärme

Polyaddition:
Monomer 1 + Monomer 2 $\xrightarrow{\text{Katalysator}}$ Polymer + Wärme

Polykondensation:
Monomer 1 + Monomer 2 $\xrightarrow{\text{Katalysator}}$ Polymer + niedermolekulares Spaltprodukt (H_2O o. a.) + Wärme

Bei der Polymerisation von z. B. Ethylen C_2H_4 entsteht durch Aufspalten der Doppelbindung der C-Atome Polyethylen:

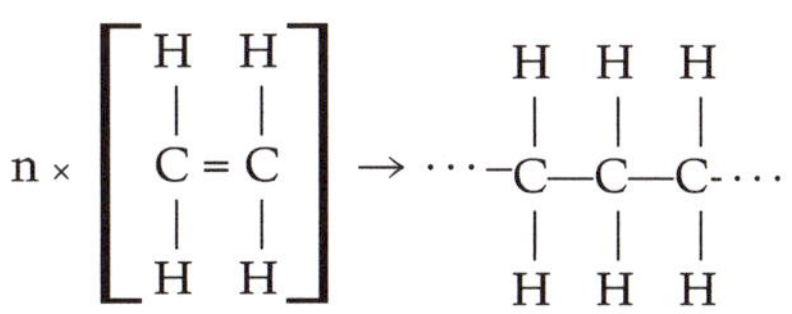

Polymerisationskunststoffe aus verschiedenartigen Monomeren werden Copolymere genannt.

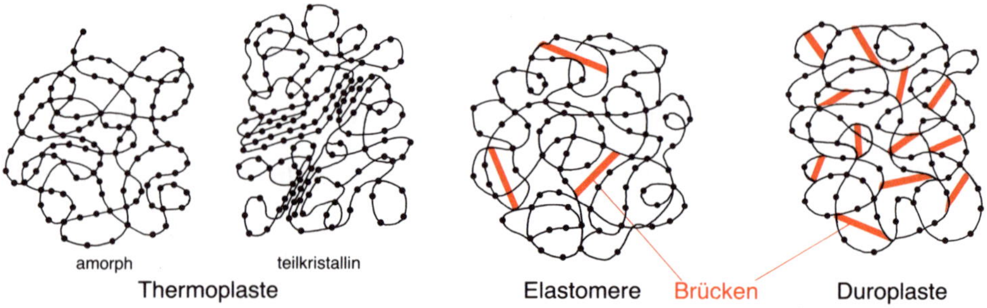

Bild 8.1 Molekülaufbau der Kunststoffe

Vor allem für höher entwickelte Kunststoffe werden auch verschiedene Verfahren kombiniert, indem z. B. zunächst Zwischenprodukte durch Polykondensation aufgebaut werden, die meist bei der endgültigen Verarbeitung weiter verknüpft werden.

Für Kunststoffe sind bestimmte Kurzzeichen festgelegt worden, siehe Tabelle 8.1.

Die Makromoleküle erhalten je nach Synthese und Stoffart einen unterschiedlichen Aufbau, siehe auch Bild 8.1:

- einfache, lineare Ketten oder Fäden, evtl. mit Verzweigungen und «Aufpfropfungen»,
- räumlich schwach oder stark vernetzte Ketten.

Während der chemische Aufbau der Kunststoffe vorzugsweise für die Beständigkeit gegenüber Feuchtigkeit, Chemikalien und Alterung maßgebend ist, bestimmen die Größe, die Gestalt und die Beweglichkeit der Makromoleküle vor allem das physikalische Verhalten der Kunststoffe. Festigkeit und Wärmebeständigkeit können verbessert werden durch Erhöhung des Molekulargewichts, durch Vernetzen, Versteifen oder Verstrecken der Molekülketten. Einige Kunststoffe erhalten statt einer **amorphen Struktur** durch derartige Behandlungen eine **teilkristalline Struktur** oder zumindest orientierte Molekülketten.

Je nach ihrer Konstitution durchlaufen die Kunststoffe bezüglich ihrer Eigenschaften mit zunehmender Temperatur verschiedene **Zustandsbereiche** mit dazwischenliegenden Übergangsbereichen, siehe auch Bild 8.2.

a) **Einfrier-** bzw. **Erweichungstemperaturbereich** (ET): Unterhalb dieses Bereiches frieren die Molekülketten ein und werden in ihrer Lage fixiert. Die Kunststoffe gehen in einen glasigen **hartelastischen Zustand** über; sie verhalten sich glasartig und spröde. Bei enger Vernetzung der Ketten tritt bis zur thermischen Zersetzung praktisch keine Änderung dieses Zustandes ein.

b) Oberhalb dieses Bereiches gehen Kunststoffe mit linearen oder lose vernetzten Ketten bei steigender Temperatur in den **weichelastischen Zustand** über. Wenn der Erweichungstemperaturbereich oberhalb der Gebrauchstemperatur liegt, können derartige Baustoffe thermoplastisch warmverformt werden und behalten diese Form nach Abkühlen auf die Gebrauchstemperatur. Bei amorpher Struktur vermindern sich mit zunehmender Temperatur die Härte, die Sprödigkeit und die Festigkeit; die plastischen Formänderungen werden größer. Bei teilkristalliner Struktur behalten die Kunststoffe mit zunehmender Temperatur länger ihre hohe Zähigkeit und Festigkeit; der Fließtemperaturbereich ist erst durch den Schmelzbereich der Kristallite gegeben.

Ein **gummielastischer Zustand** bleibt bis zur Zersetzungstemperatur weitgehend erhalten, wenn die Bindungen zwischen den linearen Ketten nicht vollständig gelöst werden.

Tabelle 8.1 Kurzzeichen der Kunststoffe (Beispiele)

Kurzzeichen	Bedeutung
ABS	= Acrylnitril-Butadien-Styrol
AMMA	= Acrylnitril-Methylmethacrylat-Cop.
ASA	= Acrylnitril-Styrol-Acrylester
CA	= Celluloseacetat
CAB	= Celluloseacetobutyrat
CP	= Cellulosepropionat
CR	= Chloropren-Kautschuk
CSM	= Chlorsulfoniertes Polyethylen
ECB	= Ethylen-Copolymer-Bitumen
EP	= Epoxidharz
EPDM	= Ethylen-Propylen-Dien-Elastomer
EPS	= Expandiertes Polystyrol
IIR	= Isobutylen-Isopren-Elastomer (Butylkautschuk)
MF	= Melamin-Formaldehydharz
PA	= Polyamid
PB	= Polybuten
PC	= Polycarbonat
PE	= Polyethylen
PE-C	= Chloriertes Polyethylen
PE-HD	= Polyethylen hoher Dichte (PE hart)
PE-ND	= Polyethylen niederer Dichte (PE weich)
PETP	= Polyethylenterephthalat
PF	= Phenol-Formaldehydharz
PIB	= Polyisobutylen
PMMA	= Polymethylmethacrylat
PP	= Polypropylen
PS	= Polystyrol
PTFE	= Polytetrafluorethylen
PUR	= Polyurethan
PVAC	= Polyvinylacetat
PVC	= Polyvinylchlorid
PVC-C	= Chloriertes Polyvinylchlorid
PVC-P	= PVC mit Weichmacher (PVC weich)
PVC-U	= PVC ohne Weichmacher (PVC hart)
PVF	= Polyvinylfluorid
PVP	= Polyvinylpropionat
SI	= Silikon oder Siloxan-Polymer
SIR	= Siloxan-Elastomer, Silikon-Kautschuk
SR	= Polysulfid-Kautschuk
UF	= Harnstoff-Formaldehydharz
UP	= ungesättigte Polyester
VPE	= vernetztes Polyethylen
Kunststoffe mit Fasern (Beispiele)	
EP-GF	= glasfaserverstärktes Expoxidharz
GFK	= glasfaserverstärkte Kunststoffe
UP-GF	= glasfaserverstärktes ungesättigtes Polyesterharz

c) **Fließtemperaturbereich** (FT): Lineare Ketten gleiten voneinander ab, wodurch ein weicher bis flüssiger **plastischer Zustand** entsteht. Derartige Kunststoffe können in diesem Temperaturbereich plastisch geformt werden; diese Eigenschaft hat auch zur Bezeichnung «Plastics» geführt.

d) **Zersetzungstemperaturbereich** (ZT): Die Molekülketten brechen, die Kunststoffe werden zersetzt.

Je nach dem Verhalten in den verschiedenen Bereichen werden die Kunststoffe in Thermoplaste, Elastomere und Duroplaste eingeteilt, siehe Abschnitte 8.1.1 bis 8.1.3.

Im Gebrauchzustand sind

- Thermoplaste weich bis hart,
- Elastomere gummielastisch und
- Duroplaste hart.

Die Eigenschaften der Kunststoffe können auf verschiedene Weise verändert werden:

Durch **Copolymerisation** von verschiedenartigen Monomeren oder durch Mischen mit anderen Polymeren (Polyblend) mit einem anderen Einfriertemperaturbereich kann es zu einem Ausgleich von Eigenschaften kommen, z. B. können die Verarbeitbarkeit oder die Zähigkeit verbessert werden.

Durch **Weichmacher** werden bei Thermoplasten der Einfrier- bzw. Erweichungstemperaturbereich für eine bestimmte Verarbeitung herabgesetzt oder die Härte vermindert.

Als Weichmacher dienen schwerflüchtige Flüssigkeiten, z. B. hochsiedende Ester der Phthal- oder Phosphorsäure. Bei Verflüchtigung oder Wanderung dieser Stoffe (besonders unter Einwirkung von UV-Strahlung) kommt es zur Versprödung.

Durch **Füllstoffe** wird das Eigenschaftsspektrum der Kunststoffe beträchtlich erweitert; es können insbesondere die physikalisch-mechanischen Eigenschaften beeinflußt werden.

Durch pulverförmige Mineralstoffe, wie Quarz- oder Kalksteinmehl, oder Glasfasern können vor allem der E-Modul vergrößert bzw. der Wärmedehnkoeffizient vermindert, durch Fasern außerdem die Zugfestigkeit vergrößert werden. Beispiele von Kurzzeichen für faserverstärkte Kunststoffe sind in Tabelle 8.1 angegeben. Für Holzwerkstoffe werden Sägespäne und Sägemehl als Füllstoffe verwendet, siehe Abschnitt 3.5.

Pigmente dienen der Einfärbung von Kunststoffen, Antistatika der Verminderung der elektrischen Aufladung, Flammschutzmittel der Herabsetzung der Entflammbarkeit. Alle Zusatzstoffe müssen mit den Kunststoffen eine gute Verträglichkeit besitzen.

Für die im folgenden beschriebenen Kunststoffarten ist der molekulare Aufbau in Bild 8.1 schematisch dargestellt. Eine zusammenfassende Übersicht über die Eigenschaften findet sich in der Tabelle 8.2; Bild 8.2 zeigt die Abhängigkeit des dynamischen Schubmoduls bzw. des elastischen oder plastischen Zustands der verschiedenen Kunststoffarten von der Temperatur.

8.1.1 Thermoplaste (oder Plastomere)

Sie bestehen meist aus langen linearen eindimensionalen, seltener verzweigten Molekülketten, die sich mit zunehmender Temperatur gegenseitig leicht verschieben lassen. Die Thermoplaste gehen dabei allmählich vom hartelastischen, spröden Zustand über den weich- bis gummielastischen Zustand in den plastischen Zustand über.

Bei kurzen Molekülketten, d.h. bei geringem Molekulargewicht, läuft der Übergang innerhalb eines engen Temperaturbereichs ab. Durch starke Verzweigungen werden Dichte und Festigkeit vermindert. Durch Aufpfropfung der Molekülketten mit voluminösen Seitengliedern wird deren Beweglichkeit vermindert, was eine größere Härte zur Folge hat.

Da die Zustandsänderungen reversibel sind, können Thermoplaste wiederholt bis zum plastischen Zustand erwärmt und dabei geformt oder in den Randzonen verschweißt werden; auch Abfälle können so wieder verarbeitet werden.

Die **amorphen** Thermoplaste sind ohne Füllstoffe glasklar. Bei den hartelastischen Stoffen liegt die Gebrauchstemperatur unterhalb des Einfriertemperaturbereichs, bei den weich- und gummielastischen Stoffen infolge Zugabe von Weichmachern oberhalb des Erweichungsbereichs.

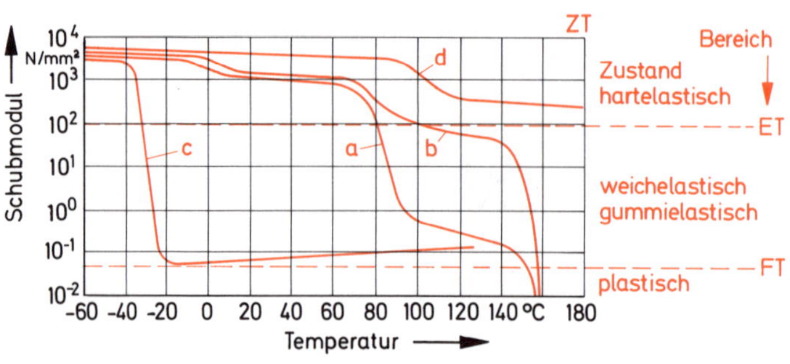

Bild 8.2
Dynamischer Schubmodul und Bereiche bzw. Zustände der Kunststoffe in Abhängigkeit von der Temperatur (schematisch)
a amorphe Thermoplaste
b teilkristalline Thermoplaste
c Elastomere
d Duroplaste

Teilkristalline Thermoplaste sind dadurch gekennzeichnet, daß die Molekülketten in Teilbereichen parallel gelagert sind. Solche Thermoplaste sind milchigtrübe und hornartig. Die Gebrauchstemperatur liegt zwischen dem sehr niedrigen Einfrierbereich und dem Schmelzbereich der Kristallite; innerhalb dieser Bereiche nimmt die hohe Festigkeit langsam ab, die Stoffe bleiben aber zäh und schmiegsam.

8.1.2 Elastomere (und Thermoelaste)

Die Molekülketten sind schwach und weitmaschig vernetzt, z.B. bei vulkanisiertem Kautschuk durch Schwefelbrükken. Die Elastomere verhalten sich oberhalb des Erweichungstemperaturbereiches bis zum Zersetzungstemperaturbereich gummielastisch; die plastischen Formänderungen bleiben sehr gering.

Kunststoffe, die oberhalb 0 °C gummielastisch werden, werden als Thermoelaste bezeichnet.

8.1.3 Duroplaste (oder Duromere)

Die Molekülketten sind engmaschig und dreidimensional vernetzt. Der Vernetzungsprozeß oder die Aushärtung erfolgt durch chemische Reaktion der verschiedenen Vorprodukte (Vorkondensate) bei der Formgebung unter Wärmezufuhr oder bei flüssigen Reaktionsharzen auch bei Raumtemperatur. Duroplaste sind nur vor der Aushärtung plastisch. Danach befinden sie sich in einem irreversiblen Zustand. Ihre Eigenschaften sind nur wenig temperaturabhängig. Die eng vernetzten Duroplaste bleiben bis kurz vor dem Zersetzungsbereich im glasigen, hartelastischen, oft spröden Zustand.

Tabelle 8.2 Aufbau und Eigenschaften der verschiedenen Kunststoffarten [3]

Stoffart / Eigenschaften	Thermoplaste	Elastomere	Duroplaste
molekularer Aufbau	lineare Fadenmoleküle	weitmaschige räumliche Vernetzung	engmaschige räumliche Vernetzung
Temperaturabhängigkeit T = Temperatur β_Z = Zugfestigkeit ε = Dehnung	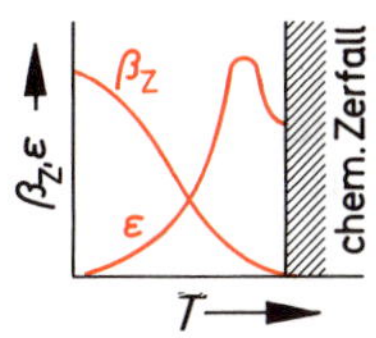	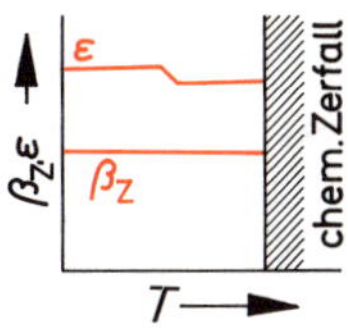	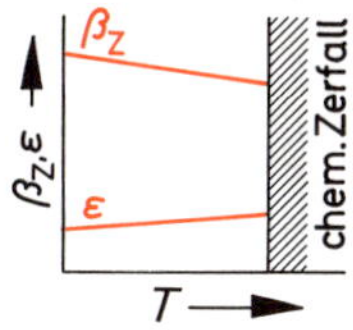
Verhalten bei der Verformung	hart-/weichelastisch bis plastisch	gummielastisch	hartelastisch
Schmelzbarkeit	leicht schmelzbar	nicht oder kaum schmelzbar	unschmelzbar
Formgebung	Warmformen, Spanen	Biegen, Tiefziehen	Spanen
Fügbarkeit	Schweißen, Kleben	Kleben	Kleben

Bei etwas weitmaschigerer Vernetzung verhalten sie sich in der Wärme etwas weichelastischer. Duroplaste sind nicht warm verformbar, schmelzbar oder schweißbar. Die Sprödigkeit kann durch entsprechende Füllstoffe verringert werden.

8.1.4 Formgebung und Verarbeitung

Je nach Verwendungszweck werden die Kunststoffe in unterschiedlicher Weise hergestellt und verarbeitet, siehe auch Tabelle 8.2. Als Vorprodukte dienen Granulate oder Pulver, die Hilfsstoffe wie Weichmacher u. a. enthalten, oder Kunstharze in verschiedenen Zustandsformen, denen noch Füllstoffe u. a. zugegeben werden. Reaktionsharze sind flüssig oder verflüssigbar und härten ohne Abspaltung einer flüchtigen Komponente bei Hitze oder mit Härtern oder/und Beschleunigern auch bei normalen Temperaturen; Zusatzmenge der Härter z. B. bei UP 1,5 bis 5%, bei EP 10 bis 50%.

a) **Halbzeug, Form- und Fertigteile:** Die Formmassen werden meist bei Temperaturen von 150 bis 250 °C in einen plastischen Zustand versetzt. Unter Druck werden daraus Halbzeug wie Folien (durch Kalandrieren), Bahnen, Tafeln, Profile, Rohre und Schläuche (durch Extrudieren) sowie Formteile durch Blasen, Pressen und Spritzen geformt. Durch Ausziehen oder Recken von thermoplastischem Halbzeug im warmen oder kalten Zustand (siehe Abschnitt 8.1.1) entstehen vergütete Kunststoffe. Schichtpreßplatten und -profile werden aus mit duroplastischen Kunstharzen getränkten Trägerbahnen durch Pressen und Erhitzen hergestellt. Reaktionsharze werden auch drucklos in Formen vergossen; durch Rotations- oder Schleuderguß werden Hohlkörper und Rohre erzeugt.

Nach verschiedenen Verfahren werden mehrschichtige Bahnen, Beschichtungen von Metallen u. a. hergestellt. Kunststoffasern werden gewonnen, indem bestimmte Kunststofflösungen durch Düsen gepreßt werden.

Glasfaserverstärkte Form- und Fertigteile werden nach verschiedenen Verfahren hergestellt: Nach einer harzreicheren, evtl. pigmentierten dünnen Schutzschicht gegen atmosphärische Einwirkungen (siehe Abschnitt 8.2.3c) werden beim Handverfahren Fasergewebe- oder -matten und Harz schichtweise, beim Spritzverfahren Harz und geschnittene Fasern gemischt, aufgebracht. Beim Preßverfahren werden die Fasermatten oder -gewebe mit Harz übergossen und unter Druck die Form ausgepreßt. Beim Wickelverfahren werden harzgetränkte Faserstränge (Rovings) unter Spannung auf einen rotierenden Kern gewickelt. Als Harz wird überwiegend UP verwendet. Die höchste Zugfestigkeit ist mit Strängen aus Glasseidenfäden möglich.

Halbzeug und Fertigteile aus Thermoplasten können unter Wärme oder durch Spanen eine weitere Formgebung erfahren, aus Duroplasten nur durch Spanen. Einzelteile können durch geeignete Klebstoffe miteinander verbunden werden, thermoplastische Teile auch durch Schweißen unter Wärme und Druck ohne oder mit Zusatzwerkstoff, wozu besondere Schweißvorrichtungen entwickelt worden sind. Einige Thermoplaste lassen sich auch durch Quellschweißen verbinden; die Fügeflächen werden durch bestimmte Lösungsmittel angelöst und dann unter Druck miteinander verschweißt. Weiteres siehe Abschnitt 8.3.1.

b) **Schaumkunststoffe:** In noch plastisch-fließfähigem Zustand werden durch Treibmittel auf physikalische, seltener auf chemische Weise feinverteilte Gasporen oder durch eingeschlagene Luft auf mechanische Weise feinverteilte Luftporen gebildet. Nach dem Abkühlen oder Vernetzen liegen je nach Kunststoffart weiche, zähharte oder sprödharte Schaumkunststoffe mit offenen oder geschlossenen Zellen vor. Weiteres siehe Abschnitt 8.3.2.

c) **Plastische Kunststoffe:** Als Bindemittel werden vor allem weich- und gummielastisch vernetzende Reaktionsharze oder Synthesekautschuk verwendet; weiteres siehe Abschnitt 8.3.3.

d) **Flüssige Kunststoffe:** Dispersionen und Polymerisatharze, die Polymerisate in feinster

Verteilung in Wasser bzw. gelöst in Lösungsmittel enthalten, und Reaktionsharze dienen unmittelbar als Klebstoffe (siehe Abschnitte 8.3.4c und 9.5a) sowie als Bindemittel für Anstrichstoffe (siehe Abschnitte 8.3.4a und b und 9.4b), für Holzwerkstoffe (siehe Abschnitt 3.5) und für Kunstharzmörtel und -beton (siehe Abschnitt 8.3.5). Damit die Reaktionen wie vorgesehen ablaufen, müssen die Verarbeitungsanleitungen genau beachtet werden.

Die Zusammensetzung und Verarbeitung von **Kunstharzmörtel** und **Kunstharzbeton** sind ähnlich wie bei zementgebundenem Mörtel und Beton, siehe Abschnitte 5.6, 5.2 und 5.4. Als Kunstharze werden UP, EP, PUR und PMMA verwendet. Die Viskosität des Kunstharzes und die Eigenschaften nach der Aushärtung werden vor allem durch das Verhältnis Harz : Härter bestimmt. Die mineralischen Zuschläge, für Kunstharzleichtbeton geblähte künstliche Zuschläge, müssen in der Regel trocken sein. Je nach Korngröße beträgt der erforderliche Harzgehalt rd. 100 bis 600 kg/m^3. Die Verarbeitbarkeit hängt u. a. von der Menge und der Viskosität des Kunstharzes ab, die Erhärtungszeit auch von der Temperatur, wobei die Kunstharze selbst bei der Aushärtung Wärme freisetzen. PMMA polymerisiert auch bei niederen Temperaturen. Durch Zuschläge mit günstiger Sieblinie können die Harzmenge und damit die Wärmeentwicklung und das Schwinden während der Reaktion sowie das Kriechen und die Wärmedehnzahl vermindert werden. Kunstharzmörtel und -beton besitzen eine kürzere Erhärtungszeit als Zementmörtel und Beton sowie eine hohe Festigkeit und Haftung zwischen Bindemittel und Zuschlag, weshalb dünnwandigere Querschnitte möglich sind. Mörtel und Beton aus EP ergeben eine gewisse Haftung auch auf feuchtem Untergrund.

e) Wegen der Emission leichtflüchtiger gesundheitsschädlicher und leicht entzündlicher Bestandteile sind bei der Herstellung und Verarbeitung bestimmter Kunststoffe besondere Vorsichtsmaßnahmen und Merkblätter zu beachten. Kunststoffabfälle sollten gesondert entsorgt und nicht verbrannt werden, siehe auch Abschnitt 8.2.3f.

8.2 Eigenschaften der Kunststoffe

Eine Übersicht über den weiten Bereich der physikalisch-mechanischen Eigenschaften gibt Tabelle 8.3. Spezielle Eigenschaften von wichtigen Kunststoffen sind in Tabelle 8.4 wiedergegeben.

Die verschiedenen Kunststoffe sind oft schwer voneinander zu unterscheiden. Das Verhalten bei Hitze (Schmelzen, Verfärbung, Geruch und Alkalität der Rauch- oder Dampfschwaden) oder unmittelbar in der Flamme (Farbe, Geruch) kann nur Hinweise auf die Kunststoffart geben, da es auch von Beimengungen beeinflußt sein kann.

8.2.1 Physikalische Eigenschaften

a) Im Vergleich zu den anorganischen Baustoffen sind die Dichte und die Wärmeleitfähigkeit deutlich geringer. Die Kunststoffe besitzen überdies einen hohen Dampfdiffusionswiderstand und eine sehr geringe Wasseraufnahme, ausgenommen die teilweise offenzelligen Schaumkunststoffe.

b) Die ungefüllten Kunststoffe besitzen (nach Tabelle 8.3) einen hohen Wärmedehnkoeffizienten. Durch Verstärkung mit Glasfasern wird er in Faserrichtung bzw. durch andere mineralische Zuschläge deutlich geringer.

c) Während und nach der Polymerisation schrumpfen bzw. schwinden die Kunststoffe teilweise erheblich, z. B. ungefüllte UP und PMMA. Durch Fasern oder Zuschläge lassen sich diese Verkürzungen vermindern.

d) Die glatten dichten Oberflächen der Kunststoffe sind leicht sauber zu halten und daher besonders hygienisch. Langjährige atmosphärische Einwirkungen können Farbe und Glanz verändern. Einige Kunststoffe werden daher je nach ihrer Anwendung mit Ruß u. a. eingefärbt, siehe Abschnitt 8.2.3c.

Wegen der geringen elektrischen Leitfähigkeit können sich Oberflächen aus Kunststoffen erheblich elektrostatisch aufladen; dies kann durch Zusatz von Antistatika oder von elektrisch leitenden Füllstoffen, z. B. Graphit, vermindert werden.

8.2.2 Mechanische Eigenschaften

Wegen der weitgehend viskosen Beschaffenheit der Kunststoffe (siehe Abschnitt 1.4.6.1c) hängen alle mechanischen Eigenschaften von der Temperatur und der Dauer der Beanspruchung ab.

a) Bild 8.3 zeigt charakteristische Spannungs-Dehnungs-Diagramme bei der Zugprüfung von verschiedenen Kunststoffarten beim Kurzzeitversuch. Bereiche für die **Zug-** und **Druckfestigkeit** finden sich in Tabelle 8.3. Die Festigkeit von Thermoplasten wird durch Weichmacher herabgesetzt. Zug- und Biegezugfestigkeit vermindern sich durch körnige Füllstoffe bzw. erhöhen sich durch Fasern, insbesondere durch Glasfasern, jedoch nur in Faserrichtung. Um die hohe Festigkeit von Fasern weitgehend auszunutzen, sollte die Bruchdehnung des Harzes etwas größer sein als die Bruchdehnung der Faser.

Bei einigen Baustoffen wird eine hohe **Schlagzähigkeit** bei normalen und auch bei niederen Temperaturen verlangt; besonders günstig verhalten sich PE, ABS, ASA und PVC hart-schlagfest oder GFK. Geprüft werden auch gekerbte Proben, weil viele unverstärkte Kunststoffe besonders kerbempfindlich sind. Dieser Eigenschaft muß schon bei der Formgebung Rechnung getragen werden, z. B. durch gerundete Rippen und durch Vermeidung von scharfen Kanten und Ecken sowie plötzlichen Querschnittsänderungen.

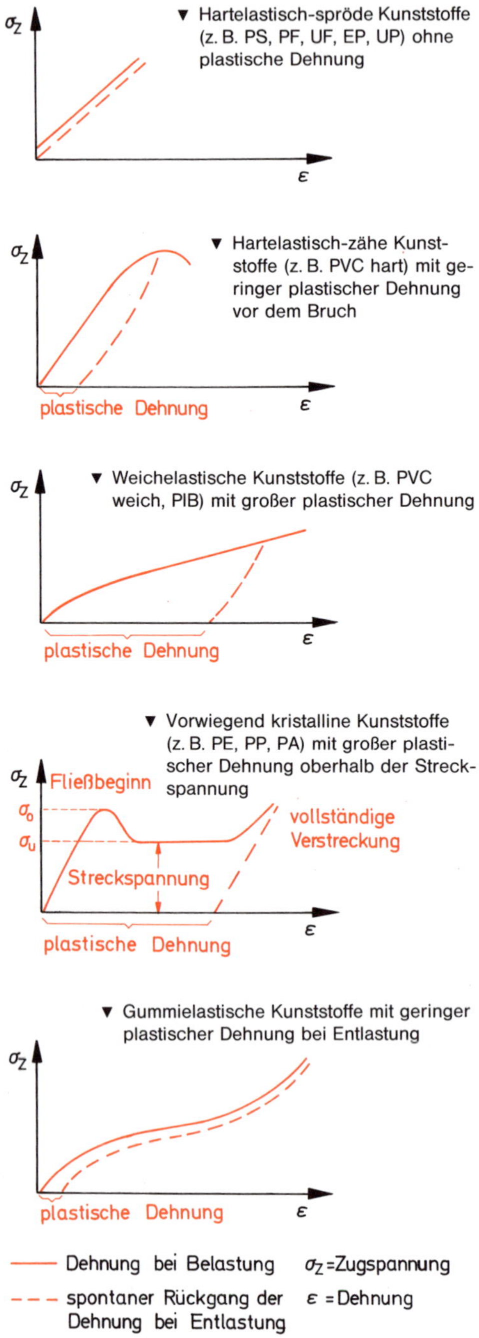

Bild 8.3 Spannungs-Dehnungs-Diagramme verschiedener Kunststoffe beim Kurzzeitversuch

Allgemein nimmt die Festigkeit der Kunststoffe mit der Dauer der Belastung und mit steigender Temperatur ab, siehe auch Tabelle 8.2. Bild 8.4 veranschaulicht dieses Verhalten am Beispiel eines thermoplastischen Kunststoffes. Das Dauerstandverhalten ist um so besser, je geringer die aufgebrachte Spannung und die Temperatur ist. Bei Duroplasten und vor allem mit zunehmendem Glasfasergehalt wird das Verhältnis Dauerstandfestigkeit zu Kurzzeitfestigkeit günstiger.

Für die praktische Beanspruchbarkeit eines Kunststoffes ist der Zeitstand-Zugversuch unter konstanter Belastung im vorgesehenen Temperaturbereich maßgebend.

b) Der **Elastizitätsmodul** *E* ist bei den Elastomeren und Schaumkunststoffen besonders gering, siehe Tabelle 8.3. Auch bei unverstärkten hartelastischen Kunststoffen ist er noch verhältnismäßig niedrig. Daher müssen durch Faltungen und Versteifungen der Bauteile Verformungen klein gehalten und Knicken und Beulen verhindert werden. Größere *E*-Werte ergeben sich erst bei verstärkten Kunststoffen, vor allem mit hohem Gehalt an Glasfasern, jedoch nur in Faserrichtung.

Auch bei der Gebrauchstemperatur treten je nach Spannung und Belastungszeit schon mehr oder weniger große plastische Formänderungen auf. Maßgebend dafür ist der **Kriechmodul** $E_c = \sigma/\varepsilon$, wobei σ konstant und ε zeitabhängig ist, siehe Abschnitt 1.4.6.1c.

Den Einfluß von Zeit und Temperatur zeigt Bild 8.5 wieder am Beispiel eines thermoplastischen Kunststoffes. Bei Duroplasten, insbesondere mit Verstärkung, ist das Kriechen deutlich geringer als bei den anderen Kunststoffen.

c) Bei Konstruktionen aus Kunststoffen muß die Standsicherheit also im besonderen Maße im Zusammenhang mit den elastischen und plastischen Formänderungen sowie auch mit der Beständigkeit (siehe Abschnitt 8.2.3) betrachtet werden. Die meist guten Kurzzeitwerte reichen zur Kennzeichnung der Eigenschaften für die praktische Anwendung nicht aus. Die Kurzzeitwerte müssen vielmehr für die

Tabelle 8.3 Physikalische und mechanische Eigenschaften von Kunststoffen nach [9]

Kunststoffart	Rohdichte g/cm³	Wärmeleitfähigkeit W/m · K	Wärmedehnkoeffizient mm/m · K	Druckfestigkeit N/mm²	Zugfestigkeit[1]) N/mm²	Elastizitätsmodul N/mm²
hartelastische Stoffe	0,8 ··· 1,4	0,15 ··· 0,4	0,06 ··· 0,2	60 ··· 130	20 ··· 80	1 000 ··· 4000
gummielastische Stoffe	0,9 ··· 1,4	rd. 0,2	0,1 ··· 0,2	–	5 ··· 50	1 ··· 100
harte Schaumstoffe	0,015 ··· 0,1	0,02 ··· 0,04	0,1 ··· 0,2	0,1 ··· 1	0,2 ··· 2	1 ··· 10
faserverstärkte Stoffe	1,4 ··· 2,0	0,2 ··· 0,4	0,015 ··· 0,03	150 ··· 500	200 ··· 1000	7 000 ··· 40 000
Reaktionsharzmörtel und -beton	2,0 ··· 2,4	0,15 ··· 1	0,015 ··· 0,02	70 ··· 150	10 ··· 30	15 000 ··· 30 000

[1]) bzw. Streckspannung bei teilkristallinen Kunststoffen.

Tabelle 8.4 Bezeichnung, Beschaffenheit und Anwendung wichtiger Kunststoffe

Bezeichnung	Kurzzeichen[1])	Besondere Beschaffenheit und Eigenschaften	Anwendung (Beispiele)
1. Thermoplaste			
Polyethylen[2])	PE-ND (weich) PE PE-HD (hart)	je nach Dichte schmiegsam bis hart, kältebeständig, gute Beständigkeit	Folien, Rohre, auch Großrohre, Öltanks
Chloriertes PE	PE-C		Bahnen
Vernetztes PE	VPE		Rohre für Fußbodenheizung
Chlorsulfoniertes PE	CSM	weichgummiartig	Dachbahnen
Ethylen-Cop.-Bitumen	ECB	weichgummiartig	Dichtungs- und Dachbahnen
Polypropylen[2])	PP	härter als PE	HT-Abwasserrohre, Fasern
Polyisobutylen	PIB	plastisch bis gummiartig	Klebstoffe, Dichtungsmassen, Dichtungs- und Dachbahnen
Polystyrol	PS	hart und spröde	Formteile
PS-Copolymerisate	ABS, ASA	schlagzäh	Tafeln, HT-Abwasserrohre
Polystyrol expandiert	EPS	zähhart	Schaumstoffe
Polyvinylchlorid	PVC-P (weich)	leder- bis weichgummiartig	Folien, Dichtungs- und Dachbahnen, Bodenbeläge und Profile, Fugenprofile
	PVC-U (hart)	hart, gute Beständigkeit	Rohre, Ausbauprofile
(«Polyblends»)	PVC hartschlagfest	schlagzäh, auch bei Kälte	Dachrinnen, Fassadenbekleidungen, Fenster- und Türprofile
Chloriertes PVC	PVCC		HT-Abwasserrohre
Polytetrafluorethylen[2])	PTFE	besonders beständig	Gleitlager
Polyvinylfluorid	PVF	gute Beständigkeit	dünne Folien für Bautenschutz
Polyvinylacetat	PVAC	– }	Dispersionen und Lösungen für Kleb- und Anstrichstoffe u. a.
Polyvinylpropionat	PVP	}	
Acrylharz- (Methylmethacrylat) und -Cop.	AMMA	witterungsbeständig }	
		weich und klebrig	Dichtungsmassen, Mörtel
Polymethylmethacrylat (Acrylglas)	PMMA	glasklar, hart und zäh	Oberlichte, Lichtwände
Celluloseester	CA, CAB, CP	glasklare, zähe Formmassen	Beschläge, Oberlichte
Celluloseether	MC, CMC	wasserlöslich	Tapetenkleister, Leime
Polycarbonat	PC	schlagzäh u. kältebeständig	lichtdurchlässige Bauteile
Polyethylenterephthalat[2])	PETP	zäh und kältebeständig	Folien für Dichtungsbahnen, Fasern
Polyamide[2])	PA	zähelastisch	Beschläge, Öltanks, Fasern
2. Duroplaste und Elastomere			
Phenoplaste: Phenol-Formaldehydharz	PF	als Harze flüssig oder fest, mit Füllstoffen Preßmassen und Schichtpreßstoffe	wetterfeste Leime, Lacke, Schaumstoffe, Bindemittel für Holzwerkstoffe, Wandbekleidungen und Möbel
Resorcin-Formaldehydharz	RF	–	besonders wetterbeständiger Leim
Aminoplaste: Harnstoff-Formaldehydharz Melamin-Formaldehydharz	UF } MF }	ähnlich PF	Leime, Holzwerkstoffe, Dekorationsplatten, UF auch für Schaumstoffe
Polyester- oder Alkydharz	–	witterungsbeständig	Lackharze
ungesättigte Polyesterharze	UP }	als Gießharze, vor allem EP als Reaktionsharze	Kunstharzmörtel- und -beton, Kleb- und Anstrichstoffe, Rißfüllung
Expoxidharz	EP }	mit Glasfasern (UP-GF und EP-GF)	vor allem mit UP Rohre, Profile, ebene und Wellplatten, Oberlichte, Bauelemente, Schalungselemente

Fortsetzung der Tabelle und Fußnoten siehe folgende Seite.

Tabelle 8.4 Fortsetzung

Bezeichnung	Kurzzeichen[1]	Besondere Beschaffenheit und Eigenschaften	Anwendung (Beispiele)
Polyurethan Polyisocyanurat	PUR PIR	flüssig gummielastisch aufgeschäumt, zähhart aufgeschäumt	Anstrich- und Klebstoffe, Rißfüllung Dichtungsmassen, Bodenbeläge Schaumstoffe Schaumstoffe
Chlorkautschuk Synthesekautschuke (Elastomere): Chlorbutadien-E. Ethylen-Propylen-Dien-E. Isobutylen-Isopren-E. Polysulfid	– CR EPDM IIR SR	– gummielastisch bzw. plastisch	Anstrichstoffe Dach- und Dichtungsbahnen (CR, EPDM, IIR), Fugenprofile (CR, EPDM) Verformungslager (CR) Klebstoffe (CR) Fugendichtungsmassen (IIR, SR)
Silikone Siloxan-E. (SI-Kautschuk)	SI SIR	als Harze plastisch bis gummiartig	wasserabweisende Imprägnierungen, Anstrichstoffe Dichtungsmassen

[1]) Siehe auch Tabelle 8.1. [2]) z. T. teilkristallin.

Schwankungen bei der Herstellung sowie für Kriechen, Alterung und ggf. erhöhte Temperatur mit material- und anwendungsbezogenen Faktoren abgemindert werden, die durch Zeitstandversuche ermittelt werden.

8.2.3 Beständigkeit

> a) Die **chemische Beständigkeit** der Kunststoffe ist im Vergleich zu anderen Baustoffen besonders gut.

Sie wird verschlechtert durch niedermolekulare Bestandteile, was auch in einer geringeren Dichte zum Ausdruck kommt, durch Weichmacher oder durch quellbare und empfindliche Füllstoffe. Je nach Art der angreifenden Chemikalien, ob Säuren, Laugen, Lösungsmittel, Treibstoffe oder Öle, ist der Widerstand der verschiedenen Kunststoffe unterschiedlich.

Einen allgemein hohen Widerstand besitzen PE-HD, PTFE und EP. Empfindlich gegen Säuren sind CA, PA sowie Preßstoffe aus MF und UF,

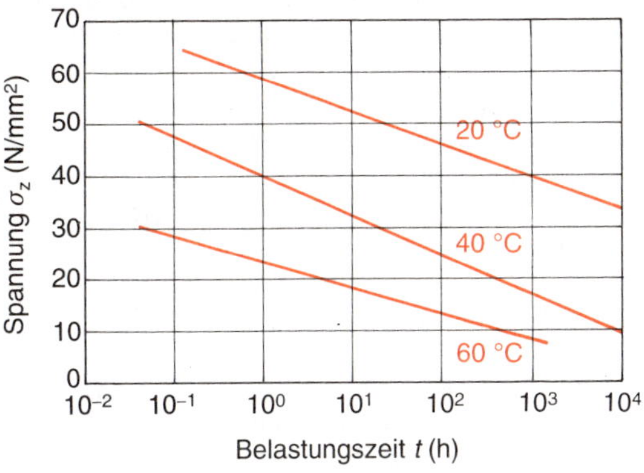

Bild 8.4 Einfluß von Belastungszeit und Temperatur auf die Zugfestigkeit eines thermoplastischen Kunststoffes [1]

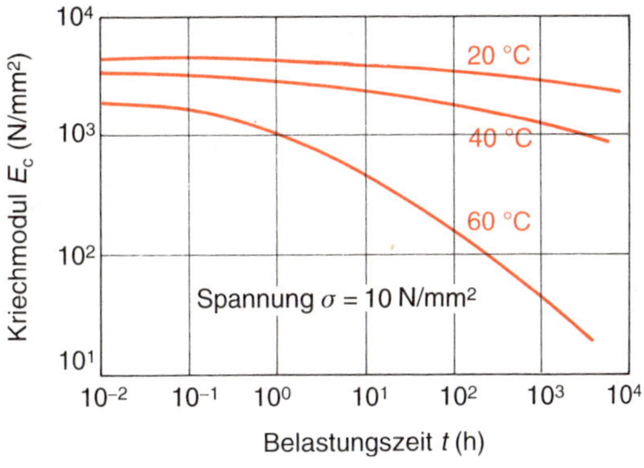

Bild 8.5 Einfluß von Belastungszeit und Temperatur auf das Kriechen eines thermoplastischen Kunststoffes [1]

gegen Laugen u. a. PC und UP,
gegen Lösungsmittel ABS, PE-ND, PIB, PS, PVC und UP,
gegen Treibstoffe und Öle PE-ND, PIB, PS und PVC-weich. (Unempfindlich gegen Heizöl sind u. a. PVC-weich-Typen mit besonderen Weichmachern.)

Unter der gleichzeitigen Einwirkung von chemischen Stoffen und Spannungen neigen einige Kunststoffe, z. B. PS, zu Spannungsrißkorrosion.

b) Durch Eindringen von niedermolekularen Substanzen, z. B. Wasser, in das Molekülgefüge kann es zu Quellungen, verbunden mit Festigkeitsminderung, und schließlich zur Erweichung kommen. Empfindlich sind ebenfalls vor allem Kunststoffe mit niedermolekularen Bestandteilen und mit hohem Weichmachergehalt.

c) Durch atmosphärische Einwirkungen, wie UV-Strahlen des Sonnenlichts, Wechsel von Kälte und Wärme sowie Nässe und Trockenheit, kann es bei manchen Kunststoffen zu Abbrüchen der Molekülketten kommen. Die Folgen sind Verfärbungen (Vergilben), Verspröden und Festigkeitsabfall, im gesamten auch als Alterung bezeichnet. Empfindlich sind vor allem PE, PIB und UP.

Die **Alterungsbeständigkeit** von Bauteilen im Freien kann bei einigen Kunststoffen durch Zusatz von Stabilisatoren, die die UV-Strahlen absorbieren, verbessert werden; besonders geeignet ist Ruß. Durch Titanoxid bleiben die Kunststoffe hellfarben; bei Sonneneinwirkung erwärmen sich diese Bauteile wesentlich weniger.

Bei glasfaserverstärktem Polyesterharz (UP-GF) sollten durch eine besondere Deckschicht (siehe Abschnitt 8.1.4a) die schädlichen Witterungseinflüsse in den Grenzflächen von Harz und Glasfasersträngen unterbunden werden.

d) Einige wenige Kunststoffe sind gegenüber Mikroorganismen, z. B. bei fettartigen Weichmachern oder holzhaltigen Füllstoffen, oder gegenüber tierischen Schädlingen, z. B. Termiten, nicht resistent; die biologische Beständigkeit läßt sich durch Zusätze erreichen.

e) Für Baustoffe mit UF und PF sind Grenzwerte oder Emissionsklassen für die Formaldehydabgabe einzuhalten, siehe Abschnitte 3.5.2 und 8.3.2b.

f) Die meisten Kunststoffe werden bei 100 bis 150 °C thermochemisch abgebaut und brennen nach Entzündung weiter. Mit mineralischen Füllstoffen bzw. mit flammhemmenden Zusätzen erhöht sich der Hitzewiderstand.

Die Kunststoffe zählen nach ihrem **Brandverhalten** zur **Baustoffklasse B**, siehe Abschnitt 1.4.7.7a. Die meisten gehören zur Klasse B 1 oder B 2; bei B 1 bedarf es eines Prüfzeichens (siehe Abschnitt 1.3c), bei B 2 eines Prüfzeugnisses.

Abhängig auch von der mechanischen Beanspruchung (siehe Abschnitt 8.2.2) wird für die verschiedenen Kunststoffe eine **maximale Dauergebrauchstemperatur** angegeben. Sie beträgt z. B. bei PE-ND, PIB, PS, PVC und CA rd. 50 bis 80 °C, bei PTFE, PIR und SI rd. 200 bis 400 °C.

Bei der Zersetzung einiger Kunststoffe in der Hitze entstehen schädliche Gase, z. B. bei PVC-hart erhebliche Salzsäuregasmengen.

8.3 Kunststofferzeugnisse

Das Angebot an Kunststofferzeugnissen ist überaus vielseitig, siehe Tabelle 8.4, letzte Spalte. Wegen der Kurzzeichen wird auch auf Tabelle 8.1 verwiesen, wegen der Formgebung und Verarbeitung auf Abschnitt 8.1.4. Die verschiedenen Kunststoffe werden meist von verschiedenen Firmen unter bestimmten Handelsnamen hergestellt. Dabei können Produkte mit gleicher chemischer Bezeichnung unterschiedliche Eigenschaften aufweisen, verursacht durch Unterschiede im Herstellungsverfahren, in der Molekülgröße usw.

Durch Zusatz von Kunststoffen können auch die Eigenschaften von Beton (siehe Tabelle 5.10), Mörtel (siehe Abschnitt 5.6.1c) und bituminösen Baustoffen (siehe Abschnitte 7.1.1e und 7.1.2c) verändert bzw. verbessert werden. Ein wichtiges Anwendungsgebiet kunststoffmodifizierter Mörtel und Betone (PCC = polymer cement concrete) ist die Betoninstandsetzung, siehe Abschnitt 5.3.8. Durch Kunststoffzusätze, die im Zementstein ein räumliches Netzwerk bilden, werden vor allem die Haftung, Dehnfähigkeit und Zugfestigkeit verbessert.

8.3.1 Geformte Kunststoffe

Je nach der Anwendung müssen die Kunststoffe hartelastisch, weichelastisch oder gummielastisch, erforderlichenfalls ausreichend zäh oder schlagzäh bzw. für besondere Bauteile schwer entflammbar sein. Von besonderem Vorteil ist u. a. das geringe Gewicht und die glatte Oberfläche. Geformte Schaumkunststoffe siehe vor allem Abschnitt 8.3.2.

a) **Außenbau und Bauelemente**
Bei Kunststoffen für Außenbauteile muß die z. T. sehr große Wärmedehnzahl u. a. im Hinblick auf die Befestigung berücksichtigt sowie auf eine noch ausreichende Zähigkeit auch bei Frosttemperaturen und auf eine möglichst hohe Alterungsbeständigkeit geachtet werden.

- Ebene, profilierte und Wellplatten, z. B. für Fassadenbekleidungen, meist aus PVC hart mit normaler, erhöhter oder hoher Schlagzähigkeit (nach DIN 16927) sowie wegen der besonderen Witterungsbeanspruchungen und zur Verminderung der Wärmedehnung i.a. hell eingefärbt.
- Oberlichte aus PMMA (glasklar oder eingefärbt), UP-GF und CP.
- Formversteiftes Halbzeug (Wellplatten und -bahnen, Spundwandprofile, Sonderprofile) und Fassadenelemente aus UP-GF.
- Lichtwände als gewellte oder verformte Platten oder doppelwandige Profile aus PMMA, PC und UP-GF.
- Selbsttragende Platten, Schalen und Faltwerke, einschalig oder in Stützkernausführung (mit Hartschaumkern auch für Wärmedämmung, siehe Abschnitt 8.3.2) für Dächer, Fassaden, Fertighäuser und Gewächshäuser.
- Fenster und Türen, Fensterbänke, Rolläden und Rolladenkasten aus PVC hart-schlagfest, außerdem Metall- und Holzfenster mit PVC-Mantel.
- Hängedachrinnen nach DIN 18469 aus PVC hart einschließlich Regenfallrohren, größere Rinnen auch aus UP-GF, Flachdachgullys aus PUR-Schaum.

b) **Innenausbau**

- Elemente für Raumausstattung aus ABS und Schichtpreßstoffplatten (mit Dekorfilmen) aus UF und MF.
- Kunststofftapeten (siehe Abschnitt 9.3a) und Wandbekleidungen aus PVC weich, z. T. mit Schaumstoffschichten.

  Beläge für Fußböden und Treppen:
- Flex-Platten aus PVC weich, mit Pigmenten und mineralischen Füllstoffen nach DIN 16950 für höhere Beanspruchungen.
- Platten und Bahnen aus PVC weich, Pigmenten und Zusatzstoffen ohne Träger nach DIN 16951 und zwar homogene Beläge für höhere Beanspruchungen sowie heterogene Beläge aus Nutzschicht und weiteren Schichten unterschiedlicher Zusammensetzung.
- Bahnen mit besonderer trittschallmindernder Wirkung aus PVC weich als Beschichtung und Jutefilz, Synthesefaser-Vlies, Korkment oder PVC-Schaum als Träger oder PVC-Schaumbeläge mit strukturierter Oberfläche nach DIN 16952.

  Die Beläge aus PVC sind ein bis zwei Tage im Raum auszulegen und mit geeigneten Klebestoffen je nach Beschaffenheit des Untergrunds und des Belags vollflächig zu verkleben.
- Profile für Sockelleisten, Treppenkanten und Handläufe meist aus PVC weich.
- **Sanitäre Installationen,** auch Badewannen, Dusch- und Badezellen aus UP-GF und PMMA, wobei die Hohlräume meist mit Kunststoffschaum ausgefüllt werden.
- Heizölbatterietanks aus PE-HD, UP-GF und PA-6.
- Dunst-Lüftungsrohre und Müllabwurfschächte aus PVC hart, PE-HD und PP.

c) **Rohrleitungen**
Allgemeine Angaben und Anforderungen für Rohre aus PVC hart, PE, PP und PVC-C finden sich in DIN 8061 bis 8080, aus ABS in DIN

16890, aus VPE in DIN 16892, aus GFK in DIN 19965 bis 16967 usw. Unterschiede bestehen vor allem hinsichtlich der Anforderungen beim Innendruck-Zeitstandversuch und beim Schlagversuch bei unterschiedlichen Temperaturen.

Für die **Trinkwasserversorgung** werden geliefert

- dunkelgraue Rohre NW 10 bis 400 mm aus PVC hart nach DIN 19532,
- schwarze Rohre NW 15 bis 80 mm aus PE-ND und NW 10 bis 300 mm aus PE-HD, geliefert auch in Ringbunden bis 300 mm für lange Rohrstränge, nach DIN 19533.

Wegen der zugesetzten Stabilisierungsmittel ist ein Nachweis für die hygienische Unbedenklichkeit erforderlich.

Für **Abwasserleitungen** innerhalb von Gebäuden gibt es hellgraue Rohre NW 40 bis 150 mm aus PVC hart nach DIN 19531, für heißwasserbeständige Abwasserleitungen (Kurzzeichen HT) schwarze Rohre NW 40 bis 300 mm aus PE-HD nach DIN 19535 sowie mittelgraue Rohre NW 40 bis 150 mm aus PVC-C, PP und ABS/ASA nach DIN 19538, 19560 und 19561.

Für Entwässerungskanäle und -leitungen werden orangebraune Rohre NW 100 bis 500 mm aus PVC hart nach DIN 19534 und schwarze Rohre NW 100 bis 1200 mm aus PE-HD nach DIN 19537 angeboten.

Es gibt verschiedene Verbindungsmöglichkeiten der Rohre, u. a. durch Steckmuffen mit Dichtungsringen oder Klebmuffen (vor allem bei PVC), metallische Klemmverbindungen oder durch Muffenschweißen (bei PE und PP). Bei wechselnden Gebrauchstemperaturen ist die hohe Wärmedehnzahl beim Verlegen und bei der Wahl der Rohrverbindungen zu berücksichtigen, siehe auch DIN 16928 für PVC hart sowie DIN 16932 und 16933 für PE.

Für höhere Drücke werden nach DIN 16964 und 19967 auch Rohre aus UP-GF und EP-GF (NW 25 bis 1000 mm) sowie vorgespannte Schleuderbetonrohre aus Polyesterbeton hergestellt.

Seit der Umstellung auf Erdgas ohne störenden Benzolgehalt werden auch für Gasleitungen Rohre aus PVC hart (nicht eingefärbt, also beige) und aus PE (schwarz mit gelbem Ring) verwendet.

Für Fußbodenheizungen gibt es Rohre aus VPE, z. T. auch aus PP und PB.

Für **Dränrohre** aus PVC hart gilt DIN 1187; sie werden geliefert mit Öffnungen für den Wassereintritt als gewellte Rohre (Form A) bis 300 m Länge als «Ringbunden» oder als glatte Rohre (B) bis 5 m Länge und mit Muffen.

d) **Betonbau**

- Schaltafeln aus PF-vergütetem Sperrholz (siehe Abschnitt 3.5.2) oder Schichtpreßstoffen,
- Schalungen aus UP-GF,
- Strukturschalungen aus PS, PS-Hartschaum oder PUR für Oberflächenmuster von Sichtbeton,
- Schalkörper, auch als verlorene Schalung, und Einlagen für Aussparungen aus PS-Hartschaum,
- Kleinteile für die Fixierung und Verbindung von Bewehrungsstäben, Überzugsrohre für Kabel und Schalungsspreizen aus PS, PE, PVC und IIR.

e) **Bautenschutz**

Folien aus PVC weich, PE weich und PVF von 0,1 bis 0,4 mm Dicke werden zum Schutz von Baustoffen und Baustellen vor ungünstiger Witterung sowie zum Abdecken des Erdplanums im Straßenbau verwendet. Eine Verbindung der einzelnen Folien erfolgt durch Verkleben oder Verschweißen, z. B. durch Quellschweißung nach Vorstreichen mit Lösungsmitteln (bei PVC weich) sowie z. T. mit Heißbitumen.

Bahnen, im Gegensatz zu den Bitumenbahnen auch Polymerbahnen genannt, werden nach DIN 16729 bis 16735 bzw. 16935 bis 16938

- aus PVC-P nichtbitumenbeständig und beständig, ECP, PE-C, PIB und CSM, darüberhinaus als Elastomerbahnen aus CR, EPDM, IIR u. a.,
- ohne und teilweise mit Trägereinlagen aus Geweben, z. B. Glasvlies oder synthetischen Fasern bzw. kaschiert.

Sie werden mit einer Dicke von 0,8 bis 2 mm hergestellt und als Dach- und Dichtungsbahnen für Dach- und Terrassenbeläge sowie für andere Bauwerksabdichtungen (siehe Abschnitt 1.4.3.5a) verwendet.

Je nach Art der Abdichtung sind die Bahnen nach DIN 18195 nur einlagig oder z. T. zusammen mit Bitumenbahnen nach Abschnitt 7.4.2 einzubauen. Außer bei IIR und PVC weich nicht bitumenbeständig, können die Bahnen mit Heißbitumen verklebt werden. Auf Flachdächern werden die Bahnen überwiegend lose verlegt, an den Rändern fixiert und mit Kies oder Plattenbelägen belastet. Die Nahtverbindung der einzelnen Bahnen erfolgt je nach Kunststoffart durch Quellschweißen, Warmgasschweißen, Heizelementschweißen mit einem Heizkeil, Verkleben mit Bitumen oder (bei den Elastomeren IIR und CR) durch Selbstklebebänder oder geeignete Klebstoffe.

Für den Wasserbau werden Bahnen z. B. aus PIB sowie beschichtete Gewebe aus Kunststoffgarnen oder anderen Garnen verwendet.

Fugendichtungsprofile und **-bänder,** auch zum Abdecken von Fugen, werden im Hoch- und Tiefbau bei geringen Temperaturunterschieden z. B. aus PVC weich (Verbindung durch Schweißen) bzw. bei großen Temperaturunterschieden vor allem aus den Elastomeren CR und EPDM (Verbindung durch Vulkanisierung) verwendet.

f) **Verformungs- und Gleitlager**
Um an Auflagerstellen gefährliche Zwängspannungen in größeren Konstruktionen zu verhindern, werden elastomere Lager aus CR zur Aufnahme von Verkantungen und Verschiebungen sowie Gleitlager aus PTFE eingebaut.

8.3.2 Schaumkunststoffe

Schaumkunststoffe werden aus verschiedenen Kunststoffen nach verschiedenen Verfahren und mit teilweise unterschiedlichen Eigenschaften erzeugt: PS-Schaum wird nach Partikel- und Extruderschaum unterschieden. PS- und PUR-Schäume haben wegen ihrer geschlossenen Zellstruktur eine sehr geringe Wasseraufnahme, weshalb sie auch im Tiefbau, z. B. zum Wärmeschutz von unterirdischen Bauwerken oder zum Frostschutz des Untergrundes, verwendet werden können. Ohne besondere Zusätze besitzen PUR- und UF-Schäume eine Dauergebrauchstemperatur von rd. 100 °C, PIR-Schäume bis 140 °C.

a) **Dämmstoffe** nach DIN 18164 werden geliefert als Platten und Bahnen ohne und mit Beschichtungen:

Nach T 1 für **Wärmedämmung** aus hartem PF-, PS-, PUR-, PIR und PVC-Schaum, z. T. nach der Rohdichte von mindestens 15 bis 35 kg/m^3 unterschieden als Typ W (nicht druckbelastet), WD (druckbelastet) und WDS (druckbelastet für Sondereinsatzgebiete wie Parkdecks u. ä.) mit den Wärmeleitfähigkeitsgruppen 020, 025, 030, 035, 040 und (mit PF) 045.

Nach T 2 für **Trittschalldämmung** aus PS-Partikelschaum als Typ T mit den Steifigkeitsgruppen 10, 15, 20 und 30, siehe Abschnitt 9.1a.

b) **Ortschäume** nach DIN 18159 aus PUR (T 1) und UF (T 2) werden an der Anwendungsstelle geschäumt und zur Wärmedämmung von Wänden, Decken, Dächern, Schlitzen, Kanälen (bei Heizungsrohren und Kälteanlagen nur PUR-Schaum) gleichmäßig eingebracht, wo sie erhärten. UF-Schaum muß austrocknen können. Die Rohdichte muß bei PUR-Schaum i. a. ≥ 37 kg/m^3, bei UF-Schaum ≥ 10 kg/m^3 betragen. Hinsichtlich des Brandverhaltens müssen die Schäume der Baustoffklasse B 2 entsprechen.

UF-Schaum darf Formaldehyd nicht in schädlicher Menge emittieren; je nach Emissionsklasse ES 1, 2 oder 3 sind bestimmte Bekleidungen erforderlich.

c) **Sandwich-Elemente** entstehen durch Ausschäumen des Hohlraumes zwischen 2 Deckschichten aus Stahl- oder Aluminiumblech oder aus GFK mit PUR- oder PIR-Schaum.

8.3.3 Fugendichtungsmassen

Wegen der Aufgaben, Anforderungen und Verarbeitung siehe Abschnitt 9.5b. Am günstigsten sind plastisch-elastische Massen mit guter Alterungsbeständigkeit. Als Bindemittel werden vor allem weichelastisch vernetzende Reaktionsharze oder Synthesekautschuk verwendet. Für mittlere bis große Dehnungen eignen sich allgemein SIR (Silikonkautschuk, weich), SR (Polysulfid)-massen (weich bis mittelhart), vor allem im Tiefbau PUR-Massen, im Hochbau Acrylmassen.

8.3.4 Anstrichstoffe und Klebstoffe

Dafür werden die Kunststoffe in Form von Dispersionen, Lösungen und Reaktionsharzen verwendet.

a) **Imprägnierungen und Versiegelungen,** siehe auch Abschnitt 9.4.

Mineralische Baustoffe und Außenwandflächen können durch Silikonharze und Silane (je nach Alkalität des Baustoffes unterschiedlich eingestellt) sowie Acrylharze vor Eindringen des Schlagregens und vor Verschmutzung geschützt werden, ohne daß an der Oberfläche die Imprägnierung als glänzender Film sichtbar ist und ohne daß die Wasserdampfdiffusion von innen nach außen behindert wird, siehe auch Abschnitte 5.3.6e und 1.4.3.5b.

Durch Imprägnieren und Versiegeln mit Kunstharzdispersionen und Lacken können die Reinigung und Pflege von Fußböden erleichtert werden, mit Kunstharzlösungen, z. B. aus CSM und PVC, sowie dünnflüssigen Reaktionsharzen EP, PUR und UP auch der mechanische und chemische Widerstand von Oberflächen verbessert werden, siehe Arbeitsblatt A 80 der AGI und VDI-Richtlinie 2531.

b) **Beschichtungen,** siehe auch Abschnitt 9.4.

Dispersionen werden meist aus Monomeren-Emulsionen in Wasser hergestellt und bilden nach Verdunsten des Wassers den Film der Beschichtung. Es werden vor allem verwendet Copolymerisate von PVAC, PVP, bei alkalischen Untergründen vor allem Acrylharze u. a. Auch Dispersionsbeschichtungen müssen auf Außenwandflächen eine ausreichende Wasserdampfdurchlässigkeit besitzen, siehe Abschnitt 1.4.3.5b. Auf Konstruktionen mit bauphysikalischen Fehlern ist ihre Haltbarkeit nicht gesichert; auf jungen Kalkputz sollten sie nicht aufgebracht werden, siehe Abschnitte 5.1.1.1 und 5.6.3a.

Gegen mechanische und chemische Beanspruchungen eignen sich vor allem Duroplaste. Zweikomponentenlacke auf Basis EP, PMMA, PUR und UP sowie Einkomponentenlacke aus PF, PVC, CSM u. a. schützen je nach Porenfreiheit und Schichtdicke Bauteile und Bauwerke vor Korrosion, siehe das Arbeitsblatt K 10 der AGI, die VDI-Richtlinie 2531, die Richtlinien für die Anwendung von Reaktionsharzen im Betonbau und das Merkblatt für Schutzüberzüge auf Beton bei starkem chemischen Angriff. Besonders widerstandsfähig sind Gemische aus EP und Steinkohlenteerpech. Silikonharzlacke sind besonders hitzebeständig. Chlorkautschuklacke u. a. werden für Wasserbauten, z. B. Schwimmbecken und Trinkwasserbehälter, verwendet, reine oder modifizierte Alkyd- und Acrylharzlacke vor allem für Stahlbauwerke. Erdverlegte Stahlrohre werden mit PE und PUR beschichtet.

Metallbleche können auch mit Folien, z. B. aus PVC, beschichtet werden, die mit Klebstoffen bei 100 bis 200 °C aufgewalzt werden. Sperrholzschalungen werden mit PF beschichtet.

c) **Klebstoffe,** Arten und Zusammensetzung siehe Abschnitt 9.5a. Mit feinsten Füllstoffen werden auch Spachtelmassen, vor allem mit mineralischen Mehlen und Feinstsanden auch **Klebmörtel** geliefert.

Zu den mehr **physikalisch** sich verfestigenden Stoffen gehören:

- Dispersionskleber aus geeigneten Copolymerisaten, die als sogenannte «Baukleber» auch hydraulische Bindemittel enthalten, wodurch die Klebkraft am Ende erhöht wird; Anwendung bei den meisten porösen Baustoffen, z. B. bei keramischen Bekleidungen (siehe Abschnitt 5.6.4a), PVC-Belägen und PS-Hartschaumplatten.
- Lösungsmittelkleber, die vor allem zum Verkleben von Kunststoffen und Anlösen der Fügeflächen durch das Lösungsmittel (Quellschweißen) verwendet werden.
- Kontaktklebstoffe, z. B. Kautschuk-Klebstoffe aus CR, binden schneller ab und sind geeignet zum Verkleben der meisten Baustoffe für Fußbodenbeläge sowie von Wand und Deckenplatten.
- Haftklebstoffe, die schon beim Hersteller auf Fliesen und Bahnen aufgebracht werden.

Chemisch aushärtend sind vor allem Zweikomponenten-Reaktionsharze, die insbesondere zur festen Verbindung von Beton und

Stahl untereinander oder für Schaumstoffe auf dichten Untergründen geeignet sind; z. B. werden Klebstoffe aus EP und UP für sofort belastbare keramische Beläge und kraftschlüssige Verbindungen im Beton- und Stahlbau, bei Stahl auch für vorgespannte Klebverbindungen (VK) verwendet.

Chemisch aushärtende Reaktionsklebstoffe müssen innerhalb einer bestimmten «Topfzeit» verarbeitet sein. Bei physikalisch abbindenden Kontaktklebern muß oft eine Mindestlüftzeit bis zum Zusammenfügen der beiden Flächen eingehalten werden. In der Regel wird vollflächig verklebt. Bei Wänden und Dächern muß dann auch der größere Dampfdiffusionswiderstand der Klebschichten berücksichtigt werden.

Je nach der Anwendung werden besondere Eigenschaften der Klebstoffe verlangt: Bei Bodenbelägen sollten sie auch rollstuhlgeeignet sein, bei Parkett schubfest gegenüber den Längenänderungen des Holzes, bei Wandbelägen vor allem in Naßräumen wasserbeständig, bei schweren keramischen Wandbelägen besonders fest, bei Verbundelementen aus verschiedenen Schichten elastisch-plastisch, um große Spannungen zwischen den verschiedenen Schichten plastisch abbauen zu können.

d) **Leime,** siehe auch Abschnitt 9.5a.

Für die Holzverleimung und für großflächige Holzwerkstoffe werden bei kurzzeitiger Feuchtigkeitseinwirkung vorwiegend Duroplaste auf UF-Basis, bei tropenähnlichen Bedingungen auf PF-Basis mit Resorcinzusätzen (RF) zur Beschleunigung des Abbindens verwendet, für großflächige Holzwerkstoffe auch auf MF-Basis, siehe Abschnitt 3.4.2. Nur begrenzte Anwendung finden PVAC-Dispersionen.

8.3.5 Kunstharzmörtel und Kunstharzbeton

Wichtige Hinweise für die Herstellung und Verarbeitung finden sich unter Abschnitt 8.1.4d. Durch die Kunstharzbindemittel werden die Zähigkeit, die Wasserundurchlässigkeit und der chemische Widerstand von Mörtel und Beton sowie ihre Haftung an einem Untergrund im Vergleich zu Zementmörtel oder -beton i. a. erheblich verbessert. Wegen des hohen Preises, insbesondere von EP, und wegen anderer, die Anwendung erheblich einschränkender Eigenschaften nach Abschnitt 8.2 werden aber die Kunststoffe bei dickeren Bauteilen kaum den Zement und andere mineralische Bindemittel verdrängen.

a) **Kunstharzputze** werden nach DIN 18558 als organische Beschichtungsstoffe auf Unterputz nach Abschnitt 5.6.3 oder auf Beton mit geschlossenem Gefüge aufgebracht, und zwar als **POrg 1** für **Außenputze** oberhalb der Anschüttung (ebenso auch bei besonderen Wärmedämmsystemen auf Hartschaumplatten) und für Innenputze, z. B. in Feuchträumen, als **POrg 2** nur für **Innenputze.**

Allgemeine Angaben über Anforderungen, Putzgrund, Putzsysteme und Putzweisen finden sich in den Abschnitten 5.6.3a und 1.4.3.5b. Außenputze müssen wasserabweisend und alkalibeständig, Innenputze in Feuchträumen feuchtigkeitsbeständig und fungizid (siehe Abschnitt 3.3.4.3) eingestellt sein. Die Mörtel werden aus Polymerisatharzen, z. B. Acrylharzen, als Dispersion oder als Lösung, mineralischen oder organischen Zuschlägen von überwiegend $> 0{,}125$ mm Korngröße und evtl. Zusätzen zusammengesetzt und verarbeitungsfertig als Werkmörtel geliefert. Der Bindemittelgehalt muß bei mineralischem Zuschlag ≤ 1 mm für feinen Außenputz Org 1 ≥ 8 M.-%, für feinen Innenputz Org 2 $\geq 5{,}5$ M.-% betragen, bei Zuschlag > 1 mm für entsprechend groben Putz ≥ 7 bzw. 4,5 M.-%, bezogen auf den Kunstharzputz-Festkörper. Der Untergrund muß mindestens 14 Tage alt, trocken, sauber und saugfähig sein und mit einem Grundanstrich versehen werden. Die Putzarbeiten sollen nicht bei direkter Sonneneinstrahlung und starkem Wind ausgeführt werden, mit wasserhaltigem Mörtel auch nicht unter + 5 °C. Der Putz soll rißfrei auftrocknen.

b) Für **Kunstharzestriche** von 5 bis 10 mm Dicke und Dickbeschichtungen von 2 bis 5 mm Dicke eignen sich UP und vor allem EP und PMMA, Zweikomponenten-PUR nur bei völlig trockenem Untergrund, z. B. Asphalt. Als Zuschlag dienen Quarzmehl und Quarzsand. Bei besonders hoher mechanischer Beanspruchung sind EP als Harz und Hartstoffe vorzuziehen, siehe Abschnitt 5.6.5b. Der Untergrund muß i. a. trocken, sauber, und mäßig rauh sein und als Beton oder Unterestrich mindestens der Festigkeitsklasse 25 entsprechen. Weitere Hinweise finden sich in Arbeitsblatt A 81 der AGI. Mit PUR kann der Belag weitgehend gummielastisch eingestellt werden.

c) Für **elastomere Beläge** aus verschiedenen Kautschukarten mit Zusatzstoffen gilt DIN 16850, siehe auch Abschnitt 9.2c. Spezialelastomere, vor allem auf der Basis PUR, dienen als Laufbahnbeläge von Sportplätzen und Sporthallen.

d) Aus **Kunstharzbeton** werden, meist mit UP als Bindemittel, innerhalb von wenigen Stunden hochbeanspruchbarer Ortbeton sowie vor allem Fertigteile ohne tragende Funktionen hergestellt: Betonwerksteine, zumeist mit Marmorbruch als Zuschlag, Wandplatten aus Kunstharzleichtbeton, Rohre und andere Bauteile mit besonders hoher mechanischer und chemischer Beanspruchung.

e) **Kunstharzmörtel** findet weiter Verwendung für korrosionsverhütende Überzüge, Flächenabdichtungen (mit Glasfasern als Zuschlag), für Injektionen und Verankerungen sowie für Reparaturen von Bauteilen. Durch Injektionen mit EP und PUR kann der Baugrund abgedichtet und z. T. verfestigt werden. Risse in Betonbauteilen und Estrichen können durch Einpressen von dünnflüssigem EP wieder kraftschlüssig gefüllt werden. Für die Ausbesserung von Betonböden und -straßen sowie von Betonabsprengungen im Bereich von angerosteten Betonstählen sind besondere Kunstharzmörtel entwickelt worden, siehe Abschnitt 5.3.8.2.

9 Dämmstoffe, organische Fußbodenbeläge, Papiere und Pappen, Anstrichstoffe, Klebstoffe und Dichtstoffe

In diesem Abschnitt werden noch besondere Baustoffe zusammenfassend beschrieben, die aus verschiedenen bisher behandelten Baustoffen sowie aus weiteren Ausgangsstoffen hergestellt werden. Sie dienen vor allem dem Ausbau von Hochbauten. Bei der Verarbeitung sind auch die besonderen Anweisungen der Herstellerwerke zu beachten.

9.1 Dämmstoffe

Im engeren Sinn gehören dazu alle Stoffe, die bei fachgerechter Verarbeitung den Wärmeschutz oder/und Schallschutz der Konstruktionen verbessern und selbst keine tragenden Funktionen übernehmen. Außer den porösen Holzwerkstoffen nach den Abschnitten 3.5.2 und 5.7.6, Schaumglas nach Abschnitt 4.5.3d, losen Schüttungen aus Blähglimmer und Blähperlit nach Abschnitt 5.4.1f, Gipskartonverbundplatten nach Abschnitt 5.7.7 und den Schaumkunststoffen nach Abschnitt 8.3.2a gibt es zahlreiche weitere Dämmstoffe. Außer dem Typenkurzzeichen muß auch die Baustoffklasse für das Brandverhalten nach Abschnitt 1.4.7.7a angegeben werden.

a) **Faserdämmstoffe** nach DIN 18165 werden hergestellt aus
mineralischen Fasern (Min) wie Glasfasern (siehe Abschnitt 4.5.6), Steinwolle (siehe Tabelle 2.2) oder Hüttenwolle (siehe Abschnitt 6.2), sowie aus
pflanzlichen Fasern (Pfl) aus Kokos, Torf und Holz, und zwar je nach Faserbindung, Beschichtung oder Umhüllung mit Papier, Pappe, Kunststoff- oder Metallfolien u. a. als
gerollte Bahnen (nur für die Wärmedämmung),
Matten oder Filze oder als
ebene Platten.

Hinsichtlich des Brandverhaltens wird mindestens Klasse B 2 verlangt. Dämmstoffe aus mineralischen Fasern dürfen nur mit Atemschutz ein- und ausgebaut werden.

Für die **Wärmedämmung** (DIN 18165 T 1) werden sie mit Nenndicken von 40 bis 120 mm geliefert und je nach Verwendung bezeichnet als Anwendungstyp
W (nicht druckbeansprucht),
WL (nicht druckbeansprucht für belüftete Konstruktionen),
WZ (mit leichter Zusammendrückung, z. B. in Hohlräumen),
WD (druckbeansprucht, z. B. unmittelbar unter der Dachhaut),
WDA (auf Druck und Abreißen beansprucht, z. B. für Dächer mit verklebter Verlegung wegen der Windbeanspruchung) und
WV (auf Abreißen und Abscheren beansprucht, z. B. für Vorsatzschalen ohne Unterkonstruktion).

Weiter muß die Wärmeleitfähigkeitsgruppe angegeben sein (je nach $\lambda \leq 0{,}035$ W/m · K usw.): 035, 040, 045 oder 050, siehe Tabelle 1.5.

Für die **Trittschalldämmung** (DIN 18165 T 2) gibt es, nur als Filze und Platten, die Anwendungstypen T und TK, letztere mit geringerer Zusammendrückung bzw. zur Kombination mit anderen Dämmaßnahmen oder für Fertigteilestriche. Außer der Lieferdicke d_L ist auch die Dicke d_B unter 2 kN/m^2 Belastung anzugeben, z. B. 20/15 bei $d_L = 20$ mm und $d_B = 15$ mm; d_B liegt zwischen $\gtrsim 10$ und i. a. ≤ 30 mm.

Für die Trittschalldämmung wird ein ausreichendes Federungsvermögen verlangt. Entsprechend der dynamischen Steifigkeit (in MN/m^3) wird Typ T in die Steifigkeitsgruppen 10 bis 50, Typ TK in die Steifigkeitsgruppen 20 bis 90 eingeteilt, siehe Abschnitt 1.4.9.2c.

b) **Kork** aus der Rinde von Korkeichen wird nach Zerkleinerung mit organischen Bindemitteln gemischt und zu Preßkorkplatten gepreßt bzw. nach Expandieren der Korkzellen unter der Einwirkung von Heißdampf zu Blähkorkplatten. Letztere werden nach DIN 18161 als Backkork BK, für verbesserte Feuchtigkeitsbeständigkeit mit Bitumen u. ä. imprägniert als IK bezeichnet und als druckbelastete Wärmedämmplatten WD und – für Sondergebiete – WDS verwendet; $\varrho = 80$ bis 200 kg/m^3 bzw. $\lambda_R \leq 0{,}45$ bis 0,55 W/m · K.

Blähkork wird auch für lose Schüttungen verwendet.

c) Weitere Platten aus Stroh und Schilfrohr oder Matten aus Jute, Sisalhanf oder Seegras werden kaum mehr verwendet.

9.2 Organische Fußbodenbeläge

Allgemein werden von den Bodenbelägen, je nach Einsatzbereich, ein ausreichender Eindruck- und Verschleißwiderstand, geringe Aufladungsneigung (antistatisch) sowie Eignung für weitere mögliche Gebrauchsbeanspruchungen verlangt, z.B. durch Rollstühle, auf Treppen, in Feuchträumen, bei Fußbodenheizung.

Nach DIN 18365 ist Voraussetzung für das Aufbringen dieser Beläge ein ebener, möglichst glatter und dichter Untergrund, meist als Estrich nach Abschnitten 5.6.5 oder 7.3.1. Unebenheiten werden durch Spachteln ausgeglichen. Der Untergrund darf keine überschüssige Feuchtigkeit aufweisen. Teilweise werden zunächst Unterlagen aufgebracht, z. B. aus Filz oder Schaumstoffen. Auf Holzböden werden als Ausgleichsschicht Holzspan- oder Gipskartonplatten aufgeschraubt.

a) **Textile Bodenbeläge** vermindern die Gehgeräusche und verbessern die Fußwärme, die Trittschalldämmung und die Schallschlukkung, siehe Abschnitt 1.4.9.2c und e. Die Teppichwaren werden nach DIN 61151 aus Naturfasern (Wolle, Sisal, Jute) und Chemiefasern aus PA, PETP, PP u.a. (siehe Tabelle 8.1) nach verschiedenen Verfahren als Webware, Tuftingware und Nadelvliesware hergestellt. Tufting-Teppiche bestehen aus dem Trägergewebe oder Trägervlies, meist einer Schaum- oder Gleitschutzschicht, an der Rückseite und einer Nutz- bzw. Verschleißschicht an der Oberseite, die als Flor oder Pol bezeichnet wird. Je nachdem ob die Polschlingen oder Noppen geschlossen bleiben oder aufgeschnitten werden, erhält man eine Schlingen(-flor-)ware oder eine Schnittflor- oder Veloursware. Die Teppichwaren unterscheiden sich vor allem hinsichtlich der Dicke der Nutzschicht und deren Masse je m^2 sowie in mannigfaltigerweise auch hinsichtlich ihrer Farbe. Sie müssen u.a. farb- und lichtecht sein. Mit zunehmender Brennbarkeit wird nach der Brennklasse T-a, b und c unterschieden.

Geliefert werden abgepaßte Teppichwaren, Rollbahnen, teilweise auch Fliesen. Die Verlegung erfolgt durch Verspannen auf Nagelleisten oder durch vollflächiges Verkleben.

b) **Linoleum** nach DIN 18171 besteht aus verharztem Leinöl, Kork- und Holzmehl, Farbstoffen sowie Jutegewebe als Trägerbahn. Es wird vollflächig verklebt und kann im Nahtbereich verdichtet werden.

c) **Elastomere** oder **Gummi-Beläge** nach DIN 16851 und 16852 werden aus Kautschuk oder Buna mit Zusätzen als Bahnen und Platten von 2 bis 5 mm, profilierte Industriebeläge bis 10 mm Dicke hergestellt. Sie werden vollflächig verklebt und können nicht verschweißt werden. Sie sind besonders rutschsicher und vermindern die Gehgeräusche.

d) **Kunststoffplatten** und **-bahnen,** siehe Abschnitt 8.3.1b, **Asphaltplatten,** siehe Abschnitt 7.3.2.

9.3 Papiere und Pappen

a) **Tapeten** dienen als «vorgefertigte Anstriche» zur Wand- und Deckenbekleidung von Wohnräumen. Die Rohpapiere werden vor allem aus Holzstaub und Cellulose, teilweise mit Kaolin, Leim und Farben hergestellt; sie werden nach der Masse von 60 bis 120 g/m^2 in leichte und schwere Tapeten unterschieden. Lichtbeständigkeit erhält man durch holzfreies Papier oder durch deckende Farben. Farben und Muster werden durch Walzen aufgebracht. Je nach Art der Farbe u.a. erhält man Tapeten der Kategorie C (wasserfest), B (waschbestän-

dig) oder A (waschbar und scheuerbeständig). Geliefert werden u. a. folgende Tapetenarten:
Naturelltapeten mit farbigen Mustern,
Fondtapeten mit oder ohne Grundfarbe und mit Mustern bedruckt,
Relieftapeten mit pastöser Farbe bedruckt,
Prägetapeten aus schwerem Rohpapier durch Prägung strukturiert und bedruckt,
Velourstapeten beflockt, z. B. mit einer Faserschicht,
Rauhfasertapeten aus zwei verleimten Papierbahnen mit eingestreutem Sägemehl und Fasern,
Textiltapeten mit textilem Material an der Oberseite,
Kunststofftapeten, z. B. aus einer PVC-Schicht auf einer Papierunterschicht,
tapetenähnliche Beläge aus Geweben, wärmedämmendem Kunststoffschaum.

Bei einigen Tapeten kann zur Erleichterung der Erneuerung die obere Schicht abgelöst werden. Angaben über die Stoffe und die Verarbeitung finden sich vor allem in DIN 18366 sowie in den Merkblättern Nr. 16/I und II des BFS (Bundesausschuß Farbe und Sachwertschutz, Frankfurt). Für das Tapezieren muß der Untergrund trocken, fest und eben sein. Er ist auf Eignung zu prüfen. Erforderlichenfalls wird er durch Spachteln und Vorstreichen mit wasserlöslichen Pulvermassen (Makulatur) oder Unterkleben von Rohpapier verbessert. Die Tapeten selbst werden heute meist mit Cellulosekleister geklebt, siehe Tabelle 8.4 und Abschnitt 9.5a.

b) **Isolierpapiere** sind kräftige, mit Öl oder Bitumen getränkte Papiere. Sie werden teilweise mehrlagig, zur Isolierung gegen Wasser und Wasserdampf, als Trennschicht zwischen Estrich und Rohdecke bzw. Dämmatte sowie zur Abdeckung des Planums im Betonstraßenbau verwendet.

Schwere Papiere oder **Karton** benötigt man u. a. für Gipskartonplatten, siehe Abschnitt 5.7.7.

Dicke Kartons oder **Pappen,** aus Altpapier hergestellt, werden als Fußbodenunterlagen benutzt,
Rohfilzbahnen aus Altpapier und Lumpen für Dichtungsbahnen, siehe Abschnitt 7.4.2,
Wellpappen für Wärme- und Schalldämmung.

9.4 Anstrichstoffe

Aus Anstrich- oder Beschichtungsstoffen werden auf einem Untergrund Beschichtungen (Anstriche) hergestellt, die in besonderer Weise der Gestaltung von Bauteilen und Bauwerken dienen. Sie können auch die Beständigkeit und Widerstandsfähigkeit der Baustoffe sowie die hygienischen Eigenschaften von Oberflächen verbessern. Anforderungen für Beschichtungen auf Außenwänden sind in Abschnitt 1.4.3.5b angegeben. Auf Beschichtungen zum Schutz bzw. zur Oberflächenbehandlung von Holz wird in den Abschnitten 3.3.4.3, 3.3.4.4 und 3.4.3, von Beton in Abschnitt 5.3.6e und von Stahl in Abschnitt 6.2.3.1c hingewiesen. Anstrichstoffe aus bituminösen Bindemitteln und aus Kunststoffen werden in den Abschnitten 7.4.1 und 8.3.4a und b behandelt. Eine **Beschichtung** besteht aus einer oder mehreren Schichten von insgesamt $\geqq$ 0,2 mm Dicke und kann sich unterscheiden nach der Art des Beschichtungs- oder Anstrichstoffes und nach der Art des Aufbringens, ob durch Streichen, Spritzen, Tauchen u. a. Eine **Imprägnierung** entsteht mit nichtfilmbildenden Stoffen, die in die Poren des Untergrundes einziehen, diese jedoch nicht völlig verschließen. Unter **Versiegelung** versteht man eine dünne, jedoch dichte Beschichtung auf einem saugfähigen Untergrund.

Die **Anstrichstoffe** bestehen aus

- Bindemitteln, die eine ausreichende Dichte, Härte, Zähigkeit, Beständigkeit und Haftung ergeben sollen, und meist
- Farbmitteln, in der Regel unlöslichen Pigmenten, zur Farbgebung sowie evtl.
- Füllstoffen, Verdünnungsmitteln und anderen Hilfsstoffen.

a) **Bindemittel:** Die Anstrichstoffe werden nach den verschiedenen Bindemitteln benannt. Eine Übersicht ergibt sich aus Tabelle 9.1.

Wie die mineralischen Bindemittel Kalkhydrat, weißer Portlandzement und Wasserglas sind von den organischen Bindemitteln auch die Leime und Kunststoffdispersionen **mit Wasser verdünnbar.** Für Kunststoffdispersionsfarben wurden nach DIN 53778 für Innenbeschichtungen die Güteklasse W (waschbeständig) und S (scheuerbeständig) sowie verschiedene Glanzgrade von matt bis Hochglanz festgelegt; für Außenbeschichtungen müssen sie wetterbeständig sein. Alle übrigen in Tabelle 9.1 aufgeführten Bindemittel sind ebenfalls organischer Natur. Sie können **mit organischen Lösungsmitteln verdünnt** werden, z. B. Ölfarben und Öllackfarben mit Terpentinöl und Testbezin. EP- und UP-Lacke, teilweise auch PUR-Lacke, sind Mehrkomponentenreaktionslacke. **Lacke** sind Anstrichstoffe mit einem filmbildenden Bindemittel, das eine einwandfreie durchhärtende Beschichtung mit entsprechendem Widerstand gegen bestimmte Einflüsse ergibt, siehe auch Abschnitt 8.3.4b.

Die Umwandlung der Bindemittel aus dem flüssigen in den festen Zustand erfolgt physikalisch, z. B. durch Verdunsten des Lösungsmittels, oder/und chemisch, z. B. durch Oxidation oder Polymerisation. Bei Einbrennlacken wird die Verfestigung durch hohe Temperaturen beschleunigt.

b) **Pigmente:** Zur Anwendung kommen künstliche und natürliche Pigmente, und zwar meist anorganische Pigmente, seltener organische Pigmente, z. B. Teerfarben, oder metallische Pigmente, z. B. Bronzepulver. Sie werden in einer Vielzahl von Farbtönen (DIN 6164) als **Weißpigmente,** z. B. Titandioxid, Lithopone, Zinkweiß, Bleiweiß, Kreide, und **Buntpigmente** geliefert. Leuchtpigmente besitzen eine besondere Leuchtwirkung. Für den Einsatz der Pigmente sind folgende Eigenschaften von Bedeutung:

Deckvermögen, abhängig von der Kornfeinheit, außerdem von der unterschiedlichen Lichtbrechung von Pigment und Bindemittel.

Verträglichkeit mit den anderen Bestandteilen der Beschichtung und mit dem Untergrund; z. B. müssen Pigmente mit Kalk und Zement als Bindemittel oder in Beschichtungen auf frischem Kalkmörtel oder Beton kalk- oder zementecht, d. h. alkalibeständig, sein.

Licht- und **Verwitterungsbeständigkeit** vor allem für Außenbeschichtungen; (ein Vergilben wird jedoch hauptsächlich durch das Bindemittel verursacht).

c) Die meisten Beschichtungen oder Anstriche werden heute aus Dispersionsfarben, überwiegend aus Acrylharz, und aus Acryl- oder Alkydharzlackfarben hergestellt, die letzteren vor allem auf Holz und Metallen. Teilweise sind Gemische verschiedener Anstrichstoffe möglich, z. B. Dispersionssilikatfarben. Die meisten Anstrichstoffe können auch ohne Pigmente farblos aufgebracht werden, z. B. als Dispersionen oder Klarlacke, oder mit wenig Pigmenten als Lasurfarben zu transparenten (lasierenden) Beschichtungen.

Die Anstrichstoffe für helle Farben werden heute meist streichfertig in weißer Farbe geliefert und durch Buntpigmente abgetönt. Durch bestimmte Zusätze können die Verarbeitung und die späteren Eigenschaften verbessert werden, z. B. durch gewisse Füllstoffe (Streichhilfen) die Verarbeitbarkeit, bei ölhaltigen Anstrichstoffen durch Trockenstoffe die Trocknungsgeschwindigkeit, durch Quarzmehl die Wetterbeständigkeit, durch Fasern auch die Rißunempfindlichkeit. Durch fungizide (pilztötende) Zusätze können Schimmelbildungen verhindert, durch schaumschichtbildende Zusätze der Feuerwiderstand der beschichteten Bauteile verbessert werden.

d) **Ausführung der Beschichtung:** Die Anstrichstoffe sind je nach dem Untergrund und dem Bauteil bzw. je nach den besonderen Anforderungen nach bestimmten Anstrichsystemen aufzubringen. Angaben dazu finden sich in den Merkblättern des BFS (Bundesausschuß Farbe und Sachwertschutz, Frankfurt) und DIN 18363. In der Leistungsbeschreibung sollte für die Beschichtung i. a. angegeben werden: Art des Anstrichstoffes (siehe Tabelle 9.1),

Art und Beschaffenheit des Untergrundes (glatt, rauh, saugend),
Zahl der Anstrichschichten,
Farbton (weiß, leichtgetönt),
Glanzgrad (matt, seidenmatt, glänzend),
Beständigkeit (wasch-, scheuer- bzw. wetterbeständig),
Auftragsmenge.

Die Beschaffenheit des Untergrundes ist sorgfältig zu prüfen. Er muß ggf. durch Absperrmittel, z. B. Fluate zur Verminderung der Alkalität eines Kalkputzes, durch Abbeizmittel zur Entfernung alter Anstrichstoffe, durch Entfettungsstoffe, z. B. zur Entfernung von Schalölresten, oder durch Sandstrahlen bei

Tabelle 9.1 Anstrichstoffe (Beispiele)

Bindemittel	Bezeichnung für farbige Anstrichstoffe	Anwendung und besondere Eigenschaften
Mineralische Bindemittel		
Kalkhydrat	Kalkfarben	für mineralische Untergründe, mit Zusätzen
Kalkhydrat und weißer Portlandzement	Kalk-Weißzementfarben	als «Schlämmanstriche», matt, mit Zement wisch- und waschfest
Kaliwasserglas	Silikatfarben	für mäßig saugfähige Untergründe, matt
Organische Bindemittel		
Leim	Leimfarben	wasserlöslich, daher nur für trockene Innenräume
Kunststoffdispersionen, vor allem Acrylharzdispersionen	Kunststoffdispersions- oder Dispersionsfarben	matt sowie seide- bis hochglänzend, z. T. bedingt gasdurchlässig, zäh
Leinölfirnis, Lackleinöl	Ölfarben	nicht für alkalischen Untergrund (wegen Verseifung), langsam trocknend
Leinölfirnis und Alkydharzlacke	Öllackfarben	härter als Ölfarben, zäh
Kunstharzlacke[1])	Kunstharzlackfarben	i. a. glatt, matt bis glänzend, dicht, hart, je nach Zusammensetzung sehr zäh
Alkydharzlacke	Alkydharzlackfarben	
Acrylharz- und andere Polymerisatlacke	Acrylharzlackfarben	sehr witterungsbeständig
Chlorkautschuklacke PUR-Lacke EP-Lacke UP-Lacke	Chlorkautschukfarben PUR-Lackfarben EP-Lackfarben UP-Lackfarben	vor allem für den Bautenschutz, siehe 8.3.4b

[1]) Kurzzeichen siehe Tabelle 8.1.

Stahl (siehe Abschnitt 6.2.3.1c) und Beton verbessert werden.

Je nach den verlangten Eigenschaften kann die Beschichtung aus einer oder mehreren Anstrichschichten bestehen, z. B.
aus 1 bis 2 bindemittel- und pigmentärmeren **Grundanstrichen** als Verbindung zum Untergrund und
2 bis höchstens 3 meist bindemittel- und pigmentreicheren **Deckanstrichen** (Zwischen- und Schlußanstriche).

Sie werden meist mit Pinsel, Rolle oder Spritzgerät aufgebracht. Bei einigen Lackfarben ist wegen der giftigen und ätzenden Wirkung und der leichten Brennbarkeit besondere Vorsicht geboten. Jede Anstrichschicht benötigt eine bestimmte Zeit zum An- und Durchtrocknen. Eine Schutzwirkung hängt von der Gesamttrockenfilmdicke ab.

Geprüft werden Trockenfähigkeit, Deckvermögen, Härte, Haftfestigkeit, Zähigkeit, bei Außenanstrichen auch Verwitterungsbeständigkeit, bei Innenanstrichen auch Wisch-, Wasch- und Scheuerbeständigkeit.

9.5 Klebstoffe und Dichtstoffe

a) **Klebstoffe** nach DIN 16920 sollen durch Oberflächenhaftung (Adhäsion) und durch eigene Festigkeit (Kohäsion) Fügeteile fest miteinander verbinden, siehe auch Abschnitt 1.4.4.4a. Sie sind fast ausschließlich organische Stoffe und bestehen aus einem die Eigenschaften wesentlich bestimmenden Grundstoff und Zusätzen, die die Verarbeitung und das Abbinden gewährleisten. Je nach Klebstoffart werden verschiedene **Klebverfahren** mit unterschiedlicher Beschaffenheit und Wirkung des Klebstoff-Filmes angewandt: Naßkleben, Lösungsmittelaktivierkleben, Wärmeaktivierkleben, Kontaktkleben, Haftkleben. Die Klebstoffe werden teils kalt, teils warm aufgetragen. Die Flächen müssen frei von Staub, Fett und in der Regel auch von Wasser sein. Die Klebstoffe verfestigen sich physikalisch, z. B. durch Verdunsten des Wassers oder des Lösungsmittels, bzw. durch chemische Reaktion, teilweise nur bei erhöhter Temperatur. Es gibt folgende **Klebstoffarten:**

Leime, z. B. aus Glutin oder Casein, und **Kleister,** z. B. aus Stärke oder Celluloseether (z. B. Methylcellulose), jeweils mit Wasser verdünnbar.

Dispersionsklebstoffe, ebenfalls mit Wasser verdünnbar, oder **Lösungsmittelklebstoffe,** z. B. aus PVAC, PVP, Vinylacetat- oder Vinylchlorid-Copolymere, PUR, Polyacrylsäureester. Es ist ein mehr oder weniger großer Anpreßdruck erforderlich; bei Dispersionsklebstoffen muß mindestens eine Fügefläche wassersaugend sein.

Schmelzklebstoffe, z. B. aus PA, EPDM, IIR, MF, PF, EP; sie werden als Schmelze aufgetragen und ergeben nach dem Abkühlen eine feste Klebschicht.

Reaktionsklebstoffe, z. B. aus PF, RF, MF, UF, PMMA, EP, UP, PUR und speziellen Silikonharzen; sie benötigen keinen Anpreßdruck, jedoch müssen bestimmte Mindesttemperaturen eingehalten werden.

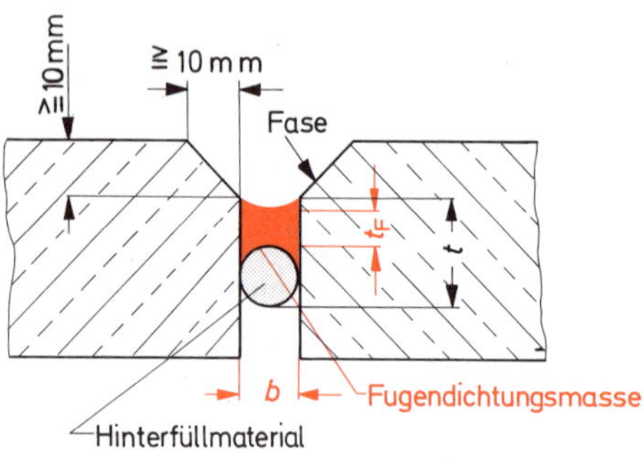

Bild 9.1 Fugenausbildung zwischen Beton- und Stahlbetonfertigteilen

Zementgebundene Klebmörtel mit organischen Zusätzen und Wasser.

Kontaktklebstoffe, z. B. aus CR, PIB; sie werden auf beide Fügeflächen aufgetragen, die nach einer Mindesttrockenzeit unter Druck vereinigt werden.

Haftklebstoffe, z. B. aus CR, PIB, Polyvinylether; sie haften nach einer gewissen Zeit unter einem bestimmten Druck.

b) **Dichtstoffe** sind Fugendichtungsmassen, die im plastischen Zustand eingebracht werden, und Fugendichtungsprofile. Sie dienen vor allem zum Abdichten von Fugen im Hoch- und Tiefbau, siehe auch Abschnitte 1.4.6.4, 7.4.3, 8.3.3 und 8.3.1e (letzter Absatz). Die Dichtstoffe müssen dazu einen guten Verbund mit den anschließenden Bauteilen aufweisen und bei den vorkommenden Temperaturen und Feuchtigkeitsverhältnissen ihre Funktionen erfüllen. Erhärtende Dichtungsmassen, z. B. Kitte auf Leinölbasis, werden heute nur noch selten angewandt. Meist werden unterschiedlich eingestellte Kunststoffe benutzt (siehe Abschnitt 8.3.3) und zwar plastisch-elastische oder elastisch-plastische bzw., bei höheren Beanspruchungen durch Witterung und Temperatur, auch elastisch bleibende Dichtungsmassen.

Für Außenwandfugen im Hochbau sollen sie nach DIN 18540 ein günstiges Haft- und Dehnverhalten aufweisen ohne Ablösen und Risse: Bei 100% Dehnung soll die Spannung bei Normklima $\leq 0{,}40$ N/mm², bei -20 °C $\leq 0{,}60$ N/mm² bzw. das Rückstellvermögen als Maß für das gummielastische Verhalten $\geq 60\%$ betragen. Außerdem werden gute Verarbeitbarkeit sowie Verträglichkeit mit den zu dichtenden Baustoffen und evtl. Anstrichstoffen verlangt. Die Massen sollen sich möglichst problemlos nach den Angaben des Lieferwerks verarbeiten lassen. Sie werden in die Fugen, i. a. nach Einpressen eines Hinterfüllmaterials aus PE- oder PUR-Schaum und Aufbringen eines Voranstrichs auf die Fugenflanken, eingedrückt oder eingespritzt. Ein Beispiel für eine Außenwandfuge ist in Bild 9.1 dargestellt.

Angaben über Dichtstoffe für Verglasungen finden sich in DIN 18361 und 18545.

10 Bauschäden

Die Beseitigung von Bauschäden verursacht erhebliche Kosten. Manche Bauschäden sind nicht mehr reparabel oder führen oft, auch bei noch möglichen Nachbesserungen, zu einer Wertminderung der Bauten. Alle am Baugeschehen Beteiligten sollten die möglichen Ursachen für Bauschäden kennen und im voraus alles tun, was zu ihrer Verhütung beiträgt. In den vorhergehenden Abschnitten, insbesondere in den Abschnitten 1.4.3 bis 1.4.9, finden sich dazu zahlreiche Hinweise. Wegen der Bedeutung der Bauschäden ist eine zusammenfassende Betrachtung angezeigt.

10.1 Arten und Ursachen

Man spricht von Bauschäden, wenn die Bauteile oder Baustoffe nicht oder, wegen späterer ungünstiger Einflüsse, nicht mehr in der Lage sind, wichtige Funktionen zu erfüllen, siehe Abschnitt 1.2.4. Wenn ihre Funktionsfähigkeit nur teilweise eingeschränkt ist, z.B. durch Wärme- oder Schallbrücken, ist eher die Bezeichnung Baumängel angezeigt.

Es gibt viele Arten von Bauschäden; noch zahlreicher sind die Ursachen. Meist löst erst das Zusammenwirken mehrerer ungünstiger Faktoren einen Schaden aus.

Über die Begriffe gibt es verschiedene Ansichten: Nach der VOB wird der Schaden einer Person zugefügt und muß ersetzt werden. Bei einem Mangel entsprechen Bauwerk oder Bauteil nicht den zugesicherten Eigenschaften, weshalb Mängel zu vermeiden bzw. zu beseitigen sind. Im allgemeinen Sprachgebrauch wird jedoch als Schaden ein mehr oder weniger mangelhafter Zustand eines Bauwerks oder einzelner Bauteile bezeichnet.

Tabelle 10.1 zeigt ein Schema für die Bauschäden und ihre Ursachen. Eine Durchfeuchtung führt nicht nur zu ungesundem Wohnen im Hochbau. Der Zutritt von Feuchtigkeit ist auch die Ursache der Zerstörung von Gips, Tapeten, Klebstoffen oder Stahl, in Verbindung mit Frost auch von manchen Natursteinen, Ziegeln u. a. Zusammen mit Säuren und einigen Salzen kann es zur Zerstörung von Kalkstein und Beton, zusammen mit Pilzsporen zur Zerstörung von Holz kommen. Verwölbungen werden vor allem bei einseitigem Erwärmen und Austrocknen von Bauteilen verursacht. Risse können auftreten, wenn in Bauteilen zu große oder ungleichmäßige Längenänderungen infolge von Temperaturänderungen oder, bei Holz, Beton und Mörtel, auch durch Schwinden, behindert werden, z. B. wegen fehlender Fugen.

Die Ursachen von Bauschäden lassen sich auch folgendermaßen einteilen:

a) Bauschäden durch die Baustoffe selbst, wenn sie ungeeignet bzw. nicht normgerecht sind, z. B. wenn für ein Außensichtmauerwerk keine frostbeständigen Wandbausteine, also keine Vormauersteine oder Klinker, verwendet werden, oder wenn Baustoffe während der Nutzungszeit durch Altern ihre Funktionsfähigkeit verlieren.

b) Bauschäden durch Reaktion von Baustoffen miteinander, z. B. Korrosion von Aluminium, Zink und Blei bei Berührung mit frischem Kalk- und Zementmörtel, elektrochemische Korrosion beim Kontakt verschiedener Metalle miteinander oder ungleiche Längenänderungen der Baustoffe bei Mehrschichtkonstruktionen.

c) Bauschäden durch schädliche Einflüsse auf die Baustoffe und Bauteile aus der Umgebung, z. B. durch Wasser, Frost, Hitze, Chemikalien, Holzschädlinge, siehe Abschnitt 1.4.7.

d) Bauschäden durch ungeeigneten Untergrund, durch Fehler oder Mängel der Konstruktionen hinsichtlich der Bemessung, der Anschlüsse oder Fugen u. a.

Zur Feststellung der Schadensursachen und zur Beweissicherung bei gerichtlichen Auseinandersetzungen reicht oft eine Besichtigung allein nicht aus. Meist müssen Materialproben

Tabelle 10.1 Bauschäden – Arten und Ursachen

Arten	Ursachen mechanische	physikalische	chemische
Durchfeuchtung	Strukturporen, Risse, offene Fugen	Kapillarporen, Tauwasser	–
Verwölbungen	geringer E-Modul	Längenänderungen[1]	–
Oberflächenmängel[2]	Poren, geringe Härte	Poren, wasserlösliche Salze, Frost	Poren, wasserlösliche Salze, Korrosion
Risse	geringe Festigkeit, unterschiedliche Setzungen	Längenänderungen[1], Frost	Treiben, Korrosion
Zerstörung	geringe Festigkeit	Wasser, Frost	Korrosion, Treiben

[1] Infolge Temperaturänderungen bzw. Schwinden oder Quellen, vor allem bei fehlenden oder zu engen Fugen.
[2] Verschleiß, Absanden, Absplitterungen, Ausblühungen, Verfärbungen.

der Baustoffe entnommen und geprüft werden. Durch die Klärung von Schadensfällen hat die Materialprüfung schon wesentlich zur Verbesserung der Bautechnik und der Baunormen beigetragen.

10.2 Verantwortlichkeit

Die Abgrenzung der Verantwortung und damit auch der Haftung ist oft schwer möglich und häufig umstritten. Auch schon der Bauherr kann für Bauschäden verantwortlich sein, wenn er von den Planern ungeeignete Konstruktionen oder von den Unternehmern trotz Hinweisen einen allzu raschen Baufortschritt verlangt. Die weiteren Veranwortlichkeiten ergeben sich aus Tabelle 10.2. Der planende Architekt oder Ingenieur ist genauso wie der beauftragte Unternehmer verpflichtet, das Bauwerk so herzustellen, daß es die zugesicherten Eigenschaften hat und nicht mit Fehlern behaftet ist, die den Wert oder die Tauglichkeit aufheben oder mindern. Dies gilt auch für die Überwachung der Arbeiten durch den Bauleiter auf Einhaltung der technischen Regeln, behördlichen Vorschriften und vertraglichen Vereinbarungen. Bauschäden entstehen oft dadurch, daß die Pläne und Ausschreibungsunterlagen unvollständig und ungenau sind. Der Bauleiter ist vor allem dann mitverantwortlich, wenn er Fehlleistungen des Unternehmers duldet oder gar solche durch falsche Entscheidungen selbst verschuldet.

Tabelle 10.2 Bauschäden – Ursachen und Verantwortlichkeit

Ursachen	Verantwortlichkeit
a) Ungeeignete Konstruktionen, ungeeignete Baustoffe (im Leistungsbeschrieb)	Architekt und Ingenieur (Planung)
b) Verwendung nicht normgerechter Baustoffe, Nichteinhaltung technischer Vorschriften und Regeln, Abweichung von festgelegten Konstruktionen	Bauleiter (Überwachung)
c) Wie unter b), Verarbeitungsfehler	Unternehmer (Ausführung)
d) Nicht normgerechte Baustoffe	Baustoffhersteller oder -händler

Für die erbrachten Leistungen sollen Architekt, Ingenieur und Unternehmer i. a. für fünf Jahre Gewährleistung übernehmen. Eine Frist von zwei Jahren ist oft zu kurz, weil manche Schäden und Mängel erst später deutlich in Erscheinung treten. Bei nicht normgerechten Baustoffen kann der Unternehmer den Händler oder das Herstellerwerk zu Schadensersatzforderungen heranziehen, sofern er tatsächlich die richtigen und normgerechten Baustoffe bestellt hat. Bei späteren gerichtlichen Auseinandersetzungen gelten nur schriftliche Hinweise und Vereinbarungen zwischen den Beteiligten. Wegen Einzelheiten siehe VOB, Teil B, DIN 1961.

10.3 Verhütung von Bauschäden

Zur Abwendung von Schäden müssen sich Architekt und Ingenieur mit den Problemen auseinandersetzen und dazu ausreichende Kenntnisse der Baustoffe, der Bauphysik und der Bauchemie besitzen. So muß schon, erforderlichenfalls unter Mithilfe von Fachleuten, der Entwurf von den Baustoffen und den naturwissenschaftlichen Gegebenheiten mitgeprägt sein. Auch sollten Architekten und Ingenieure Einblick in spezielle Verarbeitungsweisen von Baustoffen haben, damit diese nicht allein dem Unternehmer überlassen bleiben.

Trotz des etwas höheren Preises sind nur güteüberwachte Baustoffe zu verwenden, weil von ihnen mit viel größerer Sicherheit die notwendige Normgerechtheit erwartet werden kann. Neue Baustoffe und neue Bauweisen dürfen erst nach Erprobung durch neutrale Institute und nach bauaufsichtlicher Zulassung angewandt werden. Für die Ausführung der Arbeiten sollten nur gewissenhafte Unternehmer mit den notwendigen Erfahrungen und mit ausreichendem Fachpersonal herangezogen werden.

Gewiß lassen sich auch in der Zukunft Bauschäden nicht völlig vermeiden. Aber nach dem heutigen Stand der Bautechnik und der naturwissenschaftlichen Erkenntnisse sowie mit der notwendigen Sorgfalt und Überwachung sollte es möglich sein, daß unsere Bauwerke lange Zeit frei von Schäden bleiben.

Literaturverzeichnis und Informationsstellen

In der aufgeführten Literatur (L) sind die verschiedenen Baustoffe, ihr Aufbau bzw. ihre Technologie sowie ihre Eigenschaften und ihre Anwendung ausführlich beschrieben. Aus der Literatur [1], [2] usw. wurden Bilder und Tabellen, teilweise geändert, übernommen.

Zu den verschiedenen Abschnitten des Buches werden auch die Anschriften (I) von Instituten, Verbänden und Beratungsstellen angegeben, die Informationsschriften, Merkblätter, Jahrbücher u. ä. herausgeben, bzw. von denen die Bezugsquellen dafür sowie auch für Fachzeitschriften erfragt werden können.

(L) HOLZAPFEL, W.: *Werkstoffkunde für Dach-, Wand- und Abdichtungstechnik.* Köln-Braunsfeld: Verlagsgesellschaft R. Müller.
HÄRIG, S., GÜNTHER, K., KLAUSEN, D.: *Technologie der Baustoffe.* Karlsruhe: Verlag C. F. Müller.
[1] REINHARDT, H. W.: *Ingenieurbaustoffe.* Berlin: Verlag Wilhelm Ernst und Sohn.
SCHOLZ, W.: *Baustoffkenntnis.* Düsseldorf: Werner-Verlag.
WENDEHORST, R.: *Baustoffkunde.* Hannover: Curt R. Vincentz Verlag.
[2] WESCHE, K.: *Baustoffe für tragende Bauteile, Band 1 bis Band 4.* Wiesbaden: Bauverlag.
[3] Autorenkollektiv: *Systematische Baustofflehre.* Berlin: VEB Verlag für Bauwesen.
Deutsche Normen DIN. Berlin 30 und Köln 1: Beuth-Verlag.
DIN-Taschenbücher. Berlin und Köln: Beuth-Verlag, sowie Wiesbaden: Bauverlag.
Technische Vorschriften TV und Richtlinien für den Straßenbau. 50672 Köln 1: Forschungsgesellschaft für das Straßenwesen e.V., Maastricher Straße 45.
AGI-Arbeitsblätter der Arbeitsgemeinschaft Industriebau E. V. Hannover: Curt-R.-Vincentz-Verlag.
VDI-Richtlinien des Vereins Deutscher Ingenieure. Düsseldorf: VDI-Verlag, zu beziehen durch Beuth-Verlag, Berlin und Köln.

Zu Kapitel 1

(L) GÖSELE, K., SCHÜLE, W.: *Schall, Wärme und Feuchtigkeit.* Wiesbaden: Bauverlag.
[10] JENISCH, R.: *Bauphysik in Wendehorst, Muth, Bautechnische Zahlentafeln.* Stuttgart: Teubner-Verlag.
KARSTEN, R.: *Bauchemie.* Heidelberg: Straßenbau, Chemie und Technik-Verlagsgesellschaft.
HENNING, O., und KNÖFEL, D.: *Baustoffchemie.* Wiesbaden: Bauverlag.
KLUG, P.: Bauphysik. Würzburg: Vogel Buchverlag.
KRENKLER, K.: *Chemie des Bauwesens.* Berlin: Springer-Verlag.
(I) Normenausschuß, Bauwesen im Deutschen Institut für Normung, Burggrafenstraße 4, 10785 Berlin.
Deutsches Institut für Bautechnik, Reichpietschufer 72, 10785 Berlin.

Zu Kapitel 2

(I) Bundesverband Natursteinindustrie e. V., Buschstraße 22, 53113 Bonn.
Informationsstelle Naturwerkstein, Sanderstraße 4, 97070 Würzburg.
Naturstein-Beratungsstelle für Straßenbau, Geleitstraße 105, 63067 Offenbach.
Bundesverband Kies und Sand e. V., Königstraße 36, 47051 Duisburg.

Zu Kapitel 3

(L) [5] KOLLMANN, F.: *Technologie des Holzes und der Holzwerkstoffe.* Berlin: Springer-Verlag.
KÖNIG, E.: *Holz als Werkstoff – Holz als Baustoff.* Stuttgart: Holz-Zentralblatt-Verlag.
KNODEL, H.: *Holzschutz am Bau.* Karlsruhe: Bruder-Verlag.
[4] MÖHLER, K.: *Holz als Werkstoff, Holzbauatlas, Teil 1.* München: Institut für Internationale Architektur.
KNÖFEL, D.: *Stichwort Holzschutz.* Wiesbaden: Bauverlag.

(I) Arbeitsgemeinschaft Holz e.V., Füllenbachstraße 6, 40474 Düsseldorf.
Normenausschuß Holz, Kamekestraße 8, 50672 Köln.
Fachausschuß Holzschutz der Deutschen Gesellschaft für Holzforschung, Meichelbeckstraße 28, 81545 München.
Verband der Deutschen Holzwerkstoffindustrie e.V., Wilhelmstraße 25, 35392 Gießen.

Zu Kapitel 4

(L) KLINDT, L., und KLEIN, W.: *Glas als Baustoff.* Köln-Braunsfeld: Verlagsgesellschaft R. Müller.
Das Glashandbuch 1982. Gelsenkirchen: Flachglas AG.
(I) Bundesverband der Deutschen Ziegelindustrie e.V., Schaumburg-Lippe-Straße 4, 53113 Bonn.
Fliesenberatungsstelle e.V., Im Langen Feld 1, 30938 Burgwedel.
Fachverband Steinzeugindustrie e.V., Max-Planck-Straße 8, 50226 Frechen-Marsdorf b. Köln.
Fachverband Flachglas-, Hohlglas- und Glasfaser-Industrie e.V., Couvenstraße 4, 40211 Düsseldorf.
Beratungsstelle für Glasanwendung, Gotenring 17, 50679 Köln.

Zu Kapitel 5

(L) CZERNIN, W.: *Zementchemie für Bauingenieure.* Wiesbaden: Bauverlag.
GRAF, O., ALBRECHT, W., SCHÄFFLER, H.: *Eigenschaften des Betons.* Berlin: Springer-Verlag.
[6] WALZ, K.: *Herstellung von Beton nach DIN 1045.* Düsseldorf: Beton-Verlag.
Deutscher Beton-Verein e.V., Beton-Handbuch. Wiesbaden: Bauverlag.
Verein Deutscher Zementwerke, Zementtaschenbuch. Wiesbaden: Bauverlag.
WEBER, W., SCHWARA, H., SOLLER, R.: *Guter Beton.* Düsseldorf: Beton-Verlag.
PIEPENBURG, W.: *Mörtel, Mauerwerk, Putz.* Wiesbaden: Bauverlag.
SCHÜTZE, W.: *Der schwimmende Estrich.* Wiesbaden: Bauverlag.
Estriche im Industriebau. Köln–Braunsfeld: Verlagsgesellschaft R. Müller.
(I) Bundesverband der Gips- und Gipsbauplattenindustrie e.V., Birkenweg 13, 64295 Darmstadt.
Bundesverband der Deutschen Kalkindustrie e.V., Annastraße 67, 50969 Köln.
Bundesverband der Deutschen Zementindustrie e.V., Pferdmengestraße 7, 50968 Köln.
Deutscher Betonverein e.V., Bahnhofstraße 61, 65185 Wiesbaden.
Bundesverband der Deutschen Transportbetonindustrie e.V. und Bundesverband der Deutschen Mörtelindustrie e.V., Tonhallenstraße 19, 47051 Duisburg.
Bundesverband Deutsche Beton- und Fertigteilindustrie e.V., Theaterstraße 18, 53111 Bonn.
Bundesverband Kalksandsteinindustrie e.V., Entenfangweg 11, 30419 Hannover-Herrenhausen.
Verband Rheinischer Bims- und Leichtbetonwerke, Brückenstraße 8, 56564 Neuwied.

Zu Kapitel 6

(L) DOMKE, W.: *Werkstoffkunde und Werkstoffprüfung.* Giradet-Verlag.
[7] GREVEN, E.: *Werkstoffkunde und Werkstoffprüfung für technische Berufe.* Hamburg 39: Verlag Handwerk und Technik.
SCHEER, L., und BERNS, H.: *Was ist Stahl?* Berlin: Springer-Verlag.
GLADISCHEFSKI, H.: *Kleine Stahlkunde für das Bauwesen.* Düsseldorf: VDI-Verlag.
KRIST, TH.: *Leichtmetalle kurz und bündig.* Würzburg: Vogel Buchverlag.
ZSCHÖTGE, S.: *Kleine Werkstoffkunde der Nichteisenmetalle.* Düsseldorf: Deutscher Verlag für Schweißtechnik.
VDM-Handbuch. Frankfurt: Vereinigte Deutsche Metallwerke.
(I) Beratungsstelle für Stahlverwendung, Kasernenstraße 36, 40479 Düsseldorf.
Deutscher Stahlbauverband, Ebertplatz 1, 50668 Köln.
Informationsstelle Edelstahl Rostfrei, Fritz-Vormfelder-Platz 7, 40547 Düsseldorf.
Aluminiumzentrale e.V., Königsallee 30, 40212 Düsseldorf.
Deutsches Kupferinstitut e.V., Knesebeckstraße 96, 10623 Berlin.
Zinkberatung e.V., Friedrich-Ebert-Straße 37, 40210 Düsseldorf.
Bleiberatung e.V., Tersteegenstraße 28, 40474 Düsseldorf.

Zu Kapitel 7

(L) GEORGY, W.: *Bitumen und Teer.* Köln-Braunsfeld: Verlagsgesellschaft R. Müller.

[8] VELSKE, S.: *Baustofflehre – Bituminöse Baustoffe.* Düsseldorf: Werner-Verlag.
FUHRMANN, W.: *bitumen- und asphalt-taschenbuch.* Wiesbaden: Bauverlag.
LUFSKY, K.: *Bauwerksabdichtung.* Stuttgart: Teubner-Verlag.
(I) Arbeitsgemeinschaft der Bitumenindustrie e. V. (Arbit), Mittelweg 13, 20148 Hamburg.
Verkaufsvereinigung für Teererzeugnisse (VfT) AG, Kruppstraße 4, 45128 Essen.
Verband der Dach- und Dichtungsbahnenindustrie e. V., Karlstraße 21, 60329 Frankfurt/Main.

Zu Kapitel 8

(L) SAECHTLING H.: *Kunststoff-Taschenbuch.* München: Carl-Hanser-Verlag.
[9] SAECHTLING, H.: *Baustofflehre Kunststoffe.* München: Carl-Hanser-Verlag.
FRANCK, A., BIEDERBICK, K.: *Kunststoff-Kompendium.* Würzburg: Vogel Buchverlag.
HIMMLER, K.: *Kunststoffe im Bauwesen, WIT 62.* Düsseldorf: Werner-Verlag.
(I) Arbeitsgemeinschaft Deutsche Kunststoffindustrie, Karlstraße 21, 60329 Frankfurt.
Institut für das Bauen mit Kunststoffen e.V., Osannstraße 37, 64285 Darmstadt.
Qualitätsverband Kunststofferzeugnisse, Niddastraße 44, 60329 Frankfurt.

Zu Kapitel 9

(L) SPONSEL, K., WALLENFANG, W., u. a.: *Lexikon der Anstrichtechnik, Band 1 und 2.* München: Verlag Callwey.
Glasurit-Handbuch «Lacke und Farben». Münster: Glasurit-GmbH.
BRASHOLZ, A.: *Handbuch der Anstrich- und Beschichtungstechnik.* Wiesbaden: Bauverlag.
(I) Forschungsinstitut für Pigmente und Lacke e.V., Allmandring 37, 70569 Stuttgart.
Bundesverband Farbe und Sachwertschutz, Börsenstraße 1, 60313 Frankfurt/Main.
Deutsches Teppich-Forschungsinstitut, Kirchstraße 5, 52078 Aachen.

Zu Kapitel 10

(L) KOPATSCH, H.: *Haftung und Beweissicherung bei Bauschäden.* Wiesbaden: Bauverlag.
ALBRECHT, R.: *Bauschäden.* Wiesbaden: Bauverlag.
ZIMMERMANN, G.: *Bauschäden vermeiden und beseitigen.* Eschborn: RKW.
RYBICKI, R.: *Bauschäden an Tragwerken.* Düsseldorf: Werner-Verlag.

Stichwortverzeichnis